大湾区超限高层建筑结构设计创新与实践丛书

深圳超限高层建筑结构设计技术成果选编

主　编　王　森

副主编　黄用军　张　剑　吴国勤

中国建筑工业出版社

图书在版编目（CIP）数据

深圳超限高层建筑结构设计技术成果选编/王森主
编；黄用军，张剑，吴国勤副主编. —北京：中国建
筑工业出版社，2022.9（2023.8 重印）
（大湾区超限高层建筑结构设计创新与实践丛书）
ISBN 978-7-112-27683-7

Ⅰ.①深… Ⅱ.①王… ②黄… ③张… ④吴… Ⅲ.
①高层建筑-建筑设计-工程技术-成果-汇编-深圳
Ⅳ.①TU972

中国版本图书馆 CIP 数据核字（2022）第 138664 号

本书由广东省住房和城乡建设厅组织成立的广东省超限高层建筑工程抗震设防审查专家委
员会组织编写。本书收集的 19 篇论文中，除以超限高层建筑工程设计为主介绍技术成果外，还
针对一些专项结构设计技术，如超限结构分析、黏滞阻尼器、叠合柱节点、新型滑动支座、拉
索幕墙、大跨度复杂楼板局部降板等进行了分析介绍。

本书作为超限高层建筑工程的设计经验总结，可供从事超限高层建筑工程结构设计、施工、
咨询及科研人员应用参考。

责任编辑：刘婷婷
责任校对：芦欣甜

大湾区超限高层建筑结构设计创新与实践丛书
深圳超限高层建筑结构设计技术成果选编
主　编　王　森
副主编　黄用军　张　剑　吴国勤
*
中国建筑工业出版社出版、发行（北京海淀三里河路 9 号）
各地新华书店、建筑书店经销
北京科地亚盟排版公司制版
北京盛通印刷股份有限公司印刷
*
开本：787 毫米×1092 毫米　1/16　印张：17¾　字数：441 千字
2022 年 9 月第一版　　2023 年 8 月第二次印刷
定价：**90.00** 元
ISBN 978-7-112-27683-7
（39681）

本书编写委员会

主　　编：王　森

副 主 编：黄用军　张　剑　吴国勤

编　　委：陈　星　魏　琏　傅学怡　孙立德　王启文

　　　　　唐增洪　彭肇才　吕永清　王传甲　刘维亚

　　　　　刘琼祥　张良平　宋宝东　孙　平　王　娜

　　　　　许　璇

前　言

　　21世纪以来，随着广东社会经济发展，涌现出越来越多的结构复杂和大跨度等超限高层建筑。这些高度和规则性超出规范适用范围的建筑工程，一方面，对结构工程师们提出了新的挑战和机遇；另一方面，对超限高层建筑工程的抗震设防管理提出了更高的要求。通过严格执行《超限高层建筑工程抗震设防管理规定》（建设部令第111号），超限高层建筑抗震设防专项审查对提高抗震设计质量、保证高层建筑抗震安全性、推进高层建筑设计创新和实践起到了巨大的推动作用。

　　广东省住房和城乡建设厅组织成立的广东省超限高层建筑工程抗震设防审查专家委员会负责广东省超限高层建筑工程抗震设防专项审查工作。为了更好地指导超限高层建筑工程设计，保证结构的安全性以及抗震设防专项审查工作的规范性，广东省超限高层建筑工程抗震设防审查专家委员会组织编写了本书，介绍深圳地区部分超限高层建筑工程的结构设计和相关研究成果，以期给予结构工程师们一些借鉴和帮助。

　　本书收集的论文中除以超限工程设计为主介绍技术成果外，还针对一些专项结构设计技术，如超限结构分析、黏滞阻尼器、叠合柱节点、新型滑动支座、拉索幕墙、大跨度复杂楼板局部降板等进行了分析介绍。

　　本书作为超限高层建筑工程的设计经验总结，具有较强的技术性和实用性，可供从事结构设计、施工、咨询及科研人员参考借鉴。不足之处，欢迎广大读者批评指正。

　　本书编写过程中得到了各参编单位的大力支持和帮助，在此表示衷心的感谢！

目　　录

01　平安金融中心结构设计研究综述

傅学怡，吴国勤

（中建国际设计顾问有限公司，深圳　518048）

【摘要】 平安金融中心塔楼采用巨型空间斜撑框架-劲性钢筋混凝土核心筒-外伸臂结构体系，有效满足了该超高层结构的设计要求。通过合理配置内筒、外框结构的刚度及其连接构件，形成多重抗侧力结构体系，充分发挥了结构构件的效用，保证了结构的安全性。本文进行了细致的深化计算分析，拟展开各项试验研究，进一步研究和改进结构性能。

【关键词】 超高层结构设计，伸臂，巨柱，巨型钢斜撑，空间带状桁架，V形撑，竖向构件变形补偿，TMD减振

Research on Pingan Financial Centre Structural Design

Fu Xueyi ，Wu Guoqin

（China Construction Design International，Shenzhen　518048）

Abstract： The main structural system for Pingan Financial Centre is constitution of spatial mega diagonal braces，steel reinforced concrete core and outriggers，which efficiently satisfy super high-rise building design requirements. With the reasonable configuration of concrete core，structural frames stiffness and their connection components，the structural system has multi-resisting lateral forces ability. This system can make full use of the structural components efficacy to guarantee the safety of structure. The detailed analysis and experiments have been carried out to gain better structural performance.

Keywords： super high-rises building, outrigger, super column, mega steel diagonal brace, spatial belt truss, chevron brace, vertical component deformation compensation, TMD

1　前言

平安金融中心项目位于深圳市福田中心区，东邻主干道路益田路，西侧是中心二路，南北分别是福华路与福华三路。总用地面积为 18931.74m²，总建筑面积为 460665.0m²，建筑基底面积为 12305.63m²。项目包括一栋塔楼、商业裙楼及扩大地下室。其中塔楼地上 118 层，标准层层高 4.5m，塔尖高度为 660m，主体结构屋盖高度为 588m，主体顶层楼面高度为 554.5m，建筑面积约 319416m²；商业裙楼地上 11 层，高度约 53m，建筑面

积约 49785m²；扩大地下室 5 层，深 28m，柱网 9m×9m，建筑面积约 81035m²，总建筑面积约 45 万 m²。建筑设计由美国 KPF 建筑师担纲，结构设计由 TT（Thornton Toma-setti，Inc）与 CCDI（中建国际设计顾问有限公司）联合承担。建筑效果图如图 1 所示，整体结构三维模型如图 2 所示。

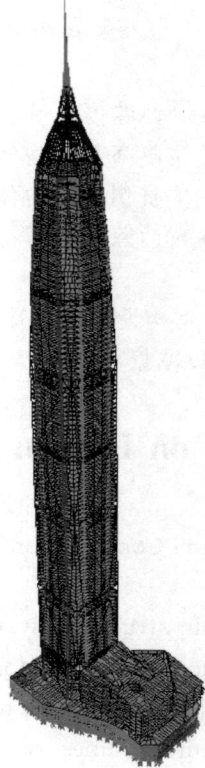

图 1　建筑效果图　　　　　图 2　整体结构三维模型

2　基础设计

塔楼部分采用混凝土强度等级为 C45 的人工挖孔桩及筏板作为基础。根据巨柱及核心筒荷载、桩承载力及岩土勘察报告，经多方案比较确定，外围巨柱采用一柱一桩大直径人工挖孔桩，柱身直径 8.4m，扩底直径 9.5m，桩长 10～32m，单桩竖向承载力特征值 R_a＝708460kN，共计 8 根；核心筒墙体交点处布置大直径人工挖孔桩，柱身直径 5.7m，扩底直径 7.0m，桩长 12～35m，单桩竖向承载力特征值 R_a＝384650kN，共计 16 根。桩端均置于微风化花岗岩层，筏板承台厚 4.5m。

扩大地下室及上部 11 层裙房，其建筑自重及其上作用的永久荷载标准值的总和尚不足以平衡地下水浮力，采用抗拔桩，桩径 1.4～2m，扩底直径 1.8～3.5m，桩长平均值 L＝17m，桩端嵌固于中微风化花岗岩层，单桩竖向承载力特征值 R_a＝23700kN，单桩抗拔承载力特征值 U_a＝10000kN。同时，为满足地下室各局部区域抗浮要求，实际共布 207 根承压抗拔桩。底板厚 1m，承台厚 2m。基础平面如图 3 所示。

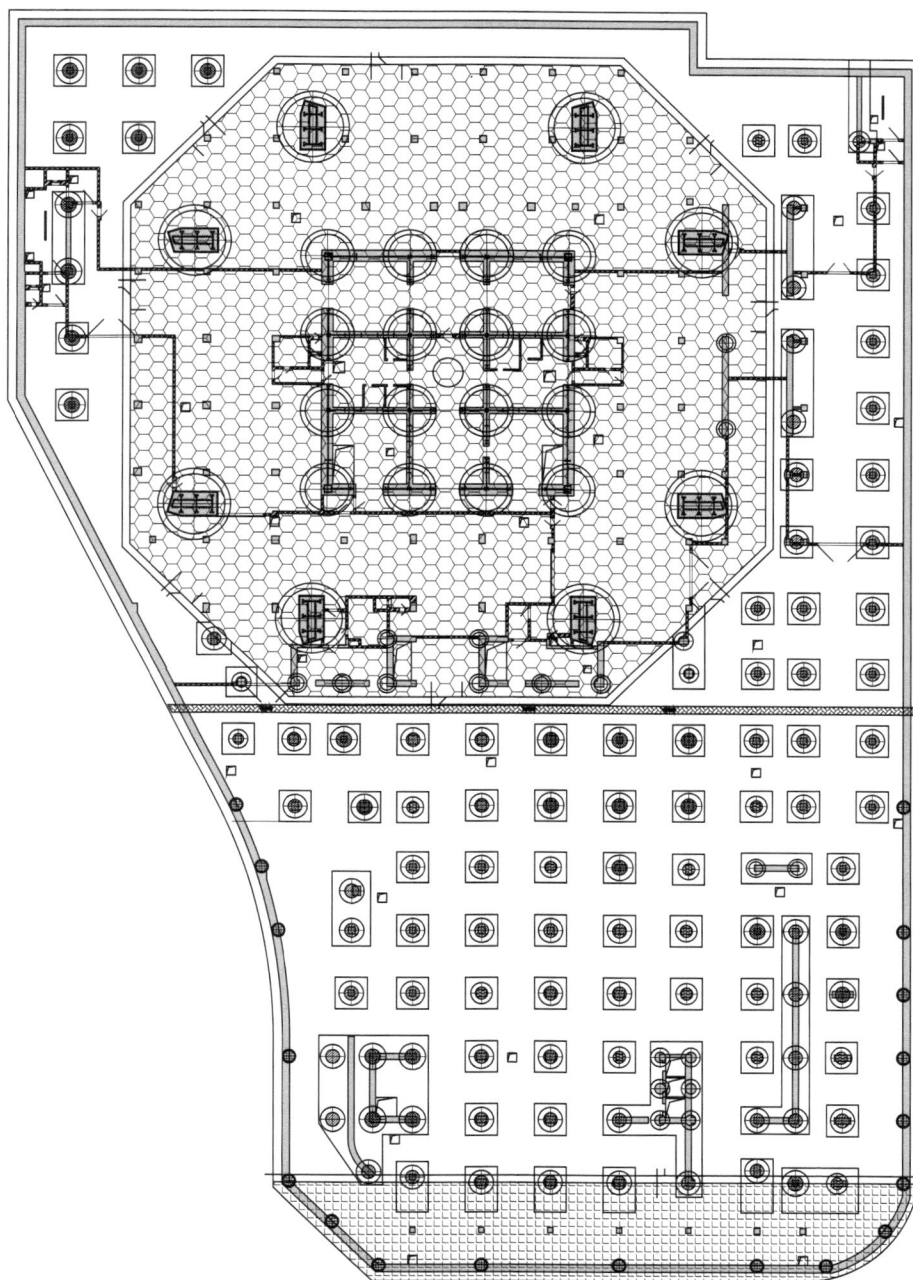

图 3　基础平面图

3　塔楼结构构成

整体结构采用巨型钢斜撑外框架＋劲性钢筋混凝土核心筒＋伸臂钢桁架结构＋空间带状桁架＋角部 V 形撑体系，如图 4 所示，结构标准层平面如图 5 所示。

554.5

460.2

387.4

241.3

131.7

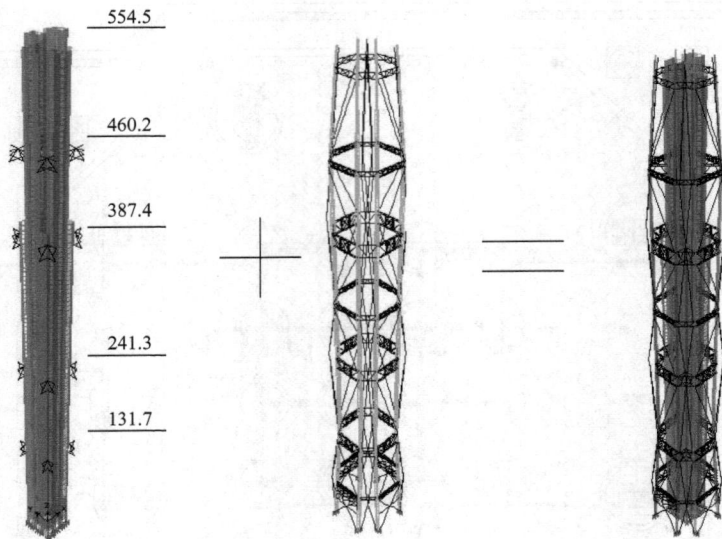

核心筒及伸臂外框结构（巨柱、带状桁架、巨型斜撑及V形撑）主体结构

图 4　整体结构构成示意

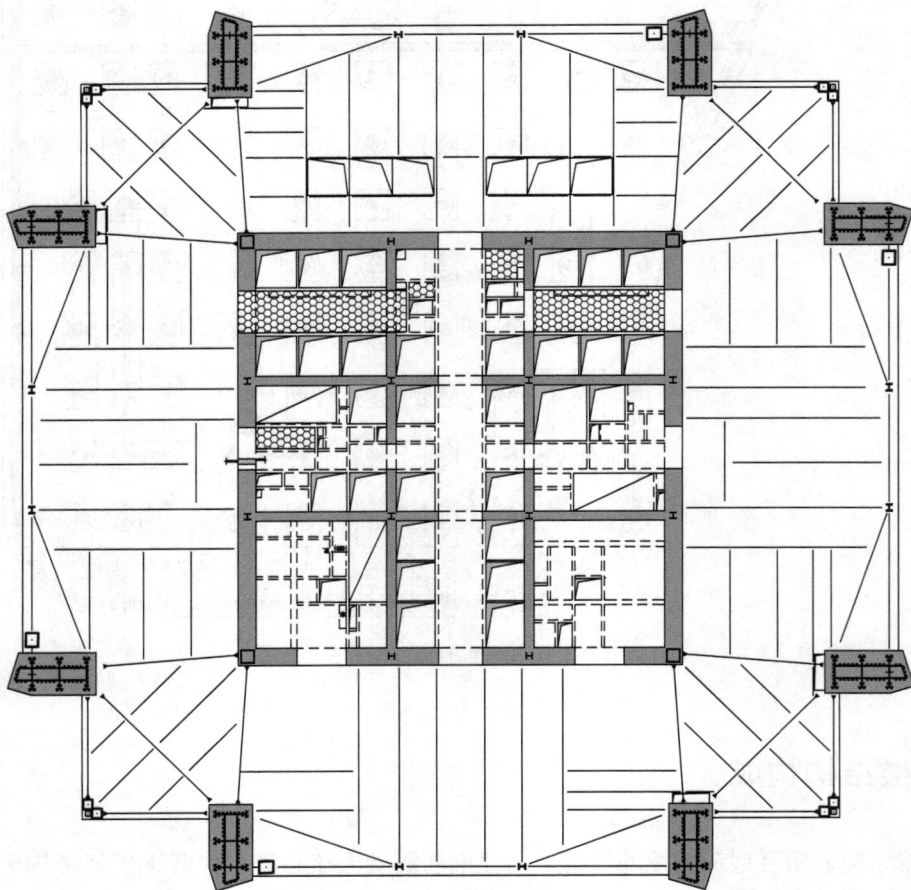

图 5　标准层平面图

3.1 内筒

内筒为型钢-钢筋混凝土筒体，墙体洞边及角部埋设型钢柱（图6）。核心筒外墙由－5层到顶层厚度为1500～500mm，其中－28.8～59.5m标高（－5～12层）采用内置钢板剪力墙，周边设置型钢柱、型钢梁约束（图7）。内墙厚800～400mm。连梁高1000mm，宽同墙厚，局部楼层受力较大，连梁内设窄翼型钢梁。地下室部分内墙厚度为800mm，外墙厚度为1500mm，型钢柱及墙体内钢板延伸落入承台。墙体（－5～12层）含钢率为1.5％～3.5％，地下及地上全部墙体混凝土强度等级为C60，钢板及型钢强度等级为Q345B。

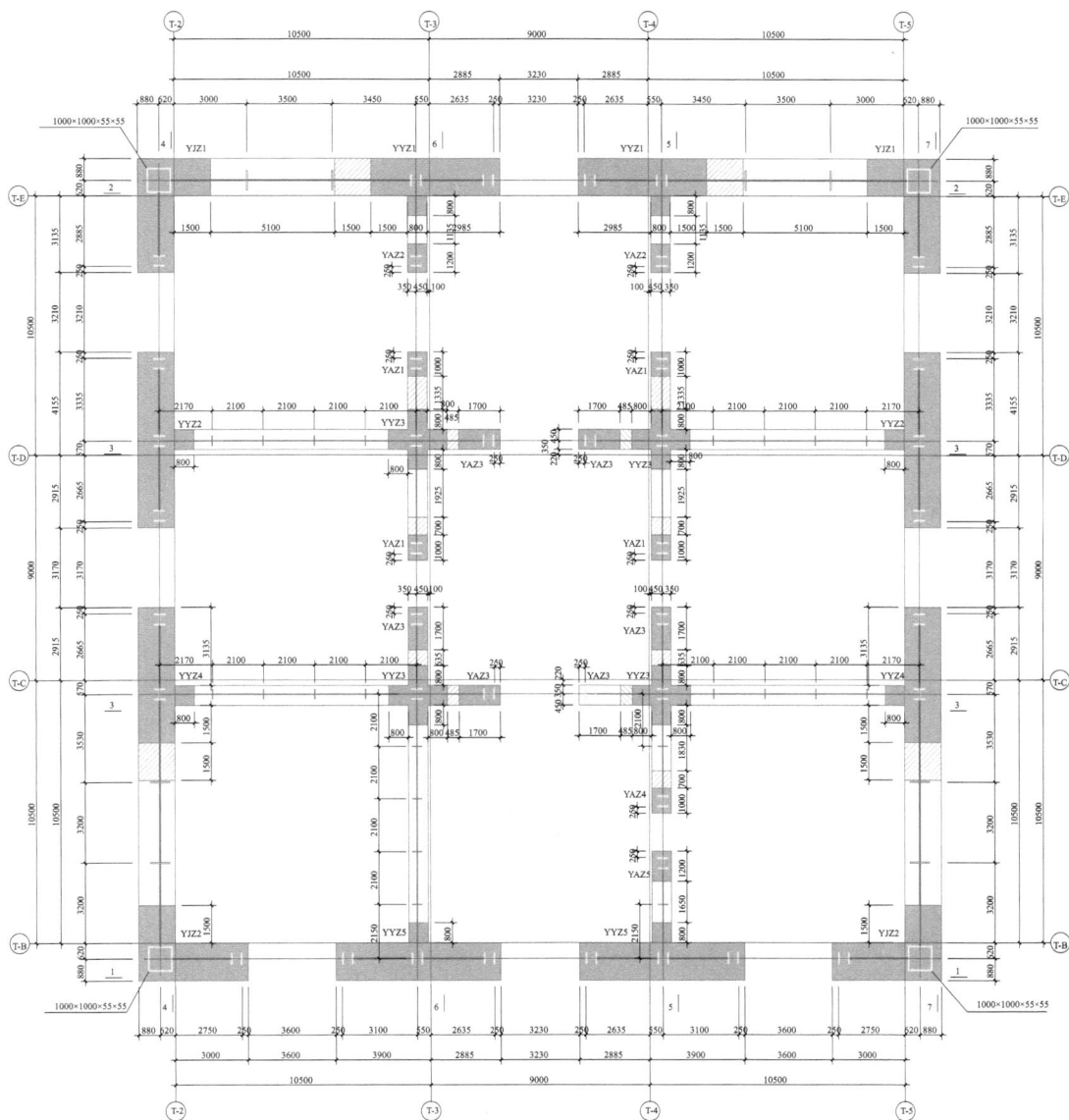

图6 内筒平面布置图

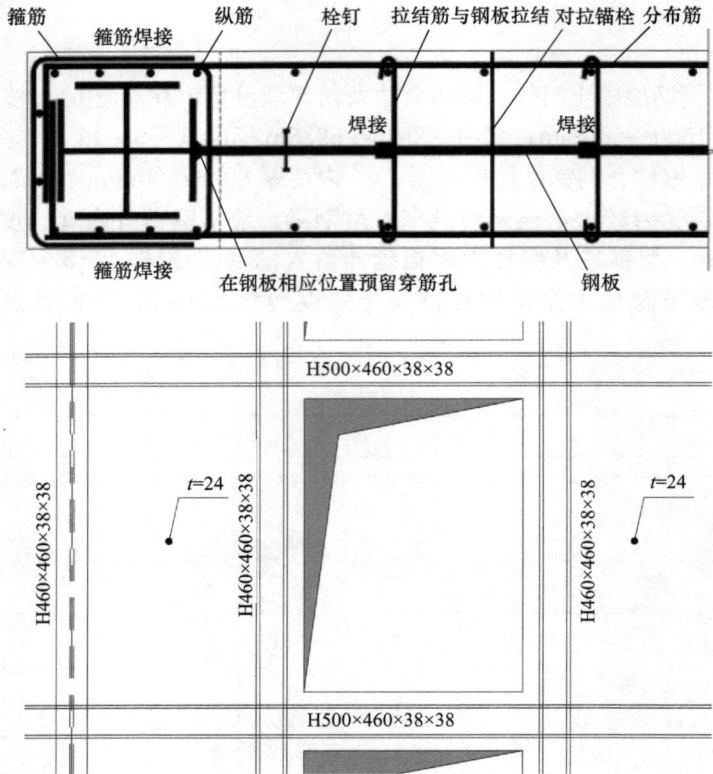

图 7　钢板与型钢梁、柱

3.2　外框结构

外框结构主要由 8 根巨柱、7 道空间带状桁架、7 道平面角桁架、巨型钢斜撑和角部 V 形撑及各层由带状桁架分层支托的框架柱、梁组成。结构构成三维图如图 8 所示。

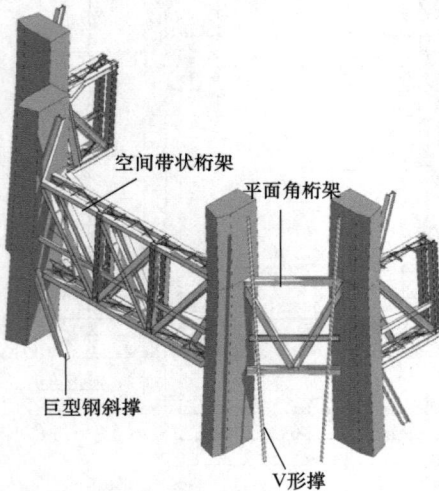

图 8　空间带状桁架、平面角桁架、
巨型钢斜撑和 V 形撑构成三维示意

3.2.1　巨柱

巨柱采用型钢混凝土，其中混凝土强度等级从底部到顶部由 C70 渐变至 C50，钢材等级为 Q345GJ，平面基本为长方形，为了与建筑平面协调，调整一个外角，如图 9 所示。巨柱底部的尺寸约为 6.5m×3.2m，顶部逐渐减小至 2.0m× 2.0m。巨柱型钢的钢板厚度为 50～75mm，含钢率由底部 8% 减至顶部 4%。

3.2.2　空间带状桁架及平面角桁架

7 道空间带状桁架及平面角桁架分别位于每个区的设备层，沿塔楼高度方向均匀布置。两层高外伸臂楼层设置两层高的空间带状桁架及角桁架，其他设备层则设置一层高的空间带状桁架及角桁架。空间带状桁架及平面角桁架与巨柱连接，形成巨型框架。

3.2.3 巨型钢斜撑

两个相邻的空间带状桁架间布置巨型钢斜撑，构成"巨型钢支撑框架"结构，作为抗侧力体系的第二道防线。该斜撑连接相邻两根巨柱，每个区始于下部空间带状桁架的上弦支座节点，止于上部空间带状桁架的下弦支座节点。

3.2.4 V形撑

建筑的4个角部设置V形撑。该支撑跨越多个楼层，两端分别连接巨柱和角桁架弦杆支座节点，承担角部竖向荷载并提高整体结构的抗侧刚度。

3.3 外伸臂

沿塔楼全高设置四道钢桁架外伸臂，外伸臂将核心筒巨柱连接，提高结构的抗侧刚度。1、3、5区设备层设置两层高外伸臂，6区设备层设置一层高外伸臂。外伸臂与内埋于核心筒角部的钢柱相连。为了保证外伸臂传力的连续性，外伸臂弦杆贯穿核心筒，同时墙体两侧设置X形斜撑腹杆。外伸臂沿竖向布置及其构成三维图如图10、图11所示。

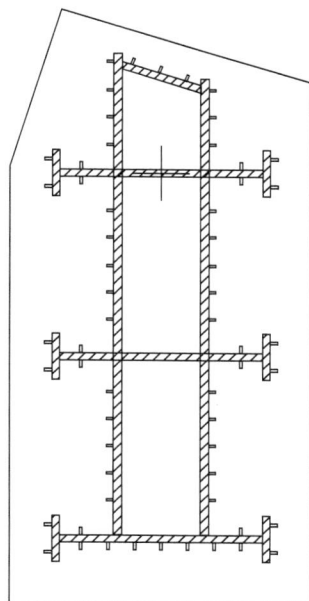

图 9 巨柱

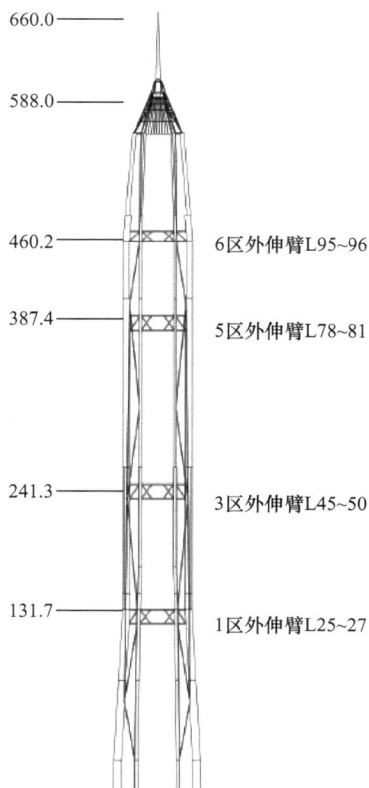

图 10 外伸臂竖向布置

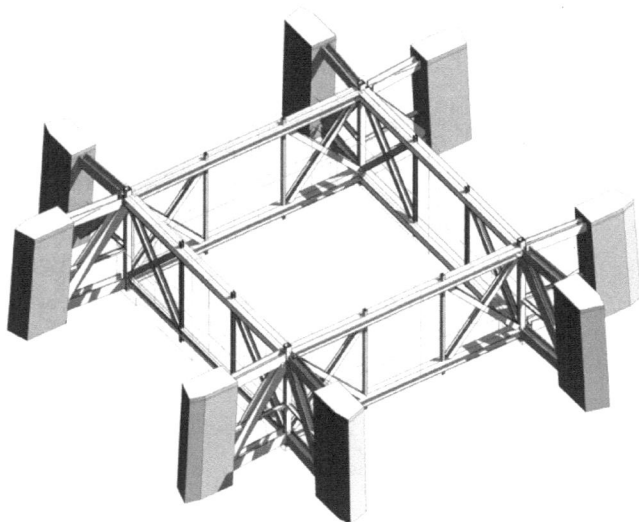

图 11 两层高外伸臂三维示意

3.4 外框结构各部分及外伸臂对整体结构抗侧刚度的贡献

外框结构各部分及外伸臂对整体结构抗侧刚度的贡献如表 1 所示。

外框结构各部分及外伸臂对整体结构抗侧刚度的贡献　　　　　　　　　表 1

模型	抗侧刚度
原始模型	100%
不设外伸臂	减小 16%
不设空间带状架及平面角桁架	减小 4%
不设巨型钢斜撑	减小 7%
不设 V 形撑	减小 5%

3.5 楼盖

采用组合楼盖体系，由型钢梁、混凝土楼板构成，连接内筒与巨柱的型钢梁两端刚接，其余型钢梁两端铰接，梁顶面设有剪力键。标准层楼板厚 120mm，设备层楼板厚 180mm。

3.6 首层嵌固措施

为满足首层嵌固条件，地下室顶板设置 2000mm×1800mm（宽×高）的型钢梁，如图 12 所示，连接巨柱、内筒及地下室墙体。

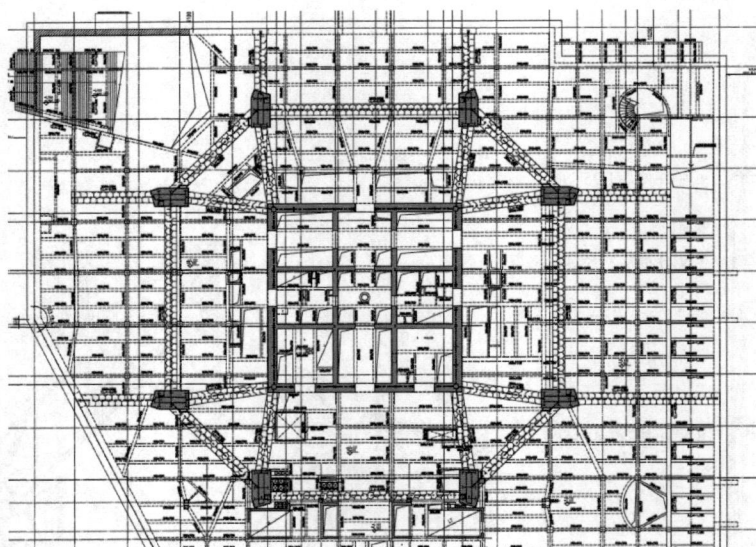

图 12　地下室顶板型钢梁示意

3.7 塔尖

塔尖坐落于 115 层并由 1 根天线及其支承结构组成。天线杆长 52.6m，支承结构由天线钢支座、擦窗机支承结构和塔尖支承结构 3 个部分组成。塔尖结构立面如图 13 所示。

天线钢支座的底部平面尺寸为 $11.7m \times 11.7m$，顶部平面尺寸为 $3.5573m \times 3.5573m$。天线杆支承于天线钢支座顶部，伸入锚固于该支座底部，通过外部环形顶钳及内部环形底钳，把塔尖的水平荷载转换至塔尖支承结构，再传至巨柱及 V 形撑。钢支座顶部十字形钢梁将天线杆的重力荷载传递到下面的塔尖支承结构。

擦窗机支承结构层设于塔尖中部，上部支承天线钢支座，角部设有承重空间构架，中部提供擦窗机出入通道。

塔尖支承结构位于顶层至擦窗机层，主要结构为 4 榀钢架，南北方向及东西方向各设 2 榀，分别支承于 8 根巨柱上。钢架之间设置等间距斜柱作为次要构件，增加结构刚度和稳定性。

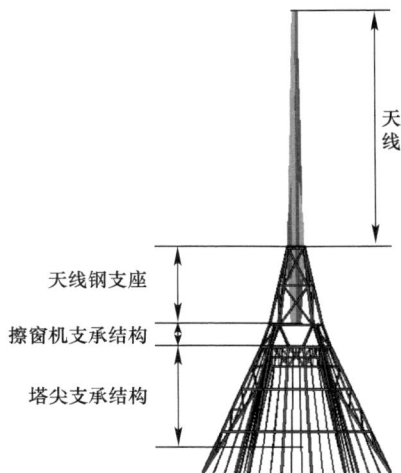

图 13 塔尖结构立面图

4 荷载作用

4.1 重力荷载

结构自重包括楼板、梁、柱、墙重量，按各自重度由程序计算。办公区考虑吊顶、架空地板、管线等做法，恒荷载取 $1.6kN/m^2$；活荷载考虑隔墙及高端办公需要，取 $4.5kN/m^2$；外墙考虑幕墙，附加恒载取 $1.5kN/m^2$。其他部分根据建筑做法和使用功能取相应荷载。

4.2 风荷载

地貌类型取 C 类。考虑建筑物超高及重要性，基本风压取 $0.9kN/m^2$，重现期为 100 年。风荷载体型系数按照《高层建筑混凝土结构技术规程》JGJ 3—2002 第 3.2.5 条取 1.4，高度系数、风振系数按照规范取值。同时，在加拿大 RWDI 风洞试验室进行了测压、测力风洞试验研究。风洞试验结果与中国规范计算值对比见表 2。结果表明，单方向规范计算值略高于风洞试验结果；考虑顺风向、横风向及扭转三向组合后，风洞试验结果略高于规范值。设计采用风洞试验结果。

风洞试验结果与中国规范计算值的比较（50 年重现期风力，2%阻尼比）　　　表 2

项目	《高层建筑混凝土结构技术规程》JGJ 3—2002 计算值	风洞试验研究结果（不包括横风向效应）	风洞结果/规范计算值
基底剪力	1.00E+08	8.44E+07	84%
基底倾覆力矩	3.24E+10	3.05E+10	94%

RWDI 风洞试验结果表明，10 年重现期塔楼顶部风振加速度为 $0.109m/s^2$，满足舒适度要求；考虑 10 年重现期台风顶部风振加速度为 $0.259m/s^2$，超出舒适度要求，设计拟加装 TMD（调质阻尼器），以控制和减小塔楼的风振加速度。

4.3 地震作用

本工程所处地区场地类别为Ⅲ类，小震反应谱曲线大于 6s 衰减段按规范规定延伸取值，中大震反应谱曲线大于 6s 衰减段偏安全取平。多遇地震水平峰值加速度 35gal，罕遇地震水平峰值加速度 220gal。X、Y、Z 三向地震作用效应组合系数为 1：0.85：0.65。反应谱参数及其曲线如表 3 和图 14 所示，其中各地震作用水准下考虑了填充墙刚度影响周期折减。

	反应谱参数			表 3
地震作用水准	阻尼比 ξ	地震影响系数最大值 α_{max}	特征周期 T_g(s)	周期折减系数
多遇地震	0.035	0.090	0.45	0.85
设防烈度地震	0.040	0.248	0.45	0.90
罕遇地震	0.050	0.500	0.50	1.00

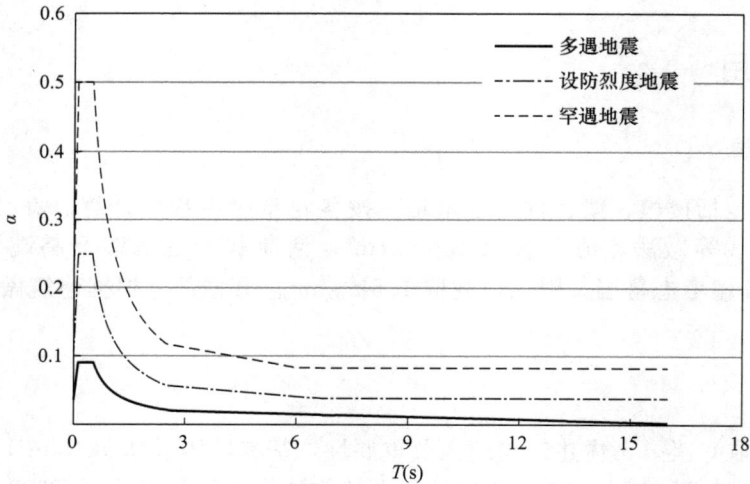

图 14　地震反应谱曲线

4.4 荷载效应组合

考虑恒荷载、风荷载（包括横风向风振）、地震作用（包括三向地震及单向偶然偏心）等各种效应组合，共计 129 种。其中：

(1) 小震反应谱抗震组合时考虑承载力抗震调整系数 γ_{RE}；

(2) 核心筒底部加强区内力调整；

(3) 承载力计算考虑外框架小震作用效应放大系数；

(4) 横风向风振采用三向同时输入，均方根法效应组合；

(5) 中震弹性：考虑荷载分项系数，材料取设计强度，考虑承载力抗震调整系数 γ_{RE}；

(6) 中震不屈服：荷载分项系数为 1，材料取标准强度，承载力抗震调整系数为 $\gamma_{RE}=1$；

(7) 中震基本弹性：荷载分项系数为 1，材料取标准强度，考虑承载力抗震调整系数 γ_{RE}。

5 整体结构性能[1,3,4]

结构计算主要采用 ETABS（9.2.0），其中梁、普通柱采用杆单元，楼板、墙体及巨柱采用壳单元。

5.1 模态分析

第 1、2 阶为结构 45°方向平动主振型，第 3 阶为扭转主振型，第 15 阶为竖向主振型，第 1 扭转周期/第 1 平动周期＝3.380/8.530＝0.396＜0.85，满足规范的要求。如表 4 所示。

模态信息　　　　　　　　　　　　　　　表 4

振型	周期（s）	质量参与系数（%）							
		U_X	U_Y	U_Z	$SumU_X$	$SumU_Y$	$SumU_Z$	R_Z	$SumR_Z$
1	8.530	22.152	**30.606**	0.000	22.152	30.606	0.000	0.000	0.000
2	8.460	**30.728**	22.171	0.000	52.880	52.777	0.000	0.003	0.003
3	3.380	0.038	0.000	0.000	52.918	52.777	0.000	**64.694**	64.697
15	0.595	0.000	0.000	**71.272**	88.947	88.745	71.274	0.000	84.047
48	0.310	0.002	0.012	0.020	94.225	94.313	71.416	0.004	94.546

5.2 刚重比

塔楼沿高度方向逐渐内缩，下部大、上部小，更多的质量集中在塔楼的下半部分，考虑下重上轻的因素后，整体结构折算刚重比如表 5 所示。

刚重比　　　　　　　　　　　　　　　表 5

楼层	方向	$EJ(kN/m^2)$	$G(kN)$	$EJ/(GH^2)$
1	X	3.33E+12	6592E+06	1.75
1	Y	3.31E+12	6592E+06	1.74

注：$G=1.2$ 恒荷载$+1.4$ 活荷载，为重力荷载设计值。

由表 5 可见，刚重比大于 1.4，小于 2.7，结构整体稳定性满足要求，但需考虑重力二阶效应影响。

5.3 最大层间位移角及顶点位移

如表 6 所示。

最大层间位移角及顶点位移　　　　　　　　　　　表 6

项目	δ_{max}/h		Δ/H	
	X 方向	Y 方向	X 方向	Y 方向
RWDI 风洞试验风荷载	1/542（88 层）	1/617（88 层）	1/775	1/878
小震作用	1/737（88 层）	1/728（88 层）	1/1099	1/1095

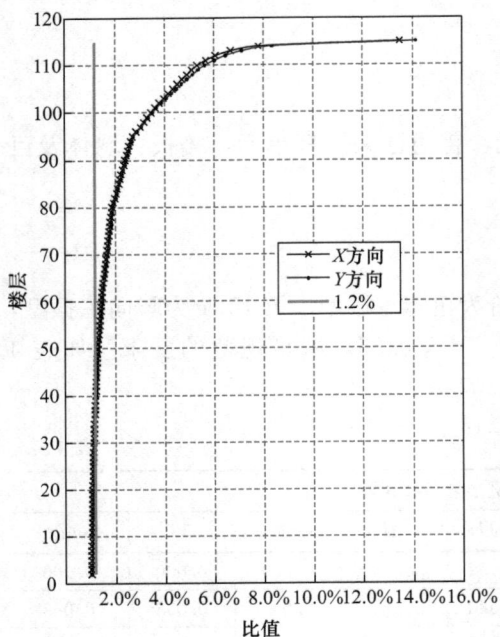

图 15　剪重比

5.4　小震反应谱作用剪重比

剪重比＝本层剪力/本层及本层以上总重力荷载代表值，如图 15 所示。底部楼层剪重比为 1.02%，少数楼层的剪重比略小于1.2%，满足规范的要求。

5.5　小震反应谱作用下内筒外框结构楼层剪力分配

楼层剪力分配如图 16 所示。剪力分布突变处为带状桁架及伸臂楼层；35 层以下巨柱向内侧倾斜，外筒承担剪力约占同层总剪力的50%；35～95 层巨柱竖直，外筒承担剪力约占同层总剪力的 15%，占基底总剪力的 7%～10%；95 层以上巨柱向内侧倾斜，外筒承担剪力约占同层总剪力的 21%。

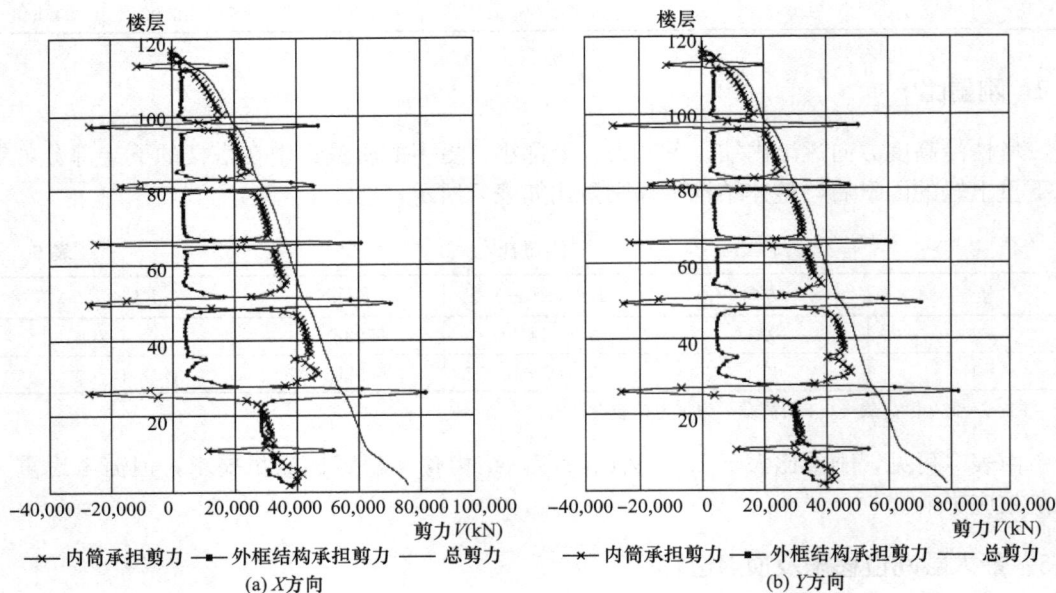

(a) X方向

(b) Y方向

图 16　小震反应谱作用下内筒外框结构楼层剪力分布曲线

5.6　小震反应谱作用下内筒外框结构楼层倾覆弯矩分配

楼层倾覆弯矩分布曲线如图 17 所示。外框结构承担的倾覆弯矩占总倾覆弯矩的70%。

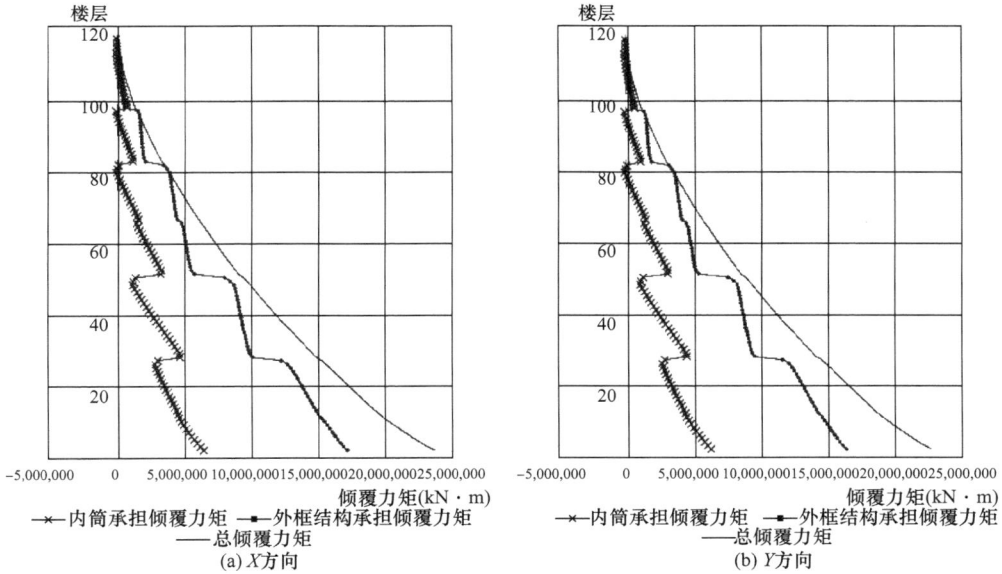

图 17　小震反应谱作用下内筒外框结构楼层倾覆弯矩分布曲线

5.7　抗震性能指标

地震作用下构件抗震性能指标如表 7 所示。

地震作用下构件抗震性能指标　　　　　　　　　　　　　　　　表 7

指标	多遇地震	设防烈度地震	罕遇地震
最大层间位移角	1/500	1/200	1/120
核心筒墙	弹性	基本处于弹性状态	允许进入塑性，底部加强区满足大震作用下受剪截面控制条件
连梁	弹性	允许进入塑性	允许进入塑性，最大塑性角小于 1/50
巨柱	弹性	基本处于弹性状态	允许进入塑性，钢筋应力可超过屈服强度，但不能超过极限强度
巨型支撑	弹性	中震弹性	不进入塑性，钢材应力不可超过屈服强度
周边桁架	弹性	中震弹性	不进入塑性，钢材应力不可超过屈服强度
伸臂桁架	弹性	中震不屈服	允许进入塑性，钢材应力可超过屈服强度，但不能超过极限强度
塔尖钢结构	弹性	中震弹性	允许进入塑性，钢材应力可超过屈服强度，但不能超过极限强度
其他构件	弹性	中震不屈服	允许部分进入塑性
节点	中震保持弹性，大震不屈服		

内筒底部轴压比 0.5；巨柱底部轴压比 0.61，小震作用组合下无拉力出现，工程主要由风荷载组合和中震作用组合控制，伸臂弦杆最大应力水平 $0.85f_y$，腹杆最大应力水平 $0.72f_y$；空间带状桁架外桁架弦杆最大应力水平 $0.43f_y$，腹杆最大应力水平 $0.69f_y$；内桁架弦杆最大应力水平 $0.78f_y$，腹杆最大应力水平 $0.54f_y$。角桁架弦杆最大应力水平

$0.70f_y$，腹杆最大应力水平 $0.29f_y$；巨型钢斜撑最大应力水平 $0.82f_y$。

对工程进行动力弹塑性分析的结果表明[2]，部分连梁出现损伤；核心筒剪力墙的受压损伤主要表现在内腹墙出现纵向受压损伤带、95层与伸臂桁架相连的4个角部剪力墙局部损伤、81层核心筒收进位置局部损伤等几种典型情况，核心筒翼墙没有出现明显受压损伤；巨柱混凝土在转折位置及与伸臂桁架连接位置出现局部开裂，型钢未屈服；伸臂桁架、周边桁架及巨型支撑均不屈服。

6 结构设计策略

6.1 内外筒剪力分配[5]

本工程外框结构为二道防线，确保其在水平荷载作用下承担一定比例的剪力是设计的关键点。

巨柱在35层以下及95层以上向内倾斜，水平荷载作用下其承受的轴向力有水平方向分力，外框结构分担的剪力可占同楼层总剪力的20%以上。巨柱35~95层竖直，考虑结构受力的有效性、施工的便利性、建筑外观及使用空间等因素，综合比较若干加强外框结构方案后，最终确定在外框结构中加设巨型钢斜撑以提高其抗剪刚度和承载力。外框结构在35~95层承担15%楼层总剪力。

6.2 空间带状桁架效用

结构设计由原平面带状桁架改为空间带状桁架，内外2层带状桁架通过斜腹杆及水平弦杆构成空间带状桁架，获得了更好的稳定性，增加了多余约束，改善了巨柱的工作性能和整体结构的抗震、抗连续倒塌性能。

6.3 巨柱计算长度

8根巨柱是该结构受力体系的主要组成部分，与普通高层、超高层结构之间的差异在于，楼层梁板刚度相对巨柱刚度小很多，不足以对巨柱形成有效侧向约束。该类巨柱的计算长度系数是本结构设计中面临的一个重要课题，对整体结构的安全性、经济性有很大的影响。本工程确定巨柱的计算长度包括三个步骤，首先进行线性屈曲分析，得到巨柱的各阶屈曲模态以及屈曲临界荷载系数；然后检查各阶屈曲模态形状，确定该构件发生屈曲时的临界荷载系数，得到该构件的屈曲临界荷载；最后由欧拉临界荷载公式反算该构件的计算长度。

如图18所示，巨柱与核心筒相互依存，屈曲形态同时出现，巨柱以带状桁架为支点发生屈曲，显然，巨柱计算长度可取为带状桁架之间的净距。

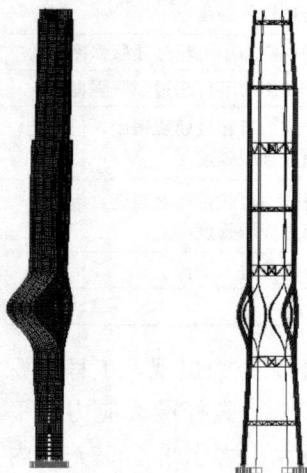

图18 巨柱第1阶线性屈曲模态

6.4 层高预留和竖向构件变形补偿

施工阶段到使用阶段全过程中，整体结构在重力荷载作用下，考虑混凝土的收缩和徐变的影响，可得到巨柱和核心筒竖向变形随时间变化规律。分析结果表明，整体结构使用 1 年后，绝大部分竖向变形基本完成。引入适当的变形补偿，有利于电梯设备正常运行，有利于控制和保证装饰工程质量。

6.4.1　层高预留

楼层施工标高为楼层设计标高和该层设计标高预留高度之和。巨柱和核心筒各层标高预留高度如图 19 和图 20 所示，巨柱最大楼层标高预留高度为 152mm（78 层），核心筒最大楼层标高预留高度为 173mm（78 层）。

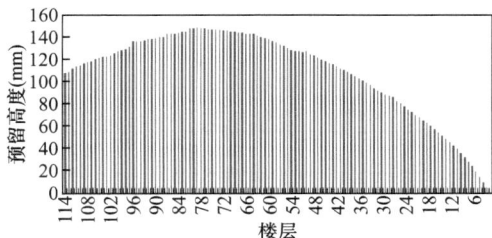

图 19　巨柱竖向预留高度楼层分布　　　图 20　核心筒竖向预留高度楼层分布

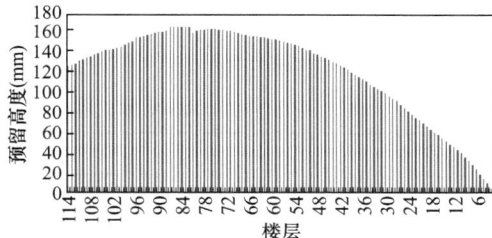

6.4.2　竖向构件变形补偿

层高预留要求各层竖向构件施工下料时需预留一定的长度，使得结构施工至使用 1 年后各层竖向构件长度达到设计层高，该预留长度即为该层竖向构件施工至建筑使用 1 年后的压缩量。每层竖向构件施工长度为该层设计层高与该层竖向构件预留长度之和，图 21 和图 22 所示为各层巨柱和核心筒预留长度，巨柱楼层最大预留长度为 3.4mm（99 层），核心筒楼层最大预留长度为 5.3mm（83 层）。

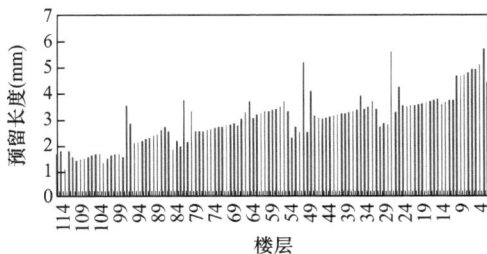

图 21　巨柱各层预留长度　　　图 22　核心筒各层预留长度

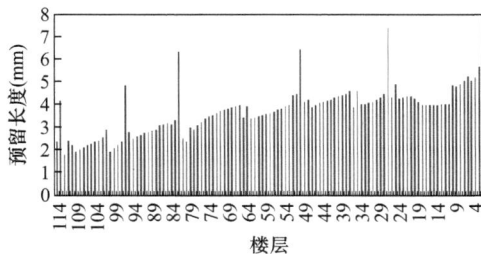

6.5　TMD 研究

工程在台风作用下舒适度超过限值，设计拟加装 TMD 减振，如图 23～图 25 所示。112 层内筒两个对角处分别设置 TMD 装置，单个 TMD 钢球重 400t。

初步分析表明，加装 TMD 后，有效减小了结构第 1 阶模态平动加速度响应，同时，基本消除了结构第 1、2 阶扭转振动响应，舒适度满足要求。

减振前后结构 554.5m 标高楼面处最大加速度及角速度如表 8 所示。

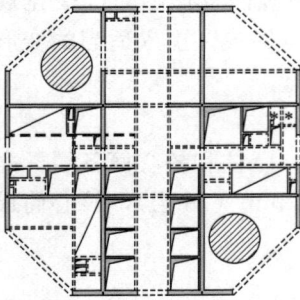

图 23　TMD 平面布置　　　　图 24　TMD 装置平面图　　　　图 25　TMD 装置立面图

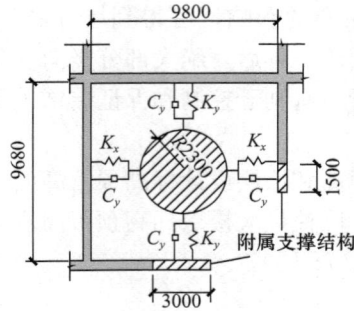

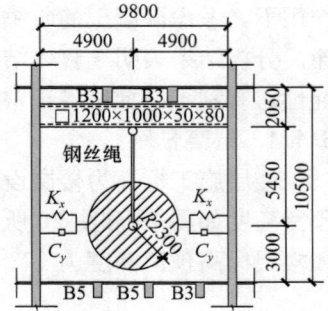

标高 554.5m 楼面处最大加速度及角速度　　　　　　　　表 8

项目		最大加速度（m/s²）	最大角速度（rad/s）
		横风向（Y 向）	Z 向
峰值概率最大加速度方法	减振前	0.2506	0.001300
	减振后	0.1564	0.000346

7　结语

　　平安金融中心结构从方案到初步设计历时两年多，经过全国超限审查委员会多次论证，在风荷载取值、结构体系、设计标准和抗震性能目标等各方面不断改进与完善，最终完成各项工作，并于 2010 年 3 月通过了全国抗震设防专项审查。工程设计研究主要成果如下：

　　（1）合理配置内筒外框结构及其连接构件，形成多重抗侧力空间结构体系十分重要。外框结构是本工程重要组成部分，设置空间带状桁架、巨型钢斜撑和 V 形撑等，提高外框结构刚度，增加多余约束，形成较为可靠的二道防线，有利于增强整体结构稳定性，提高整体结构抗震、抗连续倒塌能力。

　　（2）首创的 V 形撑主要承担建筑角部重力荷载，控制角部区域楼板竖向振动，同时巧妙结合建筑立面造型，体现了建筑与结构的和谐。

　　（3）合理确定巨柱计算长度，对保证巨柱安全性十分重要。

　　（4）首次提出超高层建筑楼层高度预留和竖向构件长度预留的设计概念和计算方法，为建筑施工及投入使用后的结构健康监测提供了科学依据，同时提高了建筑物使用性能水准。

　　（5）细致深化的计算分析极其重要。楼板局部有限元分析、楼板刚度退化影响分析、关键节点局部有限元分析、抗连续倒塌分析、屈曲稳定分析、人为激励下楼盖舒适度分析、风振舒适度分析、TMD 减振分析、混凝土长期收缩徐变及温度效应影响分析和结构抗震动力弹塑性分析等计算分析，有力地保证了工程的安全性、合理性。

　　（6）后续委托中国建筑科学研究院、同济大学等单位完成巨柱构件、关键节点工作性能试验研究及整体结构振动台试验研究，以进一步研究改进结构性能。

参考文献

[1] 宋腾-汤玛莎帝工程顾问有限公司，中建国际设计顾问有限公司. 平安国际金融中心结构工程超限高层专项审查送审报告 [R]. 2011.

[2] 广州数力工程顾问有限公司. 深圳平安国际金融中心第三方罕遇地震弹塑性时程分析报告 [R]. 2011.

[3] 建设部. 高层建筑混凝土结构技术规程：JGJ 3—2002 [S]. 北京：中国建筑工业出版社，2002.

[4] 建设部. 建筑抗震设计规范：GB 50011—2001 [S]. 北京：中国建筑工业出版社，2001.

[5] 徐培福，傅学怡，王翠坤，等. 复杂高层建筑结构设计 [M]. 北京：中国建筑工业出版社，2005.

02 深圳火车北站结构设计

傅学怡[1]，吴兵[1]，陈朝晖[1]，孟美莉[1]，孙璨[1]，陈强[2]，江化冰[1]，
冯叶文[1]，邵建伟[1]，郭明[2]，蒋凡[2]
（1. 深圳大学建筑设计研究院，深圳　518060；
2. 中铁第四勘察设计研究院集团有限公司，武汉　430063）

【摘要】　深圳火车北站为京广港铁路上重要枢纽车站之一，总建筑面积18万 m^2，由站房和两侧的无柱站台雨棚构成，站房结构不设永久缝，工程体量大，结构复杂。结合建筑功能，采用了新颖的空间结构体系。本文结合工程项目背景，全面介绍了该工程结构设计中的关键技术问题，包括结构体系、荷载分析、抗震性能化设计分析、超长结构温差收缩效应分析、高架城市轻轨穿越振动影响分析等。研究结果表明，结构精心设计，能完美实现建筑；轻轨高架穿越，控制列车振动对车站的影响是关键；根据精确的整体有限元分析，予以针对性的加强措施，可有效解决超长结构的温差收缩效应问题；四边形环索弦支结构大大提高了现有弦支结构的工作效率。工程所采用的结构体系对于其他大型公共建筑，尤其是复杂交通枢纽建筑具有很好的借鉴作用。

【关键词】　双向空间桁架，四边形环索弦支结构，高架城市轻轨，超长结构，温差收缩效应

Structural Design of Shenzhen North Railway Station

Fu Xueyi[1]，Wu Bing[1]，Chen Zhaohui[1]，Meng Meili[1]，Sun Can[1]，Chen Qiang[2]，
Jiang Huabing[1]，Feng Yewen[1]，Shao Jianwei[1]，Guo Ming[2]，Jiang Fan[2]
（1. The Institute of Architecture Design & Research，Shenzhen University，Shenzhen　518060；
2. China railway Siyuan survey and design group Co.，LTD，Wuhan　430063）

Abstract：Shenzhen north railway station，as one of the major hub stations in the Beijing-Guangzhou-Hongkong railway system，with 180000m² construction area，which consist of a central station house and the no-pilar platform along on its both sides，is adopted as an innovative spacial structural system without construction joint. Combined the project background，this paper does introduce the key technical issues in the structural design，such as the structural system，the loading analysis，the anti-seismic performance design，the analysis of temperature variation and concrete shrinkage effect on super-long structure，the analysis of vibration effect from elevated LRT，etc.. Research results show that elaborate structural design can realize the architecture perfectly，control of the vibration from the elevated LRT is an important issue for the railway station structure design，finite element analysis of the overall structure and some special measures can effectively minimize the temperature variation and concrete shrinkage effect due to the super-long structure， quadrilateral string support system largely increase the work efficiency of string supported system in existence. The project can be taken as reference for similar projects.

Keywords：2-way spacial truss, quadrilateral string support system, elevated LRT（Light rail train）, super-long structure, temperature variation and concrete shrinkage effect

1 工程概况

深圳火车北站位于深圳市龙华中心区，为京广港铁路重要交通枢纽。由站房建筑及两侧的无柱站台雨棚组成。站房2层，局部设夹层，屋盖结构"上平下曲"。两侧雨棚呈波浪形。总建筑面积18万 m²，建筑效果图如图1所示。

图1 深圳北站效果图

深圳火车北站为一复杂的交通枢纽项目。为实现国铁、城市地铁、轻轨、公交车辆的"零换乘"，设计围绕交通组织做了周密的安排，城市轻轨4、6号线在站房建筑中平行于下部铁路股道高架穿越，地铁5号线、平南铁路垂直于铁路股道下沉穿越，新区大道平行于铁路股道下沉穿越，如图2、图3所示。

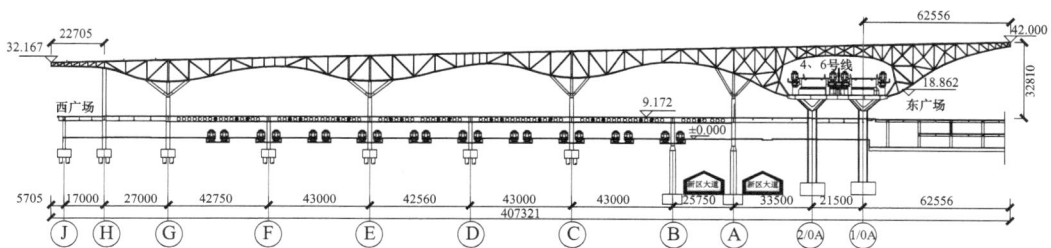

图2 垂直股道方向剖面图

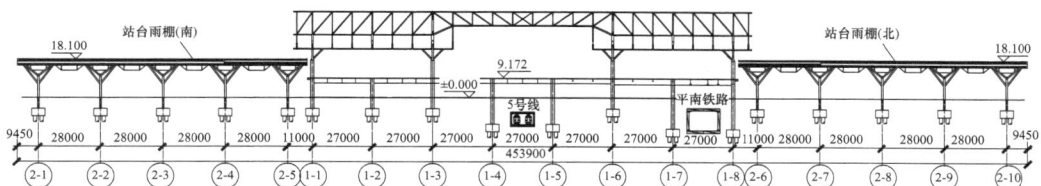

图3 平行股道方向剖面图

该工程由中铁第四勘察设计研究院集团有限公司和深圳大学建筑设计研究院联合设计，结构设计于 2008 年 12 月通过铁道部鉴定中心结构设计专项审查，2011 年 3 月结构竣工验收，2011 年年底通车运行。

1.1 站房下部结构

站房结构共两层，地面层为站台层，二层为高架站厅层，整体结构由下部结构和上部钢屋盖构成，总用钢量 6.9 万 t。其中，站房下部结构垂直股道方向长 339.06m，平行股道方向长 201.5m，面积约 7 万 m²，标准柱距 43m、27m，采用圆钢管混凝土柱＋工字钢梁组合楼盖组成框架结构，圆钢管柱截面直径 1400～1600mm，钢管壁厚 40mm、50mm，内填充 C60 自密实高性能混凝土，二层结构平面布置如图 4 所示。

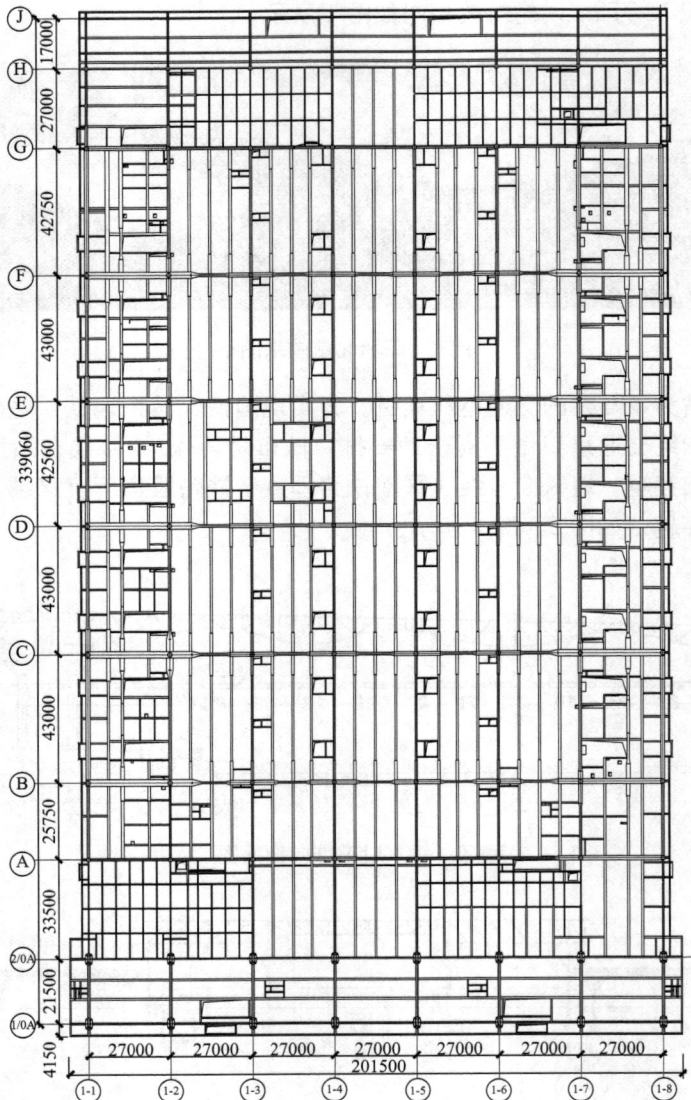

图 4 站房二层结构平面布置图

城市轻轨在站房东端高架穿越，支承结构需较大侧向、竖向刚度，结合建筑造型，首层采用八边形空心钢管混凝土柱作为支承柱，截面尺寸为 2500mm×4000mm，二层以上分叉为截面 2500mm×2000mm 七边形钢管混凝土柱，支承上方的 4、6 号线列车轨道梁桥墩，分叉柱之间通过矩形钢管梁连接，如图 5 所示。

二层楼盖采用现浇钢筋混凝土组合楼盖，焊接工字钢梁，跨度为 23.5～43.0m，梁高 2.3m，梁腹板均匀布置六边形孔洞，洞高 1.5m，组合切割节省腹板钢材 25%，同时可供设备管线穿越，满足建筑净空要求。楼板采用钢筋桁架楼承板，不需模板、不需支撑，方便施工，楼盖结构双向整体性较好。

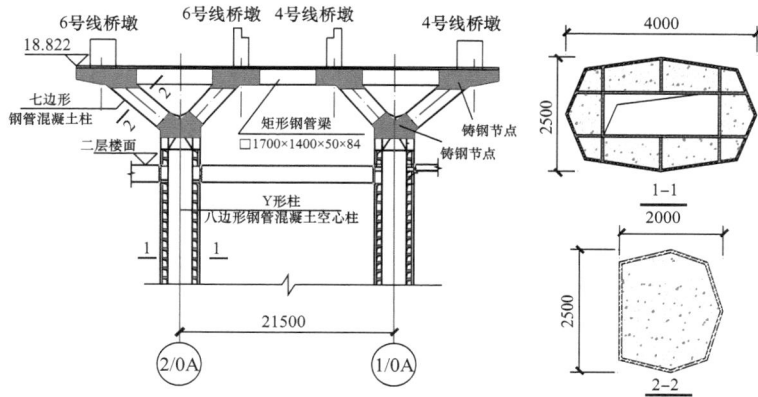

图 5　城市轻轨支撑柱

1.2　站房屋盖结构

站房上部屋盖钢结构如图 6 所示，为一空间双向桁架结构，垂直股道方向长 407.316m，平行股道方向长 203m，覆盖面积 8.35 万 m²。平行股道方向柱距 54m、81m、54m，垂直股道方向柱距 68.75m、85.56m、85.75m。屋盖结构由主结构和次结构构成。主结构由两个方向的主、次桁架构成，主桁架支承于站房钢管混凝土柱上部分叉钢管柱及地铁 4、6 号线分叉钢管混凝土空心柱，次桁架支承于主桁架。两方向主结构之间网格尺寸约 27m×27m，采用如图 7 所示次结构，由上下两层双向梁系与斜拉杆、竖向撑杆组成，该结构既支承了屋面，又悬挂了吊顶，简化了结构杆件，满足建筑功能需要。垂直于股道方向屋盖两侧分别有 62.556m 和 22.7m 的悬挑。为满足屋盖平面内刚度、稳定性及承载力需要，沿屋盖周边上弦平面布置了支撑体系。

1.3　站台雨棚

站台雨棚在站房左右两翼对称布置，效果图如图 8 所示。单侧雨棚长 273m，宽 132m，两侧雨棚总覆盖面积 6.8 万 m²。支承结构为直径 800～900mm 钢管混凝土柱，壁厚 30mm，垂直股道方向标准柱距 43.0m，平行股道方向标准柱距 28.0m。雨棚通过四向交叉斜柱支承于钢管混凝土直柱顶端，斜柱为 500～650mm 圆钢管，分别四向斜伸 7.0m 和 10.75m，整个雨棚形成 14.0m×21.5m 网格的双向连续多跨空间结构，如图 9、图 10 所示。

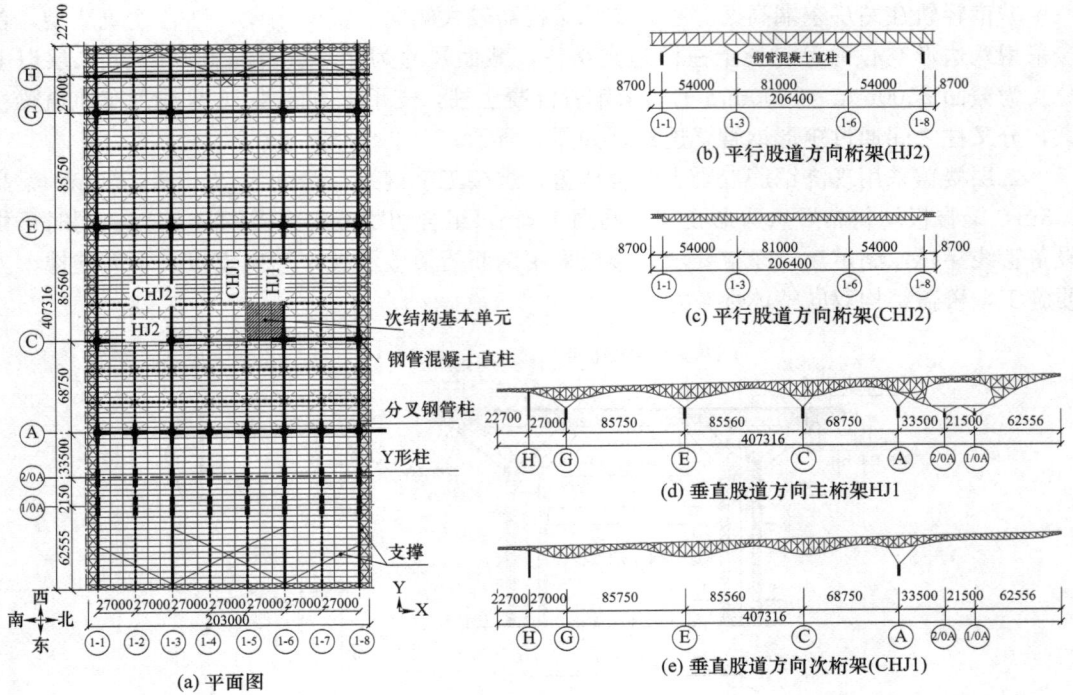

(a) 平面图

(b) 平行股道方向桁架(HJ2)

(c) 平行股道方向桁架(CHJ2)

(d) 垂直股道方向主桁架HJ1

(e) 垂直股道方向次桁架(CHJ1)

图 6　站房屋盖结构构成

图 7　次结构构成

图 8　雨棚结构效果图

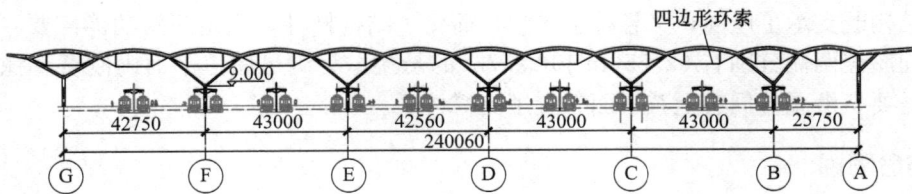

图 9　雨棚垂直股道方向立面

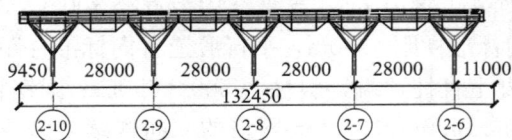

图 10　雨棚平行股道方向立面

14.0m×21.5m雨棚屋盖基本网格单元采用四边形环索弦支结构，由斜拉钢棒、竖向撑杆及四边形环索构成，如图11所示，通过张拉斜拉钢棒，张紧环索、撑杆受压，改善网格梁结构的受力和变形性能。

斜拉钢棒采用直径64mm、70mm高强合金钢棒；竖向撑杆采用圆钢管ϕ154×4.5、ϕ194×5，四边形环索采用直径30mm高强镀锌钢丝束，破断强度1670MPa；单层网格梁，主梁方钢管□450×250×14×16、次梁工字钢250×250×6×12。

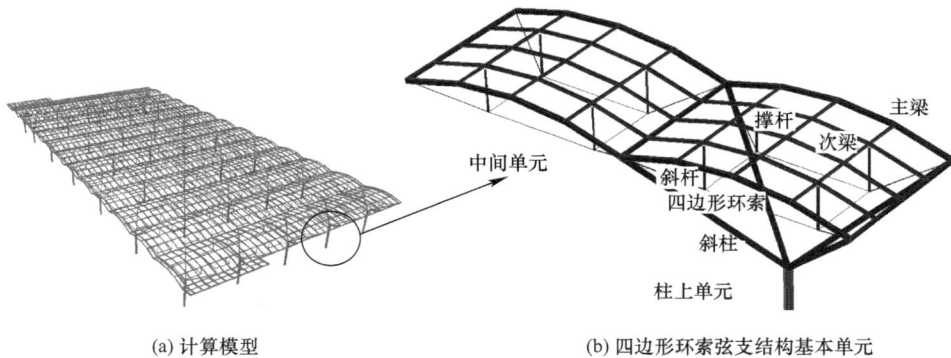

(a) 计算模型   (b) 四边形环索弦支结构基本单元

图11　雨棚结构计算模型及四边形环索弦支结构基本单元

1.4　结构特点

（1）复杂交通枢纽：轻轨高架穿越，需控制列车振动对结构的影响；多条交通线路下沉穿越，基础结构需特殊处理。

（2）超长：站房楼盖结构339.06m×201.50m，屋盖结构407.316m×203m，不设变形缝。

（3）大跨度、大悬挑：楼盖标准柱距43m；屋盖结构柱网86m×81m，悬挑62.5m。

（4）创新：雨棚屋盖创新性地采用四边形环索弦支结构。

2　结构设计标准及荷载作用

2.1　结构设计标准

总体控制标准为：结构设计基准期50年，设计使用年限100年；安全等级一级，重要性系数1.1；抗震设防烈度7度，设计基本地震加速度0.1g（g为重力加速度），设计地震分组第一组，抗震设防等级乙类。

结构变形控制标准：50年重现期风荷载及小震作用下结构层间位移角限值1/550，钢结构主梁、桁架在永久和可变荷载标准值下的挠度限值L/400（L为桁架、梁跨度）。

动力特性指标：屋盖竖向自振频率不小于1.0Hz，楼盖结构竖向自振频率控制大于等于3.0Hz，人行、列车振动引起的站房楼盖峰值加速度不大于0.015g。

结构应力指标：钢结构杆件最大组合设计应力小于0.9f_y（f_y为设计强度）；钢拉杆（索）应力控制原则为，最不利组合工况下最大组合拉应力小于0.45f_{yk}（f_{yk}为破断强度），自重＋附加恒荷载＋风吸力工况下最小拉应力大于 $0.05f_{yk}$。

结构稳定指标：线性极限屈曲荷载/（恒＋活）标准荷载的屈曲系数大于 10，非线性极限屈曲荷载/（恒＋活）标准荷载的屈曲系数大于 5。

2.2 重力荷载

站房楼盖结构考虑吊顶、管道、检修等楼面附加恒荷载取 $5.25kN/m^2$，隔墙处另加 $1kN/m^2$，活荷载 $3.5kN/m^2$；站房屋盖钢结构屋面恒荷载 $0.6kN/m^2$，吊顶恒荷载 $0.6kN/m^2$，屋面活荷载 $0.5kN/m^2$；站台雨棚屋面恒荷载 $1.0kN/m^2$，活荷载 $0.5kN/m^2$。

2.3 地震作用

场地谱与规范谱[1]比较见图 12，可以看到：小震场地谱的地震影响系数较规范谱略大，特征周期 T_g 大 0.05s；中震场地谱最大地震影响系数 α_{max} 较规范谱值小 2.8%，但场地谱特征周期较长，达 0.55s，在较大的频谱范围内场地谱地震影响系数大于规范谱；大震场地谱最大地震影响系数 α_{max} 较规范谱小，仅为规范谱的 70%，但场地谱特征周期为 0.7s，大于规范谱特征周期 0.4s。结构小震分析采用场地谱和规范谱双控，中震和大震分析时采用场地谱，以策安全。

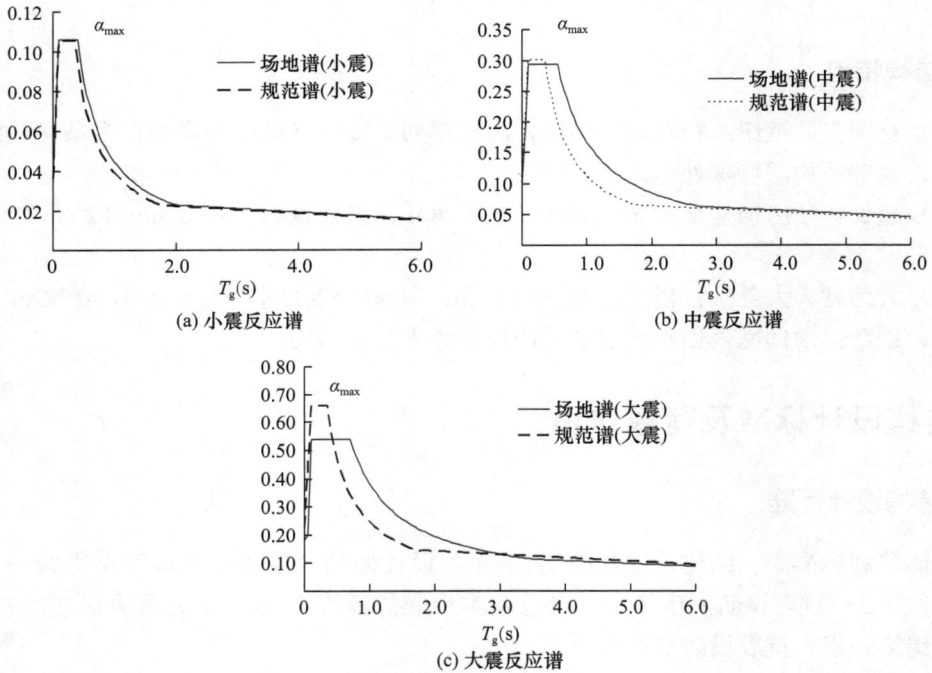

图 12 场地谱与规范谱比较

2.4 风荷载

基本风压：$0.9kN/m^2$（100 年一遇），地面粗糙度 B 类。

初步设计阶段按《建筑结构荷载规范》GB 50009—2001 取值，施工图阶段按风洞试验结果进行调整。风洞试验结果[2]表明，大部分区域按规范取值合理、安全。局部区域如垂直股道来风时，迎风向的墙面和悬挑屋盖的下表面风压系数为 1.2～1.4；平行股道来风时，雨棚多跨连续坡屋面迎风侧风压系数为 0.6～1，背风侧为 -0.6～-0.1，均较为不利，设计调整加强。

2.5 温度作用

温差取值计算采用深圳市气温统计材料，见表 1。

温差计算考虑了结构所经历的整体温差影响，分为两个阶段：①施工阶段：假设混凝土低温入模、钢结构低温合拢，结构合拢温度取施工当月平均气温，整体温差＝经历月最高（最低）气温-结构合拢温度；②使用阶段：整体温差＝结构构件使用温度-结构合拢温度。

深圳气象统计参数 表 1

月份	月平均气温（℃）	月最高气温（℃）	月最低气温（℃）
1	14.1	28.4	0.9
2	15.0	29.0	0.2
3	18.4	30.7	4.8
4	22.2	33.2	8.7
5	25.3	35.8	14.8
6	27.3	35.3	19.0
7	28.2	38.7	20.0
8	27.8	36.6	21.1
9	26.6	36.6	16.9
10	23.7	33.6	11.7
11	19.7	32.7	4.9
12	15.9	29.8	1.7

2.6 城市轻轨荷载

北京城建设计研究总院有限责任公司提供 4、6 号线列车、轨道及列车站台传来的竖向附加恒荷载和活荷载，如图 13 所示。城市轻轨传来的每支座水平方向荷载为：轨道伸缩力 220kN，断轨力 918kN，牵引力 144kN，摇摆力 96kN。

2.7 站房结构计算模型

采用了多种计算软件（ETABS、SAP2000、MIDAS、ANSYS 等）、多模型对结构进行计算分析（图 14）。

模型一：单独下部结构、单独上部钢屋盖结构。单独下部结构模型嵌固端取基础顶面，上部屋盖结构传来的风、重力荷载等作为集中力加于下部结构柱顶；单独

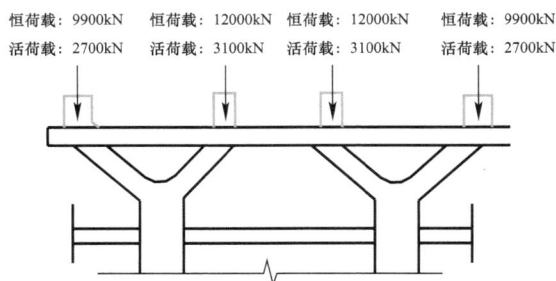

恒荷载：9900kN 恒荷载：12000kN 恒荷载：12000kN 恒荷载：9900kN
活荷载：2700kN 活荷载：3100kN 活荷载：3100kN 活荷载：2700kN

图 13 城市轻轨恒荷载、活荷载

上部钢屋盖结构嵌固于下部结构柱柱顶，风荷载计算考虑实际高度影响。

模型二：上、下部结构总装整体结构。关键节点另建立实体单元有限元模型。

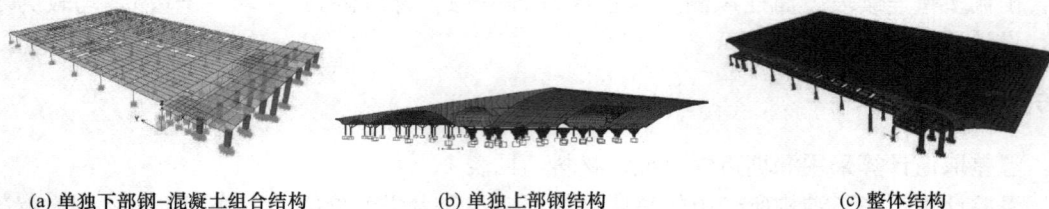

(a) 单独下部钢-混凝土组合结构　　　　(b) 单独上部钢结构　　　　(c) 整体结构

图 14　结构计算模型

3　计算结果及分析

3.1　结构振动模态

从结构振型计算结果（图 15）可以看出，1 阶振型为整体结构的 X 向平动；2 阶振型为整体结构 Y 向平动叠加钢屋盖结构悬挑端开洞处局部竖向振动，同时伴有扭转；3 阶振型为整体结构 Y 向平动＋上部屋盖悬挑部分竖向振动，同时带有少量扭转，对应于单独上部钢屋盖 1 阶振型；4、6、8 阶振型为屋盖结构局部竖向振动；5 阶振型为整体结构 X 向平动伴随扭转；7 阶振型为钢屋盖悬挑端局部竖向振动。总体来说，振型的质量参与较为分散，前 108 阶模态三个平动方向及扭转方向的累积质量参与达到 100％、100％、98％和 96％。楼盖的竖向第 1 主振型出现在 42 阶，对应的周期为 0.32s，振动频率 3.12Hz。

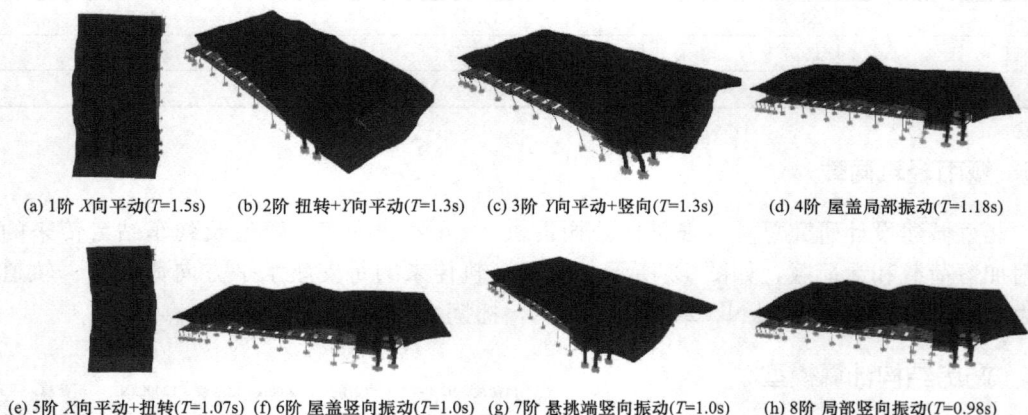

(a) 1阶 X向平动(T=1.5s)　(b) 2阶 扭转+Y向平动(T=1.3s)　(c) 3阶 Y向平动+竖向(T=1.3s)　(d) 4阶 屋盖局部振动(T=1.18s)

(e) 5阶 X向平动+扭转(T=1.07s)　(f) 6阶 屋盖竖向振动(T=1.0s)　(g) 7阶 悬挑端竖向振动(T=1.0s)　(h) 8阶 局部竖向振动(T=0.98s)

图 15　结构振型

3.2　整体结构主要性能指标

整体结构主要性能指标计算结果见表 2，可以看到，水平荷载作用下，结构的最大层间位移角为 1/743，偶然偏心地震作用下，结构的最大扭转位移比 1.2，为扭转规则结构；结构的剪重比等重要的力学指标均较好地满足了规范要求。结构构件处于较为合理的工作状态。

整体结构主要性能指标计算结果 表 2

指标	计算软件	
	SAP2000	MIDAS
X 向地震作用下最大层间位移角	1/754(上部钢结构)，1/1208(下部楼盖)	1/698(上部钢结构)，1/1312(下部楼盖)
（计偶然偏心）$\delta^x_{max}/\overline{\delta_x}$	1.16(上部钢结构)，1.13(下部楼盖)	1.20(上部钢结构)，1.19(下部楼盖)
Y 向地震作用下最大层间位移角	1/910(上部钢结构)，1/1178(下部楼盖)	1/883(上部钢结构)，1/1232(下部楼盖)
（计偶然偏心）$\delta^y_{max}/\overline{\delta_y}$	1.16(上部钢结构)，1.02(下部楼盖)	1.12(上部钢结构)，1.09(下部楼盖)
Z 向地震作用下最大位移	21.3mm(56m 大悬挑处)	20.6mm(56m 大悬挑处)
X 向地震作用下剪重比	1.7%	1.5%
Y 向地震作用下剪重比	2.0%	1.8%
X 向风荷载作用下最大层间位移角	1/743(上部钢结构)，1/7701(下部楼盖)	—
Y 向风荷载作用下最大层间位移角	1/1802(上部钢结构)，1/8936(下部楼盖)	—

3.3 中震设计

结构满足规范规定的小震作用下完全弹性的要求。对于重要构件（包括竖向构件和节点），进一步进行了中震弹性设计[3]，中震弹性设计分项系数、荷载组合和材料强度等均取同小震作用；对于其余构件，采用中震不屈服进行设计，荷载组合为 1.0 恒荷载＋0.5 活荷载＋1.0 地震作用，不考虑抗震承载力调整系数，材料取屈服强度。采用中震场地谱，阻尼比同小震，取 0.02，计入三向地震作用。屋盖钢结构设计应力与屈服强度比值如图 16 所示，可见，杆件应力比均小于 0.7，满足要求。

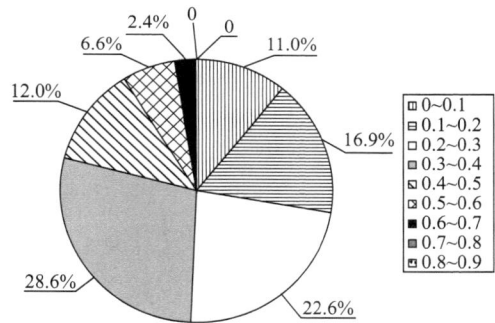

图 16 中震设计——杆件应力比水平分布

3.4 大震动力弹塑性时程计算分析

动力弹塑性计算采用 MIDAS 软件，采用场地安评报告所提供的 50 年基准期超越概率 2% 的三条人工水平波。X、Y、Z 三向输入，三向地面运动加速度比例系数为 $X:Y:Z=1:0.85:0.65$ 及 $X:Y:Z=0.85:1:0.65$。动力弹塑性分析采用非线性直接积分时程分析，结构阻尼比为 0.02，时间步长 0.02s，地震波持续时间取 20s。

将塑性铰划分为 5 个不同的状态：Level 1 为构件截面部分屈服；Level 2 为构件已达到屈服状态，塑性铰生成，地震后构件不需要修复即可继续使用；Level 3 为构件破坏阶段；Level 4 为生命安全状态，构件受到明显破坏但尚能确保生命安全，可修复继续使用但修复不一定经济；Level 5 为构件受到严重破坏，已不可修复使用，但构件尚能承受重力荷载而避免倒塌。上述 5 个状态分别以蓝色、深绿色、浅绿色、黄色和红色来表示。

重力荷载与大震作用下，结构塑性铰发展状态如图 17 所示，可以看到，所有铰都出现在屋盖结构构件，并且都处于 Level 1 状态，结构基本处于弹性阶段。

3.5 大震静力推覆（Pushover）分析

静力弹塑性分析采用 SAP2000 倒三角分布的水平荷载加载。

Pushover 计算分析结果表明，结构在多遇地震和设防地震作用下没有出现塑性铰，完全处于弹性状态。X 向罕遇地震作用下，塑性铰发展情况如图 18(a) 所示。此时共出现了 61 个塑性铰，均为轴力铰，其中 53 个位于阶段 1（B-IO）：构件只受到轻微破坏，无须修复即可继续使用；6 个位于阶段 2（IO-LS）：构件受到显著损坏，但尚不危及生命安全，修复后可继续使用；2 个位于阶段 3（LS-CP）：构件受到严重破坏，强度退化，已不可修复使用，但构件尚能承受重力荷载而避免倒塌。Y 向罕遇地震作用下，塑性铰发展情况如图 18(b) 所示，此时共出现了 75 个塑性铰，58 个阶段 1，14 个阶段 2，3 个阶段 3，其中除个别杆件出现弯矩铰外，其余均为轴力铰。

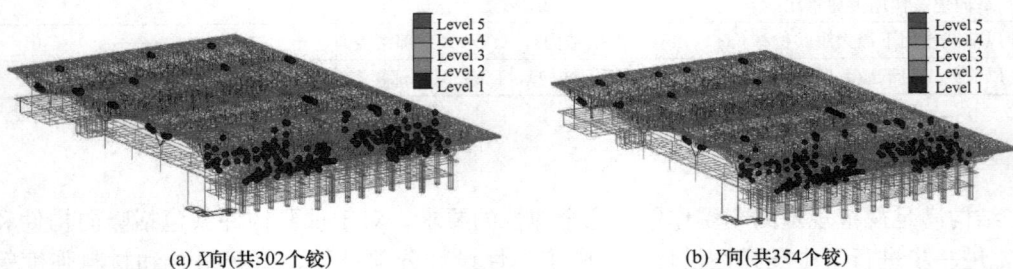

(a) X向(共302个铰)　　　　　　　　　　　(b) Y向(共354个铰)

图 17　罕遇地震作用下结构塑性铰发展状态

可以看出，罕遇地震作用下结构中只有少量杆件屈服，且均出现在屋盖钢结构，对结构刚度影响较小，表明本结构有较大的抗震安全储备，完全能满足"大震不倒"的要求。

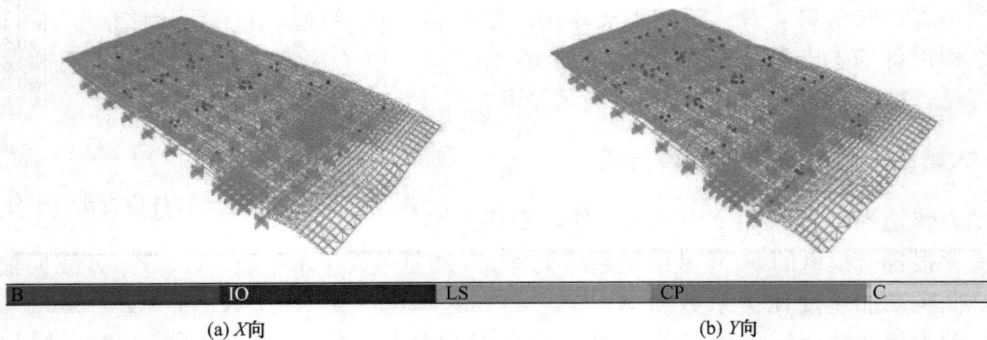

(a) X向　　　　　　　　　　　(b) Y向

图 18　大震作用下塑性铰发展状态

3.6　站台雨棚弦支结构

弦支结构主要是利用弦支体系中张拉斜拉杆，张紧环索，使竖直撑杆受压，从而改善上部网格梁结构的受力性能，提高上部网格梁结构的刚度和稳定性。预应力作用的大小和效率是影响弦支结构体系工作性能的关键。目前国内外应用较多的弦支结构体系大多限于圆形或椭圆形平面，环索多为 24～36 边形，环索与斜拉杆夹角接近 90°，根据力系平衡，即斜拉杆在水平方向上的分力 T_2 和环向索索力平衡，有：

$$T_2 = T_1 \times \cos(180° - \theta_1) + T_1 \times \cos(180° - \theta_2) \tag{1}$$

式中：T_1、T_2——分别为环索、斜拉杆的拉力；

θ_1、θ_2——分别为这两段环索与斜拉杆在环向索所在平面上的投影的夹角（图19）。

对于24～36边形环索，θ_1、θ_2接近90°，环索拉力约为斜拉杆拉力的5～10倍，环索工作效率低。本工程创新性地采用四边形环索弦支结构，斜拉杆与环索夹角较小（图20），环索拉力与斜拉杆拉力基本相等，环索工作效率大大提高。

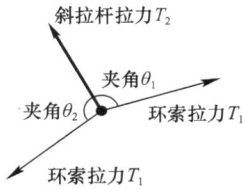

图19 环索与斜拉杆拉力关系示意

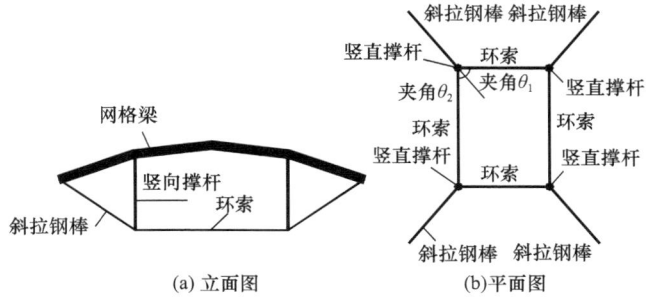

图20 四边形环索弦支结构

为验证该新型四边形环索弦支结构体系的各项性能指标和安全可靠性，选取了含9块典型结构单元的1/8缩尺结构模型（图21），在浙江大学空间结构研究中心实验室开展了静载、预应力张拉及断索试验研究。试验研究结果表明[4]，该弦支结构体系设计合理，弦支体系各杆件受力安全可靠，工作效率高，上部网格梁内力分布均匀合理，变形较小，整体结构满足强度、刚度要求，并具有良好的稳定性能。同时，断索试验结果表明，局部断索对整体结构工作性能及安全性影响很小。

图21 雨棚结构试验模型

3.7 超长结构温差收缩计算分析

针对本工程超长钢结构温差变化及混凝土楼板收缩应力的不利影响，进行了专门的结构温差收缩效应计算分析。参考文献［5］建议的有限元计算方法，温差效应计算考虑了以下要点：①进行后浇带结构生成过程的施工模拟；②考虑结构施工至使用生命全过程最不利温差取值；③计算模型上摈弃基础固定端或不动铰假定，考虑地基或桩基有限约束刚度；④考虑混凝土徐变收缩时效特性；⑤考虑组合结构中钢梁、混凝土板的连接栓钉与混凝土之间的相对微应变松弛效应。同时，控制混凝土结构与钢结构合拢温度，根据深圳市气候条件，控制在月平均气温以下合拢。采用通用有限元计算软件SAP2000整体结构（含基础、后浇带）进行建模计算。

取垂直股道方向典型框架构件负温差分析，框架柱内力如图22、图23所示。

整个负温差计算历程中，柱最大弯矩出现在1/0A轴、截面为2500mm×4000mm的八边形钢管混凝土空心柱，最大弯矩值为5806kN·m，对应的最大正应力为$\sigma=0.94\text{N/mm}^2$，最大剪力为1622kN，对应的最大剪应力为$\tau=0.31\text{N/mm}^2$；对于圆钢管柱，最大温差内力出现在 G 轴，最大弯矩为 2518kN·m，最大剪力为 1360kN，对应最大应力为 $\sigma = 17MPa$，$\tau = 3.63MPa$。可见附加温度应力水平较低，对柱安全度影响不大。

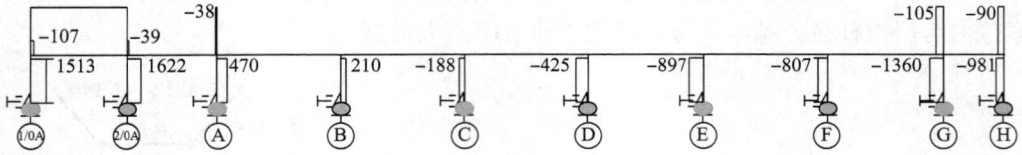

图 22　负温差工况下框架柱剪力图（kN）

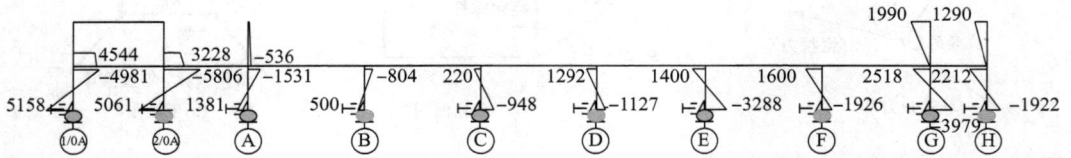

图 23　负温差工况下框架柱弯矩图（kN·m）

表 3 为负温差工况下钢梁、混凝土板的最大温差应力，可见，钢梁附加温差收缩应力占总应力的 5% 以内，混凝土附加温差收缩应力均小于 2MPa，温差对组合楼盖梁板内力有一定的影响，但通过局部加强配筋可满足安全要求。

负温差工况下钢梁、混凝土板最大温差应力　　　　　　　　　　　表 3

位置	钢梁			混凝土板	
	截面	轴力（kN）	平均轴向应力（N/mm²）	板厚（mm）	平均轴向应力（N/mm²）
⑩A—②A	H600×1800×30×50	1308	10.63	160	0.84
②A—Ⓐ	H1200×1800×40×50	2450	13.46	160	1.13
Ⓐ—Ⓑ	H700×2300×40×50	1325	7.93	160	0.66
Ⓑ—Ⓒ	H700×2300×40×50	1220	7.31	160	0.61
Ⓒ—Ⓓ	H700×2300×40×50	1154	6.91	160	0.56
Ⓓ—Ⓔ	H700×2300×40×50	1089	6.52	160	0.52
Ⓔ—Ⓕ	H700×2300×40×50	745	4.46	160	0.40
Ⓕ—Ⓖ	H700×2300×40×50	626	3.75	160	0.35
Ⓖ—Ⓗ	H600×2300×30×50	395	2.67	160	0.27

图 24 所示为负温差单工况、温差最不利组合工况下屋盖杆件应力比分布，可以看到，负温差单工况下，钢结构最大应力比为 0.16；有 1598 根杆件应力比为 0.1～0.2，约占总数的 8.8%。考虑温差作用最不利组合时，有 576 根杆件的应力比为 0.7～0.8，约占总数的 2.9%。可见，屋盖钢结构在考虑温差效应的荷载组合作用下能满足承载力要求。

结构设计对温差收缩计算所揭示的受力不利部位予以加强，采取针对性措施如下。①混凝土低温入模：控制在月平均气温以下入模；②后浇带设置：设置多条双向贯通的施工后浇带，分块长度基本控制在 45m 以内；③混凝土后浇带滞后封闭：主体结构封顶，进入装修期后选低温月采用无收缩混凝土合拢；④钢梁施工措施：后浇带钢梁支座处设月牙孔安装定位螺栓，传递剪力，混凝土后浇带封闭前予以焊接连续，如图 25 所示；⑤配筋构造措施：二层楼板厚 160mm，双层双向贯通钢筋率 0.4%，支座、跨中区按需要局部加短筋。

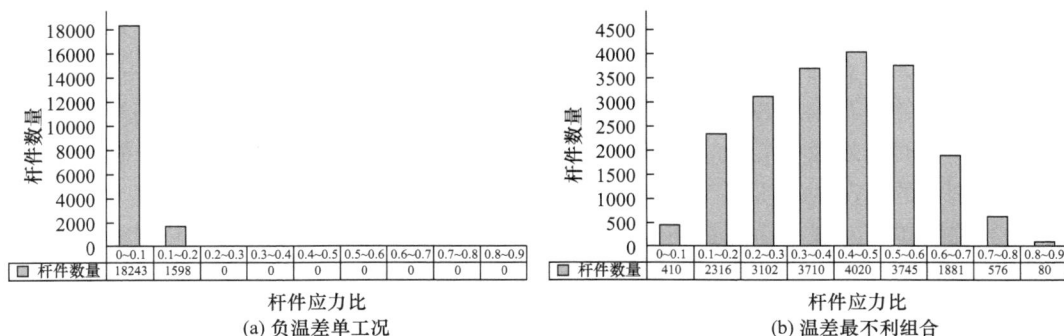

(a) 负温差单工况

(b) 温差最不利组合

图 24 屋盖杆件应力比

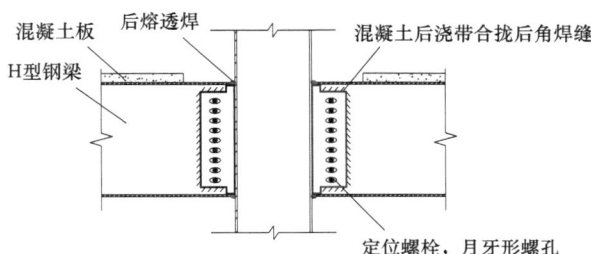

图 25 后浇带钢梁构造示意

3.8 轻轨 4、6 号线高架车站振动分析研究

轻轨 4、6 号线高架穿越站房（图 26），支承于站房下部结构 Y 形空心钢管混凝土柱上，在国内火车站结构设计中尚属首次。

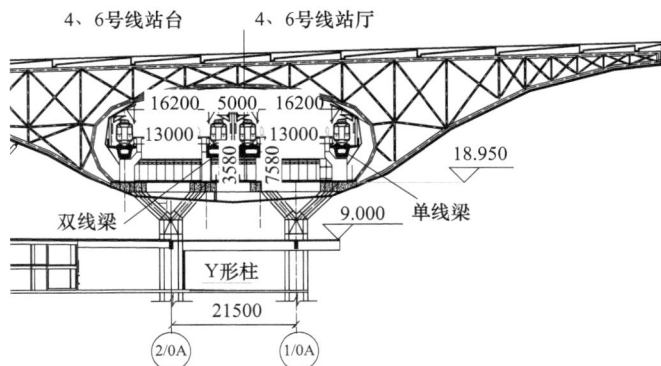

图 26 轻轨 4、6 号线结构

结构响应研究采用列车-桥梁系统动力相互作用分析模型，计算列车作用下桥梁各节点的力时程（包括横向力、纵向力、竖向力和扭转力矩），然后将该时程施加于本工程车站结构上，计算结构响应[6]。

楼盖舒适度研究考虑列车振动对结构舒适度的影响，采用结构关键点的加速度指标控制。火车站候车室属于人员嘈杂的公共场所，其舒适度限值介于商场和室外人行天桥之间。本研究以关键点的 X、Y、Z 三方向合成加速度作为舒适度评判的指标。

计算采用的列车编组为 8 节，为研究列车不同进站时间对车桥体系振动的影响，分别考虑了两车同时进站及一车比另一车早进站 5s、10s、15s 等情况，4 条线路列车同时进站、同时制动的情况为最不利工况。

计算得到单、双线轨道梁在各工况中桥梁的作用力时程后，将该反力时程施加于车站整体结构，计算车站结构关键部位在该组反力时程作用下的加速度响应。选取以下两个结构关键点：P1 为离轻轨 4、6 号线最近的车站高架层东入口平台中部点；P2 为屋盖东北角部点，其最不利工况下加速度时程如图 27、图 28 所示。

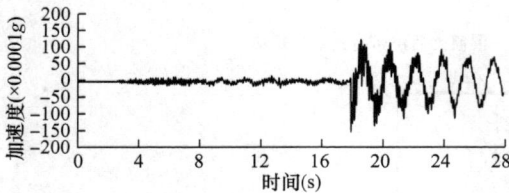

图 27 P1 点在最不利工况下 X 方向加速度时程   图 28 P2 点在最不利工况下 Z 方向加速度时程

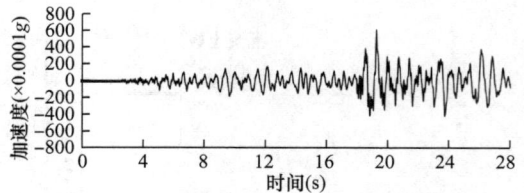

由图中可知，车站邻近地铁线路的东步行平台 P1 点在各种单、双线列车进站制动时所产生的振动最大值为 $0.0135g$，满足《减小楼板振动设计指南》（美国 ATC，即 Applied Technology Council）中商场的振动加速度限值；在 4 线同时进站制动这一极限工况（极少出现）下所产生的振动最大值为 $0.0181g$，超出上述商场的振动加速度限值，但仍满足室外人行天桥的振动加速度限值。

屋盖结构在各种单、双线列车进站制动时所产生的振动竖向加速度最大值为 $0.0370g$，在 4 线同时进站制动时所产生的振动竖向加速度最大值为 $0.0613g$，发生在远离旅客的东北、东南悬挑角点（P2 点），其动力效应相当于本工程屋盖大悬挑端重力荷载增大 6%，比屋盖结构三向地震作用动力效应略低，结构设计安全度可以包络。

4 结论

（1）深圳火车北站将大跨度空间钢结构和桥梁结构融为一体，工程体量巨大，空间关系复杂，且具有超长、大悬挑、多条交通枢纽纵横交错穿越等特点，结构设计较普通空间结构复杂。以详尽的计算分析为基础，对结构进行精心设计，对于其他大型公共建筑，尤其是大型交通枢纽建筑具有一定的借鉴作用。

（2）根据整体有限元计算结果，予以针对性的加强，同时结合后浇带布置、低温合拢等合理构造措施，可有效解决超长结构的温差收缩效应问题；对于组合楼盖，钢梁设月牙孔螺栓是一种比较简单可行且十分有效的技术措施。

（3）站台雨棚屋盖创新性地提出四边形环索弦支结构，提高了现有弦支结构的工作效率。

参考文献

[1] 住房和城乡建设部. 建筑抗震设计规范：GB 50011—2010 [S]. 北京：中国建筑工业出版社，2010.

[2] 湖南大学. 深圳北站风洞试验报告 [R]. 2009.

[3] 徐培福，傅学怡，王翠坤，等. 复杂高层建筑结构设计 [M]. 北京：中国建筑工业出版社，2005.

[4] 浙江大学空间结构研究中心. 深圳北站雨棚结构缩尺模型试验报告 [R]. 2009.

[5] 傅学怡，吴兵. 混凝土结构温差收缩效应分析计算 [J]. 土木工程学报，2007，40（10）：50-59.

[6] 夏禾，张楠. 车辆与结构动力相互作用 [M]. 北京：科学出版社，2005.

03 深圳恒裕后海金融中心 B、 C 塔楼超大高宽比超高层建筑结构设计

王森，魏琏，刘冠伟，许璇，曾庆立，林旭新

（深圳市力鹏工程结构技术有限公司，深圳　518034）

【摘要】 深圳恒裕后海金融中心 B、C 塔楼结构高宽比达 11，核心筒高宽比达 35，为沿海地区高宽比超大的超高层建筑。抗风设计时确定不同方向取用不同地面粗糙度类别，根据建筑功能要求在住宅类建筑中选择受力合理的框架-核心筒结构，并在不同避难层设置伸臂桁架加强层或黏滞阻尼器，以提高结构的抗侧刚度或附加阻尼；确定采用后注浆工艺的旋挖成孔灌注桩筏基础；论证了风荷载作用下结构楼层位移角限值放松后，结构构件承载力及抗震安全性满足要求。同时，对设置阻尼器、加强层方案及高型钢率框架柱进行了分析论证。

【关键词】 超高层建筑，结构设计，层间位移角，黏滞阻尼器，加强层

1　工程概况

恒裕后海金融中心项目地处深圳市南山区后海滨路与海德一路交叉路口东南侧，总用地面积约 15136m²，总建筑面积约 40.8 万 m²。地面以下 5 层，深约 26.2m；地面以上有 4 栋塔楼及 3 层商业裙房，A 栋高约 301.2m，D 栋高约 28.8m，本文论述的 B、C 塔楼高度分别为 246.85m、243.25m，各塔楼位置如图 1 所示。项目效果图如图 2 所示。

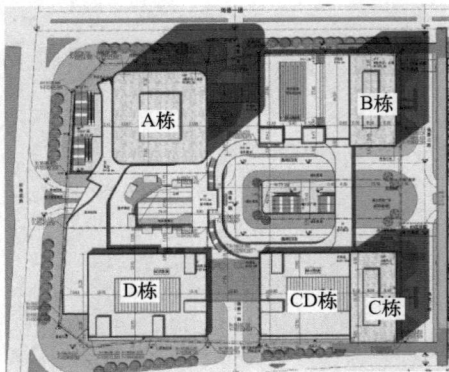

图 1　各塔楼位置示意　　　　　图 2　项目效果图

B 塔楼地上 61 层，屋面高度为 246.85m，屋面以上幕墙高度为 9m，标准层平面长 47m、宽 23m，最大高宽比约 10.7。首层层高 6.6m；15 层以下为办公楼，标准层层高 4.5m；15 层以上为公寓，标准层层高 3.6m；避难层（设备层）层高 5.1m。C 塔楼地上 52 层，屋面高度为 243.25m，屋面以上幕墙高度为 9m，塔楼标准层平面长 47m、宽 23m，最大高宽比约 10.57。首层层高 6.6m；标准层为公寓，层高 4.5m；避难层（设备层）层高 5.1m。B、C 塔楼的平面尺寸和布置相同，结构高度接近。以下以 B 塔楼为代表进行论述。

结构设计使用年限为 50 年，建筑安全等级为二级，地基基础设计等级为甲级。抗震设防烈度为 7 度，基本地震加速度为 0.10g，场地类别为 Ⅱ 类，设计地震分组为第一组，$T_g=0.35s$，抗震设防分类标准为丙类。基本风压 $w_0=0.75kN/m^2$（50 年一遇）及 $0.45kN/m^2$（10 年一遇）[1]。

本项目为高宽比较大的近海超高层建筑群，建筑物周边不同方向的场地环境及建筑物情况有较大差别，为了更准确地确定建筑物不同方向的设计风荷载，应根据《建筑结构荷载规范》GB 50009—2012 的有关规定合理确定不同方向的地面粗糙度类别。风洞试验单位根据远场地面粗糙度分析，确定 10°～110° 采用《建筑结构荷载规范》GB 50009—2012 中规定的 B 类地貌风剖面，其余角度采用 C 类地貌风剖面，如图 3 所示。

结构设计时为使建筑结构设计更加经济

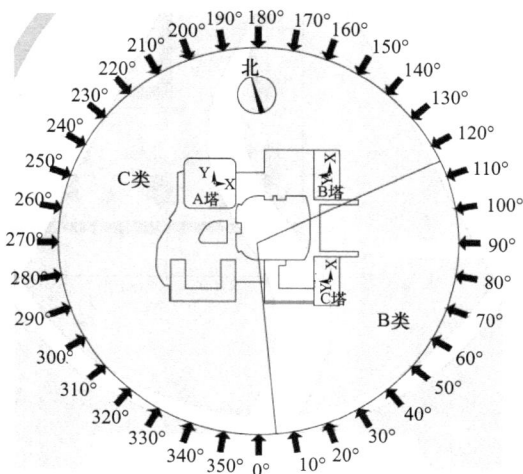

图 3　场地不同方向的地面粗糙度类别

合理，根据规范有关规定，确定采用风洞试验结果作为本工程结构设计的风荷载依据。

2　结构方案选型

对于居住类超高层建筑，一般选用剪力墙结构，但由于剪力墙限制户型灵活性，且户型内或户型间的墙体较厚，对建筑品质有一定影响，同时考虑到裙房商业及地下室车库使用需要大空间，上部剪力墙需要在裙房进行转换，因此，结构方案选择在办公建筑中常采用的框架-核心筒结构。结构设计时根据建筑平面，在平面中部的电梯、楼梯间及设备间设置剪力墙，形成围合的钢筋混凝土核心筒；根据建筑柱网及柱截面大小的需要，在下部楼层框架内设置一定型钢；在避难层根据结构需要设置加强层等。

3　基础设计

本工程地下室底板的相对标高为 −26.5m，而场地基岩埋藏很深，地勘报告根据粗粒花岗岩的风化程度及裂隙发育程度的差异将其分为全风化层、强风化上层、强风化中层、强风化下层、中风化层（带）及微风化层（带）。但即便是强风化下层的层顶标高也在

—82.75～—139.93m，因此，即使以强风化下层作为桩基础的桩端持力层，桩长至少为50m，最长超110m。考虑到本工程为高近250m的超高层建筑，而土层的端阻和侧阻均相对较小，为了提高钻孔灌注桩的单桩承载力，减少沉渣引起的过大沉降，设计建议采取后注浆工艺以提高桩侧及桩端的阻力。经过分析及现场试验，选用直径1.5m的采用后注浆工艺的旋挖成孔灌注桩，有效桩长约65～70m，单桩的竖向承载力特征值为30000～37000kN，塔楼范围设置厚4m的筏板，如图4所示。

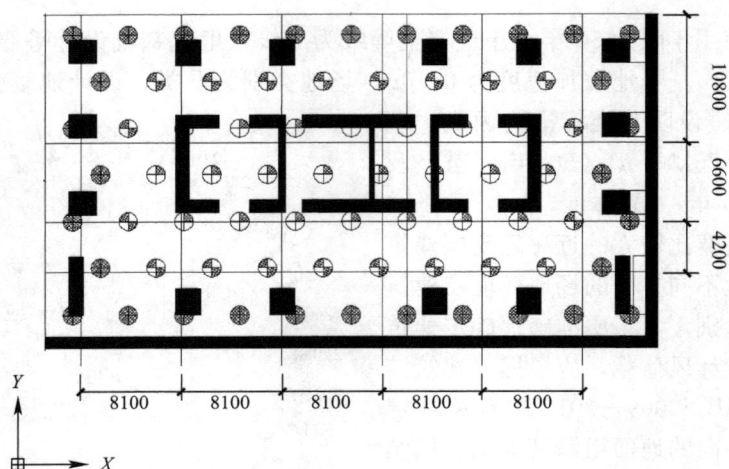

图4　基础及底板布置

4　结构体系及布置

本工程采用框架-核心筒结构，塔楼结构主要由竖向混凝土核心筒、型钢混凝土框架柱、边框梁、楼板、伸臂加强层及黏滞阻尼器等构成。

4.1　框架柱

在标准层平面沿建筑周边共布置16根柱，柱位置及数量沿建筑高度不变。根据建筑平面布局需要，在东西两侧各布置6根框架柱（图5），除东侧角柱由于建筑使用功能需要柱截面高宽比较大，为长矩形截面外，其余10根柱均为正方形或高宽比接近1的矩形柱。由于建筑平面东西向的结构高宽比较大，结构设计时加大这16根柱的截面尺寸，以提高东西向结构的抗侧刚度和抗倾覆能力。另外，在建筑南北侧沿边各布置2根框架柱，这4根柱对东西向的结构抗侧刚度贡献相对较小，且由于建筑使用功能需要，采用了截面尺寸相对较小的方柱。

框架柱截面沿高度分段变化。柱内设置型钢时综合考虑柱截面沿高的变化、柱型钢率、型钢中心与柱中心、柱型钢与加强层桁架连接等因素。为节约结构成本，在建筑上部除了减小框架柱截面尺寸外，同时采用普通钢筋混凝土柱。图6所示为其中一框架柱沿高的柱截面尺寸和柱内型钢变化情况，括号内数值为截面的型钢率。由于建筑使用功能需要，标准层框架柱截面尺寸希望尽可能减小，设计柱截面尺寸时综合考虑结构抗侧刚度、构件受力、施工及工程造价等因素，采用了高型钢率的型钢框架柱，最大型钢率约 19％。

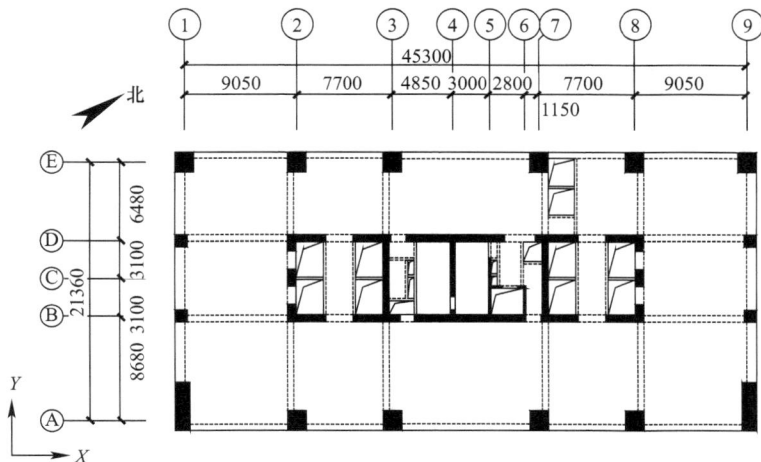

图 5　标准层布置示意

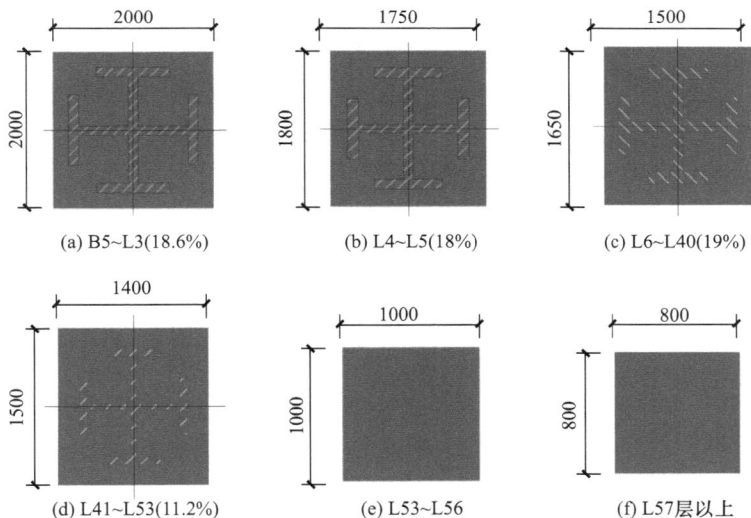

(a) B5~L3(18.6%)　　(b) L4~L5(18%)　　(c) L6~L40(19%)

(d) L41~L53(11.2%)　　(e) L53~L56　　(f) L57层以上

图 6　框架柱沿高截面形式

4.2　核心筒

混凝土核心筒位于平面中央，外筒沿高度连续贯通，内部墙体在上部有减少。核心筒外围长约 28.7m，高宽比 8.5；宽约 7.2m，高宽比 35。根据建筑功能需要布置门洞及设备洞口，电梯厅位置典型连梁高度为 700mm。

核心筒内部墙厚 400mm、500mm 从底部到顶保持不变，外围墙厚由底部 1000mm 逐渐减小至顶部 600mm。由于结构设置伸臂桁架的需要，在核心筒周边靠近外框柱的四角及水平墙肢处设置型钢，另外，在底部其余部分墙肢内埋置型钢柱，既分担了混凝土的轴力，减小混凝土剪力墙的厚度，又能提高墙体受弯及受剪承载力。

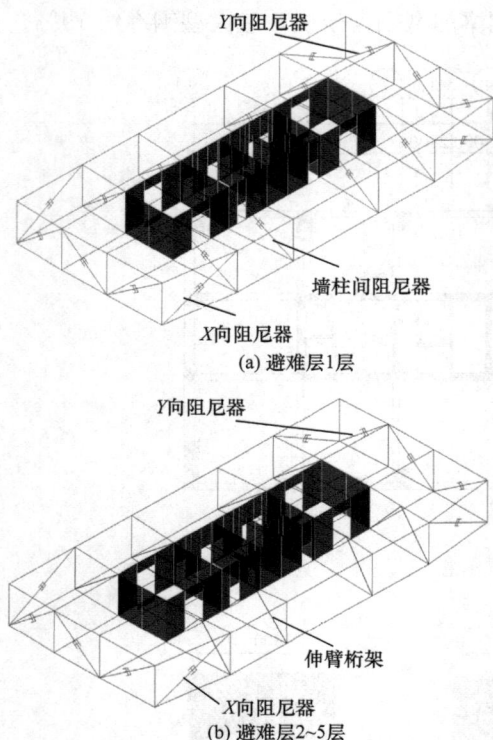

图 7 避难层伸臂桁架及阻尼器布置示意

4.3 伸臂桁架及环桁架

建筑沿高在 35.1m、71.7m、120m、164.7m、213m 结构高度处设有 5 个避难层（层高均为 5.1m），从低到高依次命名为避难层 1~5 层，结构在避难层 2~5 层设置四道伸臂桁架，每道伸臂桁架均由沿 Y 向（东西向）布置的 8 组桁架组成，均设置在框架柱与核心筒间，每道伸臂桁架的 8 组伸臂布置形式和截面尺寸相同，桁架布置形式见图 7。8 组伸臂桁架的上、下弦杆按相同截面延伸到核心筒墙内，传力直接，提高伸臂桁架的整体性，当剪力墙厚度不能满足上、下弦杆伸入的构造要求时，在相应位置将剪力墙局部加厚。

伸臂桁架斜杆截面为焊接矩形钢管型钢，长边竖向放置，采用 Q345GJB 钢材。伸臂桁架上、下弦杆均采用内置 H 型钢的钢骨混凝土梁，型钢翼缘竖向放置，材料为 Q345B，混凝土强度等级与楼面梁板相同。

4.4 边框梁及楼盖

周边梁跨度约为 6~11.3m，内框梁跨度约为 7.4~9.75m，大部分楼层采用钢筋混凝土梁，仅在伸臂楼层内设置部分型钢混凝土梁。各楼层均采用普通钢筋混凝土梁板体系，且楼板无大开洞。

4.5 黏滞阻尼器

由于结构 Y 向高宽比较大，其侧向刚度相对较弱，结构设计时在避难层 2~5 层的 Y 向中间 4 榀布置了伸臂桁架。避难层的伸臂桁架及阻尼器布置方式如图 7 所示，X 向在 5 个避难层周边各布置 4 个阻尼器；Y 向在 5 个避难层周边各布置 6 个阻尼器，并在第 1 个避难层墙柱间布置 8 个阻尼器，共布置阻尼器 58 个[2]。

4.6 结构体系

本工程塔楼核心筒、框架柱对抗竖向荷载和抗侧均起着非常重要的作用；伸臂桁架及其相关楼盖结构协调核心筒和框架柱变形，增加整体刚度，提高框架柱的抗侧效率，对整体抗侧体系也起着十分重要的作用。其主要特点为：主要受力体系属于框架-核心筒结构受力体系；核心筒位于平面中部，采用钢筋混凝土（部分墙肢内设置型钢）；采用混凝土梁柱框架，中下部外框架采用型钢混凝土柱，部分框架梁采用型钢混凝土梁；沿高度设置四道包含伸臂桁架的加强层，协调框架柱、核心筒的变形，提高结构的抗侧能力。对照规范及相关资料对不同结构的定义及受力特点，本工程结构体系为钢筋混凝土框架-核心筒结构[3]。

5 结构超限情况及性能化设计

本工程为带伸臂加强层的钢筋混凝土框架-核心筒结构，存在构件间断（伸臂加强层）、承载力突变（加强层与相邻楼层间）两项竖向不规则的超 B 级高度的超限高层建筑。设定整体结构的抗震性能目标为 C 级，根据不同类构件的重要程度设定了不同水准下的抗震性能目标，并进行了多遇地震、设防地震和罕遇地震作用下的验算，结果表明，本工程可以满足规范及预订的性能目标要求。限于篇幅，不再列出相关分析内容。

6 若干关键问题

6.1 风荷载作用下层间位移角限值 1/400 的分析

近年来，许多专家学者对高层建筑的结构楼层层间位移角进行了分析研究，并对其限值进行了探讨[4,5]。

计算楼层的层间位移角时需要考虑以下因素：

（1）结构重力 P-Δ 效应。

（2）地下室构件的影响。

（3）采用结构刚度折减系数时，限值规定宜增大；反之宜减小。

（4）保证填充墙、隔墙和幕墙等非结构构件完好的最大层间位移角一般为 $1/300 \sim 1/200$。

综合以上因素，当考虑地下室影响及构件刚度折减系数时，各类高层建筑风荷载作用下的最大层间位移角限值可取 1/400。

本工程考虑结构二阶效应及按实际结构输入地下室模型（YJK）计算得到风荷载、多遇地震作用下的最大层间位移角计算结果为：

X 向风荷载：1/1582；X 向多遇地震：1/1280。

Y 向风荷载：1/391；Y 向多遇地震：1/709。

如不考虑地下室影响，结构在风荷载作用下 Y 向的顶点位移角约为 1/520，该值小于与深圳相邻的香港地区结构顶点位移角最大限值 1/500。

高层建筑的层间位移角越大，结构的顶点加速度越大，对结构的舒适度不利。本工程为了减小风振下的结构顶点加速度，在结构避难层设置了若干黏滞阻尼器。结构设置黏滞阻尼器，不仅可以减小结构在风振作用下的结构加速度反应，同时，由于黏滞阻尼器可以增加结构的阻尼比，即通过提供结构附加阻尼，实际上起到增加结构阻尼比的作用。分析结果表明，考虑结构黏滞阻尼器后，结构的楼层位移反应、层间位移角反应均有所降低，本工程设置阻尼器后 Y 向最大位移角可减小约 7%。

为了进一步分析风荷载作用下位移角对结构构件承载力及抗震安全性的影响，以下就现方案与风荷载作用下位移角为 1/500 的结构方案进行分析研究。

根据本工程特点，选择位移角限值为 1/500 的结构方案（简称 1/500 方案，原方案简称 1/400 方案）时，考虑在现有结构方案基础上仅增加东西侧框架柱（除东侧的两根角柱外）的截面尺寸及其内设置的型钢尺寸，其余均相同。1/400 与 1/500 两个方案中框架柱截面沿高变化情况见表 1。

两个方案的柱截面对比 表 1

楼层	1/400 方案	1/500 方案
1~3	2000×2000 (18.6%)	2200×2200 (18.3%)
4	1750×1800 (17.9%)	1900×1900 (20.9%)
5~40	1500×1650 (18.6%)	1900×1900 (20.9%)
41~53	1400×1500 (11.2%)	1500×1800 (16.6%)
54~56	1000×1000	不变
57~屋顶	800×800	不变

注：括号内数字为柱内型钢率。

从两个方案在竖向构件层位移组成、构件承载力富余度及大震作用下结构抗震性能的对比结果，可以得出如下结论：

（1）超高层建筑中竖向构件的层间位移主要由结构整体弯曲产生的位移组成，在结构中上部计算层间位移角最大楼层位置处，两个方案竖向构件的受力层间位移量值基本接近，均很小。两个方案均可确保结构在风荷载和多遇地震作用下的弹性受力状态。

（2）两个方案中主要的抗侧构件，即框架柱、剪力墙、伸臂构件的承载力均有相当富余度，都满足构件承载力的要求。

（3）罕遇地震作用下的对比结果表明，两个方案的最大层间位移角及构件损伤程度略有不同，但均满足规范要求，且有较大富余度。

（4）对本工程而言，风荷载作用下结构楼层最大层间位移角取 1/400 是合理可行的。

6.2 黏滞阻尼器的方案分析

本工程风洞试验结果表明，当结构阻尼比取 0.02 时，10 年一遇风荷载作用下的顶点最大加速度为 0.192m/s^2，不满足《高层建筑混凝土结构技术规程》JGJ 3—2010 "不超过 0.15m/s^2" 的要求。同时，风洞试验报告表明，当结构阻尼比取 0.03 时，10 年一遇风荷载作用下的顶点最大加速度为 0.150m/s^2，基本满足规范 "不超过 0.150m/s^2" 的要求。结构阻尼比取 0.035 时，10 年一遇风荷载作用下的顶点最大加速度为 0.137m/s^2，满足规范 "不超过 0.15m/s^2" 的要求。拟采用布置斜撑式连接的液体黏滞阻尼器增大结构阻尼比的方法来解决该问题。由于建筑使用需要，仅能在建筑避难层加设阻尼器，为此对不同避难层、不同位置设置阻尼器以及阻尼器参数变化等进行了对比分析，最终确定的阻尼器布置方案见图 7，全楼共设置了 58 个阻尼器。

计算结果表明，起控制作用的 Y 向顶点风振加速度，减振前为 0.192m/s^2，减振后为 0.136m/s^2，减振率 29.46%，减振后顶点风振加速度可以满足《高层建筑混凝土结构技术规程》JGJ 3—2010 要求[2]。附加阻尼比可采用 "对比法" 进行估算。将无阻尼器时的结构阻尼比提高 1.5%，即使用 3.5% 的阻尼比时，10 年一遇风荷载作用下的顶点最大风

振加速度为 0.137m/s^2。在采用减振方案后，计算得出的顶点风振加速度为 0.136m/s^2，由此可求得阻尼器提供的附加阻尼比约为 1.5%。

6.3 加强层方案的选择

由于本工程 X 向的高宽比较小，结构刚度较大，设计时不考虑在避难层内设置 X 向的伸臂桁架及边桁架[6]。为了合理确定加强层结构方案，在方案设计阶段对加强层设置与否以及加强层的道数、位置等进行了比较分析。分析结果表明：

（1）避难层 2～5 层在 Y 向沿核心筒及外框柱间设置伸臂桁架加强层时，对结构抗侧刚度贡献较大。在避难层 1 层的相应位置设置伸臂桁架加强层对结构抗侧刚度作用微小。

（2）避难层 2～5 层在 Y 向平面端部设置边桁架的作用不大，设计时不考虑设置。

（3）在避难层 2～5 层沿 Y 向设置 4 道，每道各 8 组的伸臂桁架基本满足风荷载作用下最大层间位移角的要求。但设置伸臂桁架后，加强层及相邻层的核心筒剪力墙剪力值会出现明显的突变现象，设计时应采取措施予以加强。

6.4 高型钢率框架柱的分析与设计

《组合结构设计规范》JGJ 138—2016[7] 第 6.1.2 条规定，型钢混凝土框架柱受力型钢的含钢率不宜大于 15%。本项目由于高宽比超大，为了满足位移角要求，除布置伸臂桁架外，外框柱的刚度对位移角影响较大。同时，为了满足建筑使用要求，外框柱的截面尺寸有一定限制，所以部分楼层东西两侧外框柱的含钢率较高，最高达 19%，超过 15%。

由于建筑理念的不断更新，新的建筑形式对结构形式带来了极大的挑战。高含钢率 SRC 柱具有承载力高、耗能性能好等优点，已经越来越多地应用于重大工程项目中，如中央电视台总部大楼、国贸三期主楼、青岛万邦中心等工程均采用含钢率超过 15% 的型钢混凝土柱作为底部承重结构。近 20 年来，国内外学者对高含钢率 SRC 柱的抗震性能进行了大量的试验研究，同时从小尺寸试验、大比例尺试验、实体有限元模拟等多种手段进行研究，分析高含钢率 SRC 柱的含钢率、轴压比等对承载力性能、构件滞回性能、延性情况、耗能能力等的影响。

《型钢混凝土组合结构技术规程》对含钢率的限制，主要考虑钢骨与混凝土的粘结强度很小，钢骨含钢率太大，钢骨与外包混凝土不能有效地共同工作，外包混凝土的强度和变形能力不能得到发挥。针对这一问题，分析较大轴压应力状态下柱内型钢与混凝土交界面处的剪应力，结果显示，除了底部、顶部应力集中外，大部分剪应力小于 1.9MPa，即型钢翼缘与混凝土交界面剪应力较小，布置栓钉后能保证不发生粘结滑移。设计时同时采取适当加强框架柱纵筋及箍筋的措施。

7 结论

（1）本工程结构高宽比达 11，核心筒高宽比达 35，为沿海地区高宽比超大的超高层建筑。根据建筑功能要求，在住宅类建筑中采用框架-核心筒结构是一种合理的结构形式。

（2）抗风设计时，根据场地周边环境在不同方向取用不同的地面粗糙度类别进行风荷载取值是合适的。

（3）风荷载作用下楼层最大层间位移角限值可适当放松，但应注意结构风振加速度是否满足舒适度要求。

参考文献

［1］ 住房和城乡建设部. 建筑结构荷载规范：GB 50009—2012［S］. 北京：中国建筑工业出版社，2012.

［2］ 王森，陈永祁，马良喆，等. 液体黏滞阻尼器在超高层建筑抗风设计中的应用研究［J］. 建筑结构，2020，50（10）：44-50.

［3］ 住房和城乡建设部. 高层建筑混凝土结构技术规程：JGJ 3—2010［S］. 北京：中国建筑工业出版社，2010.

［4］ 魏琏，王森. 论高层建筑结构层间位移角限值的控制［J］. 建筑结构，2006（S1）：49-55.

［5］ 魏琏，王森. 钢筋混凝土高层建筑在风荷载作用下最大层间位移角限值的讨论与建议［J］. 建筑结构，2020，50（3）：1-4.

［6］ 魏琏，林旭新，王森. 超高层建筑伸臂加强层结构设计的若干问题［J］. 建筑结构，2019，49（6）：1-8.

［7］ 住房和城乡建设部. 组合结构设计规范：JGJ 138—2016［S］. 北京：中国建筑工业出版社，2016.

04 深圳国际艺术博览交易总部超高层结构设计

王森，刘冠伟，许璇，曾庆立，俞寰，林旭新

（深圳市力鹏工程结构技术有限公司，深圳 518034）

【摘要】 深圳国际艺术博览交易总部是一座造型独特，蕴含文化元素的超限高层建筑。建筑中下部平面外轮廓内缩，结构设计采用斜柱方式解决立面变化，在四个立面均有框架柱倾斜，特别是北侧和东侧的斜柱数量多、斜率大，结构体系采用带3道加强层的框架-核心筒结构。分析了竖向荷载作用下的结构水平变形，对由斜柱引起楼盖轴力作用的框架梁及楼板进行了分析和设计验算，对多柱倾斜转折的相交节点进行了有限元分析和构造设计，确保整体结构及构件、节点设计安全。

【关键词】 超限高层建筑，框架-核心筒结构，斜柱，节点设计，加强层

1 工程概况

深圳国际艺术博览交易总部大厦位于深圳市罗湖区深南东路南侧，北斗路西侧，项目位置如图1所示。地面以上由一栋塔楼及裙楼组成，塔楼与裙房间不设结构缝，为一个结构单元。地面以下设5层地下室。

整个项目建筑造型以甲骨文中的"文"字为主要概念，"文"字被赋予生命，在场地内变换扭转，并巧妙顺应场地退界需求，减小和南侧住宅之间的相互影响。扭转的裙房自然形成各种出入口空间，超高层塔楼从西端升起，南面顺应住宅做弧线扭转，建筑方案设计时将中国传统的"龙兴"文化融入其中，项目犹如一条盘旋的巨龙从天而降，气势磅礴，生生不息。造型细部提取"龙"的元素，用抽象手法再现了中国民族元素，提升地域民族性及历史归属感。项目立面效果图如图2所示。

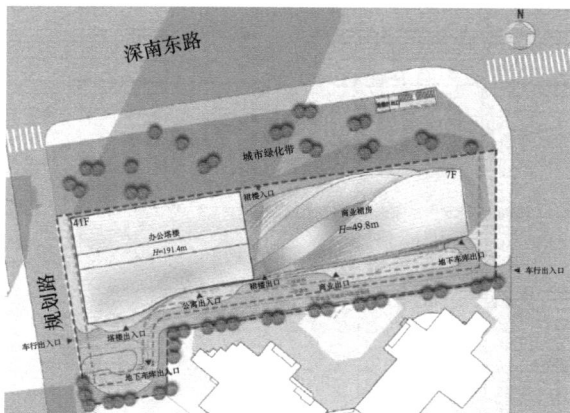

图1 项目位置示意

图2 立面效果图

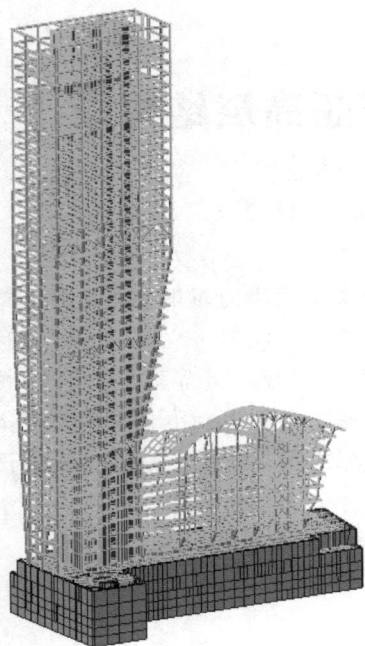

图 3　结构模型示意

塔楼地面以上 42 层，屋面高度 195.45m，屋面以上幕墙高度 12m。建筑上部标准层平面近似为矩形，平面长约 51.3m，等效宽度约 28.58m，结构高宽比约 6.84。建筑中下部由于建筑文化造型需要，平面外轮廓内缩，结构采用斜柱方式解决立面变化，形成中下部较多外框柱倾斜：南侧有四根框架柱（含西南角一根）从 29 层倾斜至 18 层，18 层以下为直柱；南侧靠近东侧一根框架柱从 21 层经几次倾斜至首层；东侧三根框架柱（含东南角一根）从 26 层向核心筒方向倾斜至 9 层，与核心筒墙体重合；北侧六根框架柱（含东北角和西北角框架柱）从 21 层（东北角柱从 24 层）由东向西逐渐倾斜至首层，其中东北角框架柱的倾斜角度最大为 24.1°（即 2.45∶1）；西侧四根框架柱，除西北角和西南角两根倾斜外，中部两根框架柱沿高垂直。核心筒沿高连续垂直贯通，核心筒外围长约 28.1m，宽约 11m，核心筒高宽比 17.77。结构模型如图 3 所示，塔楼标准层墙柱布置如图 4 所示，塔楼二层墙柱布置如图 5 所示。

建筑首层层高 6m，标准层层高 4.5m，避难层（设备层）层高 6m，公寓层层高 3.6m。裙房地上 7 层，商业层层高 5.4m，大空间办公层层高 4.5m，会议室层高 4.5m，位于 7 层的多功能厅结合裙楼屋顶造型形成通高空间。

结构设计使用年限为 50 年，建筑安全等级为二级，地基基础设计等级为甲级。抗震设防烈度为 7 度，基本地震加速度为 0.10g，场地类别为 Ⅱ 类，设计地震分组为第一组，$T_g=0.35s$，抗震设防分类标准为丙类。基本风压 $w_0=0.75kN/m^2$（50 年一遇）及 $0.45kN/m^2$（10 年一遇）[1]。

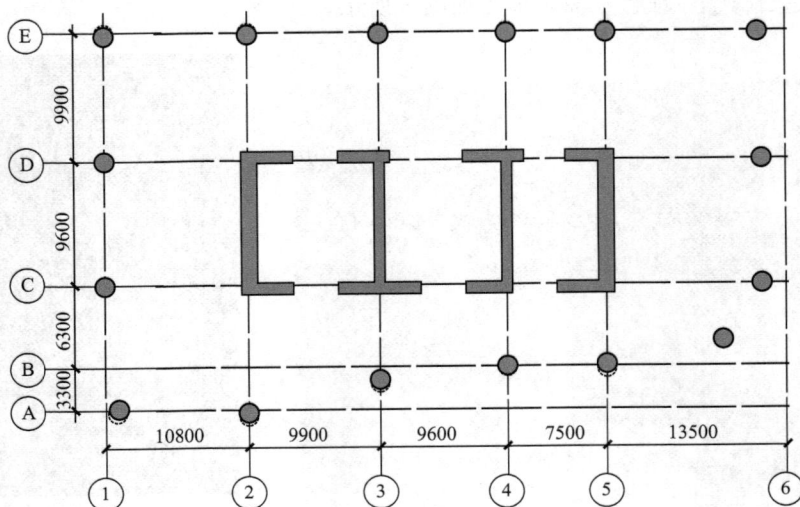

图 4　塔楼标准层墙柱布置

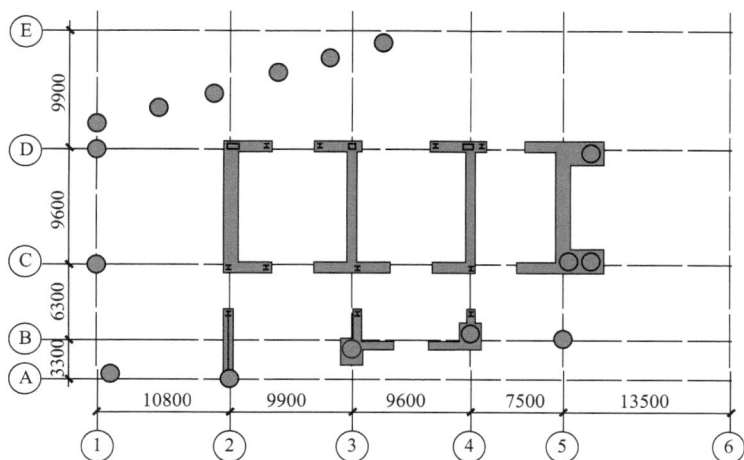

图5 塔楼二层墙柱布置

本项目为高度超150m的复杂体型超高层建筑，为了更准确地确定建筑物不同方向的设计风荷载，进行了该项目的风洞试验。风洞试验与地面粗糙度类别取C、D类的风荷载计算结果对比见表1，可以看出，由于周边建筑及顶部绕流作用的影响，风洞试验结果小于规范计算结果。对于塔楼的楼层剪力和倾覆弯矩，风洞试验结果与按规范D类场地计算所得结果较为接近，规范计算结果较大。设计时经综合考虑，取风洞试验结果计算结构水平位移；取C类地面粗糙度类别的规范计算结果进行构件设计。

风洞试验与规范计算结果对比   表1

类别	方向	风洞 (1)	《建筑结构荷载规范》 GB 50009—2012			
			C类场地 (2)	(1)/(2)	D类场地 (3)	(1)/(3)
基底剪力 (kN)	X	9707	15016	0.65	11816	0.82
	Y	18926	27088	0.70	21048	0.90
基底倾覆力矩力 (kN·m)	X	1202292	1891849	0.64	1521613	0.79
	Y	2158673	3114175	0.69	492869	0.87

2 基础设计

本工程地下室底板的相对标高为－21.6m，抗浮设计水位取－0.800m（绝对高程6.5m）。地下室底板下为土状或块状强风化凝灰岩，塔楼底板距离微风化凝灰质砂岩深度约7~34m。综合考虑地质资料、施工及经济等因素，塔楼采用核心筒下桩筏、外框柱下单桩或三桩的承台＋防水板的基础形式，桩基础采用大直径嵌岩灌注桩，以微风化凝灰岩为基础持力层。裙房地下室采用天然基础，由于地下水位较高，在裙房下底板加设抗浮锚杆。如图6所示。

3 结构体系及布置

塔楼结构主要由竖向混凝土核心筒、圆钢管混凝土柱、钢梁及加强层构成。核心筒内采用普通钢筋混凝土梁板，核心筒外采用组合楼盖。沿高设置了两个包含环桁架和伸臂桁架的加强层和一个包含环桁架的加强层。裙房1～7层为钢框架-中心支撑结构，在裙房电梯位置设中心支撑。裙房异形屋顶的结构构件与幕墙构件合二为一，为大跨度空间网壳结构，部分钢框架柱在顶部设树形分叉，支撑屋面网壳。以下主要介绍体型复杂的塔楼结构构成。

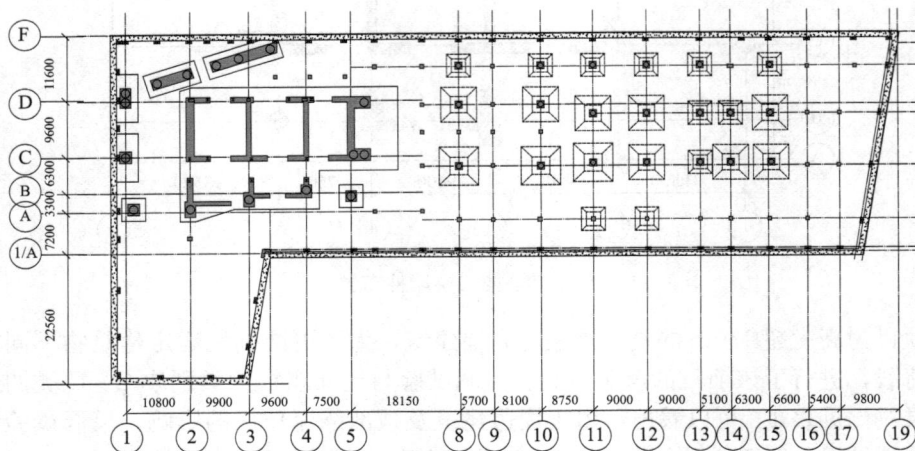

图6　基础及底板布置

3.1　框架柱

标准层平面沿建筑南侧及北侧各有6根外框柱（包含角柱），东侧和西侧各有4根外框柱（包含角柱），参见图4。在26层以下，为满足建筑造型需要，除西侧两根外框柱外，其他外框柱均有不同程度的倾斜，其中东北角框架柱的倾斜角度最大为24.1°（即2.45：1）。每个侧面的柱变化如图7所示。部分斜柱为单向（X或Y向）倾斜，部分斜柱为双向倾斜。外框柱在各层有边框梁相连，在18层及27层分别与环桁架及伸臂桁架相连，在9层与环桁架相连（东侧除外）。

由于在9层建筑楼面以下部分外框柱与剪力墙相接，此部分外框柱的截面由圆钢管混凝土柱变为叠合柱。地面以上的其他外框柱均采用圆钢管混凝土柱，截面尺寸沿高度由直径1500mm、壁厚40mm按避难层分段，逐渐变化至直径1000mm、壁厚30mm。

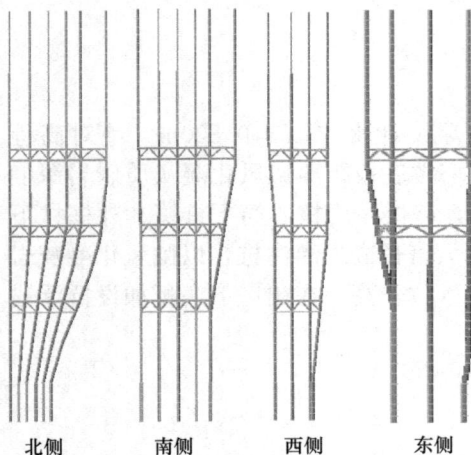

北侧　　　南侧　　　西侧　　　东侧

图7　框架柱沿高变化示意

3.2　核心筒

混凝土核心筒位于平面中央，X向核心筒墙体沿高度连续贯通，Y向核心筒墙体在上部有减少，核心筒外围长约28.1m，宽约11m，高宽比17.77。根据建筑功能及结构分析需要，电梯厅位置典型连梁高度为1000mm。核心筒内部墙厚 800mm，外围墙厚由底部 1200m 逐渐减小至顶部 800mm。部分墙肢内埋置型钢柱或钢板。

3.3 伸臂桁架及环桁架

建筑沿高设置三个避难层，即第一避难层（9～10 层）、第二避难层（18～19 层）、第三避难层（27～28 层），层高均为 6m。

结构在第二、三避难层设置两道伸臂桁架，由于结构 Y 向抗侧刚度较弱，仅在 Y 向布置伸臂桁架。第二避难层的伸臂桁架在北侧 4 根外框中柱与核心筒间布置 4 组 "人"字形斜杆；第三避难层的伸臂桁架在北侧 4 根外框中柱与核心筒间布置 4 组 "人"字形斜杆，并在南侧外框中柱与核心筒间布置 4 组单向斜杆。同时，在第一、二、三避难层设有三道环桁架，第一避难层的环桁架斜杆仅布置在南、西、北侧；第二、三避难层的环桁架斜杆在四个立面均有布置，平面内形成封闭环带。沿伸臂桁架上、下弦，在相应避难层核心筒剪力墙内设置两道钢板，该钢板将伸臂桁架杆件与另一侧核心筒墙体相连，形成完整的抗侧力结构体系。伸臂桁架及环桁架的斜杆和上、下弦杆均采用焊接箱形钢梁，钢材为 Q345GJB。

3.4 楼盖

标准层办公区楼板采用组合楼盖，核心筒外的框架梁和次梁均为 H 型钢梁，楼板采用钢筋桁架楼承板，既能减轻结构自重，又能提高装配率。钢梁材料为 Q345B，楼板的混凝土强度等级为 C35。考虑到斜柱楼层的水平楼盖内存在一定拉力，对于连接斜柱与核心筒的受拉力较大的钢梁，两端均采用刚接，以保证全截面传递轴向力。核心筒内采用混凝土梁板楼盖，材料为 C35。加强层上、下层楼板加厚，以抵抗楼面内的拉、压及剪力。

3.5 结构体系

本工程结构体系为带加强层的钢管混凝土框架-钢筋混凝土核心筒结构[2]。其主要特点为：①主要受力体系属于框架-核心筒结构受力体系；②核心筒位于平面中部，采用钢筋混凝土（局部设置型钢）；③外框架采用圆钢管混凝土柱，外框柱框架由 16 根外框柱及边框钢梁组成；④沿高度设置一道含环桁架及两道含伸臂桁架和环桁架的加强层，协调外框柱、核心筒的变形，提高结构的抗侧能力。

4 结构超限情况及性能化设计

本工程为带加强层的钢管混凝土框架-钢筋混凝土核心筒结构，存在扭转不规则（最大扭转位移比 1.31）、楼板不连续（裙房较大开洞）、刚度突变（伸臂加强层的下层与加强层的侧向刚度不满足规范规定）、构件间断（伸臂加强层）、承载力突变（加强层与相邻楼层间）、其他不规则（存在大量斜柱及部分穿层柱）等不规则项，属于超 B 级高度的超限高层建筑。设定整体结构的抗震性能目标为 C 级，根据不同类构件的重要程度设定了不同水平下的抗震性能目标，并进行了多遇地震、设防地震和罕遇地震作用下的验算，结果表明，本工程可以满足规范及预订的性能目标要求。限于篇幅，不再列出相关分析内容。

5 若干关键问题

5.1 楼盖梁轴力分析及处理措施

本工程东侧、北侧及西侧外框柱均存在一定倾角，这些倾斜外框柱在竖向荷载作用下对楼盖结构体系产生水平力，并传递到核心筒。楼层的重力荷载沿平面内的梁板体系分别传递至外框柱和核心筒，由于外框柱为斜柱，传递至外框的竖向力在梁柱节点处分解为沿柱轴向的斜柱轴力和沿水平方向的两个分量，其中水平分量通过梁柱节点传递至环向和径向外框梁的环向分力和径向分力，再通过这些梁传递至楼板，并最终传递至核心筒。外框斜柱梁柱节点与楼板之间的传力如图8所示。

设计时考察了与各框架柱相连的框架梁、与核心筒相连的内框架梁的轴力情况。图9所示为与倾斜角度最大的东北角柱（C1）相连的边框梁沿高的最大轴力分布。

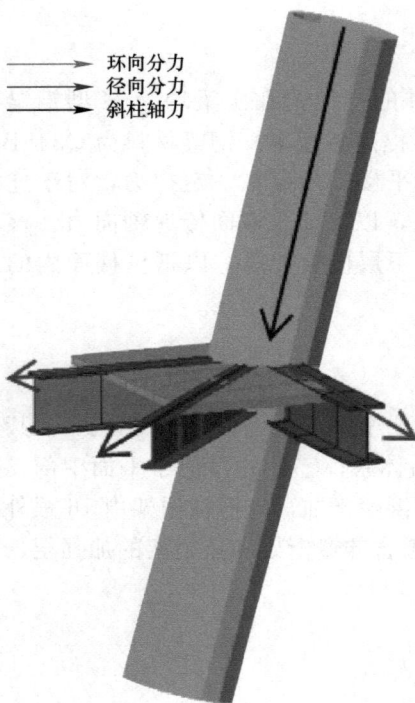

图 8　斜柱与楼面梁传力示意　　图 9　与 C1 柱相连边框梁最大轴力分布

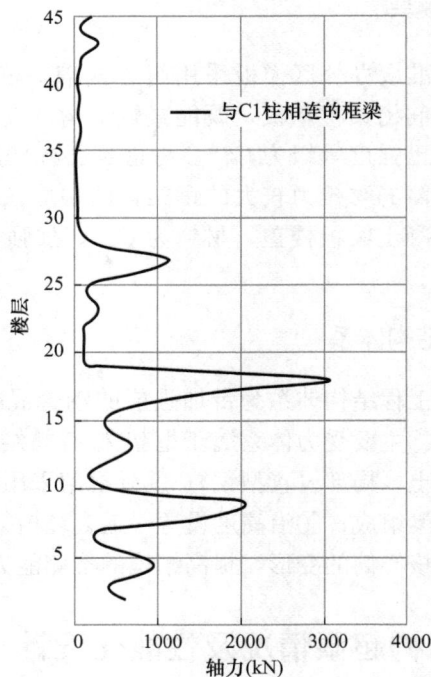

计算结果表明，除加强层外，其余楼层梁轴力均较小。设计时采取以下措施：①靠近柱端的梁，设计时按照拉弯或压弯构件设计，钢梁与楼板连接的栓钉在满足构造及计算要求时可考虑其轴力由栓钉抗剪承担。②与核心筒连接的梁，在加强层及相邻楼层的核心筒处设置钢柱与其刚接连接，其余楼层可采用墙中预埋锚件的形式与其铰接连接。

5.2 竖向荷载作用下的结构水平位移分析

由于本工程大量外框柱在底部倾斜，且部分为 X 向和 Y 向双向倾斜。竖向荷载作用下楼层斜柱的水平分力会对整体结构产生侧向推力，进而引起结构在竖向荷载作用下即产生一定的水平变形[3]。

恒荷载＋活荷载（D＋L）所产生的水平位移与风荷载（WX、WY）以及地震作用（EX、EY）工况下的水平位移如图 10 所示，由图可见，D＋L 工况下结构水平位移的最大值出现在结构中下部，20 层以上随着楼层增加逐渐减小；D＋L 工况下的 X 向最大水平变形比 X 向风荷载作用下的 X 向最大水平变形略大，但小于 X 向地震作用下的最大水平变形；D＋L 工况下的 Y 向水平变形小于 Y 向风荷载和地震作用下的最大水平变形。

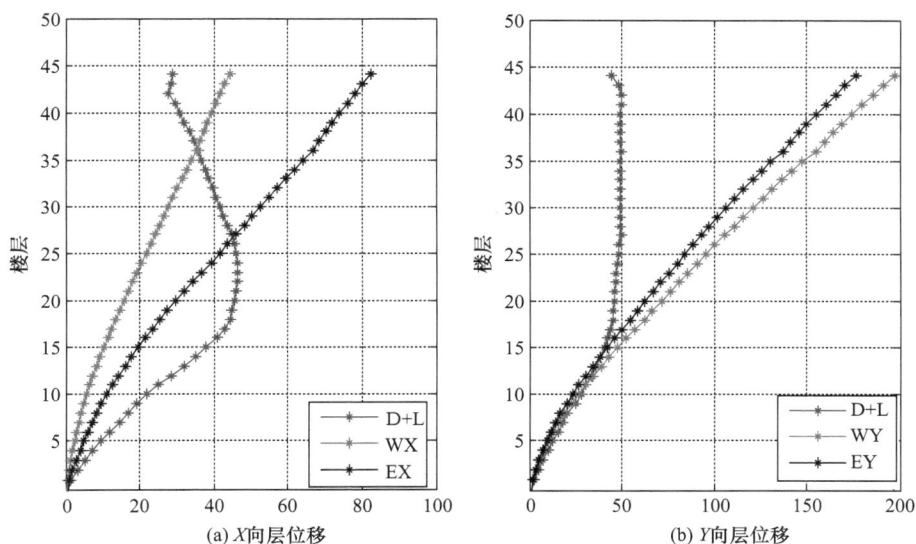

(a) X 向层位移　　　　　　　　　(b) Y 向层位移

图 10　各工况下楼层位移曲线

D＋L 工况及风荷载、地震作用下的最大水平变形和最大层间位移角见表 2。竖向荷载产生的最大层间位移角均位于结构的中下部。同时考虑竖向荷载水平位移后，Y 向风荷载作用下的层间位移角最大，为 1/639，小于规范限值 1/572，满足规范要求。

竖向荷载及风荷载、地震作用下结构水平变形结果　　　　　　　　　　　**表 2**

荷载工况	位移方向	最大变形（mm）	最大层间位移角	考虑竖向荷载后层间位移角
D＋L		46.50	1/1301	—
WX	X	44.23	1/3477	1/1037
EX		82.55	1/1875	1/877
D＋L		49.98	1/1304	—
WY	Y	198.34	1/740	1/639
EY		176.82	1/826	1/682

5.3 楼板应力分析

本工程塔楼及裙房均存在立面不规则及较多转折斜柱，竖向荷载作用下，斜柱外推使楼板面内产生较大拉应力。裙房部分平面不规则，楼板有大开洞，面内变形显著，扭转变形较大，楼板洞口周边存在较明显的应力集中。塔楼沿高设置的三道加强层杆件受力较大，且受力复杂，相应楼板应力也较大。在竖向荷载作用下，楼板拉应力较大的楼层集中在裙房底层与斜柱相连的楼板区域、裙房大开洞附近楼板、设置伸臂桁架楼层及相邻楼层，其他楼层除核心筒附近存在局部应力集中现象外，在竖向荷载作用下楼板的面内应力较小。

本工程小、中、大震作用下设定的楼板抗震性能目标见表3。表中"混凝土不开裂"指混凝土楼板面内主拉应力不超过混凝土抗拉强度标准值；"受拉钢筋不屈服"指截面内钢筋应力低于钢筋强度标准值；"受剪弹性"指楼板面内受剪弹性；"满足受剪截面验算"指楼板的截面满足面内受剪截面要求。

小、中、大震作用下楼板的抗震性能目标　　　　表3

地震水平	性能目标
小震	混凝土不开裂
中震	受拉钢筋不屈服，受剪弹性
大震	满足受剪截面验算

5.3.1 小震

小震作用下验算楼盖满足"混凝土不开裂"性能目标的组合工况见表4。

小震验算楼板性能目标的组合工况　　　　表4

组合工况	恒荷载	活荷载	风荷载	地震作用
恒荷载＋活荷载＋风荷载	1.0	0.5	1.0	—
恒荷载＋活荷载＋地震作用	1.0	0.5	—	1.0
恒荷载＋活荷载＋风荷载＋地震作用	1.0	0.5	0.2	1.0

计算结果表明，对于2层平面局部裙房连接区域部分楼板，由于局部斜柱斜率较大，竖向荷载作用下斜柱转折处楼板面内即产生较大拉应力，超过混凝土抗拉强度标准值，不满足性能目标要求。设计采用局部楼板后浇措施，以释放该区域楼板的应力，确保其在正常使用状态满足不开裂的要求。其他区域楼板，除局部应力集中外，大部分楼板面主拉应力值小于混凝土的抗拉强度标准值（2.2MPa）[4]。可以判定其满足混凝土不开裂的性能目标要求。

对于其他区域及后浇楼板，尚应满足在中、大震作用下的性能目标要求。

5.3.2 中震

中震楼板设计的性能目标为受拉钢筋不屈服，受剪弹性。采用的荷载组合为1.0恒荷载＋0.5活荷载±中震，对这些荷载组合作用下的楼板面内剪力和面外弯矩结果进行包络，按其包络结果进行楼板配筋验算。在中震作用下，大部分区域的楼板正应力小于C35混凝土的抗拉强度标准值，对拉应力较大的楼板，需在竖向荷载计算配筋基础上设置附加受拉配筋。图 11 所示为 2 层楼板附加配筋的区域，其中区域 D 附加配筋 $A_s = 3.52 \times 150 \times 1000/2/360 = 734mm2/m$，双层双向布置；区域 E 附加配筋 $A_s = 3.18 \times 150 \times 1000/2/360 = 663mm^2/m$，双层双向布置；区域 F 附加配筋 $A_s = 4.24 \times 150 \times 1000/2/360 = 884mm^2/m$，双层双向布置。

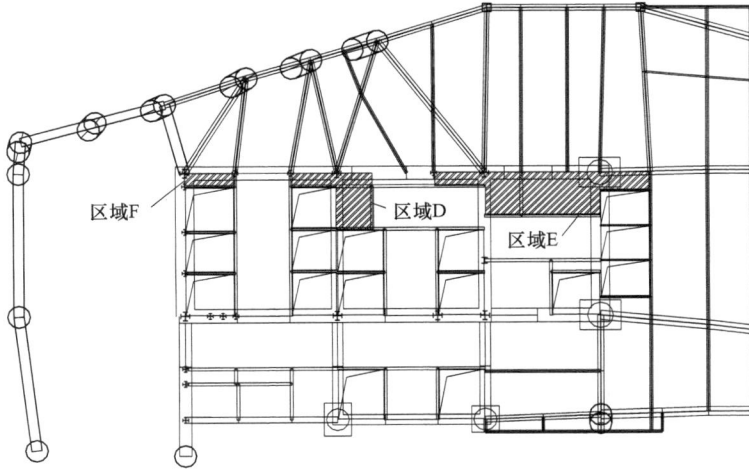

图 11　2 层楼板加强区位置（填充区域）

5.3.3　大震

大震作用下，标准层楼板需满足受剪截面验算的要求。计算结果表明，除局部应力集中外，大部分区域楼板剪应力较小，满足受剪截面验算的要求。如图 12 所示，4 层区域 G 剪应力较大，建议将板厚由 120mm 增大至 180mm。

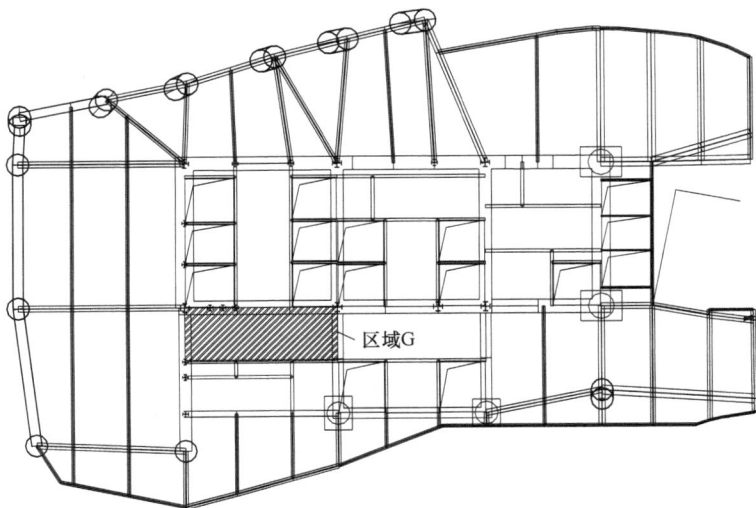

图 12　4 层楼板加强区位置（填充区域）

5.4 关键节点分析

节点是整体结构功能得以实现的基本保证，本工程的关键节点主要为：首层三斜柱与地下室墙肢连接的节点①、环桁架相交的节点②、9 层东南角两柱与核心筒相交的节点③、伸臂桁架与环桁架相交的节点④、伸臂桁架与核心筒相交的节点⑤、斜柱与框架梁相交的节点⑥。节点分析和设计的基本原则及目标是：在大震作用下节点区型钢保持弹性，混凝土局部轻微损伤；节点构造处理满足传力合理、平顺的要求。以下仅列出节点①的分析结果。节点①为北侧 6 根柱中的东侧 3 根斜率较大的框架柱（KZ1、KZ2、KZ3）在首层楼板位置向下变为直柱的连接节点。节点①的整体有限元模型如图 13 所示。

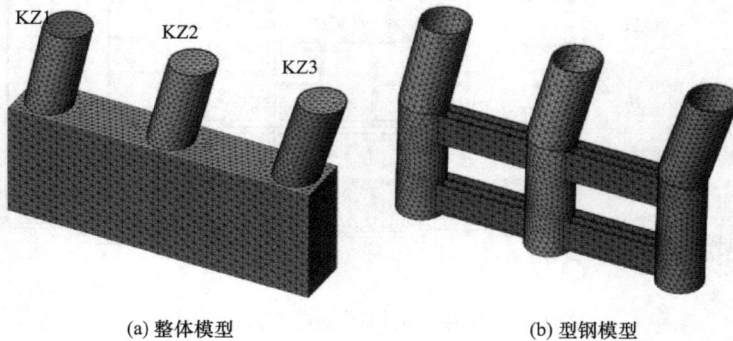

(a) 整体模型　　　　　　　　　　(b) 型钢模型

图 13　节点①整体有限元模型

图 14 所示为节点①内型钢的等效应力分布，外框斜柱的应力水平最大值为 115MPa（应力比 0.333），加劲肋的最大应力值为 37MPa。表明此节点整体应力水平较低，在大震作用下也有足够的安全度。图 15 所示为节点①的构造[5]。

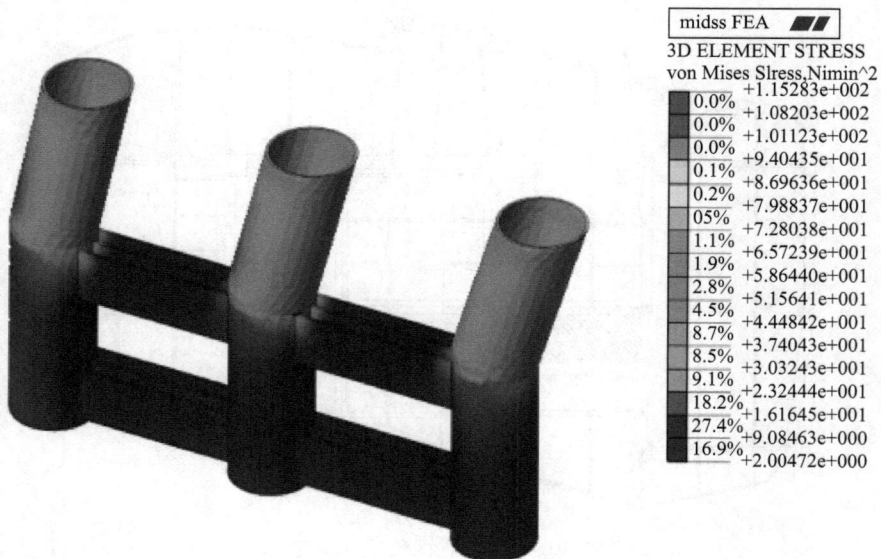

图 14　节点①内型钢的等效应力分布（MPa）

篇幅所限，加强层方案分析、结构施工模拟分析、楼盖温度应力分析、楼盖舒适度分析、穿层柱稳定分析及抗连续倒塌验算部分的内容不再列出。

6　结构抗震加强措施

针对本工程特点及其超限情况，结构设计采取以下抗震加强措施。

（1）建立多道抗震防线

由外框柱、核心筒、环桁架及伸臂桁架组成的结构体系通过楼板协同工作，可提供多道抗震防线，共同抵御地震作用。

（2）针对外框柱的措施

加强层及其上、下外框直柱抗震等级提高至特一级，外框斜柱及与外框斜柱相连的框架梁均按特一级设计，增加构件体系安全储备。对在中、大震作用下的受拉外框柱，将钢管深入基础内，并根据柱在－5层的拉力设置抗剪件。

（3）针对剪力墙的措施

将1～10层剪力墙抗震性能性能目标提高至B级，按中震弹性，大震受弯不屈服、受剪弹性设计。1～10层剪力墙、加强层剪力墙及加强层相邻层剪力墙的抗震等级取特一级，提高墙体配筋率。在部分墙肢，特别是1～10层剪力墙内增设型钢或钢板，提高构件的抗震承载力。在中、大震作用下的受拉核心筒剪力墙，增加其竖向配筋，提高构件抗震承载力。部分连梁内设置交叉斜筋或钢板，以保证"强剪弱弯"。在较厚墙体中布置多层钢筋，以使墙截面中剪应力均匀分布且减少混凝土的收缩裂缝。

（4）针对环桁架及伸臂桁架的措施

按中震弹性、大震轴向不屈服设计。

（5）针对楼盖的措施

加强层上、下层楼板适当加厚，对楼板面内应力进行精细分析，根据计算结果加强楼板配筋构造。

对典型普通楼层楼板面内应力进行精细分析，根据计算结果加强楼板配筋。对裙房楼层局部楼板采取后浇措施，保证其在竖向荷载作用下不开裂。与斜柱相连的框架梁设计时，抗震等级提高至特一级，且不考虑楼板的有利作用。

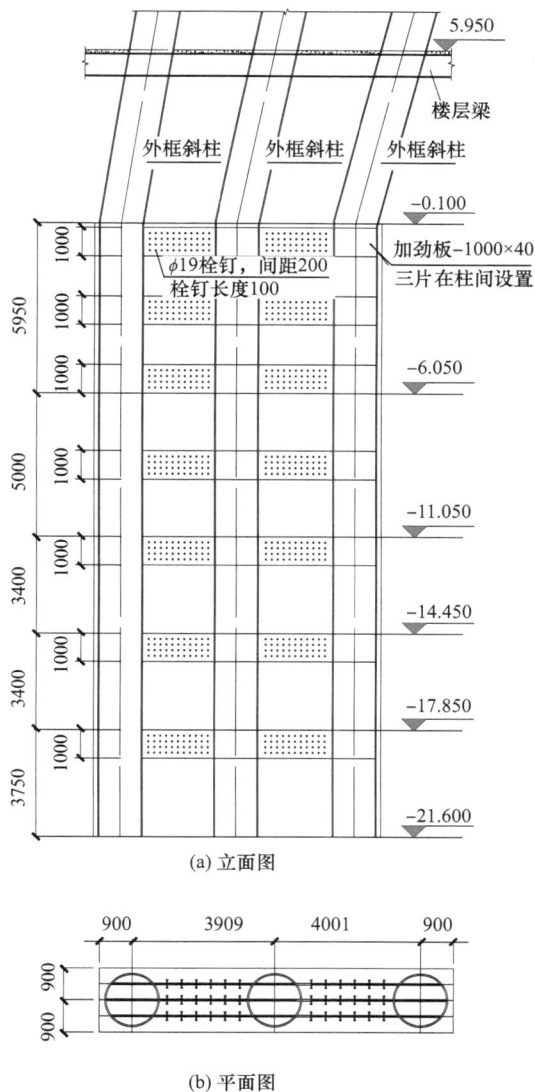

图15　节点①构造示意

53

（6）加强节点构造措施

节点区构件板厚取相交构件的最大板厚，满足强节点、弱构件的抗震设计原则。尽量保证节点传力构件对中，传力直接，施工方便。

7 结论

（1）本工程是一座造型独特，蕴含文化元素的超限高层建筑。因平面外轮廓内缩，结构设计采用多斜柱方式的带加强层框架-核心筒结构，结构形式合理。

（2）因斜柱多、斜率大，计算结构水平位移时应考虑竖向荷载作用下引起的水平位移值。

（3）斜柱转折处楼盖内的水平力较大，设计框架梁时应考虑其影响，并采取措施确保轴力可靠传递至核心筒。

（4）楼盖内的较大轴力可根据性能目标要求采用抗放结合的设计方法。

（5）多斜柱转折相交的节点设计及水平分力的可靠传递是保证斜柱构件安全的重要环节。

参考文献

［1］ 住房和城乡建设部. 建筑结构荷载规范：GB 50009—2012 ［S］. 北京：中国建筑工业出版社，2012.
［2］ 住房和城乡建设部. 高层建筑混凝土结构技术规程：JGJ 3—2010 ［S］. 北京：中国建筑工业出版社，2010.
［3］ 魏琏，王森，王志远，等. 高层建筑复杂斜墙结构受力特点的研究 ［J］. 建筑结构，2004（4）：8-10.
［4］ 住房和城乡建设部. 混凝土结构设计规范：GB 50010—2010 ［S］. 北京：中国建筑工业出版社，2010.
［5］ 住房和城乡建设部. 组合结构设计规范：JGJ 138—2016 ［S］. 北京：中国建筑工业出版社，2016.

05 深圳城建梅园 01—05 地块 1 栋多塔高位转换结构设计关键技术

骆年红，黄用军，单国军，邱兼，吕博文

（深圳市欧博工程设计顾问有限公司，深圳 518053）

【摘要】 深圳城建梅园 01—05 地块 1 栋多塔高位转换结构包括 A 座 193.05m 的住宅、B 座 155.84m 的保障房及下部 42.6m 的裙房，塔楼转换层均位于第 9 层，为部分框支剪力墙结构。结构存在扭转不规则、凹凸不规则、尺寸突变、高位转换等不规则项，采用基于性能的抗震设计方法对结构进行整体计算。本文重点分析了高阶振型对构件内力的影响，单向少墙体系的墙肢平面外承载力，以及对转换层进行实体有限元分析以校核框支梁的内力和应力分布，并给出型钢偏心连接节点的应力分布云图。分析结果表明，结构抗震性能满足设定的性能目标 C，在分析的基础上结合结构特点提出了针对性的加强措施。

【关键词】 多塔，部分框支剪力墙结构，高阶振型，高位转换，单向少墙，有限元分析

Design and Analysis of Multi-tower Structure of Building No. 1 of Block 01—05 in Meiyuan District in Shenzhen

Luo Nianhong，Huang Yongjun，Shan Guojun，Qiu Jian，Lyu Bowen

（Shenzhen AUBE Architectural Engineering Design Co., Ltd., Shenzhen 518053）

Abstract：Building No. 1 of Block 01—05，located in Meiyuan district in Shenzhen，is a partial frame-supported shear wall structure，including a 193.05m tall apartment，a 155.84m tall affordable housing and a 42.6m tall large podium. The 9th floor is transfer floor of both two towers. The whole structure has over-limit items such as torsion irregularity，plane irregularity，abrupt change of size，and high transfer floor，etc. By using the performance-based seismic design method，the seismic performance of structural members is evaluated. Especially，the effect of high-order mode on the structure is discussed，the out-of-plane capacity of one shear wall in the structure of few shear walls in one direction is checked，finite element analysis of the transfer floor is conducted to check force and stress distribution of frame-supported beam，and the stress distribution contours of eccentric merchant steel joints are given. The results show that the seismic performance can meet the performance target class C requirements，and some significant strengthed measures are also proposed based on the characters of the structure.

Keywords：multi-towel，partial frame-supported shear wall structure，high-order mode，high transfer floor，the structure of few shear walls in one direction，finite element analysis

1 引言

随着我国经济的快速发展，一线城市的建筑用地越来越紧凑，需要在有限的占地上实现超高层建筑功能的多样性，出现了一些大底盘多塔高位转换的超高层建筑结构。目前，国内对大型复杂大底盘多塔超高位转换结构在地震、风等水平荷载作用下的研究还不多。徐培福等[1]以转换层高度作为参数，分析转换层高度对结构位移角、剪力、倾覆力矩等指标的影响，结果得出，转换层位于低层时，通过控制转换层上下层刚度比，层间位移角可控制在合理范围，不出现突变且结构传力更易实现，也较易满足规范要求；当转换位置较高时，需同时控制等效侧向刚度和层剪切刚度，才能有效控制结构位移和层间位移角。魏琏等[2,3]基于三榀转换梁受力试验以及三种分析案例，研究了转换位置差异对受力以及抗震性能的影响，发现转换梁及其上部剪力墙设计时应考虑协同作用，并指出随转换层高度的增加，对结构周期以及振型影响较小，但地震作用在转换层处出现显著增大现象，且高阶振型的影响可能明显增大。

本文以深圳城建梅园 01—05 地块 1 栋多塔高位转换结构为例，采用基于性能的抗震设计方法对结构进行整体分析计算，重点分析了高阶振型对构件内力的影响，大震等效弹性与弹塑性时程的构件内力对比，单向少墙体系的墙肢平面外承载力验算，以及对转换层进行实体有限元分析以校核框支梁的内力和应力分布，最终在分析的基础上结合结构特点提出了针对性的加强措施，结构满足抗震性能目标 C 的要求，为类似超高层多塔高位转换结构的设计提供参考。

2 工程概况

深圳城建梅园 01—05 地块 1 栋位于罗湖区笋岗街道，地下室 5 层，地上包括 A 座住宅、B 座保障房及下部商业裙房。A 座和 B 座结构高度分别为 193.05m 和 155.84m，转换层均位于第 9 层，转换层层高 6.6m，标准层层高分别为 3.15m 和 3.0m，避难层层高均为 3.85m（图 1），两塔楼均为部分框支剪力墙结构，两塔竖向构件之间的净距为 15m，A 座西侧带少量裙房（图 2）。下部商业裙房共 8 层，结构高度 42.6m，为框架-剪力墙结构。1 栋属罕见的多塔高位转换结构，结构计算分析以 1 栋多塔为主要对象。塔楼基础采用旋挖灌注桩，以微风化变质石英砂岩层为桩端持力层，商业裙房采用天然基础并布置抗浮锚杆，以强风化变质石英砂岩层为持力层。

本工程结构设计基准期为 50 年，结构安全等级为二级，抗震设防类别为丙类（裙房以上塔楼部分）和乙类（裙房部分），抗震设防烈度为 7 度（0.1g），设计地震分组为第一组，场地类别为 Ⅱ 类，地基基础设计等级为甲级。

本工程基本风压为 0.75kN/m^2（50 年一遇），地面粗糙度为 C 类，采用风洞试验提供的楼层等效静力风荷载进行结构设计，风洞试验模型及风向角如图 3 所示。

图1　建筑效果图

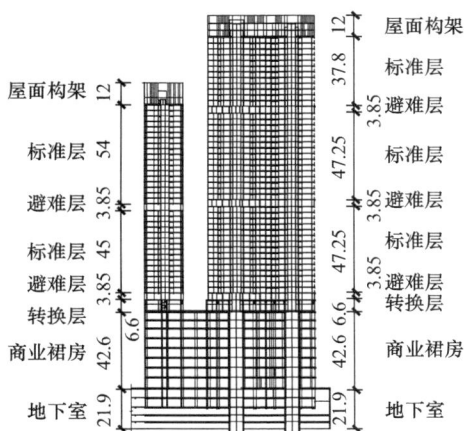

图2　1栋建筑剖面图（m）

图3　风洞试验模型及风向角

3　结构体系

3.1　概述

基于建筑功能要求，两塔楼在第9层均设置架空转换层，采用转换梁将上部不落地剪力墙的荷载传递至周边竖向抗侧力构件，最终传递至基础，从而实现下部商业的大开间要求。本项目为罕见的多塔高位转换结构，在方案设计阶段要求尽可能多的剪力墙能够落地，避免框支层设计为少墙框架体系，保证框支层框架部分承担的地震倾覆力矩不大于结构总地震倾覆力矩的50%。1栋A、B座转换层及标准层结构平面布置见图4。

下部8层商业平面呈L形，X向长103.15m，Y向长67.5m。裙房屋面景观覆土600mm，同时为保证上部塔楼的地震水平作用可靠地传递到下部裙房，裙房屋面板厚取180mm，2～7层楼面取120mm，但两栋塔楼交接位置的板厚加强到150mm。1栋A座转

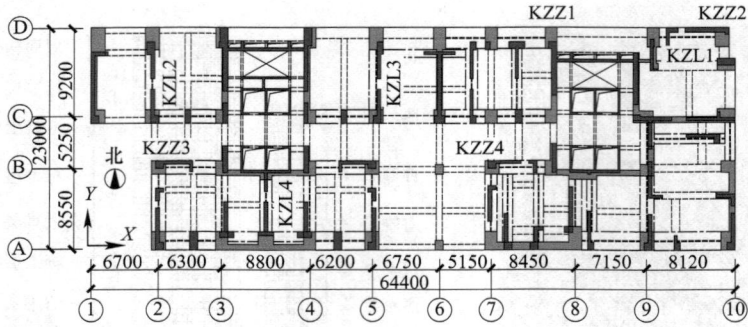

(a) 1栋A座转换层

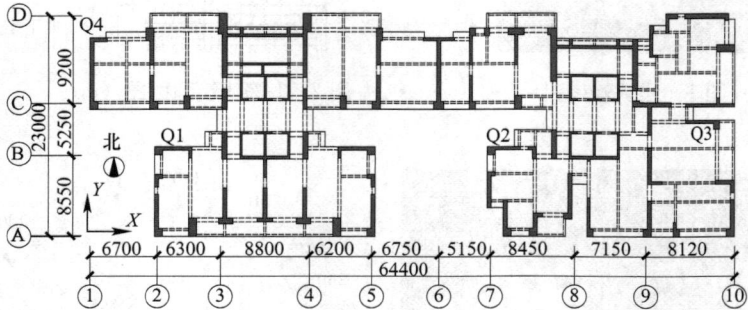

(b) 1栋A座标准层

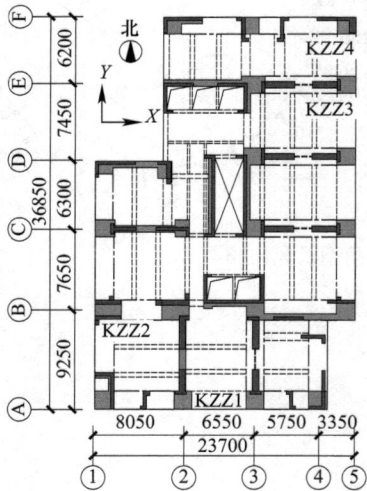

(c) 1栋B座转换层

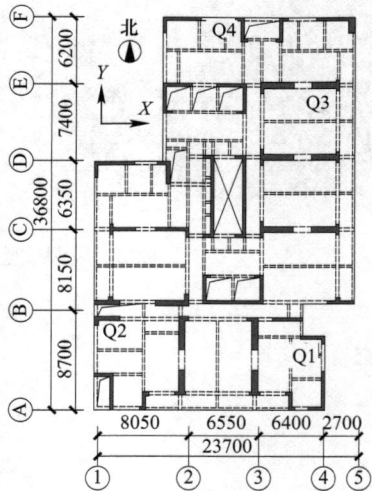

(d) 1栋B座标准层

图4　1栋 A、B 座转换层及标准层结构平面布置

换层板厚取 220mm，转换层上一层取 150mm，标准层取 100～150mm；除核心筒外的落地剪力墙厚度为 600mm，转换层以上两层的墙厚为 200～600mm，部分墙肢内设置型钢以解决剪压比超限的问题，标准层墙厚 200～400mm，上部结构剪力墙共 68 片，其中落地 36 片；框支梁共 40 根，其中 32 根设置型钢；框支柱共 27 根，均设置型钢。1栋 B 座转换层板厚取 200mm，转换层上一层取 150mm，标准层取 100～150mm；落地剪力墙厚度

为 600mm，转换层以上两层的墙厚 200～550mm，标准层墙厚 200～400mm，上部结构剪力墙共 33 片，其中落地 11 片；框支梁共 19 根，其中 4 根设置型钢。1 栋 A、B 座转换层梁板混凝土强度等级取 C60，其余楼层取 C30，竖向构件混凝土强度等级为 C40～C60。裙房梁板混凝土强度等级取 C35，竖向构件混凝土强度等级为 C50。

3.2 结构体系特点

1 栋 A、B 座两栋塔楼竖向构件之间的净距仅 15m，且 A 座仅在西侧带少量裙房，不满足按单塔模型计算的相关范围要求，若强行切分为单塔模型进行结构整体计算，裙房与塔楼之间的相互影响较大。因此，1 栋结构整体计算与设计按多塔模型进行。1 栋 A、B座转换层均位于第 9 层，属高位转换结构，易使框支剪力墙结构在转换层附近的刚度、内力和传力路径发生突变，并易形成薄弱层，对抗震不利，其抗震设计概念与低位转换结构有较多差异，需重点分析地震作用下结构的传力特点，以及关键构件屈服部位和屈服顺序，确定合理的抗震性能目标。

4 结构超限判别及抗震性能目标

根据《住房城乡建设部关于印发〈超限高层建筑工程抗震设防专项审查技术要点〉的通知》（建质〔2015〕67 号），1 栋多塔存在以下超限项：①A、B 两塔楼高度分别为193.05m、155.84m，高度超限；②A、B 两塔楼转换层均位于第 9 层，属于高位转换结构；③A、B 两塔楼扭转位移比分别为 1.26、1.38，存在扭转不规则；④A 座平面凹进60.9%，存在凹凸不规则；⑤A 座转换层下一层侧向刚度不足，存在刚度突变。基于本结构的超限情况和结构特点，同时考虑建设成本和损伤修复等因素，将 1 栋抗震性能目标水准定为 C 级，塔楼各主要构件在不同地震水准下的性能目标见表 1。

1 栋结构抗震性能目标　　　　　　　　　　　　　　　　　表 1

项目		地震烈度		
		小震	中震	大震
关键构件	框支梁	弹性	弹性	受弯、受剪不屈服
	框支柱			
	底部加强区剪力墙			
普通竖向构件	除关键构件以外的竖向构件	弹性	受弯不屈服，受剪弹性	允许部分受弯屈服，满足受剪截面要求
耗能构件	连梁	弹性	允许部分受弯屈服，受剪不屈服	允许大部分受弯屈服，满足受剪截面要求
	框架梁			
楼板	转换层/薄弱层楼板	弹性	受弯不屈服，受剪弹性	受弯、受剪不屈服

注：底部加强区为 1～11 层，12 层及以上为非底部加强区。

5 整体性能分析

5.1 小震弹性分析

分别采用 YJK 和 ETABS 程序对 1 栋多塔结构进行动力特性和小震整体指标计算，结构计算模型见图 5，计算结果见表 2。由计算结果可知，两软件各阶周期及振型结果基本接近，且扭转周期比均小于 0.85，满足《高层建筑混凝土结构技术规程》JGJ 3—2010[4]（下文简称《高规》）第 3.4.5 条的要求。此外，最大层间位移角、最大扭转位移比、刚重比、剪重比均满足规范要求，基底剪力、基底倾覆力矩在合理范围内，说明该结构设计合理，能够满足"小震不坏"的抗震性能目标。

图 5　计算模型简图

小震计算结果　　　　　　　　　　　　　　　　　　　　　　表 2

指标		YJK	ETABS	差异
自振周期（s）	T_1（Y 向平动）	3.983	3.932	1.28%
	T_2（X 向平动）	3.436	3.350	2.50%
	T_3（Y 向平动）	3.022	3.049	0.89%
	T_4（X 向平动）	2.880	2.804	2.64%
	T_5（扭转）	2.582	2.644	2.40%
	T_6（扭转）	2.459	2.490	1.26%
基底倾覆力矩（kN·m）	X 向	1968880.59	2012951.46	2.24%
	Y 向	1969976.04	2035755.22	3.34%
基底剪力（kN）	X 向	26407.84	27552.95	4.34%
	Y 向	27769.36	28342.94	2.07%
结构首层剪重比	X 向	0.01173	0.01230	4.86%
	Y 向	0.01233	0.01274	3.33%
最大层间位移角	A 塔 X 向	1/1229	1/1280	3.98%
	A 塔 Y 向	1/909	1/928	2.05%
	B 塔 X 向	1/982	1/1030	4.66%
	B 塔 Y 向	1/1180	1/1240	4.84%

续表

指标		YJK	ETABS	差异
最大扭转位移比	A塔X向	1.21	1.17	3.31%
	A塔Y向	1.25	1.28	2.40%
	B塔X向	1.26	1.22	3.17%
	B塔Y向	1.25	1.28	2.40%
刚重比	X向	3.958	3.760	5.00%
	Y向	2.350	2.235	4.89%

5.2 风荷载计算结果

风洞试验与规范对比结果见表3。经计算，风洞试验计算的基底倾覆弯矩大于规范计算的80%，满足《建筑工程风洞试验方法标准》JGJ/T 338—2014[5]第3.4.8条的要求，因此，可将风洞试验结果作为结构计算的等效风荷载值。

风洞试验与规范对比结果   表3

塔号	计算方式	X向倾覆力矩（kN·m）	Y向倾覆力矩（kN·m）	X向剪力（kN）	Y向剪力（kN）
A座	风洞试验	2.61×10^6	9.61×10^5	7.64×10^3	2.17×10^4
	规范计算	3.11×10^6	1.15×10^6	1.03×10^4	2.71×10^4
	风洞试验/规范	0.84	0.83	0.74	0.80
B座	风洞试验	6.22×10^5	9.27×10^5	9.73×10^3	6.71×10^3
	规范值	7.28×10^5	1.11×10^6	1.29×10^4	9.09×10^3
	风洞试验/规范	0.85	0.84	0.76	0.74

5.3 中震计算分析

提取YJK的计算结果，进行本工程设防烈度地震作用下构件的性能目标验算。结果表明，采用小震弹性设计时，大部分框支柱、底部加强区剪力墙满足性能目标，个别柱、墙肢需要加大配筋或设置型钢；部分框架梁、连梁存在受弯、受剪屈服，通过增大梁截面、箍筋配筋率来满足受剪不屈服要求，增大纵筋配筋率使框架梁、连梁受弯屈服数量控制在合理范围内；框支梁、非底部加强区剪力墙、框架柱均满足各自性能目标。

5.4 大震弹塑性分析

采用Perform-3D程序对本工程进行大震弹塑性时程分析，大震时程分析采用1组人工波和2组天然波，峰值加速度为220cm/s^2。考虑到本项目为超高位转换结构，竖向地震作用效应不可忽略，弹塑性时程分析按三向输入。由计算结果可知，A、B两座塔楼的最大层间位移角分别为1/345、1/182，小于规范限值1/120，3组波计算的最大基底剪力为小震基底剪力（CQC）的4.5倍，计算结果在合理范围内。同时，各类构件弹塑性表现与性能目标一致，框支梁、框支柱及底部加强区剪力墙均未屈服，非底部加强区剪力墙、框架柱出现少量塑性铰，连梁和框架梁出现大量弯曲塑性铰，且在各个楼层分布较均匀，成为大震作用下耗能的主要构件。此外，采用ETABS对楼板进行大震等效弹塑性分析，找出其应力集中部位，通过双层双向配筋、加大配筋率等措施予以加强。一般部位的楼板正应力小于混凝土抗压强度标准值，剪应力满足受剪截面要求，楼板满足大震作用下的性能目标。

6 高阶振型对高位转换结构的影响分析

A、B座典型框支柱、墙肢小震作用下CQC与时程分析的内力对比结果如图6、图7所示。高位转换结构传力路径复杂，内力变化较大，高阶振型对结构的内力影响较显著。为确保高位转换结构的抗震设计安全，有必要进行时程分析，对CQC方法在一定振型数下的典型构件内力进行补充验算，以确保构件设计时内力的准确性。

选用1栋多塔小震弹性时程分析的7组地震波，进行以X向为主方向的双向地震作用计算。提取时程分析所得构件的内力包络值与一定振型数下以X向为主方向的CQC内力结果进行比较，增加CQC计算振型数至对构件内力影响不大且与时程平均值计算结果趋于一致时，此时的CQC计算振型数能够满足设计要求。结果表明，CQC计算结果与时程计算结果平均值吻合良好，高阶振型对高位转换结构构件的内力影响不大，采用90个振型计算能够满足设计要求。

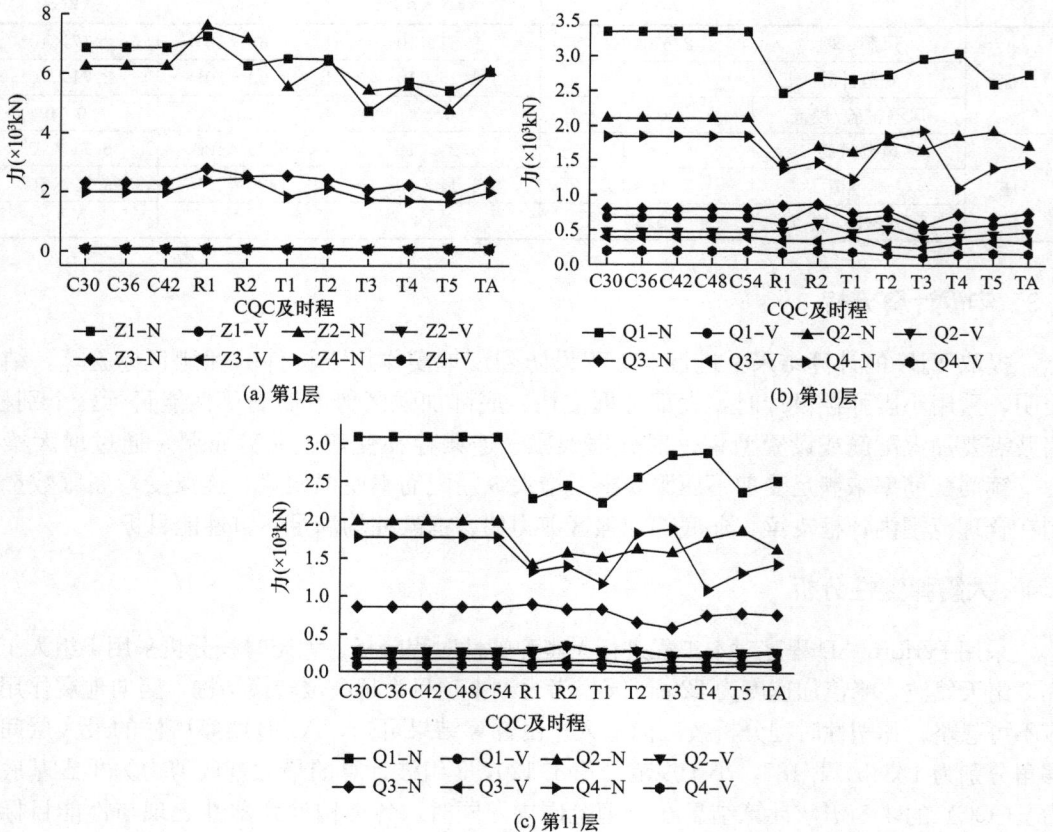

(a) 第1层

(b) 第10层

(c) 第11层

图 6 A座框支柱、墙肢CQC与时程对比结果

注：横坐标C30、C36、C42、C48、C54分别表示CQC取30、36、42、48、54个振型，R1、R2表示人工波1、2，T1～T5表示天然波1～5，TA表示时程平均值，Z、Q表示框支柱和剪力墙，N、V表示轴力和剪力。

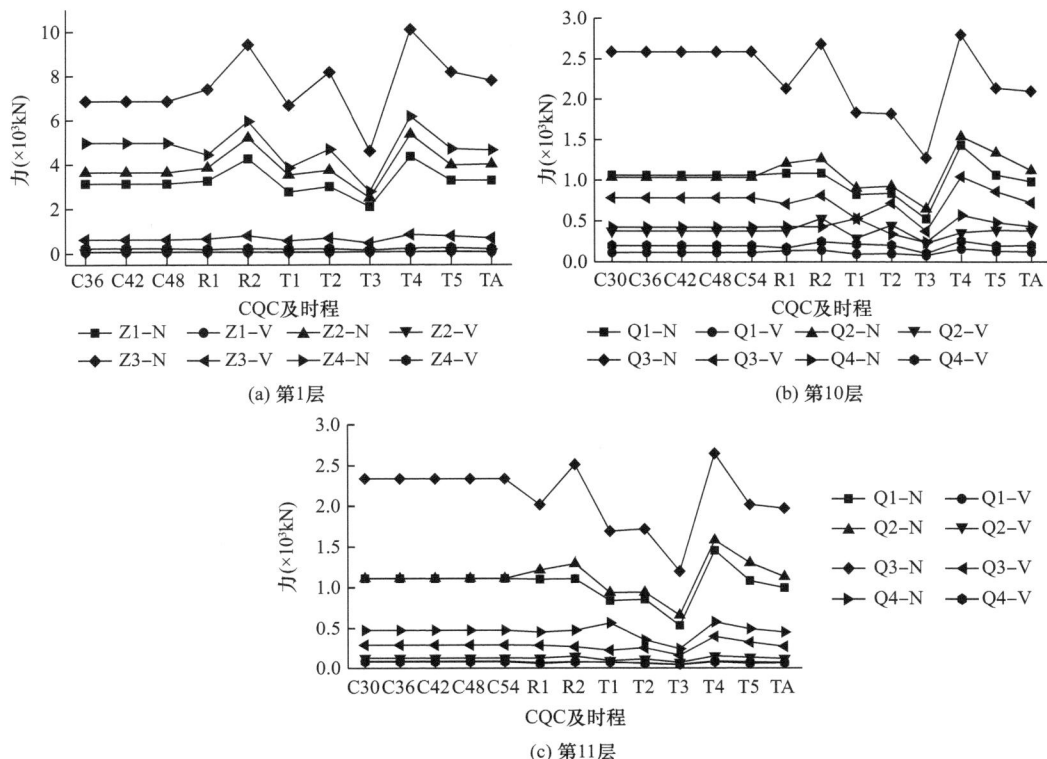

(a) 第1层

(b) 第10层

(c) 第11层

图 7　B 座框支柱、墙肢 CQC 与时程对比结果

注：横坐标 C30、C36、C42、C48、C54 分别表示 CQC 取 30、36、42、48、54 个振型，R1、R2 表示人工波 1、2，T1～T5 表示天然波 1～5，TA 表示时程平均值，Z、Q 表示框支柱和剪力墙，N、V 表示轴力和剪力。

7　大震等效弹性与弹塑性时程对比

　　转换梁及转换层上两层的剪力墙为关键构件，为进一步验证高位转换对转换梁及转换层上两层竖向构件的影响，并校核抗震性能，分别提取 Perform-3D 大震弹塑性时程分析与 YJK 大震等效弹性分析的典型转换梁内力与转换层上两层剪力墙内力进行对比。1 栋 A 座典型框支梁及转换以上两层墙肢编号如图 8、图 9 所示。限于篇幅，仅给出 1 栋 A 座的对比结果，如图 10～图 12 所示。

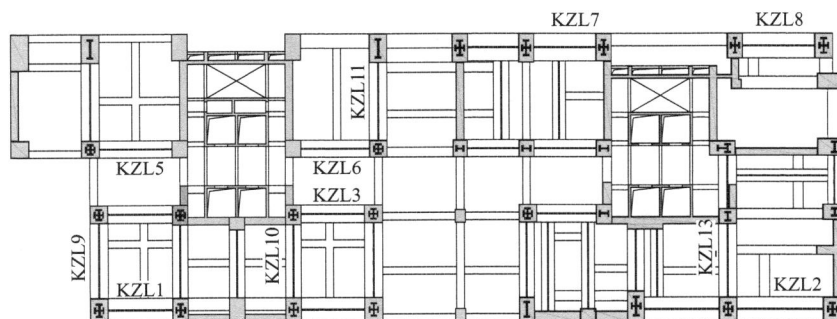

图 8　1 栋 A 座典型框支梁编号

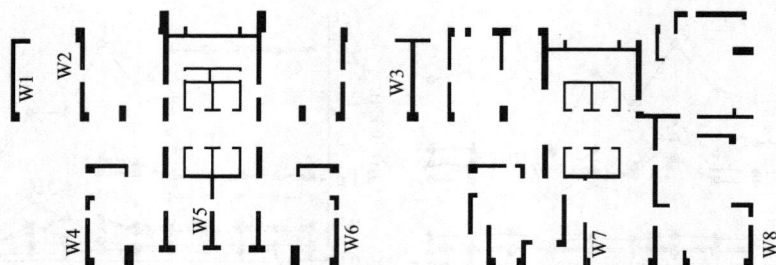

图 9 1栋 A 座转换层以上两层典型墙肢编号

YJK 大震等效弹性分析的特征周期取 0.40s，阻尼比取 0.07，连梁刚度折减系数取 0.3，周期折减系数取 1.0，振型数取 90，不考虑与抗震等级有关的增大系数，荷载组合中各分项系数均为 1.0。Perform-3D 大震弹塑性时程分析采用 Rayleigh 阻尼，地震动输入按规范要求三向输入。

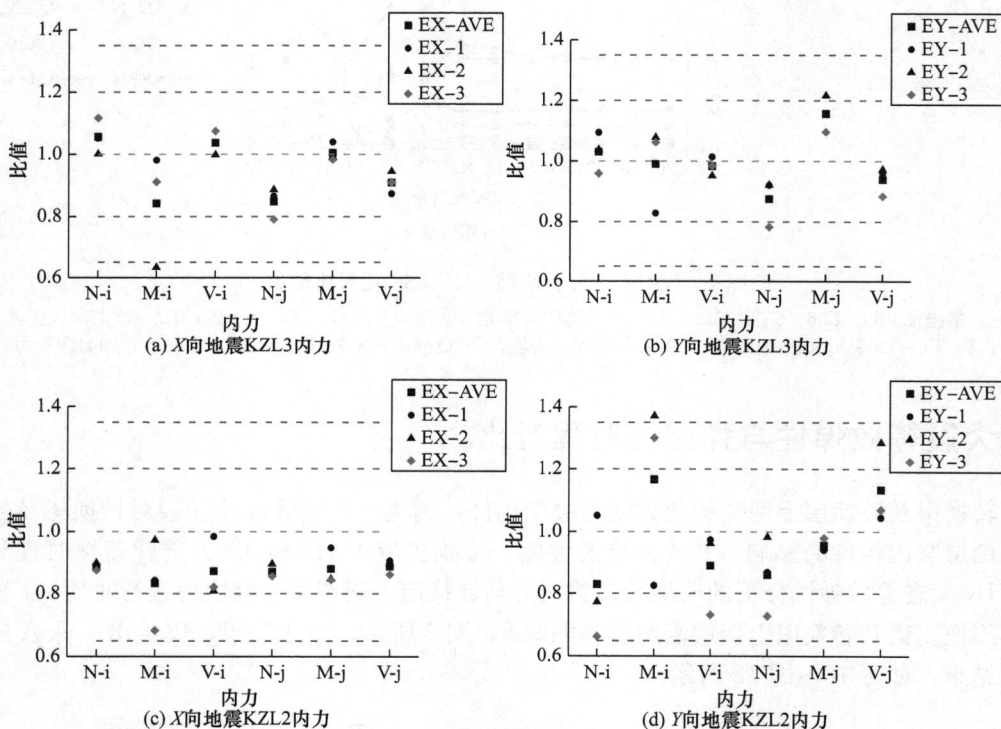

图 10 A 座典型框支梁大震等效弹性与弹塑性时程内力对比

注：横坐标 N、M、V 分别表示框支梁轴力、弯矩和剪力，i、j 分别为框支梁左、右支座；
纵坐标为框支梁大震弹塑性时程与大震等效弹性 CQC 轴力、弯矩及剪力计算结果的比值；
图例中 EX-AVE 表示以 X 向为主方向的三个工况（EX-1、EX-2、EX-3）的平均计算结果，EY-AVE 表示以 Y 向为主方向的三个工况（EY-1、EY-2、EY-3）的平均计算结果。

大震弹塑性时程分析结果表明，框支梁、转换层上两层剪力墙的单工况内力与大震等效弹性 CQC 内力之比满足不小于 0.65，不大于 1.35；多工况内力平均值与大震等效弹性 CQC 内力之比满足不小于 0.80，不大于 1.20。根据《高规》第 3.11.3 条条文说明，一般情况下，大震等效弹性方法计算结果是偏于安全的，结合以上计算结果，可以进一步论证本项目大震弹塑性时程分析结果的可靠性。弹塑性时程分析能充分考虑结构高阶振型的影响，结构弹塑性位移角、转换梁、框支柱及剪力墙等构件性能满足相应的性能目标要求。

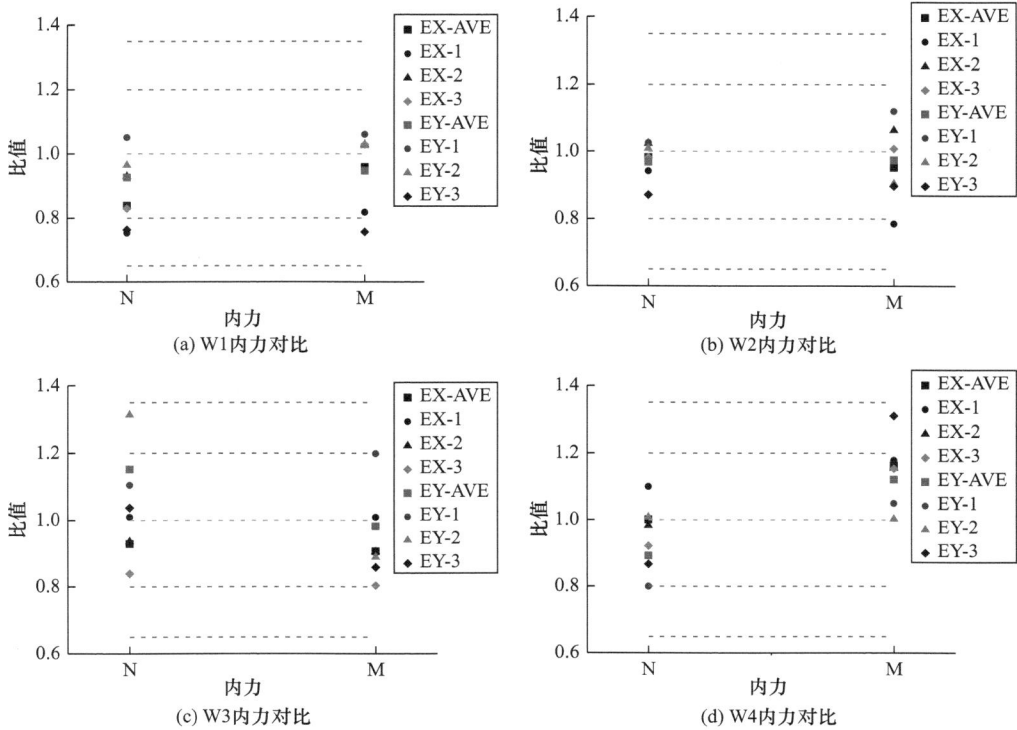

图 11　A 座第 10 层典型墙肢大震等效弹性与弹塑性时程内力对比

注：横坐标 N、M 分别表示剪力墙轴力、弯矩；纵坐标为剪力墙大震弹塑性时程与大震等效弹性 CQC 轴力、弯矩计算结果的比值；图例中 EX-AVE 表示以 X 向为主方向的三个工况（EX-1、EX-2、EX-3）的平均计算结果，EY-AVE 表示以 Y 向为主方向的三个工况（EY-1、EY-2、EY-3）的平均计算结果。

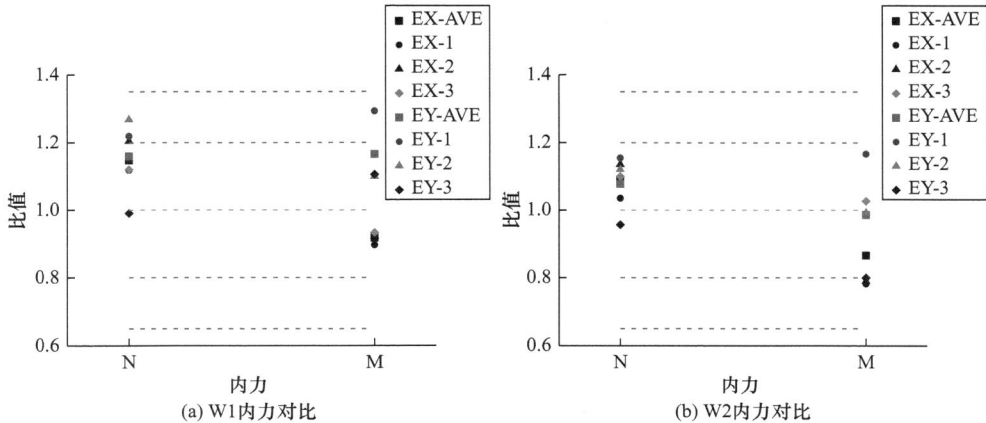

图 12　A 座第 11 层典型墙肢大震等效弹性与弹塑性时程内力对比（一）

注：横坐标 N、M 分别表示剪力墙轴力、弯矩；纵坐标为剪力墙大震弹塑性时程与大震等效弹性 CQC 轴力、弯矩计算结果的比值；图例中 EX-AVE 表示以 X 向为主方向的三个工况（EX-1、EX-2、EX-3）的平均计算结果，EY-AVE 表示以 Y 向为主方向的三个工况（EY-1、EY-2、EY-3）的平均计算结果。

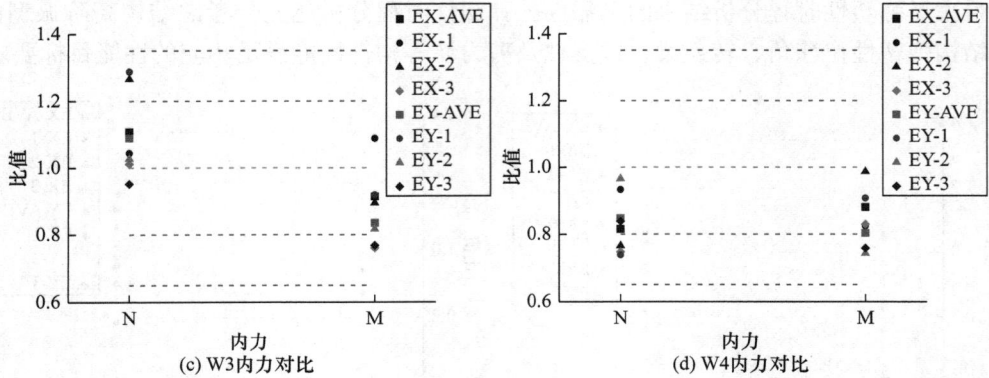

(c) W3内力对比   (d) W4内力对比

图 12   A 座第 11 层典型墙肢大震等效弹性与弹塑性时程内力对比（二）

注：横坐标 N、M 分别表示剪力墙轴力、弯矩；纵坐标为剪力墙大震弹塑性时程与大震等效弹性 CQC 轴力、
弯矩计算结果的比值；图例中 EX-AVE 表示以 X 向为主方向的三个工况（EX-1、EX-2、EX-3）的平
均计算结果，EY-AVE 表示以 Y 向为主方向的三个工况（EY-1、EY-2、EY-3）的平均计算结果。

8   单向少墙分析

1 栋 A 座住宅 X 向 16 片剪力墙，Y 向 30 片，就剪力墙数量而言，X 向为少墙结构，
无法提供足够的抗侧刚度。因此，根据文献［6］的研究结果，将 X 向抗侧体系分为三部
分：X 向长墙肢、短墙肢和框柱、X 向少墙。对于带翼缘的剪力墙，靠近翼缘部位剪力墙
面外局部刚度较大，承担外力较大，为了解 Y 向剪力墙有效翼缘（a1、a2 等）和一般部
位（W1、W2 等）两部分的受力特性，分别给出 X 向地震作用下典型楼层 4 片墙体的单
位长度平面外内力对比结果，墙体编号如图 13 所示，计算结果见表 4。

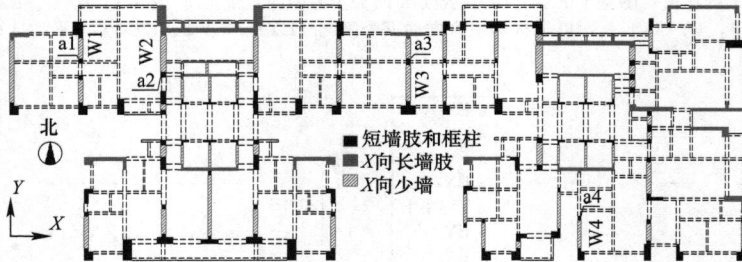

图 13   少墙验算编号及墙肢类型

有效翼缘与一般部位单位长度内力比   表 4

楼层	轴力比				弯矩比			
	a1/W1	a2/W2	a3/W3	a4/W4	a1/W1	a2/W2	a3/W3	a4/W4
54	4.08	12.18	1.49	6.31	1.99	7.17	2.98	3.69
40	1.81	6.80	1.53	1.94	1.49	5.66	2.70	2.76
25	1.77	4.66	1.06	1.58	1.44	5.38	1.94	3.08
10	1.56	5.41	1.01	1.06	1.11	2.06	1.69	1.71

由表 4 可以看出，Y 向剪力墙有效翼缘部位受力均大于一般部位，且随楼层降低，比值逐渐减小，这是因为下部楼层剪力墙较厚，面外刚度较上部楼层大，有效翼缘与一般部位的面外承载力差距被缩小。为验证 Y 向剪力墙墙肢的面外承载力，本文对典型墙肢进行中震压弯弹性验算，为节省篇幅，仅给出第 10 层 2 片墙有效翼缘与一般部位的 N-M 曲线，如图 14 所示，边缘构件计算长度按《高规》第 7.2.15 条选取。

《高规》第 3.10.5 条规定，特一级剪力墙底部加强区竖向、水平分布钢筋配筋率取 0.4%，偏于安全考虑，计算时配筋率取 0.35%。选取中震作用下内力，共 6 种组合，分别为：1.3 恒荷载＋1.5 活荷载；1.0 恒荷载＋1.5 活荷载；1.2 恒荷载＋0.6 活荷载±1.3 X 向地震；1.2 恒荷载＋0.6 活荷载±1.3 Y 向地震。结果表明，按构造要求配筋能够满足少墙方向剪力墙面外受弯承载力要求。此外，X 向按框架-剪力墙和部分框支剪力墙结构进行包络设计，剪力墙翼墙及端柱满足框架柱及边缘构件的构造要求，并对框架边梁采取纵筋拉通的方式加强。

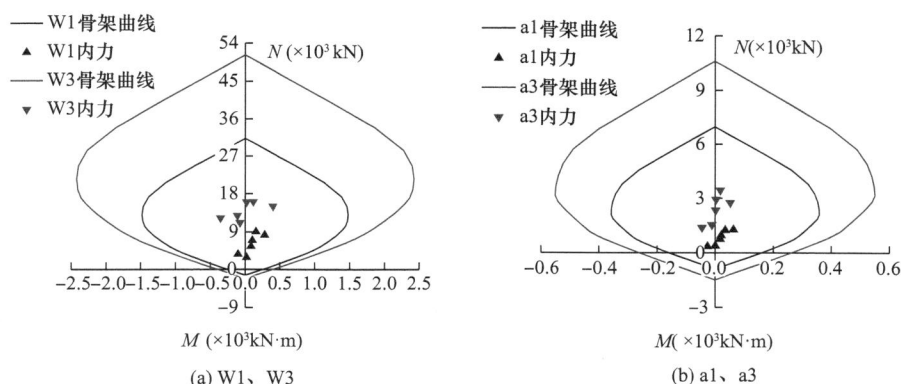

(a) W1、W3 (b) a1、a3

图 14 Y 向剪力墙平面外 N-M 曲线

9 1 栋塔楼转换层有限元分析

转换层梁与上部墙体存在偏心，上部结构竖向及水平荷载通过转换梁进行传递，转换梁受力较为复杂。为确保转换层设计安全，采用 ABAQUS 对转换层梁、板进行有限元分析以确定其应力分布规律，找到结构薄弱部位，并采取相应的加强措施。同时，验证 YJK 杆系模型内力的准确性，以指导框支梁的设计。有限元模型选取转换层及上一层墙柱，如图 15 所示。选取 YJK 中震作用下 1.2 恒荷载＋0.6 活荷载＋1.3 X 向地震＋0.5 竖向地震工况的内力，计算结果如图 16 所示。

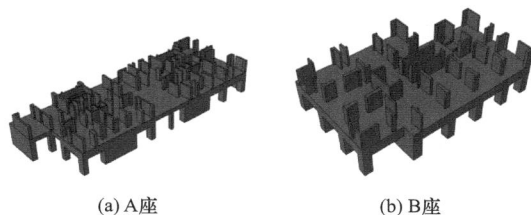

(a) A 座 (b) B 座

图 15 转换层部位有限元模型

结果表明，1 栋 A、B 座混凝土的最大 von Mises 应力发生在偏心较大的上部剪力墙与转换梁的交接处，分别为 25MPa、20MPa，低于 C60 混凝土抗压强度设计值 27.5MPa；转换柱和落地剪力墙的混凝土 von Mises 应力均小于 20MPa，且应力分布较为均匀，未出现明显的应力集中现象。A、B 座转换梁最大剪切应力分别为 3.44MPa、2.7MPa，均发生在上部墙柱与转换梁连接处，其余部位剪切应力不大于 2.0MPa，小于截面受剪承载力设计值。

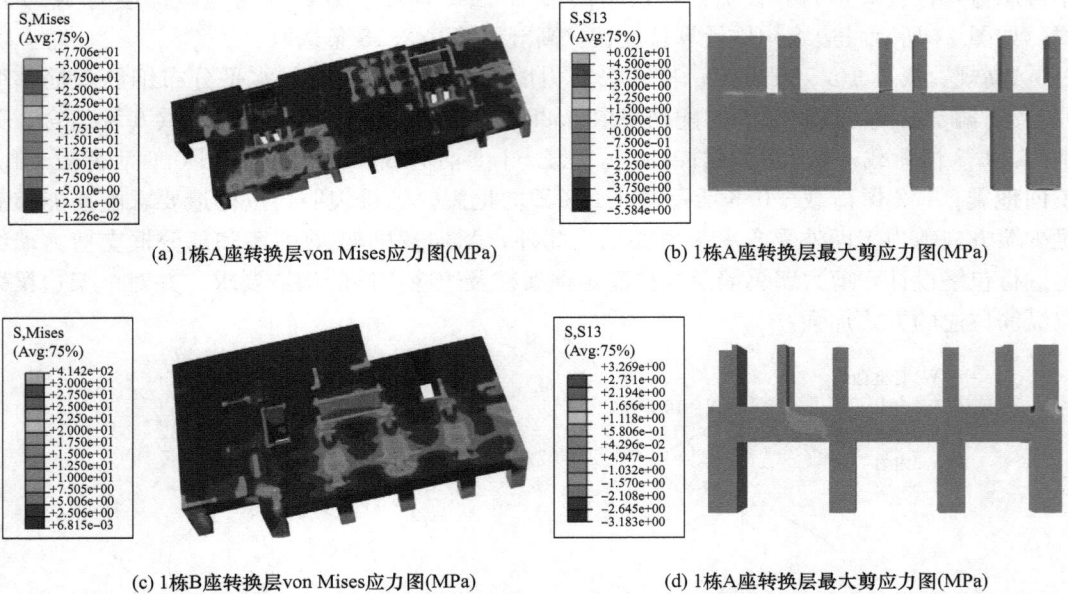

(a) 1栋A座转换层von Mises应力图(MPa)

(b) 1栋A座转换层最大剪应力图(MPa)

(c) 1栋B座转换层von Mises应力图(MPa)

(d) 1栋A座转换层最大剪应力图(MPa)

图 16　实体模型有限元计算结果

表 5 为 ABAQUS 实体模型与 YJK 杆系模型的转换梁内力对比结果，为节省篇幅，仅列出 A 座的对比结果。可以看出，两者弯矩和剪力计算结果相差不大，误差均在 20% 以内，而扭矩相差较大，特别是上部剪力墙偏心较大的 KZL1 和 KZL3，误差在 30% 左右，KZL2 和 KZL4 的上部剪力墙偏心较小，误差在 10% 左右，说明 YJK 杆系模型未能充分考虑偏心荷载引起的扭矩，因此，需按照实体单元的计算结果对所有转换梁进行受扭、弯扭和剪扭承载力验算，必要时需要增加抗扭钢筋的配筋率。

转换梁内力计算结果　　　　表 5

编号	内力	ABAQUS	YJK	误差
KZL1	M（kN·m）	7737	7692	0.6%
	V（kN）	13693	11450	19.6%
	T（kN·m）	582	763	31.1%
KZL2	M（kN·m）	5538	5880	6.2%
	V（kN）	3824	3304	15.7%
	T（kN·m）	310	371	19.7%
KZL3	M（kN·m）	6516	6421	1.5%
	V（kN）	7145	7316	2.4%
	T（kN·m）	510	649	27.3%
KZL4	M（kN·m）	6667	6226	7.1%
	V（kN）	8201	7524	9.0%
	T（kN·m）	201	226	12.4%

图 17 所示为 A 座剪力墙内型钢与型钢框支梁偏心连接节点，在框支梁型钢下翼缘伸出一梯形板，厚度与型钢翼缘一致，剪力墙内型钢与之相连；在框支梁型钢两侧设置 4 块 30mm 厚加劲板，右侧 2 块加劲板下部 300mm 高度范围与墙型钢翼缘相连。

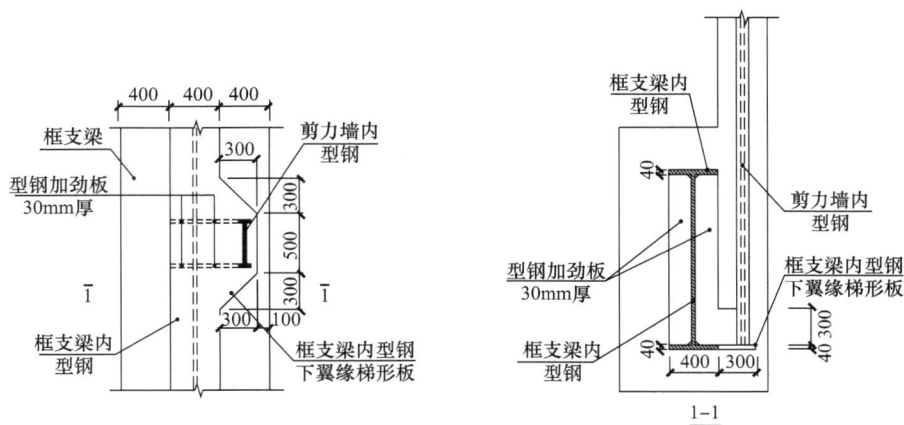

图 17　剪力墙内型钢与型钢框支梁偏心连接节点

为验证上述偏心连接节点的可靠性，从转换层有限元整体模型中提取出受力最大的型钢偏心连接节点的应力云图，如图 18 所示。由分析结果可知，两型钢连接板及加劲肋未出现明显应力集中，最大 von Mises 应力和剪应力远小于钢材强度设计值，剪力墙内型钢与框支梁内型钢偏心连接节点安全可靠。

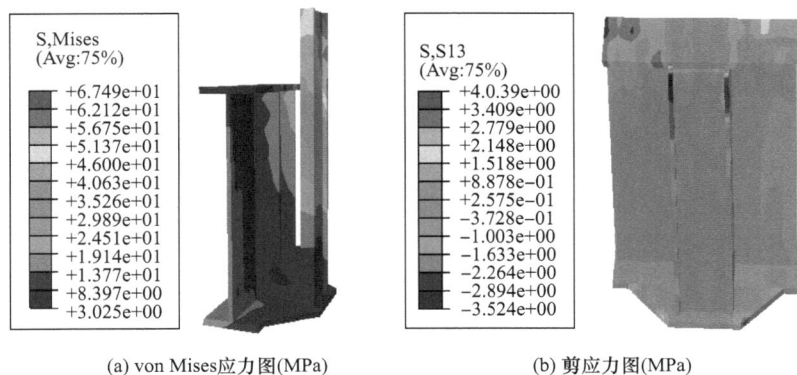

(a) von Mises应力图(MPa)　　　(b) 剪应力图(MPa)

图 18　型钢偏心连接节点应力云图

10　结论

1 栋多塔高位转换结构存在多个不规则项，根据超限情况及结构特点给出其抗震性能目标，并进行不同设防水准下的性能验算，最后对结构的关键部位进行专项分析，得出以下结论：

（1）对结构整体性能进行验算，能够满足设定的性能目标 C，结构设计合理，满足规范要求。

（2）小震 CQC 计算结果与时程计算结果平均值吻合良好，高阶振型对高位转换结构构件的内力影响不大，采用 90 个振型计算能够满足设计要求。

（3）大震弹塑性时程与大震等效弹性分析的典型转换梁与转换层上两层剪力墙内力满足要求，大震弹塑性时程分析结果可靠，能充分考虑结构高阶振型的影响。

（4）单向少墙体系的墙肢有效翼缘与一般部位单位长度面外受力大小不同，且随楼层位置变化而变化，按照构造要求配筋能满足墙肢中震弹性的抗震性能目标。

（5）对 1 栋两塔楼转换层进行有限元分析，应力分布较均匀，剪力墙偏心较大位置的框支梁应力较大、扭矩较大；A 座型钢偏心节点的最大应力小于钢材强度设计值，能够满足节点的有效连接。

参考文献

[1] 徐培福，王翠坤，郝锐坤，等. 转换层设置高度对框支剪力墙结构抗震性能的影响 [J]. 建筑结构，2000，22（1）：38-42，29.

[2] 魏琏，王森. 高层建筑转换梁结构承载能力及配筋方法的试验研究 [J]. 建筑结构学报，2001，22（2）：8-17.

[3] 魏琏，王森. 不同高位转换层对高层建筑动力特性何地震作用影响的研究 [J]. 建筑结构学报，2002，32（8）：54-58.

[4] 住房和城乡建设部. 高层建筑混凝土结构技术规程：JGJ 3—2010 [S]. 北京：中国建筑工业出版社，2011.

[5] 住房和城乡建设部. 建筑工程风洞试验方法标准：JGJ/T 338—2014 [S]. 北京：中国建筑工业出版社，2014.

[6] 魏琏，谭伟，王文涛，等. X 向少墙时 Y 向剪力墙结构墙体面外抗震设计 [J]. 建筑结构，2017，47（1）：28-32.

06　梅园伸臂桁架设计关键技术

黄用军，吴军，何远明

（深圳市欧博工程设计顾问有限公司，深圳　518053）

【摘要】　梅园项目位于罗湖区笋岗街道，主体结构高度为 367.050m，地上 83 层，总建筑高度为 379m，采用钢管混凝土柱-钢梁框架＋混凝土核心筒＋伸臂桁架结构体系。通过对伸臂桁架效率的分析，确定了伸臂桁架的数量及楼层。采用 MIDAS 及 YJK 两个软件对伸臂桁架进行了参数化设计及整体模型推覆分析，验证了伸臂桁架截面的合理性。为满足多道防线设计，同时优化腹杆截面，对比了屈曲约束支撑与普通支撑的差异性。结果表明，在保证整体刚度不变的情况下，屈曲约束支撑可以减小腹杆截面，同时各项指标满足规范要求，经济合理，安全可靠。

【关键词】　伸臂桁架，伸臂效率，推覆分析，屈曲约束支撑

Key Technology of Boom Truss Design in Meiyuan

Huang Yongjun，Wu Jun，He Yuanming

(Shenzhen AUBE Architectural Engineering Design Co.，Ltd.，Shenzhen　518053)

Abstract：Meiyuan project is located in Sungang street，Luohu District. The height of the main structure is 367.050m，83 floors above the ground，and the total building height is 379m. It adopts the structural system of concrete-filled steel tubular column steel beam frame ＋concrete core tube ＋outrigger truss. Through the analysis of boom truss efficiency，the number and floor of boom truss are determined. The parametric design and overall model pushover analysis of the boom truss are carried out by using MIDAS and YJK software，and the rationality of the boom truss section is verified. In order to meet the design of multiple lines of defense and optimize the section of web members，the differences between buckling restrained braces and ordinary braces are compared. The results show that buckling restrained brace can reduce the section of web member under the condition of keeping the overall stiffness unchanged. At the same time，all indexes meet the requirements of the code，which is economical，reasonable，safe and reliable.

Keywords：outrigger truss，boom efficiency，pushover analysis，buckling restrained brace

1　工程概况

　　梅园项目位于罗湖区笋岗街道，主体结构高度为 367.050m，地上 83 层，总建筑高度为 379m，地面以上 83 层，地下 4 层，其中裙房 6 层，裙房高度 33.54m。项目结构体系

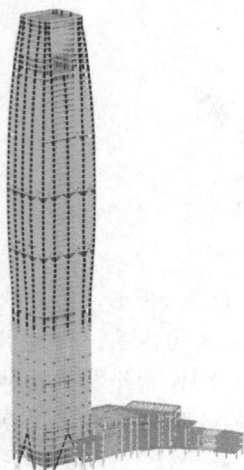

采用钢管混凝土柱-钢梁框架＋混凝土核心筒＋伸臂桁架结构体系，共设置三道伸臂桁架结构，裙房为框架结构，模型如图 1 所示。

本项目抗震设防烈度为 7 度，地震作用加速度峰值为 $0.1g$，场地特征周期为 $0.35s$，抗震设防类别为乙类，50 年一遇风荷载为 $0.75kN/mm^2$，地面粗糙度类别为 C 类。项目建筑体型复杂，存在多项不规则超限项[1]。

图 1　结构模型

2　伸臂桁架效率分析

2.1　伸臂桁架位置分析

伸臂桁架通过加强核心筒与周边框架的联系，调动周边框架柱的轴力形成抵抗倾覆力矩的力偶，将外框与核心筒结合成抗侧力的整体，有效提高结构的刚度，减小核心筒承担的倾覆弯矩，减小风荷载和地震作用下的侧向变形，是超高层建筑设计中较为常见的设计手段。

伸臂桁架的典型布置如图 2 所示，通过对不同伸臂桁架位置和数量的分析，得出适用于本工程的加强层效率。为方便对比，分析时，桁架弦杆和腹杆统一采用 H1000×400×90×90。

根据避难层的楼层位置设置伸臂桁架加强层，不同加强层位置下，结构周期、位移角和顶点位移的对比结果如表 1 所示。可以看出，伸臂桁架设置在结构中上部时，对减小结构基本周期和结构位移的效果最好，提高刚度的效率最高，其中伸臂加强层设置在 53 层时较优。

图 2　伸臂桁架典型布置

单加强层伸臂桁架位置对比　　　　　　　　　　　　表 1

计算指标	无伸臂	伸臂 OT1	伸臂 OT2	伸臂 OT3	伸臂 OT4	伸臂 OT5	伸臂 OT6	伸臂 OT7
楼层	—	5	17	30	42	53	63	74
T_1	9.65	9.56	9.32	9.02	8.81	8.73	8.82	8.98
T_2	9.10	9.01	8.71	8.33	8.08	7.94	8.05	8.19
T_3	3.83	3.83	3.83	3.80	3.79	3.80	3.81	3.84
位移角（W_x）	1/329	1/332	1/344	1/363	1/390	1/428	1/411	1/385
位移角（W_y）	1/375	1/379	1/398	1/430	1/470	1/531	1/521	1/489
顶点位移（X 向）	844	831	793	743	704	682	681	695
顶点位移（Y 向）	728	715	671	614	572	541	542	547

2.2　伸臂桁架个数分析

从图 3、图 4 中可以看出，仅设置 1 个加强层无法满足规范对于最小层间位移角的需求；结构抗侧刚度与伸臂桁架加强层的个数也不完全是成正比的关系，当加强层增加到一定数量之后，抗侧刚度只会略微增大，加强层的效率显著降低，故对伸臂桁架的设置个数进行对比分析。在结合伸臂桁架位置的分析结果和以往工程经验的基础上，给出四种伸臂桁架组合布置方式的对比分析结果，如表2及图5、图6所示。在42层、53层和63层设置3个伸臂桁架加强层对整体结构抗侧刚度的提升较为显著，设置4个及以上个数加强层对整体结构抗侧刚度的进一步提升程度有限，不经济。故本工程最多采用3个伸臂桁架，并结合其他有效手段，采用合理的结构形式。

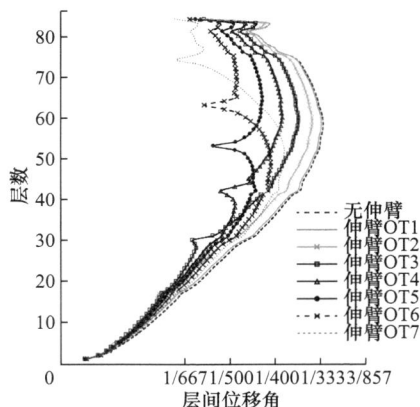

图 3 X 向风荷载作用下单加强层
结构的层间位移角

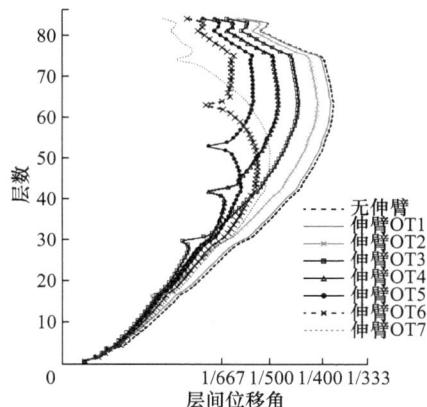

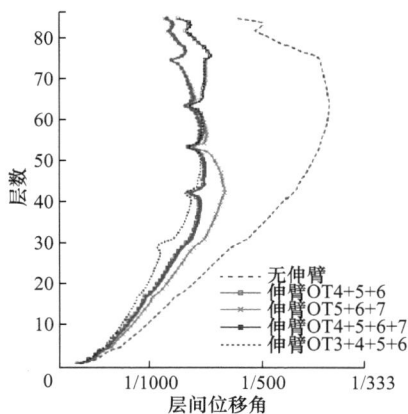

图 4 Y 向风荷载作用下单加强层
结构的层间位移角

多道伸臂桁架效率分析　　　　　　　　　表 2

计算指标	无伸臂	方案一：OT4+5+6	方案二：OT5+6+7	方案三：OT4+5+6+7	方案四：OT3+4+5+6
楼层	—	42、53、63	53、63、74	42、53、63、74	30、42、53、63
T_1	9.65	8.19	8.40	8.16	7.98
T_2	9.10	7.33	7.52	7.27	7.12
T_3	3.83	3.74	3.79	3.75	3.71
位移角(W_x)	1/329	1/517	1/460	1/505	1/522
位移角(W_y)	1/375	1/658	1/606	1/687	1/659
顶点位移(X向)	844	590	601	572	704
顶点位移(Y向)	728	450	458	431	572

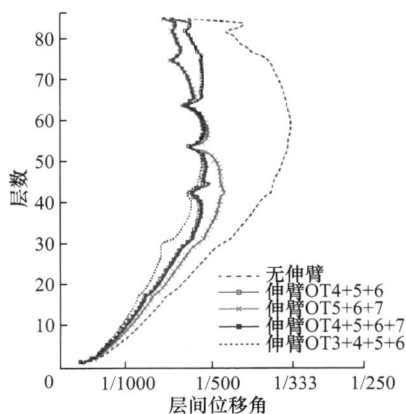

图 5 X 向风荷载作用下多加强层结构的层间位移角　　图 6 Y 向风荷载作用下多加强层结构的层间位移角

73

3 伸臂桁架设计

3.1 伸臂桁架计算长度分析

整体计算模型中，伸臂桁架腹杆截面以稳定应力控制，为研究伸臂桁架腹杆稳定应力与计算长度系数之间的关系，对本结构伸臂桁架腹杆进行参数化分析。桁架上、下弦截面初定为 H1000×400×90×90，以塔楼 52～53 层作为研究楼层，腹杆截面厚度参照抗震等级为一级时中心支撑宽厚比限值，腹杆选取截面参数见表 3。

腹杆截面参数 表 3

截面	厚度（mm）						
H400×400	30	40	50	60	70	80	90
H500×500	30	40	50	60	70	80	90
H600×600	—	40	50	60	70	80	90
H700×700	—	—	50	60	70	80	90
H800×800	—	—	50	60	70	80	90

伸臂桁架弦杆侧向存在次梁，且弦杆顶部有密铺楼板，都为弦杆提供了稳定的侧向支撑。不考虑楼板及钢梁对伸臂桁架的支撑作用，即在计算模型中不添加楼板和与弦杆连接的次梁，对伸臂桁架进行屈曲分析。

对于一般的框架柱，规范给出了计算长度公式。对于桁架腹杆，因其约束条件的特殊性，再根据框架柱计算长度公式计算不合理。因此对本项目中的伸臂桁架腹杆进行专门分析以确定其计算长度。在伸臂桁架上弦节点施加 5000kN 单位力以求得其屈曲荷载（图 7），反算其计算长度，所用的欧拉公式为：

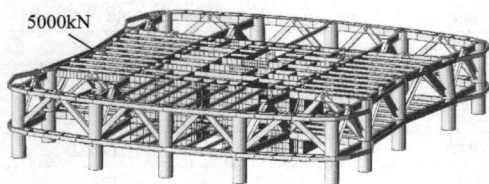
图 7 屈曲分析模型

$$P_{cr} = \frac{\pi^2 EI}{(\mu l)^2}$$

伸臂桁架相关分析结果如表 4、表 5 及图 8、图 9 所示。

腹杆屈曲因子 表 4

厚度（mm）	截面				
	H400×400	H500×500	H600×600	H700×700	H800×800
30	7.21	6.37	—	—	—
40	10.3	11.4	9.09	—	—
50	12.03	19.18	15.66	13.02	11.15
60	13.7	22.44	25.4	21.13	18.09
70	15.34	25.07	34.81	32.43	27.75
80	16.94	27.53	37.64	45.43	40.66
90	18.53	29.85	40.08	48.07	55.03

弦杆与腹杆刚度对比

截面	厚度（mm）	刚度比 i	计算长度系数 l
H800×800	90	1.70	1.469
	80	1.76	1.639
	70	1.84	1.890
	60	1.94	2.210
	50	2.08	2.617
H700×700	90	2.08	1.266
	80	2.17	1.247
	70	2.29	1.409
	60	2.44	1.650
	50	2.65	1.963
H600×600	90	2.81	1.071
	80	2.95	1.064
	70	3.13	1.059
	60	3.37	1.174
	50	3.70	1.400
	40	4.19	1.691
H500×500	90	4.35	0.910
	80	4.58	0.917
	70	4.89	0.923
	60	5.30	0.928
	50	5.87	0.943
	40	6.70	1.131
	30	8.02	1.361
H400×400	90	8.30	0.783
	80	8.73	0.796
	70	9.30	0.806
	60	10.10	0.817
	50	11.20	0.823
	40	12.90	0.825
	30	15.50	0.890

注：$i=\dfrac{k_1}{k_2}$，其中，k_1 为与腹杆相连杆件线刚度之和；k_2 为腹杆线刚度。

从上述图表结果看，随着腹杆截面增大，计算长度系数降低；在相同腹杆截面下，计算长度系数随截面厚度的增加，数值趋于稳定。H400×400 截面最小计算长度系数为 0.783，H800×800 截面最小计算长度系数为 1.469，随着刚度比值的增大，计算长度系数逐渐增大。《钢结构设计规范》GB 50017—2003 中确定的桁架腹杆计算长度系数为 1.0，其中 H700×700 及 H800×800 截面最小计算长度系数均大于 1.0。分析出现此结

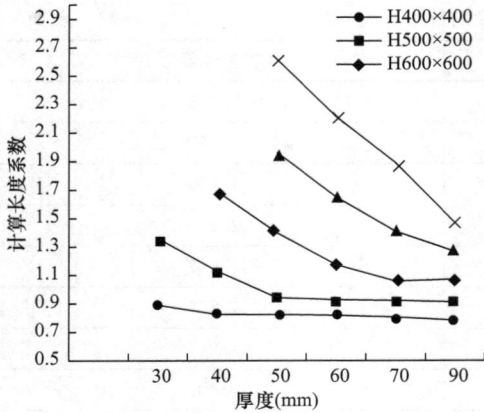

图 8　计算长度系数

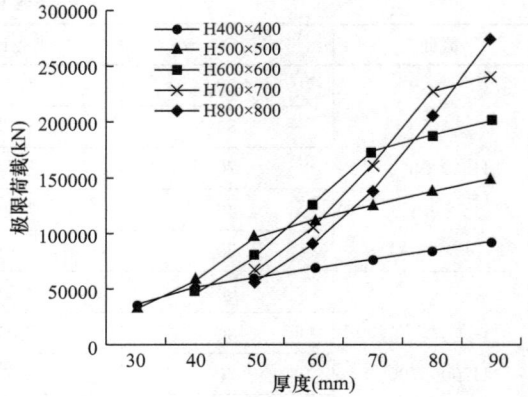

图 9　腹杆极限荷载值

果的原因，可能是伸臂桁架作为大尺寸单榀桁架结构，跨高比相对常规大跨结构的桁架要小很多，弦杆对腹杆的线刚度比较小，进而对腹杆的有效约束效果减弱，随着腹杆截面增加，弦杆截面对腹杆转动约束能力降低，腹杆构件更易出现面外失稳，有效计算长度增大。

对于伸臂桁架设计，需充分考虑弦杆与腹杆截面特性与刚度比；对大截面腹杆，需复核腹杆计算长度系数。

3.2　伸臂桁架静力推覆分析

伸臂桁架在塔楼加强层调动外框柱的轴向刚度参与抗侧，增加结构整体抗侧刚度。加强层剪力墙及伸臂桁架均作为结构关键构件，在罕遇地震构件性能目标设计[2]中，剪力墙的性能目标为压弯、拉弯允许屈服，受剪不屈服；伸臂桁架性能目标为压弯、拉弯允许屈服，受剪截面满足要求，受剪承载力满足要求。在多道抗震防线设计中，核心筒剪力墙作为最后一道防线，伸臂桁架在水平外荷载作用下应先于剪力墙屈服。为研究伸臂桁架与剪力墙破坏的先后关系，对整体结构模型进行静力推覆分析。

在进行静力推覆分析时，考虑腹杆对伸臂桁架的影响，选取两种不同腹杆截面进行对比。在 YJK 分析模型中杆件均采用纤维梁单元模拟，包括混凝土梁、柱、斜杆和型钢梁以及由钢筋等效而成的箱梁。纤维梁单元考虑轴力和弯矩共同影响，墙单元采用平板壳单元模拟，进行推覆分析的构件配筋采用 YJK 设计结果。钢构件与钢筋纤维均采用双折线随动强化模型，初始弹性模量按《钢结构设计规范》GB 50017—2003 和《混凝土结构设计规范》GB 50010—2010 选取，屈服后的弹性模量为初始弹性模量的 0.01 倍；混凝土的材料本构按《混凝土结构设计规范》GB 50010—2010 单轴混凝土纤维骨架曲线、单轴混凝土纤维滞回规则及双轴混凝土曲线采用。对于推覆分析中水平力的作用形式，在《高层建筑混凝土结构技术规程》JGJ 3—2010 第 3.11.4 条条文说明中提到：静力弹塑性计算分析中采用的侧向作用力分布形式宜适当考虑高阶振型的影响，可采用该规程第 3.4.5 条提出的规定水平地震力分布形式。在本次分析中，采用规定水平力进行水平推覆，伸臂桁架模型相关信息见表 6。对于构件损伤状态，YJK 给出了四种不同的构件性能状态，分别为轻微损伤、中等损伤、较重损伤、破坏退出工作。

推覆分析伸臂桁架信息表 表 6

模型	上弦截面	下弦截面	腹杆截面
模型一	H1000×400×90×90	H1000×400×90×90	H400×400×50×50
模型二	H1000×400×90×90	H1000×400×90×90	H800×900×90×90

腹杆截面小的模型一，在进行推覆分析后，从整体分析结果（图10～图13）可以看出，塔楼底部大部分剪力墙出现不同程度塑性损伤，连梁均已破坏退出工作；三个设置伸臂桁架的塔楼加强层中，伸臂桁架腹杆均有不同程度的损伤，最大损伤达到了中等损伤程度；与伸臂桁架相连的剪力墙，仅在桁架节点区内出现了轻微损伤。

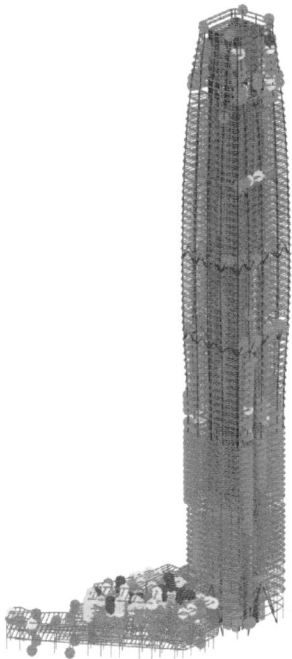

图 11 模型一局部（63 层及相邻两层）推覆分析结果

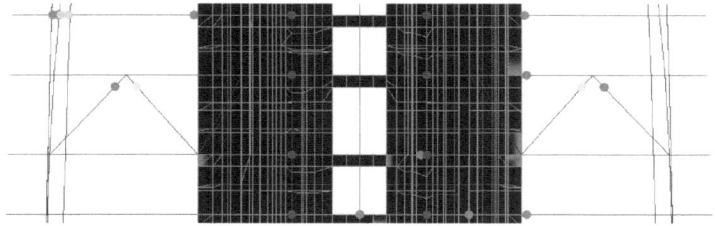

图 12 模型一局部（53 层及相邻两层）推覆分析结果

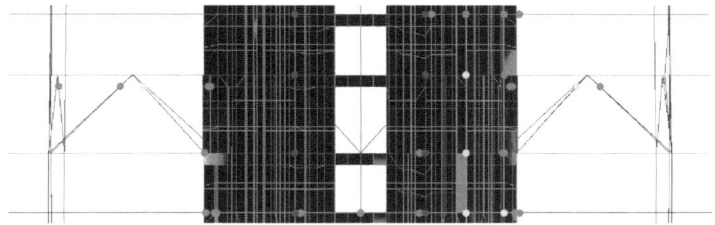

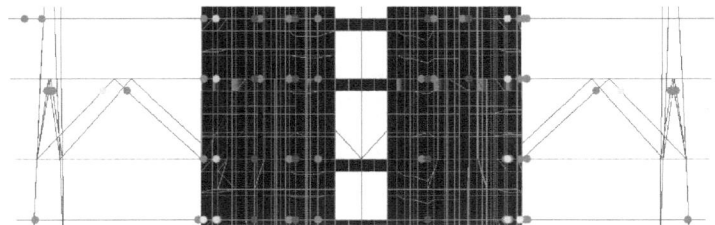

图 10 模型一静力推覆分析结果　　　图 13 模型一局部（42 层及相邻两层）推覆分析结果

腹杆截面大的模型二，从分析结果（图14～图17）可以看出，三个加强层及相邻上下层剪力墙大部分出现了塑性损伤，其中，与伸臂桁架相连处剪力墙损伤最大，达到较重损伤状态，而伸臂桁架构件基本未出现损伤。

从上述两个计算模型的分析结果可知，随着桁架腹杆截面的增加，伸臂桁架整体刚度提高，同时也影响伸臂桁架与剪力墙之间内力的分配。当伸臂桁架截面保持在一定范围内，即伸臂桁架腹杆刚度在一定范围内时，能够满足多道抗震防线设计要求，伸臂桁架先于剪力墙出现屈服；当超出一定限值，伸臂桁架在弹性工作阶段时，剪力墙已出现塑性损伤。

图 15　模型二局部（63 层及相邻两层）推覆分析结果

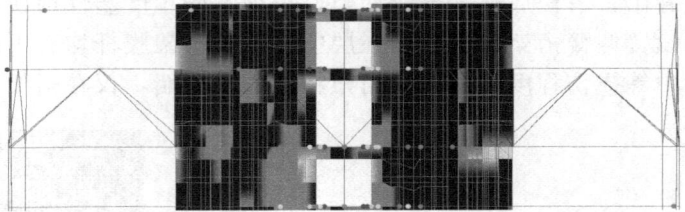

图 16　模型二局部（53 层及相邻两层）推覆分析结果

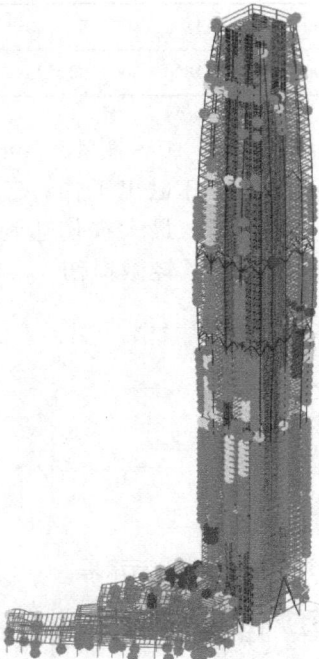

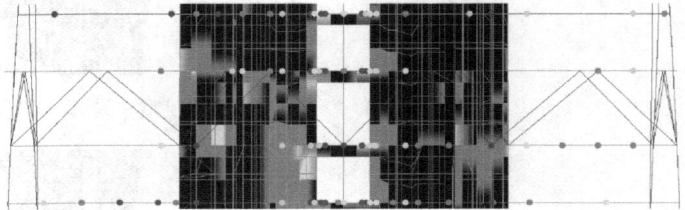

图 14　模型二静力推覆分析结果

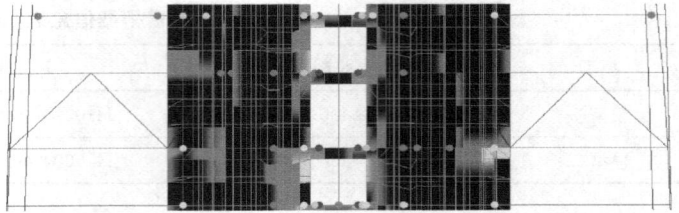

图 17　模型二局部（42 层及相邻两层）推覆分析结果

4　屈曲约束支撑设计

本项目中，小震弹性阶段为满足规范对压弯构件稳定性的要求，腹杆截面确定为 □1000×500×90×90。在进行罕遇地震关键节点有限元分析时，为保证节点的传力可靠，将腹杆截面进一步提高到 □1200×500×80×80。从前述伸臂桁架的设计及分析来看，若将伸臂桁架腹杆截面增大，不仅在计算腹杆计算长度系数时需着重进行复核验算，同时，腹杆截面增加也会引起上、下弦杆截面的变化，而且当腹杆刚度过大时，会造成与之相连的剪力墙先于伸臂桁架屈服，不满足多道抗震防线的设计要求。因此，有必要对伸臂桁架腹杆进行特殊设计。

通常对于结构支撑的设计是直接提高支撑的刚度，即将支撑结构做强，使结构承担更大的地震作用。在实际的地震作用中，对于"强支撑"结构体系，支撑受到往复荷载作用后容易发生屈曲，支撑屈曲后，地震力将直接作用于结构本身，导致结构产生更大破坏。在本项目中，考虑将"强支撑"抗震机制替换为"弱支撑"耗能机制，即控制支撑先于主体结构屈服，通过支撑塑性变形耗能。基于这一理念，考虑将伸臂桁架腹杆以屈曲约束支撑来代替。

屈曲约束支撑在设计时，可不验算支撑的稳定性，仅需进行小震及风荷载弹性阶段的强度验算，屈曲约束支撑自身已满足稳定性要求[3]。

在小震弹性阶段，通过指定伸臂桁架腹杆截面确定腹杆轴力包络值。在进行屈曲约束支撑设计时，以轴力包络值小于屈曲约束支撑设计承载力为基准，对屈曲约束支撑进行截面设计。同时，通过刚度串联准则：$\frac{1}{k_0}=\frac{1}{k_1}+\frac{1}{k_2}+\frac{1}{k_e}$，即原支撑刚度＝串联刚度（屈曲约束支撑刚度＋节点板刚度＋梁柱节点刚度），进行原支撑的刚度代换。在满足小震强度验算的要求下，初算桁架腹杆截面为□$900\times400\times80\times80$。

由超限分析可知，本结构对风荷载作用敏感，结构在风荷载作用下的基底剪力大于设防地震作用，接下来对结构进行罕遇地震作用下的动力弹塑性时程分析。

采用 MIDAS/Gen 对本项目进行罕遇地震作用下的动力弹塑性分析，其中混凝土本构模型采用《混凝土结构设计规范》的模型，钢材本构（不包含屈曲约束支撑）采用考虑包辛格效应的简化双线性模型。在循环往复力作用下不考虑刚度退化。对屈曲约束支撑采用抗震阻尼器的方式进行参数输入。

模型中，梁、柱等杆件采用杆单元，剪力墙采用壳单元，采用集中塑性铰的方式对模型进行铰定义。

提取 3 条地震波中的最大层间位移角，见表 7 和表 8。从结果中可以看出，在罕遇地震作用下，采用屈曲约束支撑的位移角为 1/249，小于规范限值 1/100，满足位移要求。设置普通支撑的模型位移角为 1/211，采用屈曲约束支撑的位移角均小于普通支撑，可见屈曲约束支撑减震效果明显。

罕遇地震作用下 BRB 模型位移角最大值　　　　　　　　　　　表 7

地震工况	RH1	
层号	层间位移角	
	X	Y
35	1/249	1/280

罕遇地震作用下普通支撑模型位移角最大值　　　　　　　　　　表 8

地震工况	RH1	
层号	层间位移角	
	X	Y
35	1/211	1/218

再以 X 方向的地震波为例。图 18 所示为设置屈曲约束支撑在整个结构中的耗能占比，可以得出，BRB 耗能在整个结构中的占比为 8.9%，同时，如图 19 所示，BRB 滞回曲线形状饱满，也表明此构件具有良好的抗震性能和耗能能力。

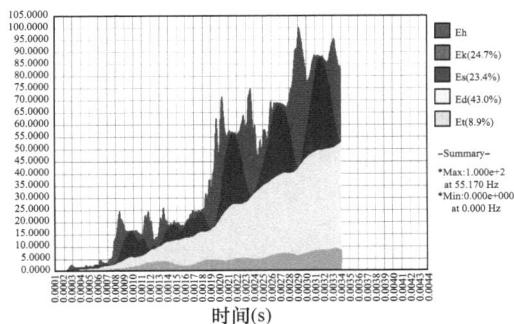

图 18　BRB 耗能情况　　　　　　　　　　　图 19　BRB 滞回曲线图

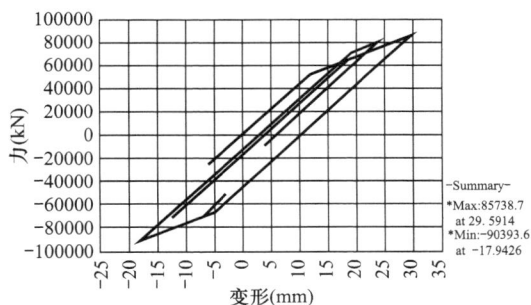

5 小结

本文从伸臂桁架的效率切入，通过伸臂桁架设计及屈曲约束支撑设计等不同的角度对梅园超高层伸臂桁架进行分析。

（1）共设置 3 层单向伸臂桁架，设置楼层分别为 42 层、53 层及 63 层时伸臂桁架效率最高。

（2）伸臂桁架设计需着重考虑随着腹杆线刚度的增加引起腹杆计算长度的变化。当伸臂桁架截面保持在一定范围内，即伸臂桁架腹杆刚度在一定范围内时，能够满足多道抗震防线设计要求，伸臂桁架先于剪力墙出现屈服；当超出一定限值，伸臂桁架在弹性工作阶段时，剪力墙已出现塑性损伤。

（3）为满足多道防线的设计要求，同时减小腹杆截面，将伸臂桁架腹杆替换为屈曲耗能的屈曲约束支撑。通过罕遇地震作用下的时程分析结果，可以发现，屈曲约束支撑为结构提供附加阻尼，在滞回过程中耗能能力优于普通支撑，抗震性能优异。

参考文献

［1］ 何远明，贺逸云，谢海兵，等. 深圳市罗湖区笋岗街道城建梅园片区城市更新单元 01-01 地块项目超限高层建筑抗震设防审查送审文件［R］. 深圳：深圳市欧博工程设计顾问有限公司，2020.

［2］ 住房和城乡建设部. 建筑抗震设计规范：GB 50011—2010（2016 年版）［S］. 北京：中国建筑工业出版社，2016.

［3］ 邢丽丽，周颖. 普通伸臂桁架与屈曲约束支撑型伸臂桁架最优布置方案分析［J］. 建筑结构学报，2015（12）：5-14.

07 深圳创智云城四标段项目结构超限设计分析

王启文，吴风利，周斌，唐熙

（深圳市建筑设计研究总院有限公司，深圳　518031）

【摘要】 深圳创智云城四标段项目A座塔楼为带复杂单边大悬挑的超限高层建筑。根据本工程不规则性，采用基于性能的抗震设计方法对结构进行了可行性分析。针对单边大悬挑结构进行了专项分析，包括：悬挑结构楼板刚度对悬挑桁架的影响；悬挑桁架对主塔楼结构的影响；悬挑部分楼板应力分析；大悬挑桁架关键节点分析；悬挑桁架不同施工方案分析；小跨度悬挑结构方案比选等。通过分析，得到了在不同作用工况和施工方案下悬挑结构混凝土楼板、桁架杆件和关键节点的受力和变形，以及悬挑结构对主塔楼结构构件受力的影响规律。根据分析结果，为减小楼板应力，悬挑楼板采取了后浇带和组合楼板栓钉包裹低弹性材料等措施；为减小悬挑结构的杆件受力和控制竖向变形，建议了大悬挑结构和空腹桁架合理的施工方案。

【关键词】 超限高层建筑，悬挑结构，抗震设计，空腹桁架

The Structural Design of Large Cantilever Floors in a High-rise Building Exceeding Code Limit

Wang Qiwen，Wu Fengli，Zhou Bin，Tang Xi

（Shenzhen General Institute of Architectural Design and Research Co. ，
Ltd，Shenzhen　518031）

Abstract：Tower A in Shenzhen ChuangZhi project is a high-rise building exceeding code limits，which has large cantilever floors on one side and a medium cantilever floors on other. As the tower structure is irregular in plane and vertical layout，the feasibility study using performance based seismic design method was conducted. In view of the cantilever floors extending outside from the tower，several specific analyses on overhanging structures were performed. Those analyses include：the effects of large overhanging floor slab stiffness variation on overhanging trusses，the effects of large cantilever truss on tower structure，stress of cantilever floor slab，finite element analyses of overhanging truss connection nodes，comparison of large cantilever trusses construction sequence，comparison of medium overhanging floor structural scheme. From the above analyses，the stress of overhanging floor slab，the utility ratio of overhanging truss members and the stress of connection nodes under different load combinations and construction sequence were achieved. The adverse effects of overhanging structure on the tower structure were also grasped. Based on the analyses results，special construction and material measures were proposed to decrease slab stress on overhanging floor slab，and in order to control members forces and vertical deflections of large overhanging structure and medium overhanging vierendeel trusses，reasonable construction schemes were suggested.

Keywords：high-rise building exceeding code limit，cantilever structure，seismic design，vierendeel truss

1 工程概况

深圳创智云城四标段项目位于深圳南山西丽中心区，共有 A、B、C 三座塔楼，如图 1 所示，所有塔楼均为办公及研发用房；设有 4 层地下车库，地下 1 层及以上楼层设置抗震缝，抗震缝设置如图 2 所示，抗震缝把地块分成 4 个结构单元，分别为 A、B、C 座和广场。A 座 57 层，结构主体高度为 244.6m，8～11 层楼面在东侧和南侧带有大悬挑楼层。本文仅介绍 A 座塔楼悬挑部分的结构设计。

图 1 项目效果图

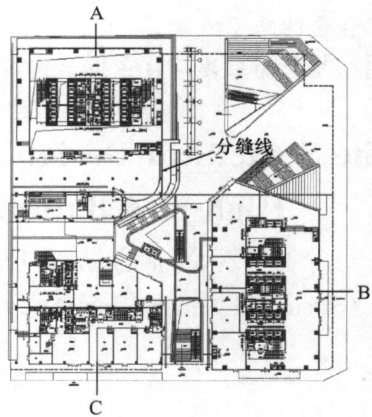

图 2 塔楼和抗震缝平面位置

2 结构体系和结构布置

A 塔楼采用钢筋混凝土框架-核心筒结构体系，结构标准层平面尺寸为 36.8m× 48.9m，结构高宽比约为 6.6。核心筒外围尺寸为 16.7m×29.7m，核心筒高宽比为 15.6。外框柱 24 层以下为 SRC 型钢混凝土柱，24 层以上为钢筋混凝土柱。塔楼范围楼盖主要采用钢筋混凝土梁板。

A 座塔楼东侧在地上 8～11 层楼面向外悬挑 24m，该悬挑部分采用钢桁架结构；塔楼南侧 8～11 层楼面向外悬挑 8m，采用钢结构空腹桁架。图 3 为悬挑结构的轴测图，悬挑结构平面布置及悬挑主桁架、空腹桁架的平面位置如图 4 所示。

东侧悬挑部分主要受力构件采用三榀平行的桁架，其立面分别如图 5～图 7 所示。其中，第一榀 TR1 沿南侧外框平面，另外两榀 TR2 和 TR3 沿核心筒纵向墙，桁架的高度为

12.6m，跨高比为 1.905。杆件主要为焊接
H 型钢。楼面为钢梁＋压型钢板组合楼盖。
三榀悬挑主桁架平面外稳定采用两种措施
保证：①在三榀桁架端部设置了一榀端部
桁架；②在悬挑桁架上、下弦杆所在楼层
面内设置了水平交叉支撑。塔楼范围内与
悬挑桁架相连的梁采用 SRC。除悬挑主桁
架杆件材质为 Q345GJ 钢以外，其余钢杆
件为 Q345B。

　　TR1、TR2、TR3 的主要杆件截面为：
上弦杆 H1000×700×70×70；下弦杆
H1300×700×70×90；中弦杆 H900×500×
50×50；竖杆 H700×700×35×45；斜腹杆
H1000×700×50×60。

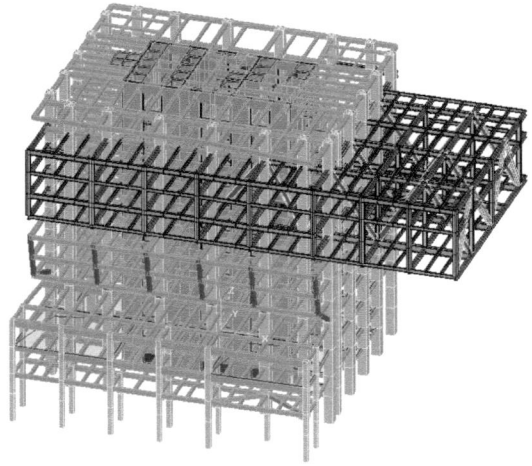

图 3　A 座塔楼悬挑结构部分轴测图

　　塔楼核心筒外围剪力墙最大厚度为 1250mm，混凝土强度等级 C30，SRC 柱最大截面
尺寸为 1600mm×1600mm，采用十字型钢骨 1100×350×50×50，Q345B。

　　本塔楼为超 B 级高度的超限高层建筑，存在扭转不规则、楼板不连续、局部穿层柱和
大悬挑等不规则项。结构设计采用性能化设计方法，性能目标设为 C。东侧和南侧的悬挑
部分为本工程的关键部位，以下简单介绍塔楼整体分析结果，主要介绍针对悬挑结构进行
的专项分析。

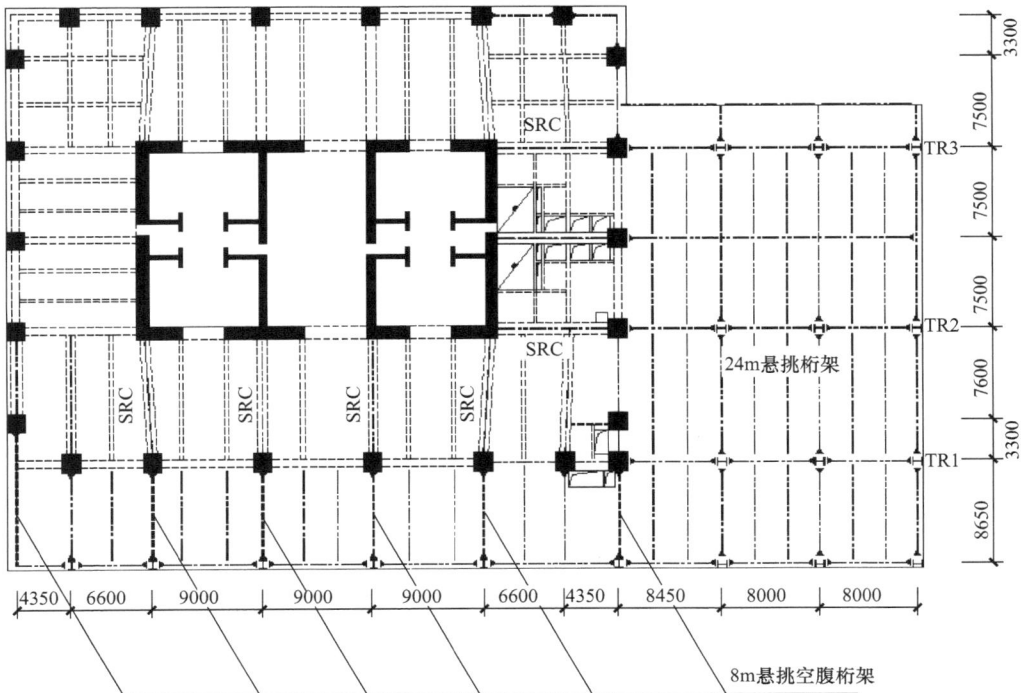

图 4　带悬挑楼层结构平面布置

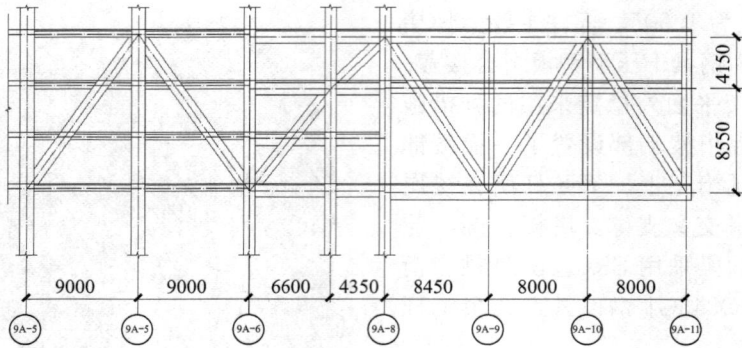

图 5　桁架 TR1 立面图

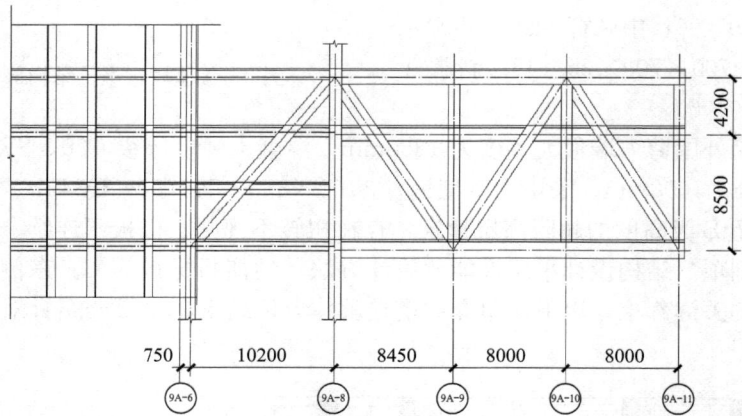

图 6　桁架 TR2 立面图

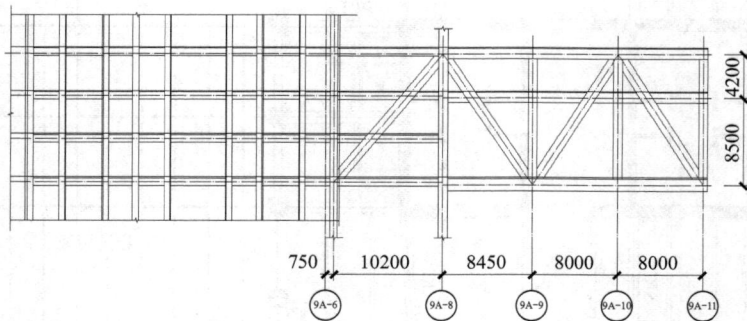

图 7　桁架 TR3 立面图

3　主要设计参数

3.1　地震作用

本工程所在地抗震设防烈度为 7 度，基本地震加速度为 $0.1g$，设计地震分组为第一组，场地类别为Ⅱ类，场地特征周期为0.35s，根据《留仙洞总部基地Ⅰ街坊工程场地地震安全性评价报告》[1]和《建筑抗震设计规范》GB 50011—2010[2]，地面动参数见表1。通过分析对比，小震设计采用安评谱，中震和大震仍采用规范谱。

地震规范谱和安评谱参数对比　　　　表1

动参数	多遇地震		设防烈度地震		罕遇地震	
	规范	安评	规范	安评	规范	安评
α_{max}	0.08	0.120	0.23	0.315	0.50	0.551
$T_g(s)$	0.35	0.36	0.35	0.40	0.40	0.52

3.2　风荷载

50年一遇的基本风压为0.75kN/m²，承载力设计时按基本风压的1.1倍采用，场地地面粗糙度为C类，结构体型系数取1.4。

3.3　其他参数

连梁刚度折减系数：小震作用取0.7，风荷载作用取1.0。周期折减系数为0.9。

4　分析结果

4.1　小震和风荷载作用整体分析结果

整体分析结果见表2、表3。

小震作用整体分析结果　　　　表2

计算指标	软件	
	YJK	MIDAS/Gen
结构自振周期（s）	$T_1=6.10$ $T_2=5.42$ $T_3=4.02$	$T_1=6.23$ $T_2=5.44$ $T_3=4.22$
基底剪力（kN）（剪重比）	X向：30648（1.48%） Y向：31603（1.53%）	X向：30423（1.49%） Y向：31188（1.57%）
基底地震倾覆弯矩（kN·m）	X向：4575714 Y向：4135655	X向：4382209 Y向：3953169
最大层间位移角	X向：1/639（34层） Y向：1/557（43层）	X向：1/630（34层） Y向：1/557（43层）
位移比	X向：1.12.（3层） Y向：1.23（9层）	X向：1.20（1层） Y向：1.14（7层）

风荷载作用整体分析结果　　　　表3

计算指标	软件	
	YJK	MIDAS/Gen
最大层间位移角（所在的楼层）	X向：1/1244（33层） Y向：1/625（40层）	X向：1/1075（33层） Y向：1/622（37层）

4.2 悬挑桁架承载力计算

悬挑主桁架 TR1 和 TR2（TR3 受力相对较小）在风、地震和温度荷载作用下，杆件双向受弯稳定验算的利用率（即作用效应 S 与承载力 R 之比）如图 8 所示。三榀主桁架受压下弦杆应力比最大值约为 0.7，所有杆件利用率的最大值为 0.918，出现在 TR1 悬挑桁架的受压斜腹杆处，主要原因是 TR1 桁架南侧作为 8m 空腹桁架的支座，为了平衡南侧悬挑构件端部弯矩，TR1 桁架构件面外也分担了部分弯矩。为提高稳定承载力，对利用率大于 0.9 的受压斜腹杆（H 型钢）的跨中 2/3 长度部分，两侧焊接 30mm 厚盖板，形成箱形截面，增大其面外抗弯刚度。

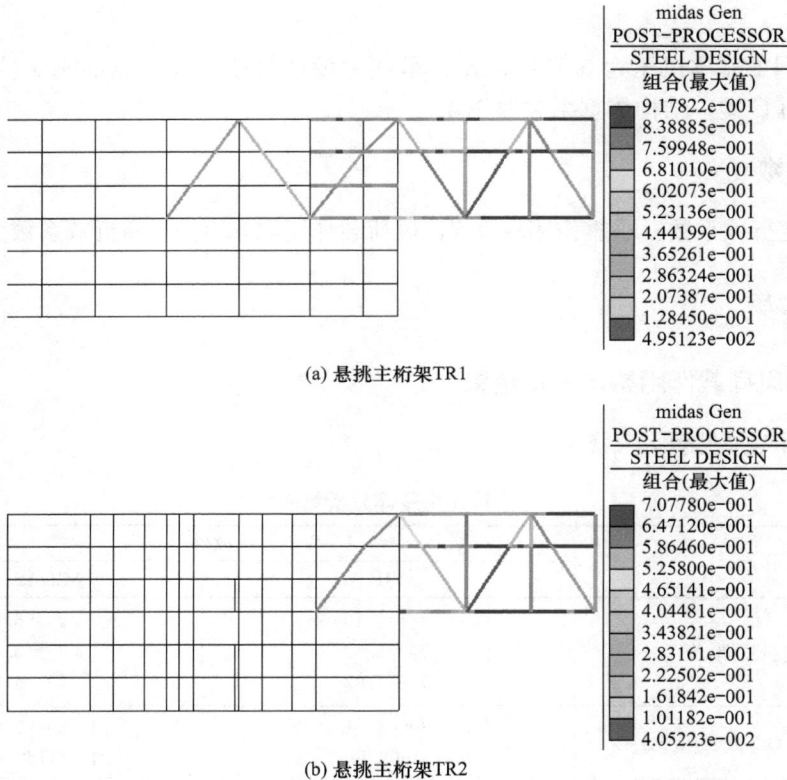

(a) 悬挑主桁架TR1

(b) 悬挑主桁架TR2

图 8　小震＋风荷载＋温度作用下悬挑主桁架 TR1 和 TR2 杆件利用率

4.3 悬挑桁架对楼层刚度和受剪承载力的影响

由图 5 可知，桁架 TR1 带腹杆在 8～11 层之间伸入了南侧外框架内 3 跨，TR2 和 TR4 只有桁架上、下弦杆在第 8 层和第 11 层分别伸入核心筒混凝土墙中。由于 TR1 斜杆的存在必然对相邻楼层的刚度产生影响。根据计算结果，楼层侧向刚度比第 8 层与第 10 层在 X 向为 1.06，在 Y 向为 1.23，比值均大于 1.0；楼层受剪承载力第 8 层与第 10 层在 X 向为 0.94，在 Y 向为 0.92，满足 B 级高度高层建筑的楼层抗侧力结构的层间受剪承载力部小于其相邻上一层受剪承载力的 80％ 的要求。因此，TR1 的腹杆伸入外框架对结构楼层刚度和受剪承载力的影响有限，没有引起突变。

5 悬挑部分专项分析

5.1 楼板刚度对悬挑桁架受力及变形的影响

为了分析24m悬挑层楼板刚度对悬挑桁架受力和变形的影响，针对悬挑结构所在楼层的楼板刚度建立了三个分析模型：①楼板弹性刚度100％；②楼板刚度退化50％；③楼板刚度全部退化。

罕遇地震作用下受力分析和承载力验算表明，楼板刚度退化小于或等于50％情况下，杆件轴向力差异不大，杆件利用率差异也不大；楼板刚度完全退化后，杆件轴向压力最大值显著增加，特别是桁架下弦杆轴压力显著增大，其中TR1桁架下弦杆与外框柱连接处利用率为1.2，其他杆件利用率小于1.0。说明除个别杆外，楼板即使完全失效了，桁架也基本能满足不屈服要求；对于利用率大于1.0的杆件，适当增加其型钢翼缘厚度，确保大震作用下，楼板完全失效后，其利用率小于1.0。

图9所示为桁架变形输出点位置。表4为恒荷载＋活荷载作用下，24m悬挑层位移输出点的位移计算结果。由位移结果可知，楼板刚度退化小于或等于50％情况下，悬挑桁架竖向变形差异不明显；楼板刚度完全退化后，悬挑桁架竖向变形显著增加，A点的竖向位移由61.6mm增加至84.3mm，但变形差与跨度之比仍满足变形限值要求。

主桁架杆件的设计内力，按楼板刚度为零进行计算。

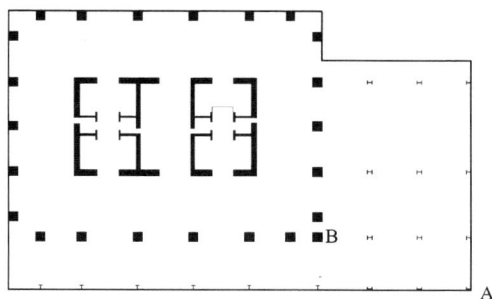

图9 桁架竖向变形输出点位置

悬挑桁架在恒荷载＋活荷载作用下竖向变形 表4

计算参数	楼板刚度不退化	楼板刚度退化50％	楼板刚度退化100％
竖向位移绝对值（mm）	61.6（A点） 13.5（B点）	65.7（A点） 13.6（B点）	84.3（A点） 13.8（B点）
A点相对B点位移差	48.0	52.1	70.4
与跨度比值	1/541	1/499	1/369

5.2 悬挑桁架对塔楼框架梁的影响

如图10所示，KL1为与悬挑桁架TR3上弦杆相连的塔楼框架梁，在恒荷载作用下，其轴拉力为4485kN；在同一轴线上但位于其上一个楼层标高的框架梁轴拉力为795kN；再往上一楼层标高且处于同一轴线上的框架梁轴力为131kN（压力），其轴压比小于0.1。上弦杆所在楼层位置如图11所示。因此可知，悬挑桁架对其上一层的塔楼框架梁内力影响较大，受影响的框架梁应按偏心受力构件计算；对往上第二层及以上楼层的塔楼内框架梁影响不大，可按受弯构件设计。

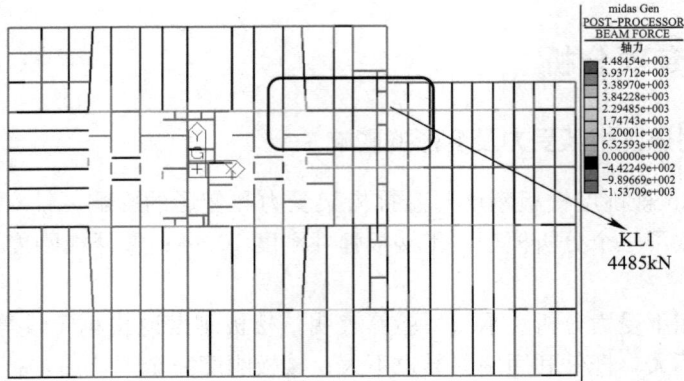

图 10　恒荷载作用下与悬挑结构上弦杆相连塔楼框架梁轴力

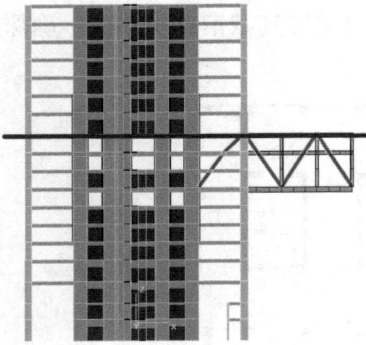

图 11　上弦杆所在楼层位置示意

5.3　悬挑部分楼板应力分析

5.3.1　楼板应力分析

一般来说，楼板拉应力由弯曲拉应力和轴向拉应力两部分组成。楼板应力计算考虑板与桁架的共同作用。

悬挑结构屋面层楼板考虑板与主桁架共同作用，在恒荷载作用下沿悬挑方向的正应力分布如图 12 所示。可见，恒荷载作用下，在悬挑层中与塔楼相接的根部拉应力较大，最大值达 8MPa。板设计时，除配置计算所需的抗拉钢筋外，还采取以下施工和构造措施来减小恒荷载作用下楼板中的拉应力：①在靠近塔楼位置的楼板中设后浇带，待悬挑楼层恒荷载施加完毕和桁架临时支撑拆除后，再浇筑后浇带混凝土；②仅在桁架受拉上弦部分的组合楼盖中，对连接钢梁与混凝土板的栓钉四周采用低弹性模量的材料包裹，以减小由于悬挑结构变形在板中产生的拉应力。

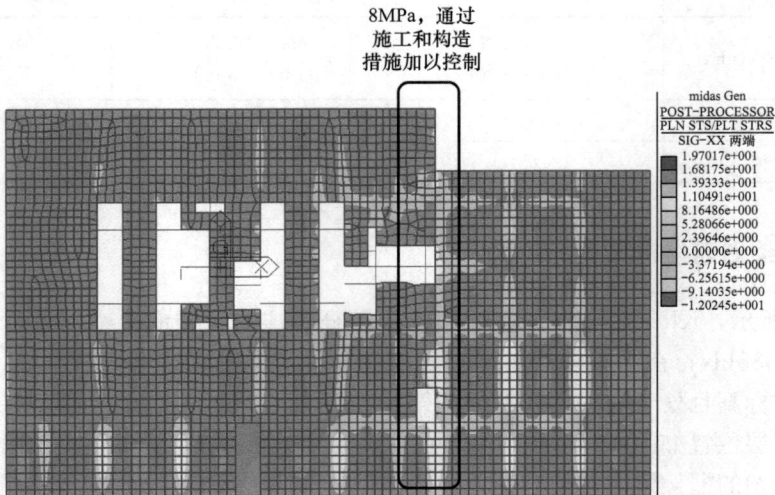

图 12　恒荷载作用下楼板应力 S11 分布（MPa）

5.3.2 楼板抗剪验算

TR1 桁架与南侧外框柱平面重合，TR2 的根部与塔楼核心筒相连，由于水平变形的不同，在 TR1 与 TR2 之间且位于塔楼内的楼板中会产生较大水平剪力。根据楼板应力分析的结果，进行了与悬挑结构面层相连的塔楼内两个楼板截面的抗剪验算，截面一和截面二的位置如图 13 所示。

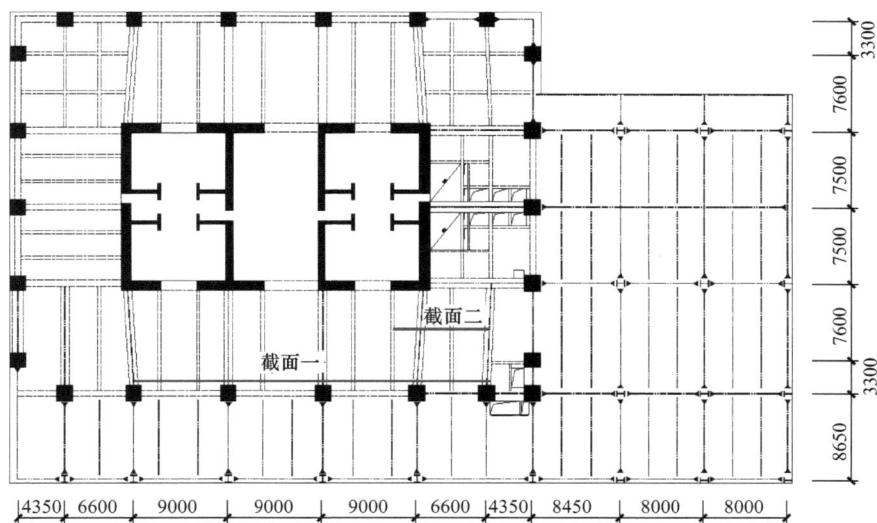

图 13　楼板抗剪验算截面位置

参照《高层建筑混凝土结构技术规程》JGJ 3—2010[3]，在罕遇地震作用下楼板截面抗剪应满足：

$$\tau \leqslant 0.1 f_{ck}$$

其中，$\tau = \dfrac{F_V}{b_f t_f}$，$b_f$、$t_f$ 分别为楼板验算截面宽度和厚度；F_V 为截面剪力；f_{ck} 为混凝土轴心抗压强度标准值，楼板 C30 混凝土，$f_{ck} = 20.1MPa$，即：

$$\tau \leqslant 0.1 f_{ck} = 2.01MPa$$

截面一：长度为 36m，板厚取 200mm。恒荷载作用下剪力为 1204kN，活荷载作用下剪力为 238kN，大震作用下剪力为 10627kN。对恒荷载＋活荷载＋大震组合，剪力为 11950kN，则 $\tau = 1.66MPa < 2.01MPa$，抗剪满足要求。

截面二：长度为 11m，板厚取 200mm。恒荷载作用下剪力为 563kN，活荷载作用下剪力为 108kN，大震作用下剪力为 3712kN。对恒荷载＋活荷载＋大震组合，剪力为 4329kN，则 $\tau = 1.97MPa < 2.01MPa$，满足抗剪要求。

根据抗剪验算结果，楼板厚度取 200mm 可满足抗剪要求。

5.4　悬挑桁架节点设计

对大悬挑结构，悬挑桁架的节点为关键部位，其性能水准为小震和中震弹性，大震不屈服。为此，对悬挑桁架的重要节点进行了有限元应力分析。

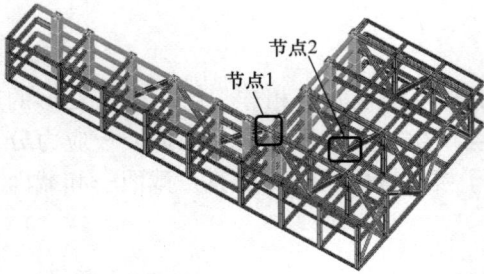

图 14　分析节点所在位置

本节主要针对 A 座受力较大的节点 1 和节点 2 进行有限元分析，节点 1 和节点 2 的位置如图 14 所示。节点分析考虑了两种常规荷载组合，即风载工况 1：$1.2D+0.98L+1.4W_x$；风载工况 2：$1.2D+1.4L+0.84W_x$。考虑了一种大震工况：$1.0D+0.5L+E_x$（大震）。图 15 为常规荷载作用下节点 1 的 Mises 应力结果，图 16 为大震作用下节点 1 的 Mises 应力结果。钢材采用 Q345GJ。

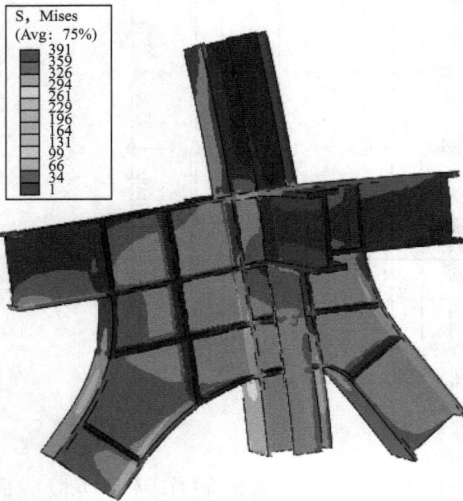

图 15　节点 1 风荷载工况 1 Mises 应力（MPa）

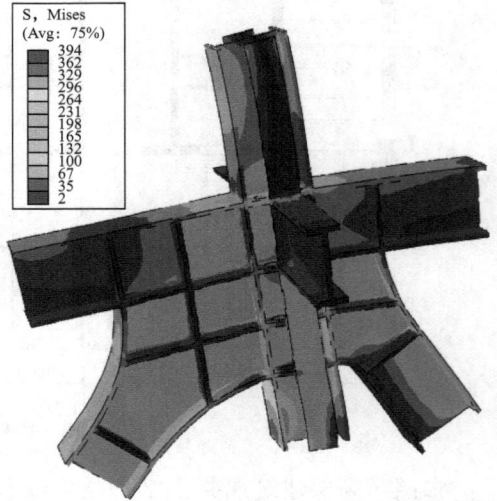

图 16　节点 1 大震工况 Mises 应力（MPa）

根据两种常规荷载工况和一种大震作用工况下节点 1 的 Mises 应力计算结果，可知：

（1）在风荷载作用为主的常规荷载组合作用下，节点应力均<260MPa，节点都处于弹性，且有较大的安全储备。

（2）在罕遇地震作用下，在节点区，绝大部分应力在 250MPa 以下；在节点底部 SRC 柱端型钢上个别点应力值达 394MPa，小于 490MPa（Q345GJ 最小极限强度），该值的出现是由于计算模型中未考虑 SRC 柱混凝土抗压的有利影响。施工图设计中，将局部调整柱型钢的厚度。

（3）观察节点区与杆件端部的应力分布，节点应力较大部位出现在杆件端部，说明节点构造能满足"强节点弱构件"的设计原则。

5.5　悬挑桁架不同施工方案对桁架受力影响分析

根据已有的工程经验，针对 24m 大悬挑结构及其伸入塔楼的支撑构件的施工顺序的不同，设定了悬挑结构的两种施工方案，对两种方案下悬挑桁架受力和变形进行了分析。

方案一：如图 17 所示，主塔楼逐层施工至第 12 层后，开始悬挑桁架施工，同时，在地面设悬挑桁架临时支撑，待悬挑结构施工完毕且塔楼施工至悬挑结构之上一定高度时，拆除临时支撑。

方案二：如图 18 所示，主塔楼先施工，悬挑结构先不施工。待塔楼全楼层施工完成后，再开始悬挑桁架及其伸入塔楼内斜撑杆的施工，悬挑结构施工时设临时支撑，待悬挑结构施工完成后拆除临时支撑。

两种方案对 TR1 在竖向荷载作用下的轴力的影响如图 19～图 22 所示，其他桁架结果略。

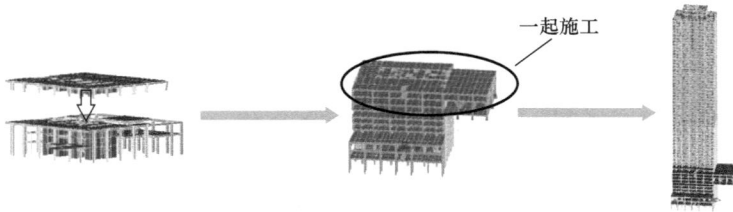

图 17　24m悬挑层施工方案一

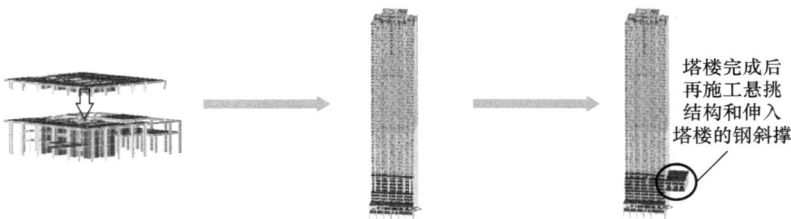

图 18　24m悬挑层施工方案二

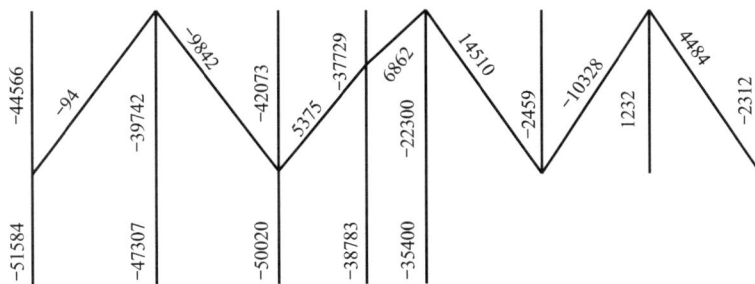

图 19　施工方案一：竖向荷载作用下桁架 TR1 的轴力（kN）

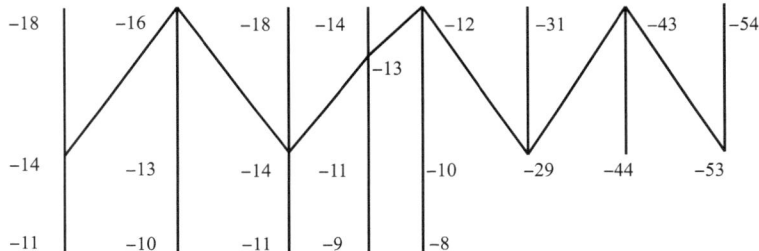

图 20　施工方案一：竖向荷载作用下桁架 TR1 的竖向变形（mm）

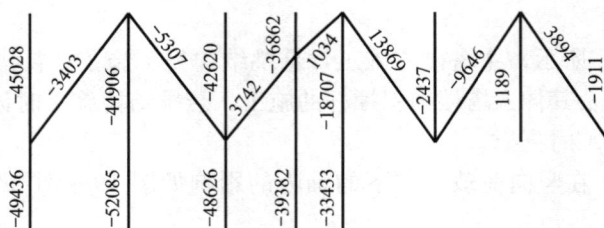

图 21　施工方案二：竖向荷载作用下桁架 TR1 的轴力（kN）

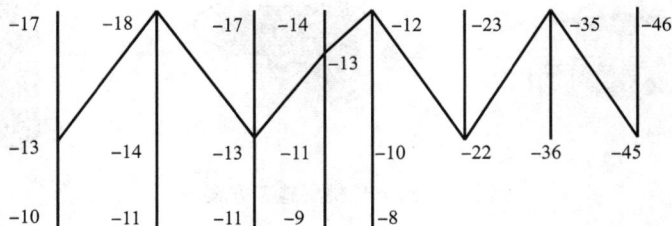

图 22　施工方案二：竖向荷载作用下桁架 TR1 的竖向变形（mm）

　　分析结果表明，在竖向荷载作用下，两种施工方案对悬挑桁架在塔楼外的杆件影响不大，相差 5％之内，但对处于塔楼内的桁架的斜撑杆的轴力影响较大，方案二中轴力最大值比方案一小 45％，且方案二中各杆件受力更趋均匀。位移计算表明，方案二中悬挑桁架最大竖向位移比方案一小 17％。故推荐施工方案二。

5.6　南侧 8m 悬挑结构方案比选

　　南侧悬挑结构向外悬挑 8m，竖向跨 3 层，共有 3 层楼面和 1 层屋面，由于建筑功能要求，不能采用带斜腹杆的桁架。8、9、10 层楼面恒荷载为 1.5kN/m²，屋面层有覆土，其恒荷载为 10.8kN/m²。为使南侧悬挑结构在满足建筑功能的条件下，做到结构安全、经济合理，从受力和施工顺序等方面比选了三种结构方案。

5.6.1　方案一：每层单独挑梁

　　梁的计算简图如图 23 所示，杆件利用率计算结果如图 24 所示。由图 24 可知，屋面层由于附加恒荷载较大，在相同截面的条件下，该层挑梁的利用率达 1.52，大于 1.0，而其他楼层的梁的利用率小于 1.0。要使悬挑的屋面层挑梁承载力满足要求，必须加大杆件截面，这会影响使用功能。

5.6.2　方案二：空腹桁架

　　空腹桁架可使各悬挑杆件共同工作，面层荷载中超出楼面荷载的部分可由下面 3 个楼层的悬挑构件分担。空腹桁架计算简图如图 25 所示，杆件利用率计算结果如图 26、图 27 所示。图 26 中，不考虑楼板的有利影响，直腹杆与挑梁采用刚接，最大利用率为 0.759；图 27 中，不考虑楼板的有利影响，直腹杆与挑梁铰接，最大利用率为 0.976。在悬挑杆截面相同的情况下，两种节

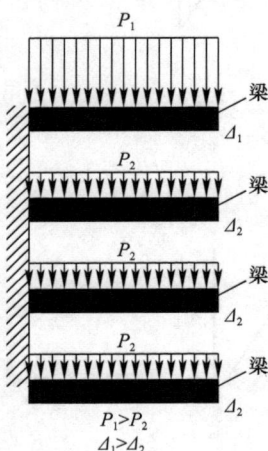

图 23　每层单独挑梁
（方案一）计算简图

点连接的计算结果均能满足承载力要求。

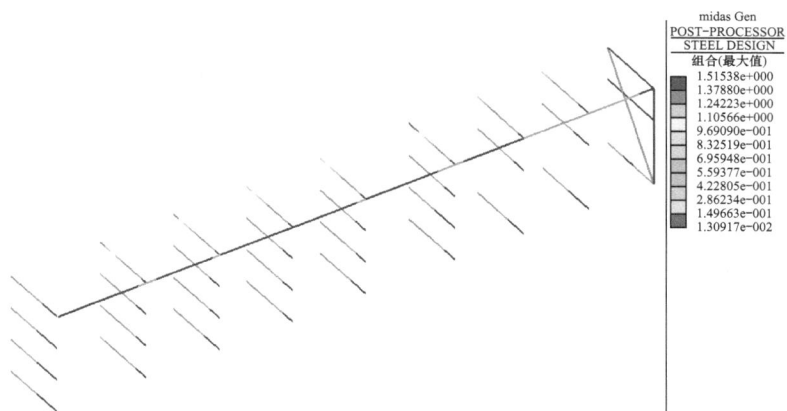

图 24 采用挑梁方案杆件利用率（不考虑楼板刚度）

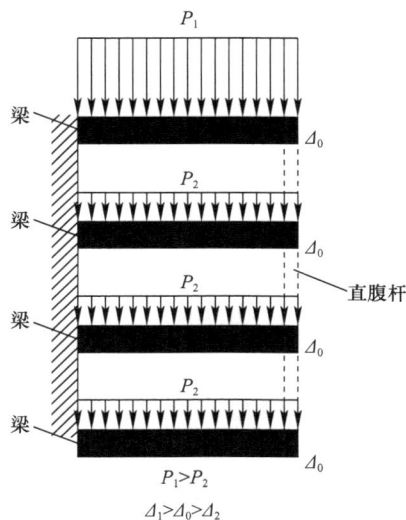

图 25 空腹桁架（方案二）计算简图

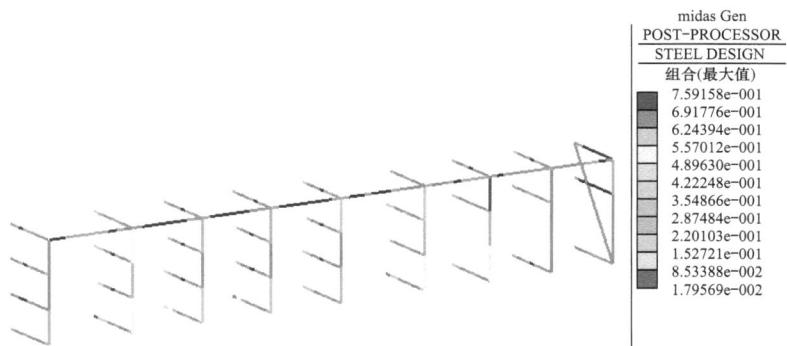

图 26 直腹杆与挑梁刚接空腹桁架杆件利用率（不考虑楼板刚度）

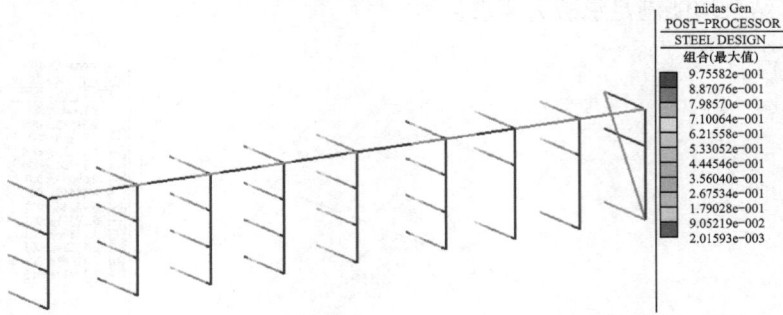

图 27　直腹杆与挑梁铰接空腹桁架杆件利用率（不考虑楼板刚度）

5.6.3　方案三：先施工挑梁后形成空腹桁架

由前面分析可知，从受力考虑，空腹桁架优于单独挑梁方案。但是，从方便施工和控制竖向变形考虑，空腹桁架可先施工每层水平挑梁，然后在 3 个楼面层的挑梁上施加恒荷载，在屋面层挑梁上施加除覆土以外的恒荷载，之后再在悬挑梁端部连接竖直杆形成空腹桁架，最后，施加屋面覆土荷载。方案三的计算简图如图 28 所示，计算结果略。在安装端部竖直杆之前，悬挑结构按挑梁设计的构件利用率最大值为 0.446；端部竖直杆安装完成和屋面覆土施加后，其构件利用率与方案二的结果接近。方案三可通过对悬挑梁起拱，控制悬挑结构的竖向变形。

综上可知，对南侧 8m 的悬挑结构，从杆件截面、施工方便和有效控制变形考虑，方案三是较优的方案。

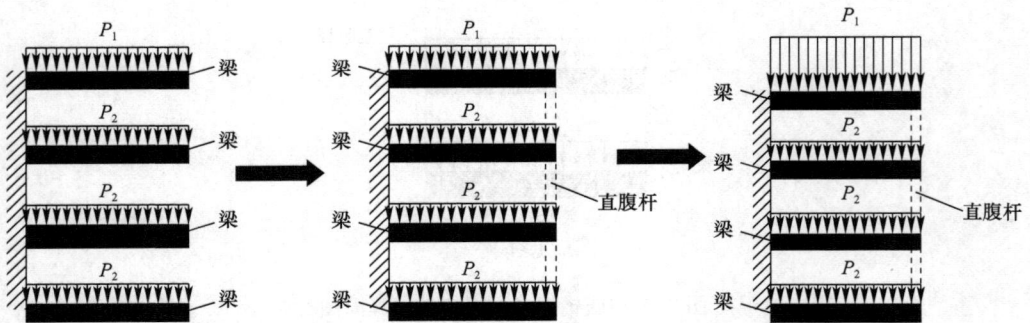

图 28　先施工挑梁后形成空腹桁架（方案三）计算简图

6　结语

本工程属于带单侧大悬挑结构的复杂超限高层建筑，根据本工程不规则性程度，采用基于性能的抗震设计方法对结构进行了可行性分析。针对本工程单边大悬挑的特点，对悬挑结构进行了专项分析，得到不同荷载作用工况和施工方案下悬挑结构混凝土楼板、钢构件和关键节点的受力和变形分析结果，同时，分析了悬挑结构对主塔楼结构构件受力的影响。在计算分析的基础上，采取了相应的构造措施和施工措施。结果表明，悬挑结构的方案可行，采取的措施合理，悬挑结构在满足建筑功能的同时能满足安全可靠的要求。

参考文献

［1］ 广东省工程防震研究院. 留仙洞总部基地Ⅰ街坊工程场地地震安全性评价报告［R］. 2015.

［2］ 住房和城乡建设部. 建筑抗震设计规范：GB 50011—2010［S］. 北京：中国建筑工业出版社，2010.

［3］ 住房和城乡建设部. 高层建筑混凝土结构技术规程：JGJ 3—2010［S］. 北京：中国建筑工业出版社，2010.

08 天音大厦超限高层结构分析设计

王洪卫，胡鸣，余庭鑫，唐增洪

（深圳机械院建筑设计有限公司，深圳 518027）

【摘要】 天音大厦位于深圳市南山区深圳湾超级总部基地，由 7 栋建筑组成，总建筑面积约 15 万 m²，设有 3 层地下室，地下室不设缝，地面以上设 1 层裙房。其中，A 座主塔楼（32 层，高 146.9m）采用钢管混凝土柱＋钢梁框架-钢筋混凝土核心筒结构，C 座（10 层，高 52.65m）采用钢梁-钢管混凝土框筒结构（局部钢筋混凝土框架-剪力墙）。A 座存在扭转不规则、尺寸突变、穿层柱、斜柱等超限项，C 座存在扭转不规则、楼板不连续、尺寸突变、承载力突变等超限项。本工程通过三水准的结构分析和各项专项分析，并采取相应的抗震加强措施，既满足了抗震性能目标要求，又满足建筑功能及结构经济性的要求，取得了良好的经济技术效益。

【关键词】 超限高层建筑，框架-核心筒，混合结构，空腹桁架，钢支撑，大跨度悬挑，性能化设计

Structure Design on Out-of-code High-rise Building of Tianyin

Wang Hongwei，Hu Ming，Yu Tingxin，Tang Zenghong

（Shenzhen Mechinery Insiture Architectural Design Co.，Ltd.，Shenzhen 518027）

Abstract：Tianyin Building which is located in Shenzhen Bay Super Headquarters Base，is composed of 7 buildings，with a total construction area of about 150,000 square meters，with 3 basements，no deformation joint in the basement，and a podium above the ground. Block A adopts steel tube concrete column ＋steel beam frame and reinforced concrete core tube structure. The main tower of Building A has 32 floors，146.9m high. Block C （10 floors，52.65m high）adopts steel beam and steel tube concrete frame tube structure （partial reinforced concrete frame-shear wall）. Block A has out-of-limit items such as irregular torsion，dimension mutation，through-story columns，and oblique columns. Block C has out-of-limit items such as irregular torsion，discontinuous floor，dimension mutation，and abrupt changes in bearing capacity. The project passed three-level structural analysis and various special analysis，and adopted corresponding seismic strengthening measures，which not only met the requirements of seismic performance，but also met the requirements of building functions and structural economy，and achieved good economic and technical benefits.

Keywords：out-of-code high-rise building，frame-core wall，hybrid structure，Vierendeel truss，steel brace，large cantilever，performance-based design

1 工程概况

天音大厦位于深圳市南山区深圳湾超级总部基地,白石路与深湾公园路交汇处西南角,由文化展览设施、商业中心、多高层办公楼及超高层主塔楼等7栋建筑组成,总建筑面积约15万 m^2,设有3层全埋地下室,地下室不设缝,地面以上设1层裙房,裙房设置1条结构缝,设缝后,A座主塔楼(32层,高146.9m)、C座(含C1和C2座,10层,高52.65m)、D座(5层,高22.8m)、E座(5层,高22.8m)四栋楼组成多塔1,B座、F座和G座组成多塔2。建筑概况如图1~图3所示。

图1 总体布局图

图2 A座建筑效果图　　　　图3 C座建筑效果图

2 结构设计参数

该工程结构设计使用年限为50年,结构安全等级为二级,地基基础设计等级为甲级。塔楼抗震设防类别为丙类,抗震设防烈度为7度,设计基本地震加速度值为0.10g,地震分组为第一组,场地土类别为Ⅱ类。场地风压取重现期为50年风压值,基本风压为0.75kN/ m^2,地面粗糙度类别为B类。

3 A座结构体系与布置

根据本工程特点，A座主塔楼采用钢管混凝土柱＋钢梁框架-钢筋混凝土核心筒结构。平面尺寸约为 52.55m×26.50m，高宽比约为 2.79（X 向）、5.54（Y 向）。

A座主塔楼的主要特点如下：

（1）平面周边均有悬挑，迎风面宽度大于竖向结构平面宽度，风荷载较大；

（2）各楼层悬挑构件悬挑长度较大，且不对称（悬挑信息详见表1）；

（3）第 10 层、11 层有 4 根斜柱，与竖向夹角为 14°；

（4）部分楼层有 2 层通高穿层柱（9.90m）。

A座核心筒外墙厚度为 600mm，内部墙体厚度为 300mm/200mm。在核心筒四角共设 4 根钢骨。矩形钢管混凝土柱截面尺寸为 1200mm×（1200～1800）mm，壁厚为 25mm 或 30mm。

悬挑信息 表1

方向	悬挑长度、悬挑形式
北侧	4～15 层、17～32 层挑出 8.450m，采用悬挑空腹桁架
南侧	3～10 层为 1.40m 悬挑梁，12～32 层为 3.65m 悬挑梁
西侧	3～9 层、14～19 层、27～33 层挑出 7.65m，采用悬挑空腹桁架，其余楼层为 5.30m 悬挑梁
东侧	25～32 层挑出 7.65m，采用悬挑空腹桁架，其余楼层为 5.30m 悬挑梁

核心筒内楼面采用现浇钢筋混凝土梁板结构，核心筒外采用钢梁，标准层边框梁尺寸为 H750×（400～450）×18×（30～36），内框梁尺寸为 H750×（500～600）×18×50，内次梁尺寸为 H750×300×16×24，悬挑梁根部尺寸为 H（1050～750）×600×18×（30～40），悬挑梁端部尺寸为 H750×（500～600）×16×24，楼板采用钢筋桁架楼承板，总厚度为 130mm。钢框架梁与柱刚接，与核心筒剪力墙铰接（个别除外）。

A座主塔楼典型楼层结构平面布置如图4所示，建筑剖面图如图5所示，计算模型如图6所示。

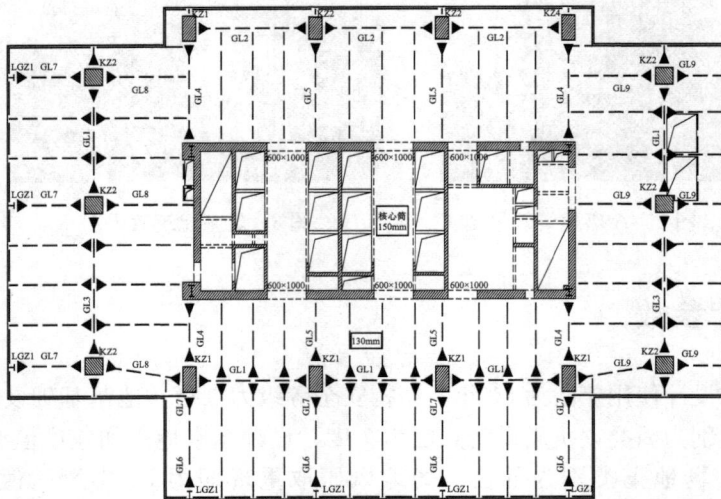

图4 A座主塔楼典型楼层结构平面布置

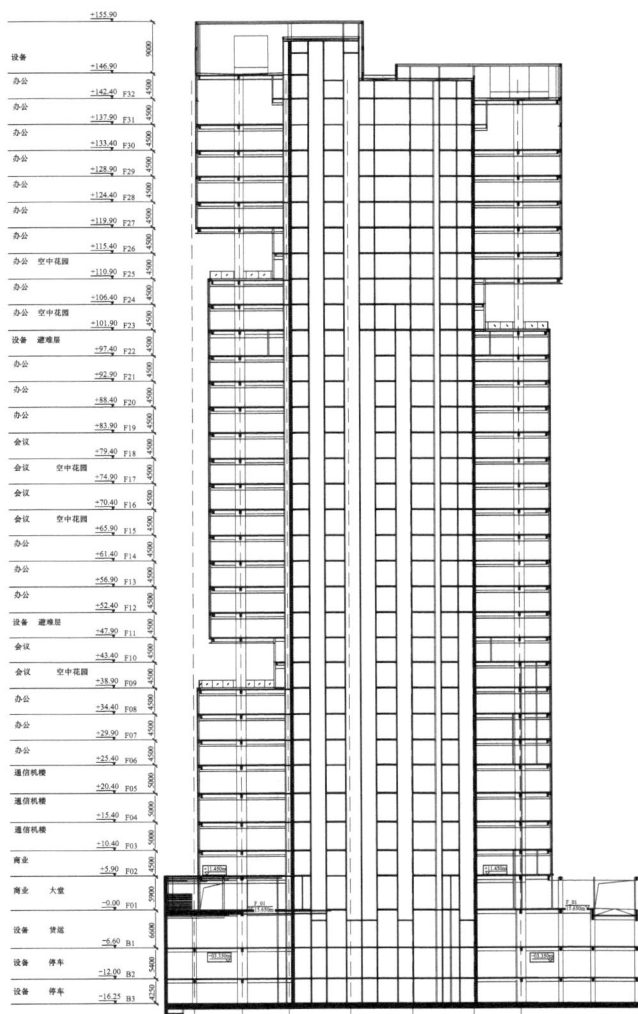

图 5　A座建筑剖面图

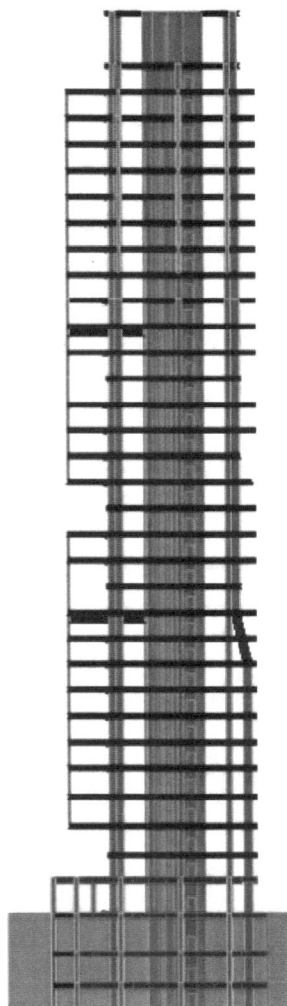

图 6　A座计算模型示意

4　C座结构体系与布置

根据本工程特点，C座塔楼采用钢梁-钢管混凝土框筒结构（局部钢筋混凝土框架-剪力墙）。

C座塔楼的主要特点为第6~10层楼面 X 向最大悬挑跨度为17.45m，Y 向最大悬挑跨度为21.90m，在第8、9、10层及出屋面层 Y 向设置钢斜拉杆。

C座第2层以下钢筋混凝土核心筒厚度为600mm/200mm。第3层及以上C1座钢筋混凝土核心筒收缩为由数个矩形钢管混凝土柱组成的框筒，四角共设4根钢骨。第7层及以上C2座钢筋混凝土核心筒收缩为2根矩形钢管混凝土柱。矩形钢管混凝土柱截面尺寸为（1200~1300）mm×（1200~1500）mm、600mm×1000mm。

矩形钢管混凝土柱相关范围楼面采用钢梁。矩形钢管混凝土柱组成的框筒内钢框梁的尺寸为 H$(900\sim800)\times(500\sim600)\times18\times(30\sim40)$；框筒外 Y 方向 21.90m 大跨度框架梁采用□$(900\sim1000)\times800\times30\times40$，$Y$ 方向大悬挑梁采用 H$(1200\sim1000)\times(700\sim600)\times24\times40$，$X$ 方向大悬挑梁采用 H$(1200\sim1000)\times(700\sim600)\times24\times40$，次梁采用 H$750\times300\times13\times24$，钢吊柱采用 H$600\times700\times32\times50$，斜拉杆采用 H$600\times500\times35\times35$。楼板采用钢筋桁架楼承板，总厚度为 $130\sim150$mm。钢框架梁与矩形钢管混凝土柱均采用刚接。

C 座塔楼 3~6 层结构平面布置如图 7 所示，7 层及以上结构平面布置如图 8 所示，计算模型如图 9 所示。

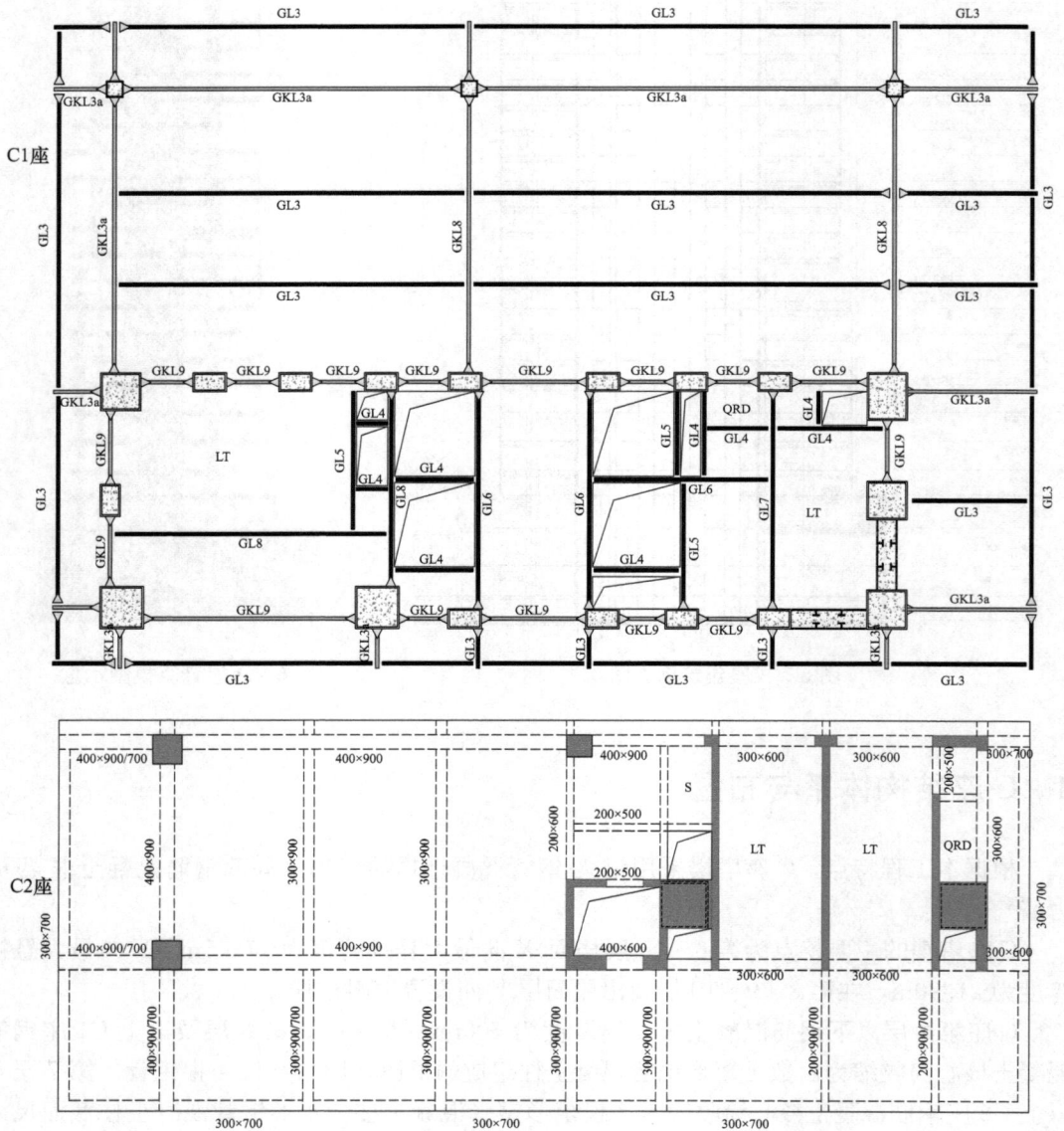

图 7　C 座塔楼 3~6 层结构平面布置

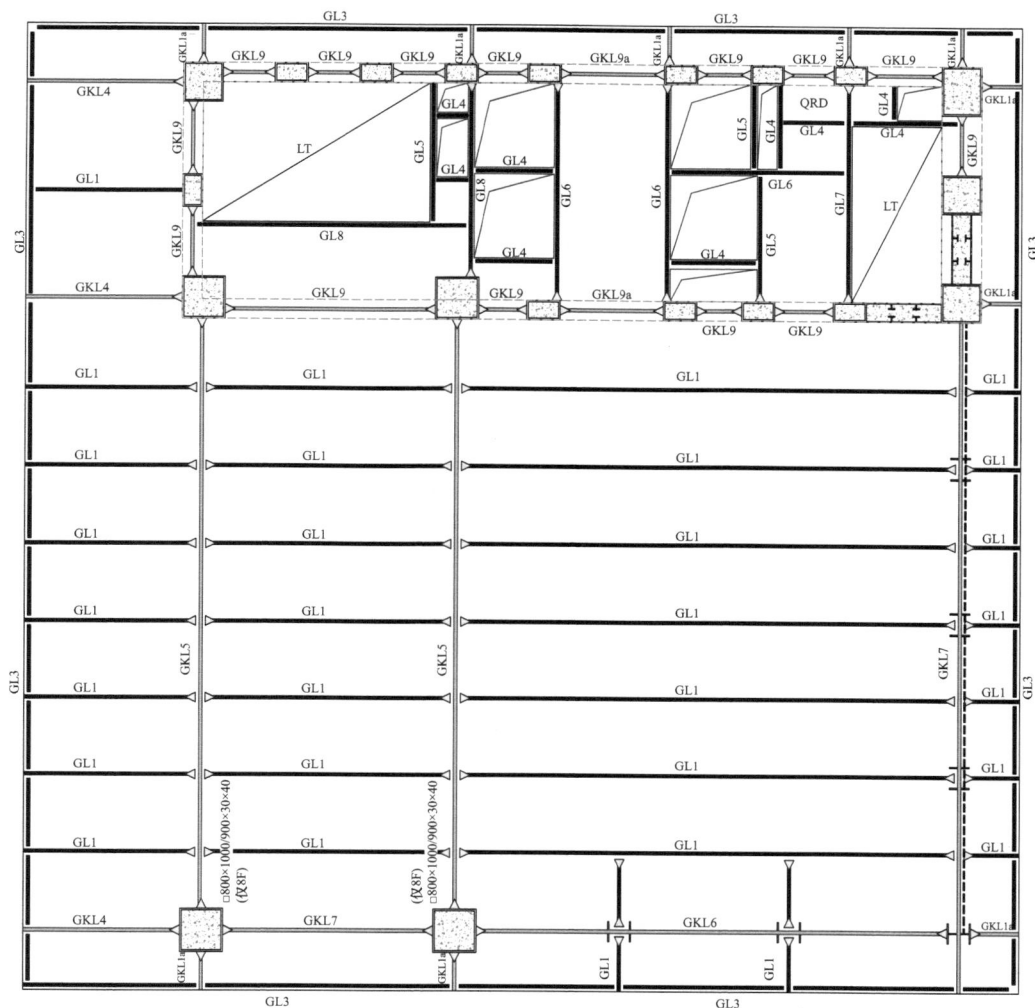

图 8 7层及以上结构平面布置

5 基础设计

本工程地基基础设计等级为甲级,基础埋深为建筑高度的 1/10。采用旋挖灌注桩基础,以微风化花岗岩作为持力层,桩长约 25～60m。

6 超限检查、性能目标及超限抗震构造措施

6.1 超限检查

A 座塔楼超限内容为扭转不规则、尺寸突变、穿层柱、斜柱等超限项。
C 座塔楼超限内容为扭转不规则、楼板不连续、尺寸突变、承载力突变等超限项。

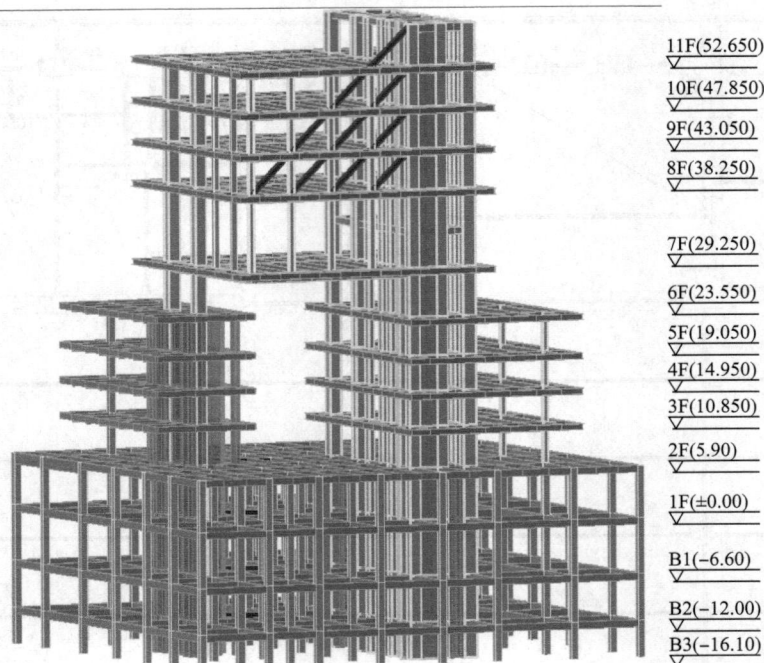

图 9 C 座计算模型示意

6.2 抗震性能目标

6.2.1 A 座塔楼性能目标[1,2]

（1）在多遇地震作用下，结构基本完好。

（2）在设防烈度地震作用下，框架柱、斜柱及相连钢梁、底部加强区剪力墙、空腹桁架和薄弱楼板（斜柱层）正截面不屈服，斜截面弹性。

（3）在罕遇地震作用下，底部加强区剪力墙正截面个别屈服，斜截面不屈服；斜柱及相连钢梁、空腹桁架不屈服；其余竖向构件斜截面满足受剪截面要求。

（4）最大层间位移角不超过 1/100，结构不倒塌。

6.2.2 C 座塔楼性能目标[1,2]

（1）在多遇地震作用下，结构基本完好。

（2）在设防烈度地震作用下，钢管混凝土柱、C1 座悬挑桁架、C1 座 7～11 层大跨度钢框梁弹性，C2 座钢筋混凝土墙柱、C1 座 7～11 层大跨度楼板正截面不屈服，斜截面弹性。

（3）在罕遇地震作用下，钢管混凝土柱、C1 座悬挑桁架、C1 座 7～11 层大跨度钢框梁不屈服，C2 座钢筋混凝土墙柱、C1 座 7～11 层大跨度楼板满足受剪截面要求。

（4）最大层间位移角不超过 1/100，结构不倒塌。

6.3 超限抗震构造措施

6.3.1 A 座抗震构造措施

A 座塔楼根据超限内容及计算分析的结果，采取如下抗震构造加强措施：

（1）核心筒剪力墙承担水平剪力较大，提高落地剪力墙的分布筋最小配筋率至 0.4%，墙体水平筋按小震、中震弹性、大震不屈服计算包络设计。

（2）提高受拉剪力墙竖向钢筋最小配筋率至 0.6%，同时设置型钢，使其满足在小震、中震作用下的承载力要求。

（3）为控制空腹桁架竖向变形，施工时应对大悬挑梁起拱（$L/1000$）。

（4）严格控制空腹桁架封边柱的施工次序，以满足设计要求。

（5）提高斜柱上、下层楼板（10、12 层）板厚至 150mm，采用双层双向拉通配筋，斜柱附近 Y 向楼板配筋率不低于 0.5%。

（6）加强与斜柱上、下层相连的钢梁截面，按拉弯、压弯构件复核钢梁承载力。

（7）在中斜柱与核心筒之间增设钢梁，使其能更好地传递水平力，钢梁延伸至核心筒内。

（8）斜柱上、下层楼板电梯厅厚度为 150mm，双层双向配筋，配筋率不小于 0.3%。

（9）斜柱上、下层楼板电梯厅处设置混凝土贴梁。

（10）9～12 层电梯井四周设置剪力墙，电梯门按墙开洞处理，剪力墙水平配筋率不小于 0.6%。

（11）穿层柱的计算长度系数取 1.25，适当提高跃层柱的配筋率、配箍率。

（12）适当加大与中部核心筒相连连梁的配箍率，加强连梁的延性。

6.3.2 C 座抗震构造措施

C 座塔楼根据超限内容及计算分析的结果，采取如下抗震构造加强措施：

（1）在 7～11 层的大跨度楼板区域，适当增加板厚（150mm）及楼板配筋，采用双层双向拉通钢筋，配筋率不低于 0.25%。

（2）为减小悬挑桁架端点处的竖向变形，施工时在悬挑端点处按 $D+0.5L$ 计算起拱（起拱值 50mm）。

（3）复核大震作用下桩基拉力值，地下室底板通过布置抗浮锚杆抵抗水浮力。

（4）悬挑空腹桁架中桁架梁对应位置剪力墙内设置型钢，对应位置的核心筒角部方钢管柱加强。

（5）在 7～11 层大跨楼板钢梁间增加楼面水平支撑，以提高楼板共同作用的能力。

7 三水准分析

7.1 A 座小震分析

小震分析采用 SATWE 及 MIDAS/Building 软件，两个主轴方向输入地震力，采用规范谱进行分析。考虑偶然偏心，周期折减系数为 0.9，结构阻尼比为 0.04，连梁刚度折减系数为 0.7（地震作用）。按 50 年一遇风压值 0.75kN/m² 进行抗风承载力验算，风载体型系数为 1.40，地面粗糙度为 B 类。

分析结果的主要指标见表 2，从表中可以看出，两种软件数值相差不大，互相验证，各项指标均符合规范的要求。

A座结构主要计算指标　　　　　　　　　　　　　　　　　　表2

指标		SATWE		MIDAS/Building	
楼层自由度		刚性楼盖		刚性楼盖	
楼层最小剪重比	X向	1.45%		1.40%	
	Y向	1.49%		1.39%	
结构自振周期（s）		$T_1=3.6255$ $T_2=2.9664$ $T_t=2.6900$		$T_1=3.4746$ $T_2=2.8941$ $T_t=2.6969$	
周期比		$T_t/T_1=0.742$		$T_t/T_1=0.776$	
工况		最大层间位移角	最大位移比	最大层间位移角	最大位移比
X向风荷载		1/2379	—	1/2406	—
X向地震作用		1/1820	1.19	1/2129	1.08
Y向风荷载		1/677	—	1/701	—
Y向地震作用		1/1138	1.29	1/1497	1.27

7.2　C座小震分析

小震分析采用SATWE及MIDAS/Building两种软件，两个主轴方向输入地震力，采用规范谱进行分析。考虑偶然偏心，周期折减系数为0.8，结构阻尼比为0.03，连梁刚度折减系数为0.7（地震作用）。按50年一遇风压值0.75kN/m²进行抗风承载力验算，风载体型系数为1.40，地面粗糙度为B类。

分析结果的主要指标见表3，从表中可以看出，两种软件数值相差不大，互相验证，各项指标均符合规范的要求。

C座结构主要计算指标　　　　　　　　　　　　　　　　　　表3

指标		SATWE		MIDAS/Building	
楼层自由度		刚性楼盖		刚性楼盖	
最小剪重比	X向	2.37%		1.83%	
	Y向	2.01%		1.50%	
结构自振周期（s）		$T_1=1.8556$ $T_2=1.3580$ $T_t=1.1382$		$T_1=1.8637$ $T_2=1.3674$ $T_t=1.1917$	
周期比		$T_t/T_1=0.613$		$T_t/T_1=0.639$	
工况		最大层间位移角	最大位移比	最大层间位移角	最大位移比
X向风荷载		1/2283（6层）	—	1/1884（6层）	—
X向地震作用		1/1883（6层）	1.31（8层）	1/1983（6层）	1.23（6层）
Y向风荷载		1/1189（6层）	—	1/1167（6层）	—
Y向地震作用		1/959（6层）	1.23（11层）	1/1055（6层）	1.20（11层）

7.3　A座小震弹性时程分析

小震弹性时程分析采用SATWE软件，采用了5条天然波和2条人工波，分析结果如表4所示。这7条波平均谱曲线和结构底部剪力均满足《高层建筑混凝土结构技术规程》

JGJ 3—2010[1]（下文简称《高规》）的要求，且CQC法不能包络弹性时程分析法位移角和地震剪力平均值，可按计算结果的放大系数回填CQC计算。

A座小震弹性时程分析结果 表 4

工况	时程波 X 方向		时程波 Y 方向	
	V_x	$V_x/V_{x\text{-CQC}}$	V_y	$V_y/V_{y\text{-CQC}}$
天然波 1	16436.4	1.06	18497.1	1.16
天然波 2	14726.8	0.95	15283.9	0.96
天然波 3	13636.7	0.88	14060.8	0.88
天然波 4	18590.4	1.20	16935.9	1.06
天然波 5	16111.4	1.04	19570.8	1.23
人工波 1	15915.5	1.03	17673.2	1.11
人工波 2	15471.2	1.00	17321.1	1.09
平均值	15841.2	1.02	17034.7	1.07
CQC法	15478.7	—	15907.6	—

7.4　C座小震弹性时程分析

小震弹性时程分析采用SATWE软件，采用了5条天然波和2条人工波，分析结果如表5所示。这7条波平均谱曲线和结构底部剪力均满足《高规》[1]的要求，且CQC法不能包络弹性时程分析法位移角和地震剪力平均值，可按计算结果的放大系数回填CQC计算。

C座小震弹性时程分析结果 表 5

工况	时程波 X 方向		时程波 Y 方向	
	V_x	$V_x/V_{x\text{-CQC}}$	V_y	$V_y/V_{y\text{-CQC}}$
天然波 1	9719.5	1.01	10349.4	1.14
天然波 2	10434.8	1.09	9734.1	1.07
天然波 3	8906.4	0.93	10802.8	1.19
天然波 4	9768.5	1.02	7446.9	0.82
天然波 5	7254.7	0.76	6814.7	0.75
人工波 1	10242.4	1.07	10234.7	1.13
人工波 2	10300.3	1.08	11211.8	1.23
平均值	9796.8	0.99	9774.3	1.04
CQC法	9577.0	—	9097.3	—

7.5　A座中震分析

中震分析采用SATWE软件，地震影响系数取0.23，连梁刚度折减系数为0.5，阻尼比为0.04，不考虑风荷载，不考虑构件承载力抗震调整系数及与抗震等级相关的内力调整系数，其余输入参数同小震分析。

根据分析结果，各构件均符合性能目标的要求，部分配筋超过小震配筋，实际配筋按两者包络值采用。在中震和风荷载作用下，核心筒部分剪力墙存在一定程度的拉力，最大轴拉比为1.60，小于2.0，满足要求。针对轴拉比大于1.0的剪力墙，通过提高抗震等级和配置型钢来达到性能目标的要求。

7.6 C座中震分析

中震分析采用 SATWE 软件，地震影响系数取 0.23，连梁刚度折减系数为 0.5，钢结构阻尼比为 0.02，混凝土阻尼比为 0.05，不考虑风荷载，不考虑构件承载力抗震调整系数及与抗震等级相关的内力调整系数，其余输入参数同小震分析。

根据分析结果，各构件均符合性能目标的要求，部分配筋超过小震配筋，实际配筋按两者包络值采用。

7.7 A座大震弹塑性动力时程分析

动力弹塑性时程分析采用 SAUSAGE 软件，梁、柱及斜撑采用纤维梁单元模拟，剪力墙、连梁和楼板采用壳单元模拟。选取 2 组天然波和 1 组人工波作为动力时程输入，地震波按双向输入，峰值加速度为 $220cm/s^2$，时间间距为 0.02s。计算主要结果如表 6 和图 10 所示。

A 座弹塑性动力时程分析主要结果　　　　　　　表 6

项目	地震波					
	USER1（天然）		USER4（天然）		USER7（人工）	
持续时间（s）	21.6		21.5		17.1	
加载方向	X 向	Y 向	X 向	Y 向	X 向	Y 向
基底地震力（kN）	74000	92500	63400	86000	67700	88000
层间最大位移角	1/538（9 层）	1/258（31 层）	1/601（7 层）	1/287（31 层）	1/521（13 层）	1/274（25 层）
上项平均值	X 向=1/521　　　Y 向=1/258					
比值	4.69	5.02	4.19	5.17	4.41	5.18
比值平均值	X=4.43　　　Y=5.12					

注：1. 大震与小震峰值加速度比值为 220/35＝6.28；
　　2. 表中比值为大震弹塑性时程分析与小震弹性时程分析基底地震力之比。

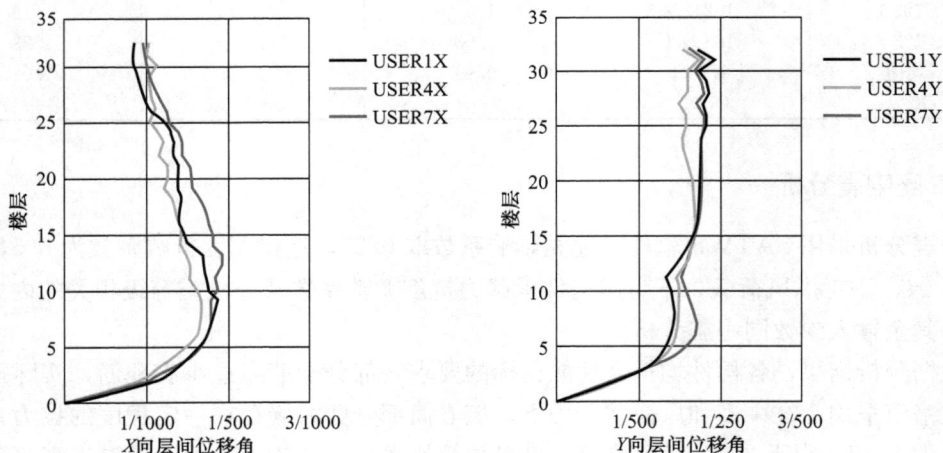

图 10　A 座最大层间位移角

在罕遇地震作用下，SAUSAGE 分析计算得的最大层间位移角分别为 1/521（X 向）和 1/258（Y 向），结构整体位移满足规范的要求（1/100）。Y 向地震作用下各构件的性能水平如图 11～图 14 所示。

Y 向弹塑性动力时程分析结果表明，框架柱、钢框架梁未屈服，44.9% 的连梁屈服，核心筒剪力墙未屈服，空腹桁架均未屈服，楼板薄弱连接部位未屈服，满足性能目标。

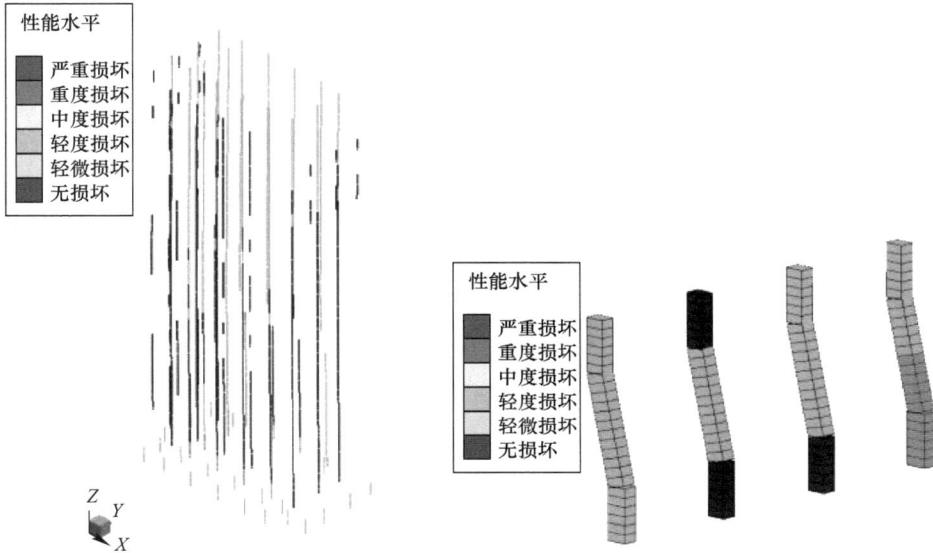

图 11　框架柱和斜柱性能水平

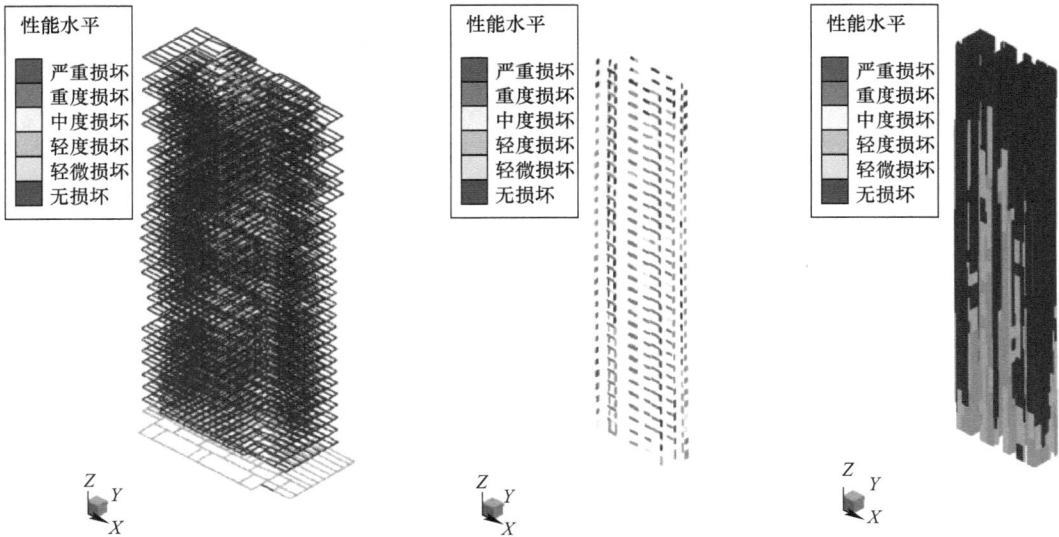

图 12　钢框架梁、连梁和剪力墙性能水平

在罕遇地震作用下，除极个别情况外，结构主要抗侧力构件——框架柱及剪力墙均未出现屈服，满足性能目标的要求。结构的耗能构件——连梁和钢框架梁出现了不同程度的

屈服，对地震能量起到了很好的耗散作用。框架梁和连梁的屈服顺序合理，屈服区域分布广泛，钢材和混凝土没有出现过度的屈服应变，均匀而分散地耗散了地震能量。根据现有分析结果可以看出，结构整体和各类构件还有较大的弹塑性变形储备。

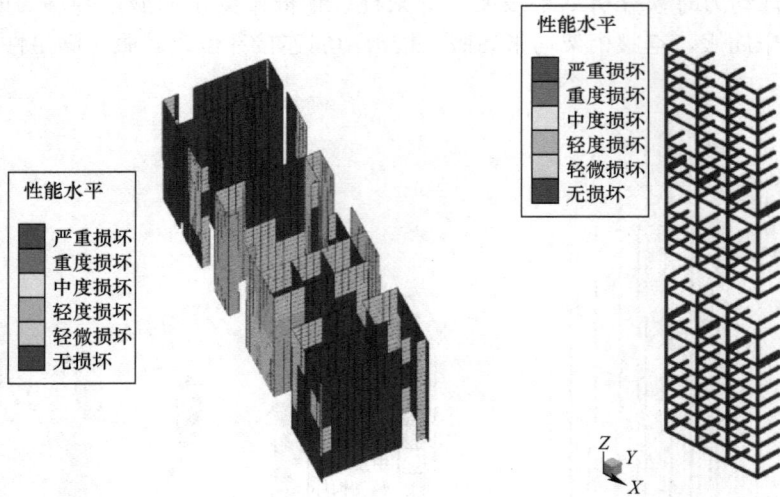

图 13 斜柱层剪力墙和空腹桁架性能水平

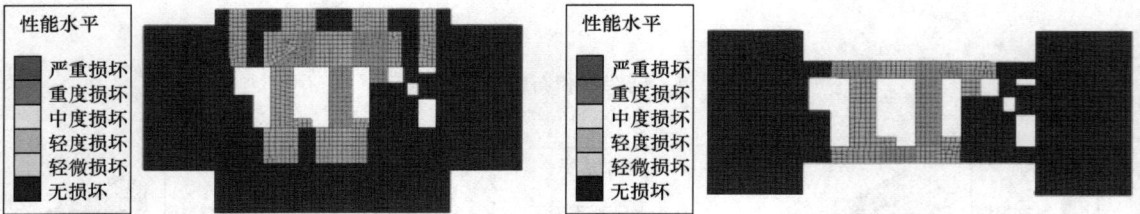

图 14 斜柱层楼板和楼板缺失层性能水平

7.8 C座大震弹塑性动力时程分析

动力弹塑性时程分析采用 SAUSAGE 软件，梁、柱及斜撑采用纤维梁单元模拟，剪力墙、连梁和楼板采用壳单元模拟。选取 2 组天然波和 1 组人工波作为动力时程输入，地震波按双向输入，峰值加速度为 220cm/s^2，时间间距为 0.02s。计算主要结果如表 7 和图 15 所示。

C座弹塑性动力时程分析主要结果　　　　　　　　　　表 7

项目	地震波					
	USER1（天然）		USER2（天然）		USER7（人工）	
持续时间（s）	21.6		25.1		17.1	
加载方向	X 向	Y 向	X 向	Y 向	X 向	Y 向
基底地震力（kN）	34400	26600	36100	34300	38000	22600
层间最大位移角	1/245（5）	1/155（6）	1/299（6）	1/168（6）	1/279（6）	1/160（6）

续表

项目	地震波					
	USER1（天然）		USER2（天然）		USER7（人工）	
上项平均值	X 向＝1/272　　　Y 向＝1/161					
比值	5.72	5.09	6.01	6.56	6.32	4.32
比值平均值	X＝6.01　　　Y＝5.32					

注：1. 大震与小震峰值加速度比值为 220/35＝6.28；
　　2. 表中比值为大震弹塑性时程分析与小震弹性时程分析基底地震力之比。

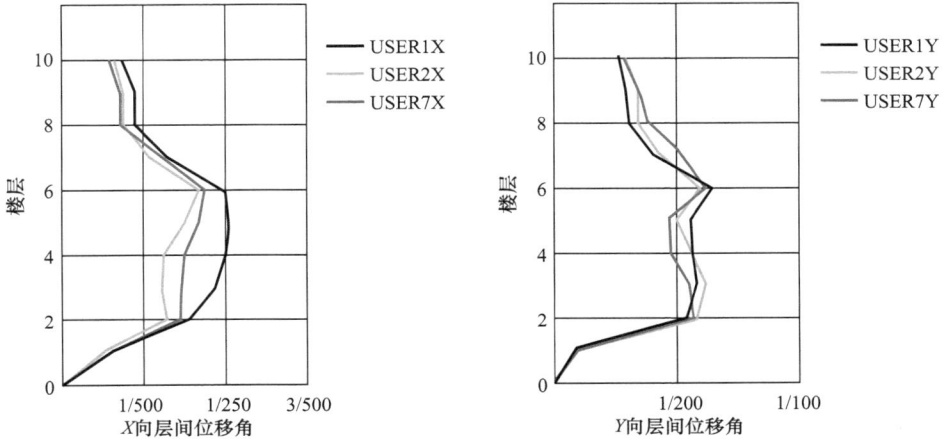

图 15　C 座最大层间位移角

在罕遇地震作用下，SAUSAGE 分析计算得的最大层间位移角分别为 1/272（X 向）和 1/161（Y 向），结构整体位移满足规范的要求（1/100）。Y 向地震作用下各构件的性能水平如图 16～图 18 所示。

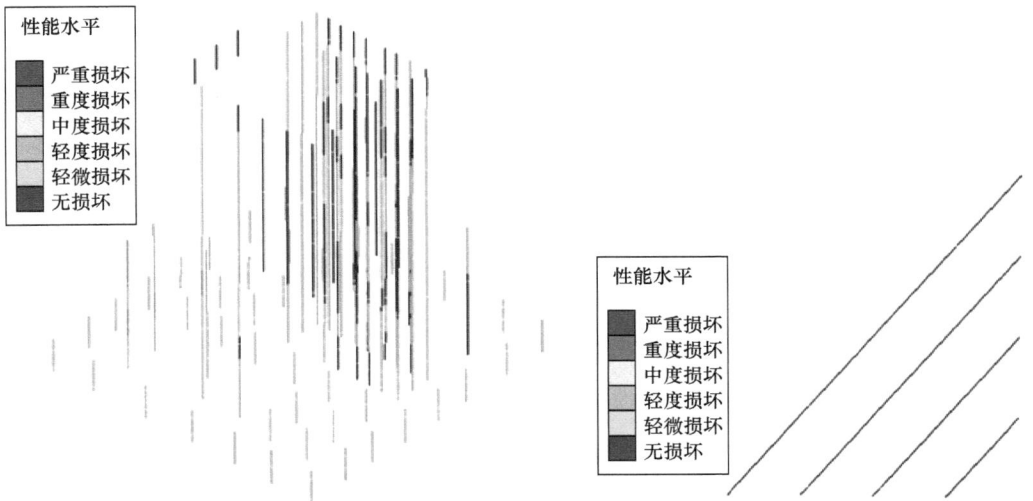

图 16　框架柱和斜杆性能水平

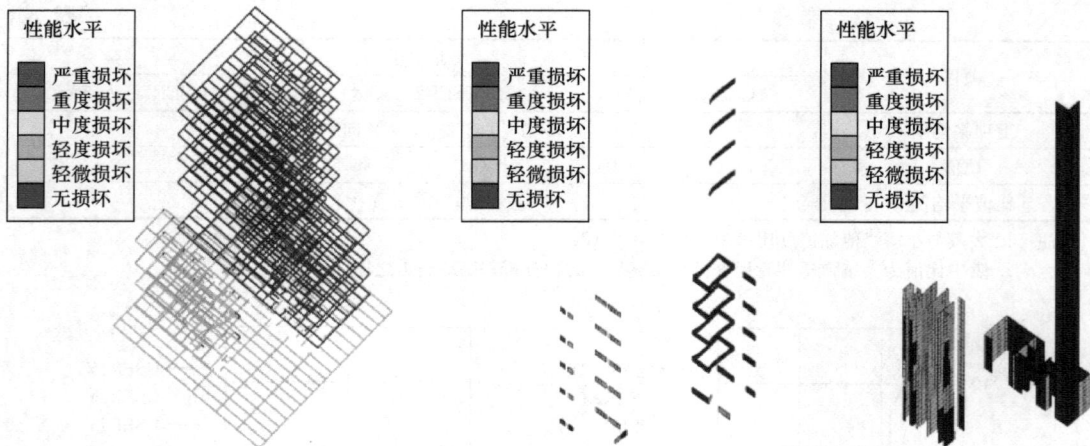

图 17　钢框架梁、连梁和剪力墙性能水平

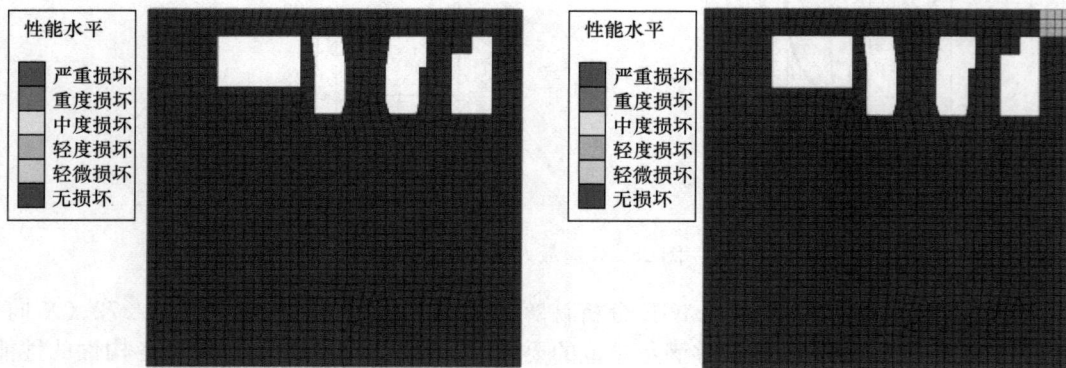

图 18　7 层和 8 层楼板性能水平

　　Y 向弹塑性动力时程的分析结果表明，框架柱未屈服，0.3% 的钢框架梁屈服，10.1% 的连梁屈服，剪力墙大部分未屈服，楼板薄弱连接部位未屈服，满足性能目标。

　　在罕遇地震作用下，除极个别情况外，结构主要抗侧力构件——框架柱及剪力墙均未出现屈服，满足性能目标的要求。结构的耗能构件——连梁和钢框架梁出现了不同程度的屈服，对地震能量起到了很好的耗散作用。框架梁和连梁的屈服顺序合理，屈服区域分布广泛，钢材和混凝土没有出现过度的屈服应变，均匀而分散地耗散了地震能量。根据现有分析结果可以看出，结构整体和各类构件还有较大的弹塑性变形储备。

8　A 座专项分析

8.1　A 座空腹桁架分析

　　A 座塔楼平面悬挑信息详见表 1 和图 19。由于建筑功能要求，楼层内不能设置斜杆，故对悬挑长度 8.45m、7.65m 等悬挑尺寸较大部位，在悬挑梁端部设置封边柱（截面 H600×500×20×36），与悬挑梁形成空腹桁架，改善悬挑结构的受力性能。悬挑梁典型

110

截面为 H750×600×18×40，悬挑梁根部截面为 H1050×600×18×50，避难层悬挑梁截面加大为 H1500×800×18×50。对悬挑长度 5.40m 的部位，采用单独悬挑梁可满足受力要求。

8.1.1 强度分析

对空腹桁架的悬挑梁和封边柱进行小震弹性、中震弹性和大震不屈服应力比验算，分析结果表明均满足要求。

8.1.2 挠度分析

在恒荷载＋活荷载作用下，大悬挑梁（构件编号 XGL6、XGL6a）的挠度（不考虑楼板刚度）如表 8 所示，最大值为 $L/169$（8 层），L 为悬挑结构计算跨度。根据《钢结构设计标准》GB 50017—2017[3] 附录 B，桁架悬挑结构最大容许挠度值为 $L/150$（楼盖），挠度满足规范要求。

图 19　A 座东侧、南侧和北侧悬挑示意

大悬挑梁挠度（恒荷载＋活荷载）　　表 8

楼层	XGL6		XGL6a	
	相对挠度值	挠度比	相对挠度值	挠度比
4	38.53	1/219	35.77	1/236
5	37.8	1/224	35.07	1/241
6	48.58	1/174	45.05	1/188
7	22.26	1/380	19.31	1/438
8	49.93	1/169	43.81	1/193
9	23.84	1/354	18.24	1/463
10	15.21	1/556	—	—
11	42.29	1/200	39.36	1/215
12	16	1/528	13.62	1/620
13	—	—	—	—
14	44.43	1/190	41.15	1/205
15	18.27	1/463	15.9	1/531

在活荷载作用下，大悬挑梁的挠度（不考虑楼板刚度）如表 9 所示，挠度小于 $L/200$，可预先起拱。

大悬挑梁挠度（活载）　　表 9

楼层	XGL6		XGL6a	
	相对挠度值	挠度比	相对挠度值	挠度比
4	16.17	1/523	13.3	1/635
5	15.32	1/552	12.58	1/672
6	14.45	1/585	11.16	1/757
7	13.72	1/616	11.22	1/753

楼层	XGL6		XGL6a	
	相对挠度值	挠度比	相对挠度值	挠度比
8	13.05	1/648	10.65	1/793
9	12.41	1/681	10.11	1/836
10	11.8	1/716	—	—
11	11.21	1/754	9.07	1/932
12	10.63	1/795	8.57	1/986
13	—	—	—	—
14	9.92	1/852	7.94	1/1064
15	9.54	1/886	7.62	1/1109

通过分析，各悬挑梁应力比均满足要求，空腹桁架能满足受力要求。施工过程中，还可以通过悬挑梁起拱来控制悬挑结构的竖向变形。

8.1.3 施工顺序

结合本工程的特点和可能的施工顺序，对塔楼悬挑空腹桁架部分采用施工模拟工况为：空腹桁架连续施工的楼层层数≤3层（通信机楼层单独施工），第3层的桁架封边柱待该部分空腹桁架楼板浇筑完成后再施工。

8.2 斜柱分析

A座塔楼在10、11层存在4根斜柱 KZ7～KZ10，斜柱与竖向平面夹角14°，构件编号如图20所示，计算模型及立面简图如图21所示。斜柱采用钢管柱，截面尺寸为1200mm×1600mm×30mm。

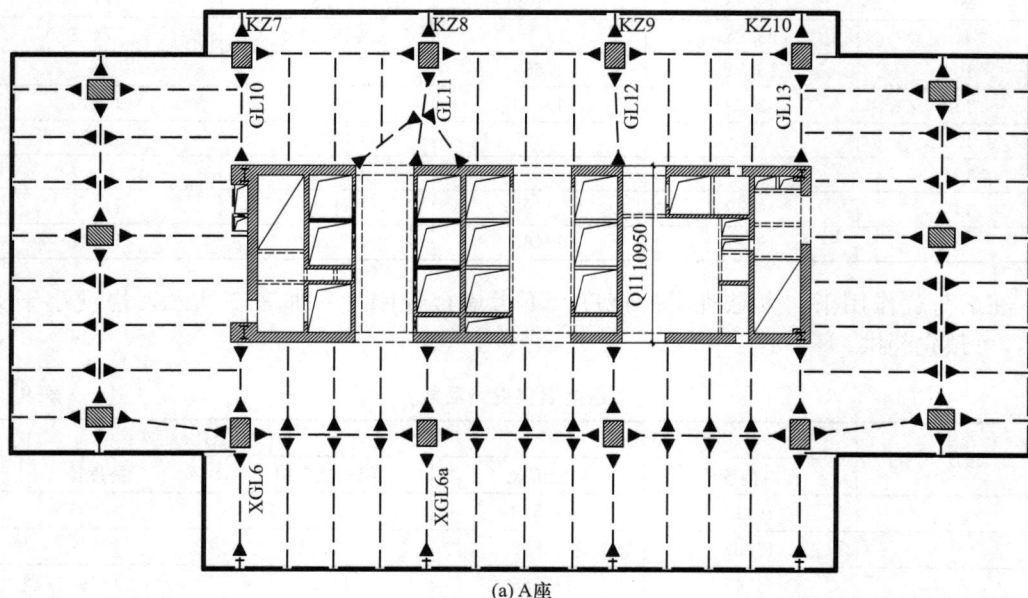

(a) A座

图20 A、C座构件编号（一）

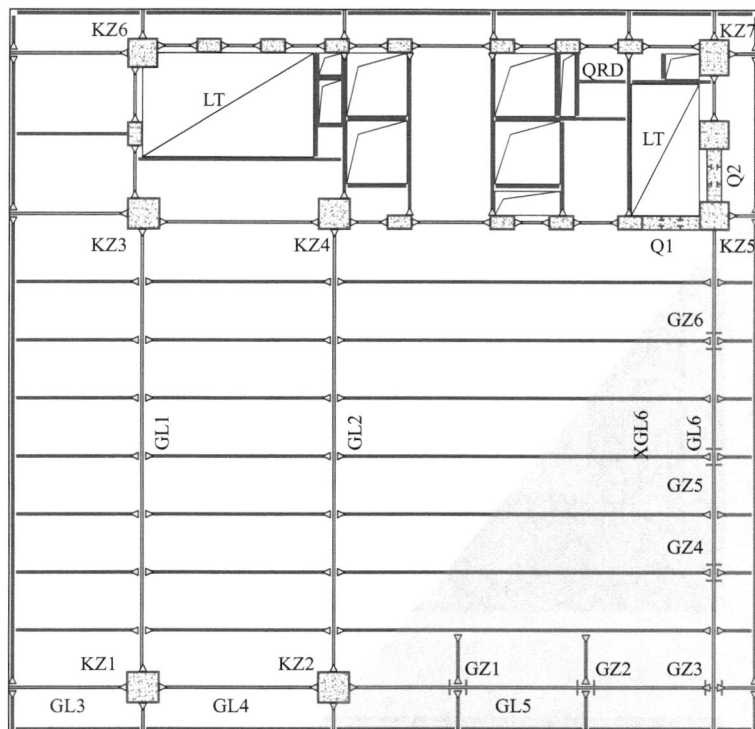

(b) C座

图 20　A、C 座构件编号（二）

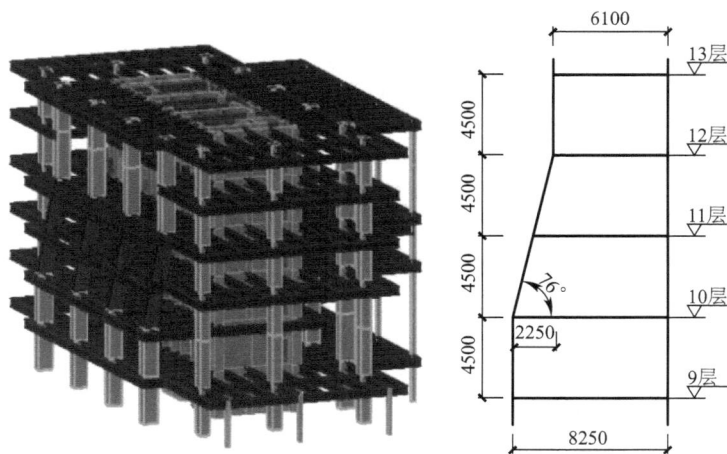

图 21　斜柱相关楼层计算模型及立面简图

8.2.1　斜柱范围内楼板应力分析

由于斜柱的存在，斜柱层及相邻上下层楼板（9～13 层）将承担斜柱产生的一部分水平力，受力较复杂。为了增加该范围内的整体性，利于水平力的传递，9～13 层楼板厚度增大为 150mm，混凝土强度等级采用 C35（$f_c = 16.7$MPa，$f_t = 1.57$MPa），钢筋采用 HRB400。将楼板单元定义为膜单元，采用 PKPM 软件分析 9～13 层楼板在斜柱方向上的应力分布情况。

113

由图 22、图 23 可知，由于斜柱的存在，与其相邻的下层楼板（10 层）存在较大的 Y 向拉应力，拉应力峰值出现在各柱边，约为 6.0MPa，应力值顺核心筒方向逐渐减小；拉应力平均值约为 3.5MPa，该层楼板应增加 Y 向钢筋面积 1458mm²。

与斜柱相邻的上层楼板（12 层）存在较大的 Y 向压应力，压应力峰值出现在各柱边，约为 −6.3MPa，应力值顺核心筒方向逐渐减小；在进行楼板配筋计算时应予以考虑，并同时提高斜柱上、下层楼板的配筋率。

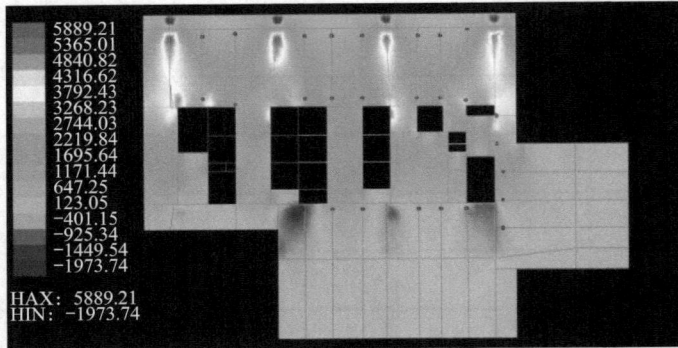

图 22　第 10 层楼板平面正应力 S_y

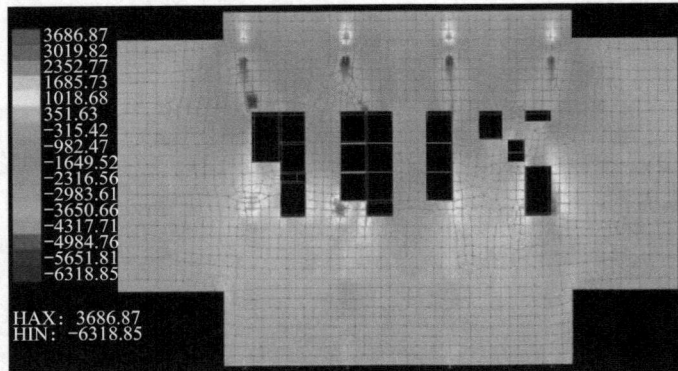

图 23　第 12 层楼板平面正应力 S_y

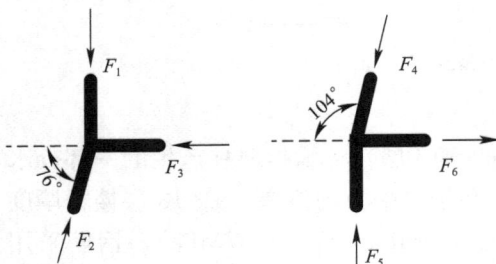

图 24　斜柱上、下层节点内力分析图

8.2.2　斜柱范围内梁受力分析

忽略楼板对水平力的贡献，单纯从结构力学角度分析斜柱上、下楼层梁所承担的轴力。选取荷载组合 1（1.3 恒荷载＋1.5 活荷载），荷载组合 2（1.3 恒荷载＋1.5×0.7 活荷载＋1.5 风荷载），荷载组合 3（1.2 恒荷载＋0.6 活荷载＋1.3 小震弹性），荷载组合 4（1.0 恒荷载＋0.5 活荷载＋大震不屈服），对斜柱上、下层节点进行受力分析。计算结果如图 24 和表 10 所示。

钢梁截面为 H750×700×50×60，材质为 Q345GJC。在各工况下，分别按拉弯、压弯构件复核钢筋的承载力，斜柱上层梁应力比、下层梁应力比均满足要求。

各工况组合下斜柱和钢梁轴力值　　　　　　　　　表 10

工况组合	斜柱上层节点			斜柱下层节点		
	F_1	F_2	F_3	F_4	F_5	F_6
组合 1	−20475	−21101	−5105	−24735	−24001	5984
组合 2	−30760	−31702	−7669	−36797	−35704	8902
组合 3	−21621	−22282	−5390	−25871	−25103	6258
组合 4	−32884	−33890	−8198	−41901	−40656	10136

注：1. 表中拉力为正，压力为负，单位均为 kN；
2. F_1、F_2、F_4 和 F_5 为斜柱轴力，F_3 和 F_6 为楼层梁轴力。

8.2.3　斜柱范围内核心筒剪力墙受剪分析

根据性能目标，斜柱范围内核心筒剪力墙斜截面承载力应满足小震弹性、中震弹性、大震不屈服的要求。剪力墙剪力由两部分组成：在水平荷载作用下的剪力 V_1、斜柱产生的水平力 V_2。

与斜柱 KZ7、KZ10 相连的剪力墙墙厚为 600mm；与斜柱 KZ9 相连的剪力墙墙厚为 300mm；与斜柱 KZ8 相连的剪力墙有 3 片，墙厚分别为 200mm、200mm、300mm。

大震不屈服作用下，第 11 层核心筒剪力墙剪力 V_1＝58170kN，斜柱水平力 V_2＝8198＋8911＋11390＋12446＝40945kN，总剪力 V＝99115kN。仅考虑 Y 向剪力墙的作用，剪力墙的截面限值为 $0.15f_{ck}bh$＝174367kN，满足要求。

以斜柱 KZ9 相连的核心筒剪力墙 Q11 为例，选取荷载组合 1（1.3 恒荷载＋1.5 活荷载），荷载组合 2（1.3 恒荷载＋1.5×0.7 活荷载＋1.5 风荷载），荷载组合 3（1.2 恒荷载＋0.6 活荷载＋1.3 小震弹性），荷载组合 4（1.2 恒荷载＋0.6 活荷载＋1.3 中震），荷载组合 5（1.0 恒荷载＋0.5 活荷载＋大震不屈服），对其进行受剪分析，计算结果如表 11 所示。

各工况组合下剪力值　　　　　　　　　表 11

剪力	组合 1	组合 2	组合 3	组合 4	组合 5
V_1	1782	2632	1853	4452	7636
V_2	3932	5788	4258	5030	4192
V_1+V_2	5714	8420	6111	9482	11828

根据以上分析，剪力墙 Q11 抗震等级为一级，墙身钢筋配筋率取 0.40%，满足计算要求。

9　C 座专项分析

9.1　楼板舒适度分析

采用 YJK 软件进行楼板舒适度分析，以第 7、8、11 层为主要分析对象。

9.1.1 楼板竖向振动频率

三层的钢筋桁架楼板总厚度均为150mm，混凝土强度等级为C35。单层楼板面积约为 $30.9 \times 30.9 = 954.81$（$m^2$），标准板跨为2.4m（占总楼面面积的70%以上）。计算结果如表12所示。

典型楼层楼板自振频率		表 12
楼层	恒荷载（活荷载）(kN/m^2)	楼板竖向频率（Hz）
7（文化中心底层）	3（5）	3.931
8（文化中心标准层）	3（4）	3.861

由表12可知，C座楼板满足舒适度竖向频率的要求（大于3Hz），不需验算竖向振动加速度。

9.1.2 楼板竖向振动加速度

为了更好地反映和分析楼板的舒适度性能，对楼板的竖向振动加速度进行分析计算。以8层（文化中心标准层）为例，在楼板薄弱部位（由前三阶振型可知）施加三处连续行走及跑动荷载（图25），计算结果如表13和图26所示。

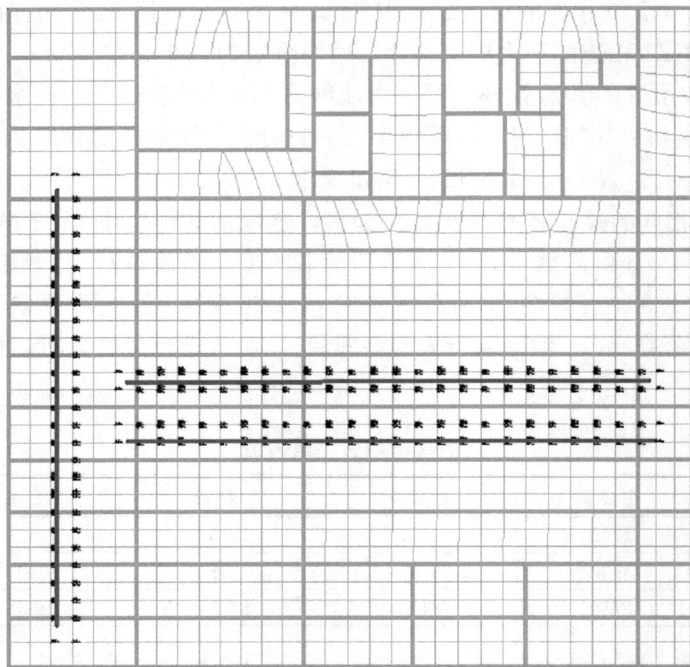

图 25　施加时程荷载位置

楼板最大加速度数值		表 13
楼层	楼板最大加速度（m/s^2）	
	连续行走时程荷载	跑动时程荷载
8（文化中心标准层）	0.085	0.077

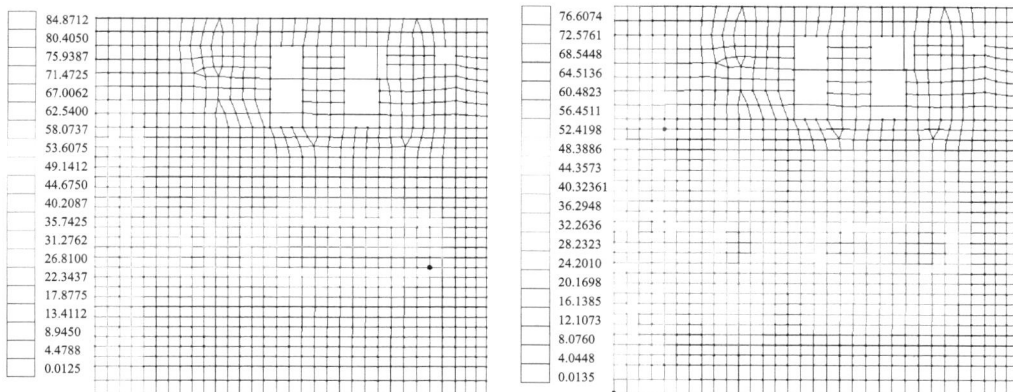

图 26 8层连续行走、跑动荷载作用下楼板竖向加速度示意（mm/s²）

通过动力时程分析，8 层最大竖向加速度位于大空间中部，在楼板频率大于 3.8Hz 的情况下，楼板最大加速度小于 0.16m/s² 的限值（功能为商业，由《高规》[1] 表 3.7.7 换算），亦满足规范要求。

9.2 施工模拟分析

采用 SATWE "恒活荷载计算信息"中"构件级施工次序"进行施工过程的模拟分析，以对比前述施工加载模式为"一次性加载"时的构件受力情况。

采用"构件级施工次序"进行计算的模型，其施工模拟顺序为：在 2～6 层中增加 6 根临时结构柱，施工加载至屋架层后，拆除 6 根临时结构柱（图 27）。

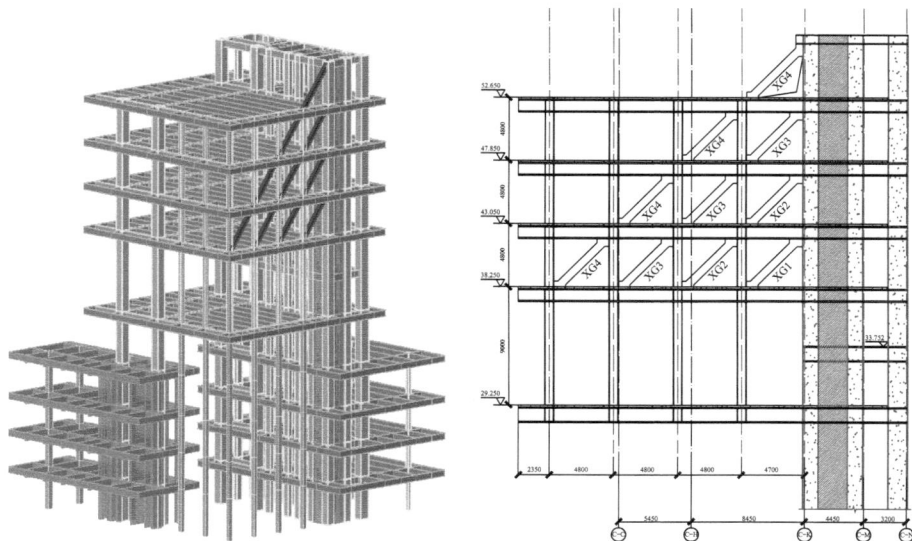

图 27 临时结构柱位置及斜拉杆编号

由表 14～表 16 计算结果可知，两种施工加载模式下构件内力差异很小，除个别构件外，两者差值均在 10% 以内。"一次性加载"已可较为准确地模拟实际施工情况下的构件内力。后续分析中均采用"一次性加载"模型。

钢梁应力比

表 14

钢梁		一次性加载	构件级施工次序	两者差值
7 层	GL1 跨中	0.28	0.28	0.0%
	GL2 跨中	0.30	0.30	0.0%
	GL5 左支座	0.65	0.69	6.2%
	GL6 上支座	0.55	0.57	3.6%
8 层	GL1 跨中	0.25	0.26	4.0%
	GL2 跨中	0.28	0.30	7.1%
	GL5 左支座	0.63	0.63	0.0%
	GL6 上支座	0.53	0.55	3.6%
11 层	GL1 跨中	0.35	0.37	5.7%
	GL2 跨中	0.41	0.41	0.0%
	GL5 左支座	0.44	0.43	−2.3%
	GL6 上支座	0.33	0.32	−3.0%

钢柱应力比

表 15

钢柱		一次性加载	构件级施工次序	两者差值
7 层	GZ1	0.54	0.55	1.9%
	GZ2	0.44	0.46	4.5%
	GZ3	0.42	0.42	0.0%
	GZ4	0.31	0.30	−3.2%
	GZ5	0.48	0.45	−6.3%
	GZ6	0.52	0.49	−5.8%
8 层	GZ1	0.64	0.61	−4.7%
	GZ2	0.54	0.53	−1.9%
	GZ3	0.48	0.48	−0.0%
	GZ4	0.15	0.16	6.7%
	GZ5	0.36	0.37	2.8%
	GZ6	0.47	0.49	4.3%
10 层	GZ1	0.62	0.63	1.6%
	GZ2	0.55	0.56	1.8%
	GZ3	0.48	0.47	−2.1%
	GZ4	0.33	0.35	6.1%
	GZ5	0.59	0.61	3.4%
	GZ6	0.56	0.60	7.1%

斜拉杆应力比

表 16

斜拉杆		一次性加载	构件级施工次序	两者差值
8 层	XG1	0.27	0.25	−7.4%
	XG2	0.32	0.32	0.0%
	XG3	0.23	0.25	8.6%
	XG4	0.15	0.14	−6.6%

斜拉杆		一次性加载	构件级施工次序	两者差值
	XG2	0.28	0.26	−7.1%
9层	XG3	0.33	0.33	0.0%
	XG4	0.22	0.24	9.1%
10层	XG3	0.28	0.27	−3.6%
	XG4	0.40	0.40	−0.0%
11层	XG4	0.35	0.30	14.3%

实际施工过程中，在临时结构柱尚未拆除前，考虑悬挑桁架的斜拉杆及竖杆可能出现压力的情况，如表17、表18所示。

施工过程中钢柱的受压验算　表 17

钢柱		强度应力比	稳定应力比	长细比
	GZ1	0.34	0.24	33.4
	GZ2	0.30	0.21	33.4
7层	GZ3	0.26	0.20	32.3
	GZ4	0.40	0.31	39.7
	GZ5	0.43	0.28	39.7
	GZ6	0.36	0.23	39.7
	GZ1	0.24	0.14	19.6
	GZ2	0.21	0.12	19.6
8层	GZ3	0.21	0.12	17.8
	GZ4	0.29	0.20	21.9
	GZ5	0.40	0.26	21.9
	GZ6	0.37	0.23	21.9
	GZ1	0.27	0.14	19.6
	GZ2	0.24	0.12	19.7
10层	GZ3	0.19	0.11	18.0
	GZ4	0.41	0.26	22.0
	GZ5	0.56	0.37	22.0
	GZ6	0.48	0.30	22.0

注：稳定应力比取平面内和平面外稳定验算的最大值；长细比为 X 向和 Y 向的最大值。

施工过程中斜拉杆的受压验算　表 18

斜拉杆		强度应力比	稳定应力比	长细比
	XG1	0.07	0.06	58.7
	XG2	0.14	0.11	58.7
8层	XG3	0.17	0.15	58.7
	XG4	0.15	0.15	58.7
	XG2	0.08	0.05	58.7
9层	XG3	0.12	0.11	58.7
	XG4	0.16	0.16	58.7

	斜拉杆	强度应力比	稳定应力比	长细比
10层	XG3	0.09	0.06	58.7
	XG4	0.20	0.16	58.7
11层	XG4	0.06	0.07	58.7

注：稳定应力比取平面内和平面外稳定验算的最大值；长细比为 X 向和 Y 向的最大值。

由表17、表18计算结果可知，施工过程中未拆除临时结构柱时，悬挑桁架斜拉杆及竖杆可满足出现受压状态时的受力要求。

实际施工中，需考虑临时施工荷载的影响，拟考虑该部分临时结构柱（实际施工中的支撑体系）受力支撑至地下室底板，待 C 座屋面主体施工完成后再拆除。

9.3 悬挑倾覆分析

不考虑空间结构的协同作用，手算复核 XGL6（编号见图20）悬挑受力，按最不利6层处计算。计算简图如图28所示。

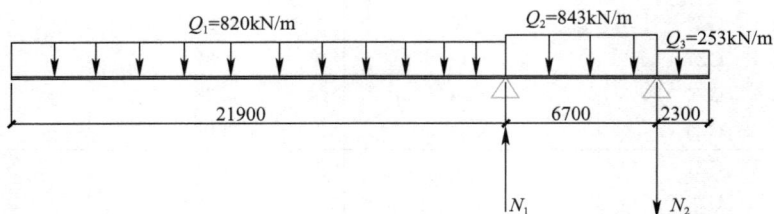

$Q_1=820\text{kN/m}$ $Q_2=843\text{kN/m}$ $Q_3=253\text{kN/m}$

21900   6700   2300

N_1 N_2

图 28 XGL6 计算简图

钢管混凝土柱 KZ7（1200mm×1500mm）按仅考虑钢管（$A=209600\text{mm}^2$）作用，计算拉应力为 125MPa，满足要求。

9.4 悬挑端最大挠度计算

结构在 X 向最大悬挑跨度为 17.45m，Y 向最大悬挑跨度为 21.90m，由 PKPM 计算出恒荷载及活荷载共同作用下的悬挑端点最大绝对挠度值为 57.61mm，挠度与跨度比值为 1/302。挠度限值按《钢结构设计标准》GB 50017—2017[3] 附录 B 中对受弯的桁架构件的要求计算，挠度与跨度比限值为 1/150。仅活荷载作用下，悬挑端点的最大绝对挠度值为 13.21mm，挠度与跨度比值为 1/1321，远小于规范中要求的 1/400。故挠度计算结果可以满足正常使用状态下对于挠度限值的要求。

9.5 竖向构件受拉计算

9.5.1 小震及中震弹性竖向构件受拉验算

分别按"活荷载满布"以及"考虑活荷载按不利布置"两种情况，考虑小震作用时竖向构件受拉验算。"考虑活荷载按不利布置"指活荷载仅布置作用于右下角悬挑倾覆阴影区内（图20中 C 座阴影部分）。按活荷载满布考虑中震作用下竖向构件的受拉验算。

小震作用下仅 KZ7 出现拉力，中震作用下 KZ6、KZ7、TKZ6 出现拉力。

KZ7（方钢管柱 $1200\times1500\times40\times40$）在弹性工作下能承担最大轴拉力 $R=9486kN$。中震弹性下最大拉力值为 $S=4296.8kN$，受力符合弹性要求。

KZ6（方钢管柱 $1200\times1200\times30\times30$）在弹性工作下能承担的最大轴拉力 $R=6893kN$。中震弹性下最大拉力值 $S=2502kN$，受力符合弹性要求。

TKZ6（方钢管柱 $600\times1000\times25\times25$）在弹性工作下能承担的最大轴拉力 $R=3320kN$。中震弹性下最大拉力值 $S=153.1kN$，受力符合弹性要求。

9.5.2 大震竖向构件受拉验算

大震计算时，将混凝土刚度折减 50%，计算出的大部分钢管柱应力均满足要求。

9.5.3 大震桩基抗拔验算

地下室抗浮方案采用抗拔锚杆，C 座底板部分的水浮力由抗拔锚杆平衡。本节仅讨论 C1 座核心筒底板下桩基（图 29），在大震作用及大震与水浮力共同作用下的受拉验算。

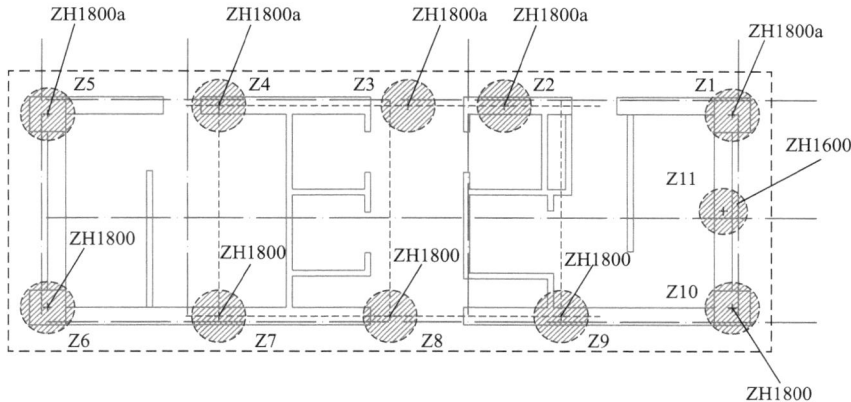

图 29 C1 座底板下桩基编号

桩顶组合轴力值（kN） 表 19

编号	大震未考虑水浮力共同作用时	大震考虑水浮力共同作用时	仅有水浮力作用时
Z1	−1950.7	650.3	−16025.0
Z2	−4707.5	−1565.5	−10010.0
Z3	−3575.5	−276.5	−6013.0
Z4	−4881.0	−1696.0	−10936.0
Z5	−7601.3	−4330.3	−18335.0
Z6	−6989.7	−4010.7	−19389.0
Z7	−5292.0	−1853.0	−11271.0
Z8	−5695.8	−2430.8	−12087.0
Z9	−4623.8	−1139.8	−11646.0
Z10	−4518.4	−2341.4	−18264.0
Z11	−4391.7	−2451.7	−15285.0

注：1. 恒荷载分项系数按 1.0 考虑，取受拉最不利工况；
   2. 受拉为正，受压为负。

由表 19 计算结果可知，大震未考虑水浮力共同作用时，桩基均不出现受拉。当考虑水浮力与大震共同作用的最不利工况时，仅 Z1 出现受拉。在实际施工图设计中，按偏保守考虑，Z1～Z5 均按抗拔桩设计，抗拔特征值取 2500kN，可满足计算要求（1.5×2500kN＞650.3kN）。

9.6 抗连续倒塌分析

不考虑地震作用及风荷载，仅在恒荷载及活荷载作用下进行抗连续倒塌分析。各层悬挑桁架中，斜拉杆的应力比为 0.14～0.40，桁架梁应力比为 0.26～0.57，悬挑桁架竖杆应力比为 0.13～0.60。均具有较大的应力富余。

因实际构件失效带有一定的随机性，故失效构件的选择带有很强的主观性。分别单独拆除 8 层的 XG2、XG4，9 层的 XG3，10 层的 XG3，以及 7 层的 GZ4，9 层的 GZ5。拆除构件位置如图 30 所示。

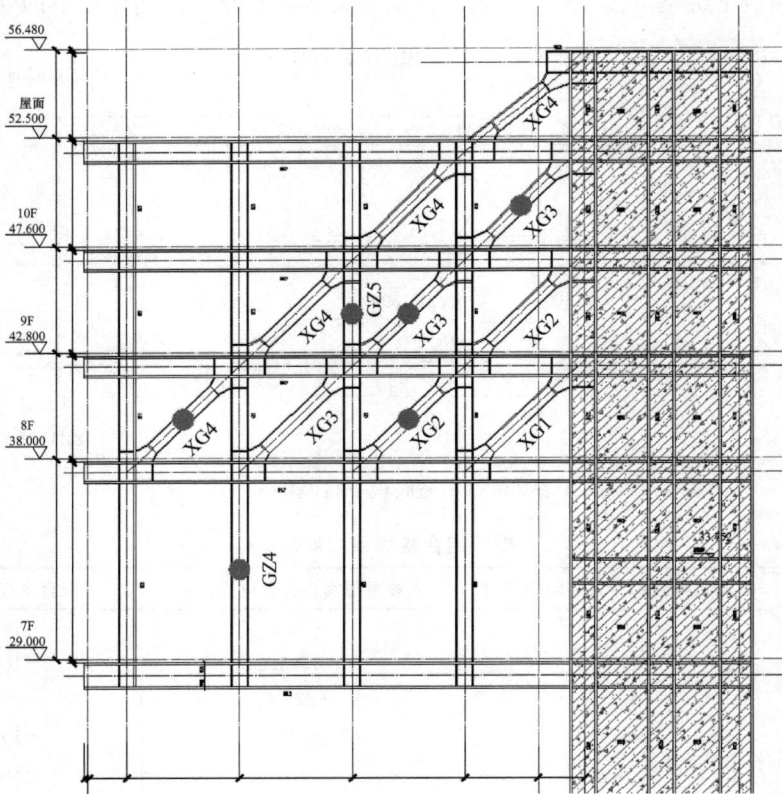

图 30 拆除构件位置示意

单独构件拆除后剩余构件的应力比最大值　　　　　　　　　　　　表 20

拆除构件	单独构件拆除后剩余构件的应力比最大值		
	斜拉杆	竖杆	桁架梁
8 层 XG2	0.44	0.63	0.57
8 层 XG4	0.40	0.61	0.56
9 层 XG3	0.46	0.64	0.57
10 层 XG3	0.45	0.62	0.59

拆除构件	单独构件拆除后剩余构件的应力比最大值		
	斜拉杆	竖杆	桁架梁
7 层 GZ4	0.40	0.61	0.56
9 层 GZ5	0.44	0.62	0.56

注：表中及后文中应力比均未考虑动力放大的影响

由表 20 计算结果可知，在任意拆除单个构件（桁架竖杆或斜拉杆）后，构件应力均能满足规范要求，并有较大富余。故认为可满足抗连续倒塌要求。

10 结语

本工程属超限高层建筑，于 2020 年完成施工图设计，且在初步设计阶段已通过广东省超限高层建筑工程抗震设防审查委员会的审查。

通过三水准结构分析和各项专项分析，并采取相应的抗震加强措施，既满足了抗震性能目标要求，又满足建筑功能及结构经济性的要求，取得了良好的经济技术效益。

根据工程特点，针对 A 座空腹桁架进行了三水准强度分析、挠度分析、舒适度分析和施工顺序分析，并对 A 座斜柱范围进行了楼板应力分析、框架梁受力分析和剪力墙受剪分析。针对 C 座大悬挑区域进行了楼板舒适度分析、施工模拟分析、悬挑倾覆分析、最大挠度分析、竖向构件受拉分析和抗连续倒塌分析。

参考文献

[1] 住房和城乡建设部. 高层建筑混凝土结构技术规程：JGJ 3—2010 [S]. 北京：中国建筑工业出版社，2011.
[2] 住房和城乡建设部. 建筑抗震设计规范：GB 50011—2010（2016 年版）[S]. 北京：中国建筑工业出版社，2016.
[3] 住房和城乡建设部. 钢结构设计标准：GB 50017—2017 [S]. 北京：中国建筑工业出版社，2018.

09　不对称双塔楼高位连体结构设计

吴国勤，傅学怡，何立才，李建伟，张明

（悉地国际设计顾问（深圳）有限公司，深圳　518048）

【摘要】　成都河畔新世界酒店为不对称双塔楼高位连体结构，双塔体型相差大，其中塔一平面为狭长的 L 形，塔二平面为平行四边形。塔一、塔二分别采用框架-剪力墙结构、剪力墙结构，两座塔楼在高位由钢桁架强连接组成整体结构，通过比较各种强弱连接的方式，论证了强连接的合理性。进行单塔结构分析，一方面保证了单塔结构能独立安全工作，另一方面尽量调整两座塔楼的动力特性接近，以减小通过连接的相互传力作用。对重要的钢桁架与塔楼的连接节点进行精细的有限元计算分析，保证了"强节点弱构件"；进行超长结构的温度应力分析，据此配置了相应的温度加强钢筋；进行了结构动力弹塑性分析，定性地找出了结构的薄弱部位，提出相应的加强措施；最后进行了振动台试验，验证了结构的抗震性能，并根据试验结果给出了施工图设计指导建议。

【关键词】　不对称双塔，钢桁架强连拉高位连体，超长结构温度应力，有限元分析，动力弹塑性分析，振动台试验

Structural Design of Asymmetry Double Towers with Top Connected Floors

Wu Guoqin，Fu Xueyi，He Licai，Li Jianwei，Zhang Ming

（CCDI Group，Shenzhen　518048）

Abstract：Chengdu Riverside New World hotel is constitution of double towers with top connected floors made of steel truss. The shapes of these two towers are different，the plan of Tower one is a long and narrow "L" shape, the plan of Tower two is small parallelogram. Tower one is frame-shear wall structure，with even arrangement of shear walls at both ends and middle part，Tower one get enough lateral and torsion stiffness. Tower two is shear wall structure which is consisted of four small cores connected by concrete beams. By comparison of each kinds of connection, strong connection made of steel truss was proved reasonable for the whole structure. Single tower structural analysis is important，on the one hand it can prove that each tower can work alone, on the other hand each tower should be adjusted to similar dynamic performance in order to weaken the interactions of two towers. For important joints of steel truss, the fine finite element analyses were carried out and the strengthening measures were put forward to ensure the strong joint and weak member. The temperature stress analysis and the structural dynamic elasto-plastic analysis were conducted to find out the weak parts of the structure qualitatively, and corresponding strengthening measures were put forward. In order to prove the safety of structure under seismic, shaking table test had been done, and some optimized suggestions had been given.

Keywords：asymmetry double towers, top strong connect floors made of steel truss, temperature stress analysis of long structure, finite element analysis, dynamic elasto-plastic analysis, shaking table test

1 工程概况

成都河畔新世界酒店（图 1）位于成都市双流县华阳镇广福桥社区，占地面积 16161.84m²，总建筑面积 86368.58m²，其中地上建筑面积 59762.64m²。酒店为一座 23 层不规则形状塔楼，建筑构架高度为 106.3m（23 层），结构主屋面高度为 99.850m；3 层裙房，高 16.9m；扩大地下室共 2 层，埋深 -9.95m，主要用途为地下车库。两塔楼采用框架-剪力墙结构和剪力墙结构，框架柱和剪力墙不仅可以提供必要的抗侧刚度，同时能满足建筑使用方面酒店大厅与上部房间灵活布置原则。建筑设计由美国 KPF 建筑师事务所和悉地国际设计顾问（深圳）有限公司联合体共同完成，结构设计为悉地国际设计顾问（深圳）有限公司[1]。

工程设计基准期为 50 年，结构设计使用年限为 50 年。抗震设防烈度为 7 度（0.1g），地震分组为第三组，抗震设防类别为丙类，场地类别为

图 1 建筑效果图

Ⅱ类。基本风压取 50 年一遇，为 0.30kPa，地面粗糙度为 C 类。塔楼采用筏板基础，持力层为中风化泥岩，地下水位为 ±0.00m。

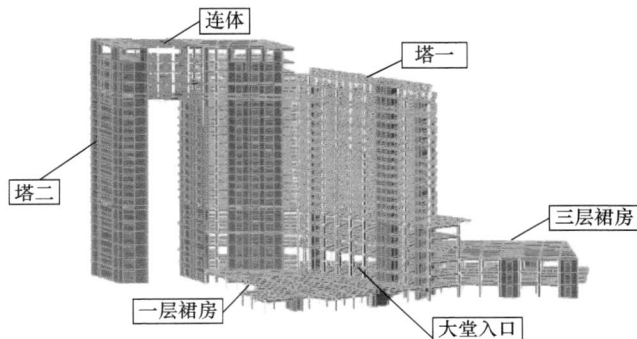

图 2 结构体系构成示意

2 结构布置及超限情况

2.1 结构布置

建筑主要由两栋体型相差较大的不对称塔楼组成（图 2），主塔楼（塔一）体型较大，平面为一狭长的 L 形，折线长度达 119m，采用框架-剪力墙结构；观光电梯塔（塔二）体型较小，平面为一平行

125

四边形，两边长约 12.5m×21m，采用剪力墙结构体系；两栋塔楼在 19 夹层～22 层采用钢结构连体相连。主塔楼北侧带有 1 层裙房，南侧带有 3 层裙房。

塔一、塔二的典型结构平面如图 3 所示，塔一的高宽比为 7.68，长宽比为 8.38，属于狭长的平面，窄高的体型。塔一沿长度方向均匀地布置剪力墙，与梁柱形成框架-剪力墙结构，其中，在两端部通高布置 900mm 厚的剪力墙，以增加其抗扭刚度，其余剪力墙厚度由底至顶从 500mm 减小至 400mm，框架柱截面尺寸由 600mm×1600mm 沿高度变化减小至 600mm×1200mm。墙柱的混凝土强度等级由 C60 沿高度变化为 C40。框架梁截面尺寸为 600mm×600mm，混凝土强度等级为 C30。

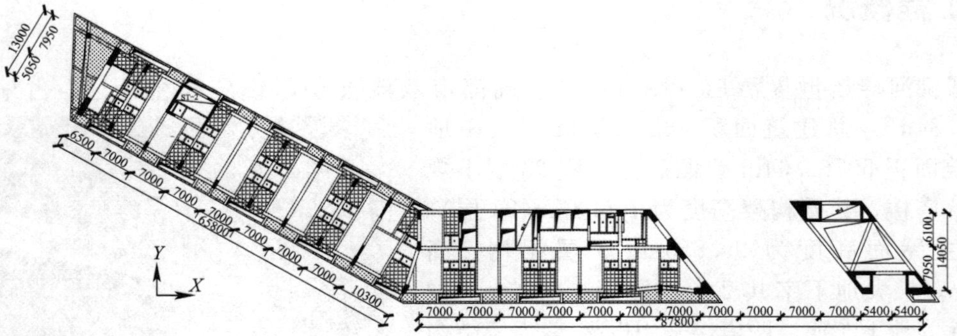

图 3　典型结构平面图

塔二由四个角部筒体通过混凝土框架梁联系构成，平面尺寸为 16.75m×12.45m，外侧墙厚 600mm，内侧厚 400mm，墙体厚度不变通高至顶层。框架梁在普通楼层截面为 600mm×1200mm，每间隔 5 层截面加强为 600mm×2000mm。

连体采用钢结构桁架强连接。由两道 4 层（19 夹层～22 层）通高的桁架连接两塔楼。上部和下部桁架的上、下弦杆均布置在楼层位置，中间为空腹桁架，以避免影响建筑外立面效果。连体结构与埋置在塔楼中的型钢相连。其中弦杆截面为 H500×500×35×35，腹杆截面为 H500×500×30×30，材料为 Q345B。楼面平面布置如图 4 所示，钢桁架立面图如图 5 所示。

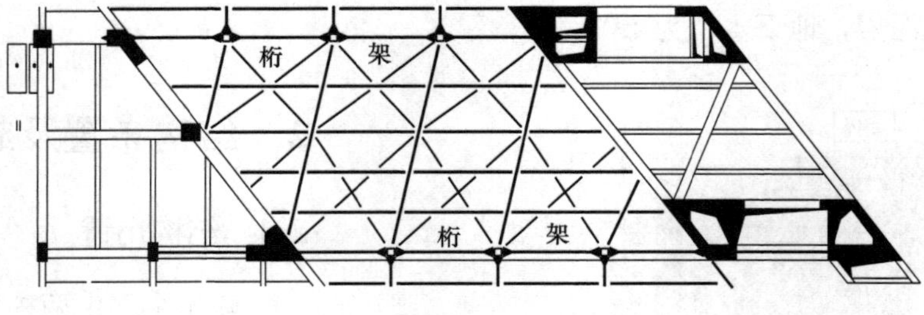

图 4　楼面平面布置

2.2　超限情况

塔楼超限情况主要有：

（1）复杂连体，连体两端塔体型显著不同的结构。

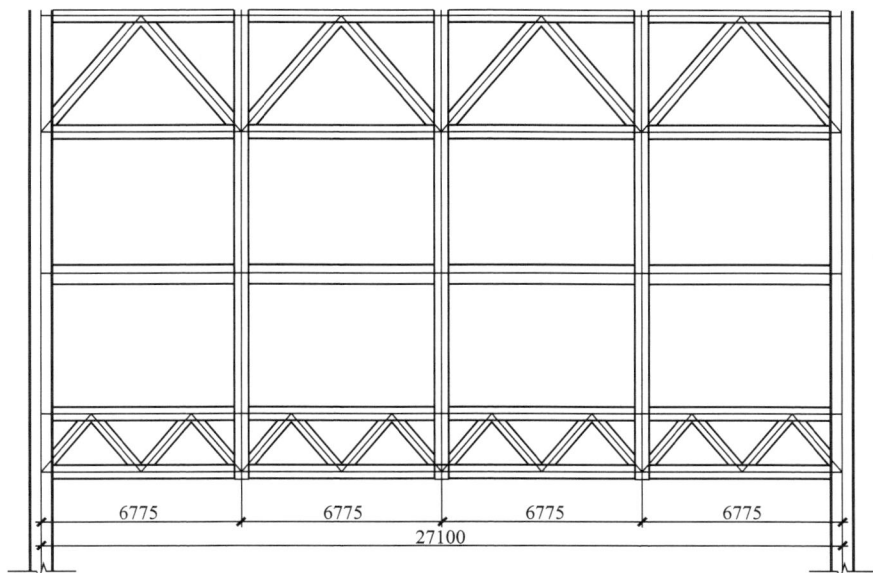

图 5 钢桁架立面图

（2）扭转不规则，在整体结构中，X、Y 向最大位移比分别为 1.35、1.40。

（3）楼板不连续，3 层楼面由于大堂、宴会厅两层通高，开洞面积达 44%，大于 30%，且在大堂处楼板均断开，即有效宽度小于 50%。由于楼板开洞，此处伴有穿层柱。

（4）整体平面长宽比为 11.3，大于 6，此项在四川省计入一项超限。

3 抗震性能目标

按照《高层建筑混凝土结构技术规程》JGJ 3—2010（下文简称《高规》），塔楼结构抗震性能目标拟为 C 级，多遇地震、设防烈度地震、罕遇地震相应的等级分别为 1、3、4 级，相应的结构构件性能水准如表 1 所示。除了底部加强层的竖向构件，连体部分以及与连体部分相接的竖向构件也是影响整体结构的重要构件，也定义为关键构件。

结构构件性能水准 表 1

结构构件		多遇地震	设防烈度地震	罕遇地震
		1	3	4
关键构件	1. 底部加强区剪力墙体、框架柱； 2. 观光电梯通高筒体； 3. 连体桁架； 4. 高位连体高度范围及其上、下层剪力墙、柱	无损坏	轻微损坏	轻度损坏
普通竖向构件	除关键构件之外的竖向构件	无损坏	轻微损坏	部分构件中度损坏
耗能构件	连梁、框架梁	无损坏	轻度损坏、部分中度损坏	中度损坏，部分比较严重损坏

4 结构设计要点

4.1 结构基本性能

采用 ETABS 软件进行计算分析，并采用 PKPM 软件对计算结果进行校核。有限元模型中，梁、柱模拟为杆单元，剪力墙模拟为壳单位，楼板模拟为膜单元，塔一的基本周期见表 2。结构振型呈现出平扭耦联的现象，第一扭转周期（第 6 周期）与第一平动周期的比值为 0.245，第二振型扭转分量较大，按此振型计算的周期比为 0.841，均小于《高规》限值 0.85。地震作用下楼层最大层间位移角如图 6 所示，控制工况为地震作用，两个方向的最大层间位移角均满足规范限值 1/800 的要求。层间位移角曲线变化较平滑，表明结构侧向刚度沿竖向变化均匀。

塔一的基本周期 表 2

振型	周期（s）	质量参与系数（%）		
		X 向	Y 向	RZ 向
T_1	**3.020**	**19.82**	**25.31**	**19.83**
T_2	2.540	4.54	26.03	12.14
T_3	1.978	36.67	3.90	13.85
T_4	0.942	5.27	0.13	4.62
T_5	0.777	0.00	14.26	0.13
T_6	**0.741**	**2.13**	**1.89**	**4.93**

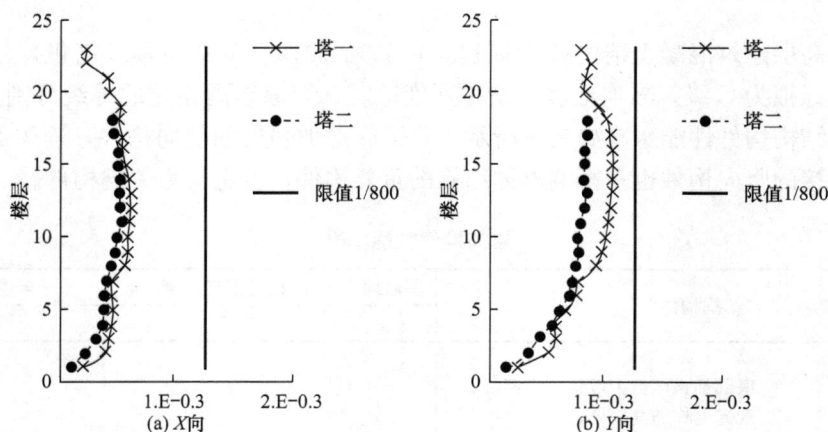

图 6 地震作用下层间位移角

结构平面狭长，通过加强端部剪力墙和边框架（边框梁截面尺寸为 800mm×600mm），以增加结构的抗扭刚度，结构的扭转位移比如图 7 所示。X、Y 向最大值分别为 1.33（位于塔一 1 层）、1.35（位于塔一 3 层），均不超过规范限值 1.4。可知结构具有较好的抗扭刚度。

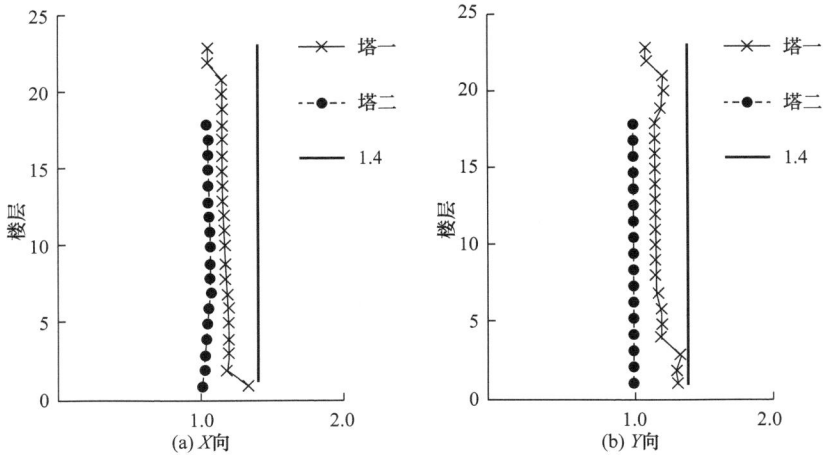

图 7 扭转位移比

4.2 连接体方案选择

连接体是连接两座塔楼的关键部位,其结构形式对结构性能有重要的影响。本工程比较强连接、弱连接的 3 种结构方案,综合性能、施工等各方面选择最优的方案。

方案一为钢桁架强连接(即本工程采用的方案),采用两道 3 层通高的桁架连接主体及观光电梯两部分。连体下部桁架总高为 2550mm(桁架中心距 2050mm+弦杆高度 500mm),上部桁架上、下弦杆在楼层位置(桁架中心距 4100mm),中间采用空腹桁架。连体部分与埋置在主体及观光电梯中的型钢相连。钢桁架强连接连体三维模型如图 8 所示。

由于建筑在连体中部两层(19、20 层)立面上为玻璃可视面,不允许出现斜杆,因此中部两层采用空腹桁架,仅在连体底部(19 夹层)和上部(21 层)设置带斜腹杆的桁架。分析

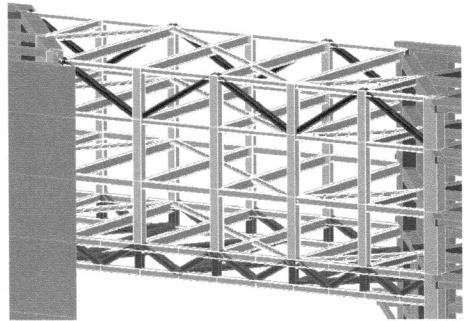

图 8 钢桁架强连接连体三维模型

空腹桁架、底部桁架和上部桁架对抗侧刚度的贡献,其中,中部两层高空腹桁架占 62%,底部桁架占 8%,上部桁架占 30%。

方案二为转换钢梁半强连接,采用转换钢梁体系(梁高 2300mm)连接主体及观光电梯两部分。转换钢梁上设转换柱。通过转换梁的布置和顶层楼面加设水平撑杆来加强连体结构整体性。转换梁及以上的连体楼面主梁,与主体及观光电梯采用铰接连接,以避免吸收荷载产生的弯矩,因此在主体及观光电梯中只需埋置少量的型钢即可满足要求。结构三维模型如图 9 所示。

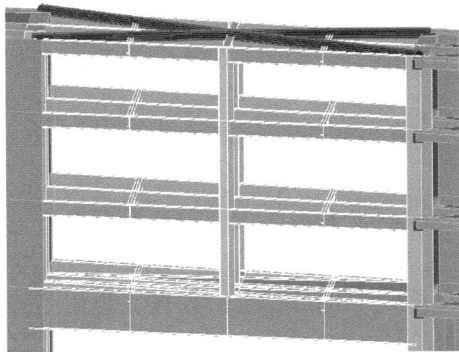

图 9 转换钢梁半强连接连体三维模型

129

方案三为钢桁架滑动弱连接,由两道 3 层通高的桁架连接主体及观光电梯两部分,连体部分左端与柱和墙体中所埋型钢刚性连接,右端底部为滑动铰支座,可在水平向自由移动,以释放主体结构与观光电梯结构位移差所产生的内力。结构三维模型如图 10 所示。

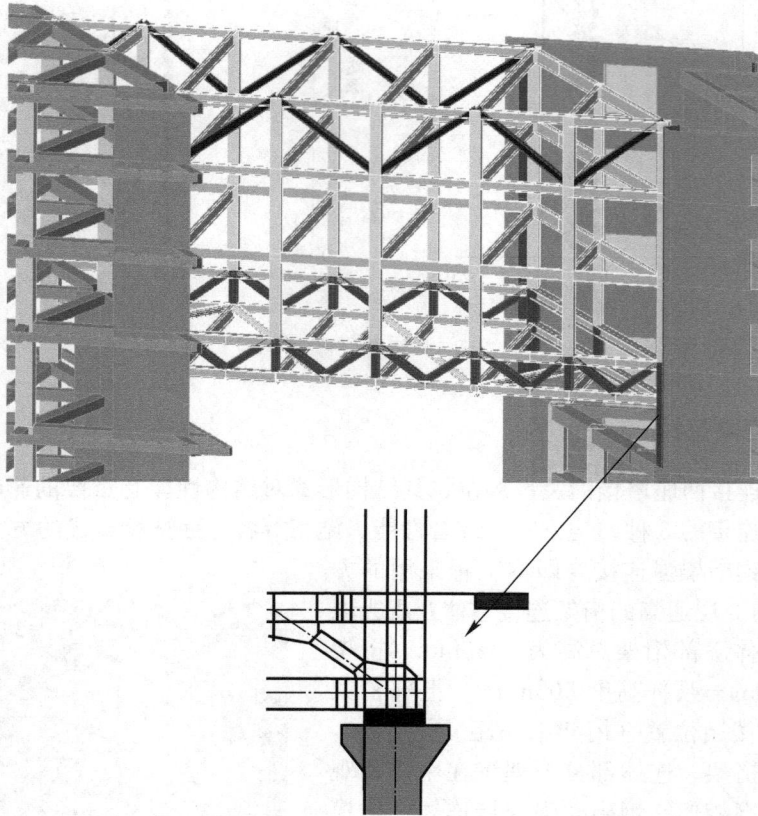

图 10 钢桁架滑动弱连接连体三维模型

3 种方案的结构性能对比见表 3。由表可知:

(1) 比较 3 种方案的周期,方案一采用桁架强连接,刚度最大;方案二次之;方案三采用桁架弱连接,刚度较小。

(2) 方案三采用弱连接,其 Y 向层间位移角较大,由于连接位于 19 夹层以上,高位连体两侧塔楼的相对位移较大,滑动支座无法保证支撑点的位移要求,故不能采用;方案一与方案二的 Y 向最大层间位移角比较接近。

(3) 由扭转位移比可见,方案一连接最强,可充分利用两塔的刚度,发挥端部剪力墙的刚度,抗扭性能最优;方案二次之;方案三最差。

(4) 方案一的连体需在主体和观光电梯均埋置型钢以满足连接要求,用钢量最大;方案二用转换钢梁体系,连体自身用钢量较大,而连接用埋置的型钢量较小,用钢量次之,但由于连接体大部分抗侧和承重功能由转换梁承担,结构安全冗余度小;方案三为钢桁架弱连接,仅需在主体侧埋置型钢满足连接需要,观光电梯侧设水平滑动支座支承连体,其用钢量最省(滑动支座价格未计入)。

综上所述，本工程采用方案一钢桁架强连接的结构形式。

方案结构性能对比　　　　　　　　　　　　　　　表 3

方案	第一周期（s）	Y 向最大层间位移角	扭转位移比	总用钢量（t）
方案一	2.948	1/1065（19 层）	1.37	349.7
方案二	3.009	1/1074（13 层）	1.42	330.1
方案三	3.094	1/970（14 层）	1.50	295.2

4.3　单塔结构分析

进行单塔结构分析，一方面可以保证单塔有足够的安全性，在连体破坏时能继续独立工作；另一方面，两座塔楼体型相差较大，结构设计的其中一个要求是尽量调整两塔的动力性能相近，使塔楼在水平荷载作用下的相对变形差异较小，以减小两塔楼之间的相互传力[2]。由表 4 可知，两座塔楼的第一、第二周期值接近，平动向也基本一致。

单塔基本周期　　　　　　　　　　　　　　　　表 4

塔号	振型	周期（s）	质量参与系数（%）		
			X 向	Y 向	RZ 向
塔一	1	2.970	16.79	24.21	20.4
	2	2.492	10.27	28.39	5.66
	3	2.029	31.28	0.44	13.94
塔二	1	3.158	23.99	44.23	0.01
	2	2.621	44.42	22.13	2.33
	3	1.135	0.84	1.07	72.80

图 11 所示为两塔楼的层间位移角对比，可知在地震作用下，两塔楼的层间位移角曲线变化规则基本一致，在风荷载作用下，两塔楼的层间位移角曲线基本重合。同时能看出，单塔结构在水平荷载作用下均能满足规范的限值要求，有足够的抗侧刚度。

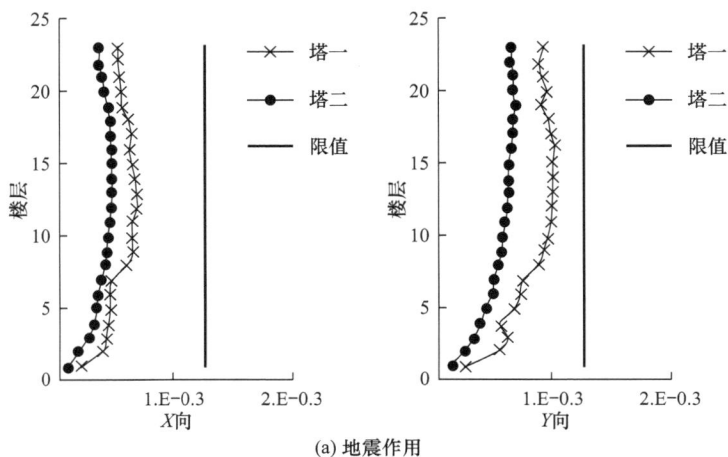

(a) 地震作用

图 11　单塔层间位移角（一）

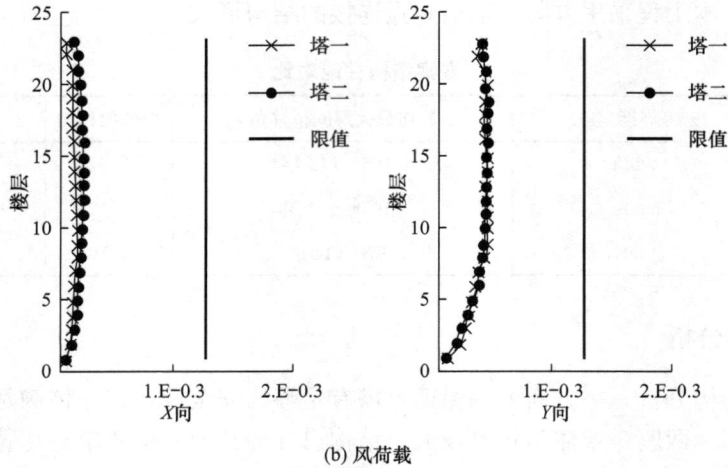

(b) 风荷载

图 11　单塔层间位移角（二）

4.4　超长平面温度应力分析

本工程为带大底盘的塔楼结构，不分缝，地上 3 层为裙房。在施工阶段，从混凝土主体结构合拢到投入使用这段时间内，由于上部结构和地下室之间温度变化差异及水平抗侧力刚度差异，可能导致地上各层产生水平变形差异。在使用阶段，室内外存在一定的温差，但由于有幕墙的包裹和屋面、地面的保温隔热层，以及各种保温措施，室内长年有空调保温，加上混凝土的热惰性，构件实际经历的温度范围不大，温差效应也不会很大。因此本工程主要分析施工阶段的温差效应[3]。

暴露于空气中的混凝土构件，因蒸发导致收缩，由于有竖向构件的约束，水平构件的混凝土收缩会产生拉应变，这种应变可用产生等量应变的温差值（当量温差）计入温差效应。混凝土的长期收缩效应与结构施工阶段的温差效应同时存在，分析时将两种效应一起考虑。采用两种工况对上述温差和收缩效应进行分析。工况 1 对应于在施工阶段结构各层出现不同负温差的情况；工况 2 对应于在施工阶段结构各层出现不同正温差的情况。两种工况均计入混凝土收缩的影响。由表 5 可知，负温差为不利工况，对于混凝土现浇楼板的应力分析，主要考察负温差产生的最大主拉应力。楼层楼板最大主拉应力如图 12 所示。

施工阶段温差综合效应　　　　　　　　　　　　　　　　　　　　　　表 5

最大负温差	最大正温差	当量温差	温差＋收缩综合效应（工况 1）	温差＋收缩综合效应（工况 2）
－26	＋27.3	－5.3	－31.3	＋22

裙房 2 层长度超过 150m，最大拉应力主要出现在四个角部的核心筒剪力墙附近，最大拉应力值在 1.0～1.6MPa 之间，按云图中圆框部位附加温度钢筋 0.3%～0.5% 即可，此部位在重力作用下由于板跨度较小，板配筋为 0.25%（单侧），实配双层双向Φ8@200（重力）＋Φ8@200（温度附加）。4 层为裙房屋面，其最大拉应力主要出现在中部平面尺寸变化处，最大拉应力值在 1.0～1.4MPa 之间，按云图中圆框部位附加温度钢筋 0.3%～

0.4%即可。酒店标准层的温度应力较小，客房部分的温度应力基本在 0.3MPa 以下，无需加强。酒店连体部分的温度应力较小，基本在 0.3MPa 以下，无需加强。

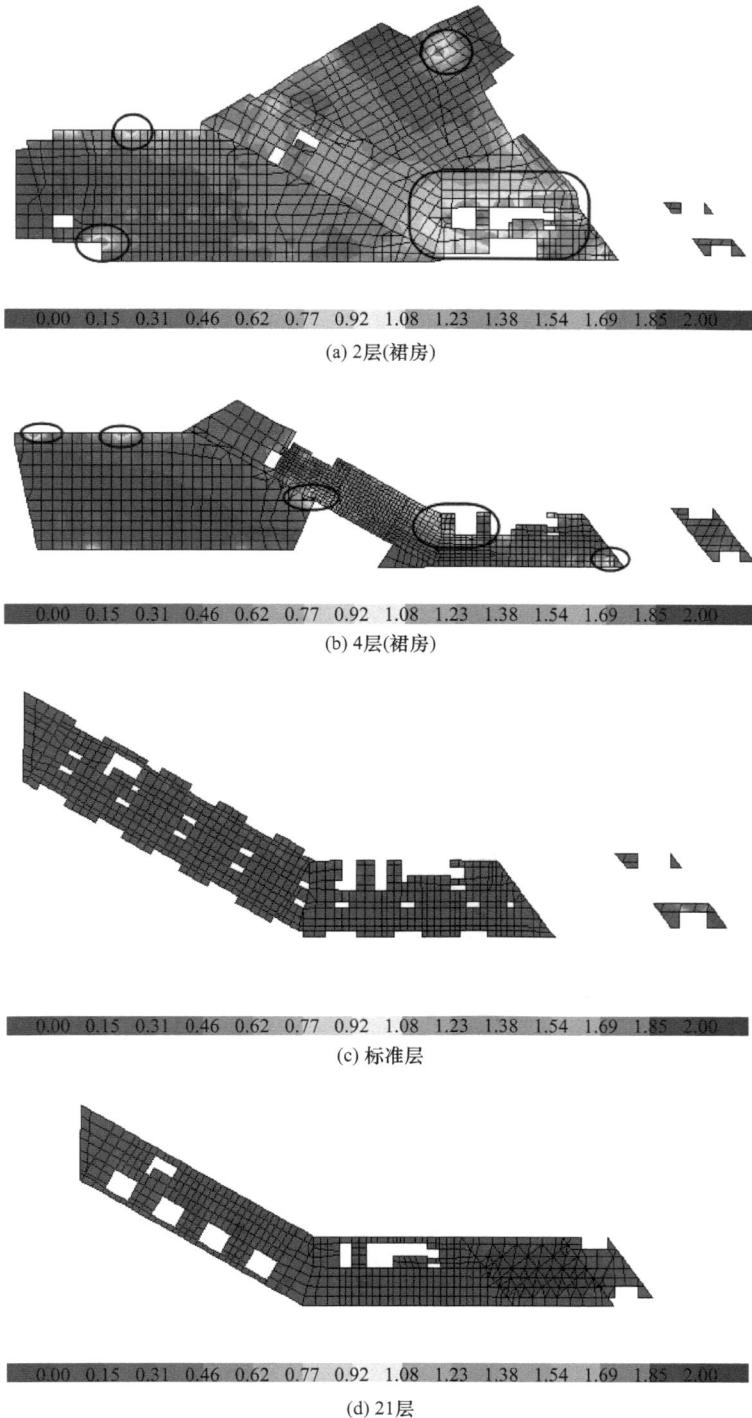

(a) 2层(裙房)

(b) 4层(裙房)

(c) 标准层

(d) 21层

图 12　各楼层楼板最大主拉应力（MPa）（工况 1）

综上可知，结构楼板通过一定的加强措施可以抵御温差和收缩的非荷载效应的影响。裙房整体温差产生的拉应力最大值不超过 2MPa，小于混凝土的抗拉强度，由于底层的约束较强，裙房 2 层产生的温度应力较大，出现在四个角部的核心筒剪力墙附近。4 层的温度拉应力主要出现在中部平面尺寸变化。其余酒店标准楼层随着约束逐渐减小，温度应力也逐渐减小。

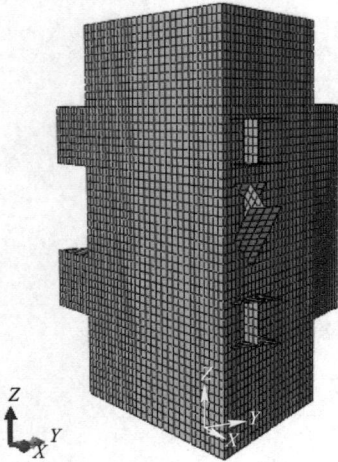

4.5 连体结构桁架节点分析

连体桁架通过埋在塔楼墙柱内的型钢相连，为确保其传力可靠，保证"强节点弱构件"的设计，选取与塔一相连的桁架节点进行弹性分析。混凝土采用实体单元模拟，型钢采用壳单元模拟，嵌入到混凝土中。有限元模型如图 13 所示，计算结果如图 14 所示，桁架下弦杆角部应力集中，最大为 270.7MPa，小于型钢抗拉强度设计值 295MPa。墙体竖向压应力最大为 14.66MPa，小于混凝土轴心抗压强度设计值 19.1MPa。墙体平均压应力为 5.66MPa，小于 $0.5f_c$。综上可知，构件满足中震弹性要求。

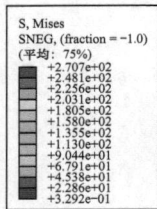

图 13 有限元模型

(a) 内置型钢应力图

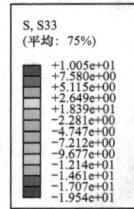

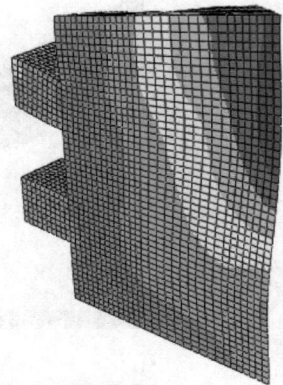

(b) 混凝土墙体竖向应力图

图 14 节点应力图（MPa）

4.6 动力弹塑性分析

采用 ABAQUS 软件对塔楼进行了罕遇地震作用下的动力弹塑性分析。分析结果表明：X、Y 向最大层间位移角分别为 1/155、1/135，均小于 1/100 的规范限值，满足"大震不倒"的基本要求。

剪力墙的受压损伤出现在连梁及相连墙体、裙房周边墙体。与连体相近的墙体（塔一）在顶部出现一定损伤，竖向钢筋出现塑性应变，是由于连体刚度突变，水平力通过楼盖传递至相近的墙体，施工图对此部分应进行加强。连梁作为耗能构件，损伤严重，其余主要墙肢未出现明显受压损伤。剪力墙水平钢筋塑性应变主要出现在连梁两端的水平钢筋，这与连梁作为耗能构件有较大损伤是对应的。此外，混凝土受压损伤、受拉损伤部位钢筋并未出现明显的塑性应变，也就是说，钢筋基本上未出现屈服进入塑性状态；罕遇地震作用下剪力墙抗震承载力足够；塔楼端部楼板、5 层泳池周边楼板、4 层与塔楼相连楼板、连体内楼板、塔二的楼板有一定的受压损伤。除个别应力集中部位外，楼板钢筋基本不产生塑性应变。

监测框架梁柱的等效塑性应变，以表征框架的破坏情况。结果表明，部分框架梁混凝土有一定损伤，主要集中在边框架梁，其中局部框架梁钢筋屈服；顶部局部框架柱混凝土有一定的损伤。

连体桁架及两端预埋的钢结构基本未发生塑性应变，处于弹性状态。通过监测连体两侧点位在大震作用下的位移，可知主塔楼与观光电梯通过连体相连接能很好地形成整体，协同变形。

4.7 振动台试验

为验证结构的抗震性能是否满足相应规范要求，了解其结构特性和地震效应，同时根据抗震超限专家的要求，需要进行整体结构模型模拟地震振动台试验研究（图 15），检验结构抗震性能，发现结构可能的薄弱部位，进而提出改进措施，为结构设计提供参考依据[4]。

依照计算模型及设计图纸，按相似关系制作了 1:25 的试验模型，进行了模拟地震振动台模型试验，根据观察的试验现象及测量的试验数据，经过分析，可以得出：

（1）在弹性阶段，试验模型的动力特性与原型计算结果符合较好，能满足振动台试验设计相

图 15 振动台试验模型

似比关系。其中，试验模型周期均较计算值偏短，刚度略大，前 3 阶振型误差基本在 5% 左右；在地震波作用下楼层位移变化两者基本一致，试验模型位移较小，除个别三向地震作用工况外，差值在 8% 左右。

（2）7 度小震作用下，结构反应较小，频率略降，结构出现轻微损伤。3 组地震波作用下，X、Y 向最大层间位移角分别为 1/1017、1/863，满足小于 1/800 的要求。7 度中震作用下，模型 X、Y 向频率继续下降，表明结构发生损伤增加，试验过程中观察结构总体上损伤较轻。7 度大震作用下，模型前 3 阶振型频率分别下降至试验前的 79.90%、80.08%、82.45%；结构损伤进一步增加，但仍保持较好的整体性。X、Y 向最大层间位移角分别为 1/237、1/147，满足小于 1/100 的要求。

（3）试验过程中，结构扭转作用较明显，时程结果计算得到的扭转位移比较大，随地震输入的不断增大，扭转位移比有减小趋势。在经历相当于 8 度大震作用后，模型前 3 阶振型频率分别下降至试验前的 65.69%、59.77%、54.97%，结构损伤较严重，结构最大层间位移角约达到 1/70，但结构仍保持了较好的整体性，关键构件基本完好，说明结构具

有良好的延性和变形能力，具有一定的抗震储备能力。

试验结果同时发现了结构的薄弱部位，施工图设计阶段，针对该情况做了相应的加强措施：①加速度结果表明，塔一远离连体的顶部鞭梢效应明显，X、Y向动力系数最大值分别达到 6.78、6.46，该位置 20 层以上主体结构和围护结构设计时适当放大地震作用。②地震作用下，部分跨高比较小的连梁出现受剪斜裂缝及交叉裂缝，设置交叉斜向配筋或暗撑进行加强。③塔一端部异形柱（图 16）的 18 层～顶层损伤较多，设计中适当增加截面承载力。

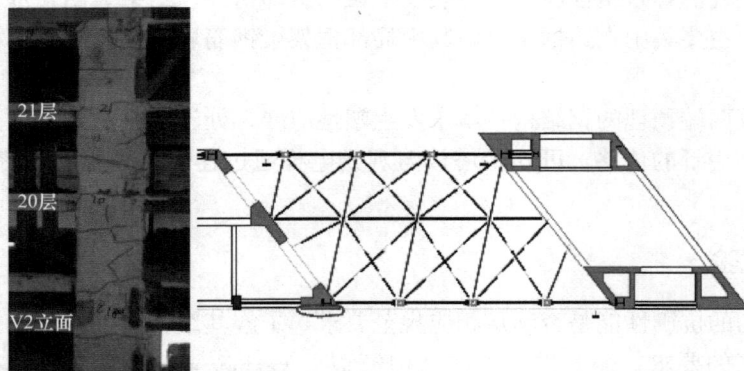

图 16　异形柱裂缝开展

4.8　专家建议及改进

项目从方案到初步设计历时一年多，经过四川省和全国抗震超限审查委员会多次论证，先期在四川省进行初审，最终考虑到结构的复杂性，决定到北京进行全国抗震超限审查，在结构体系、连体结构方案、节点形式、抗震性能目标和振动台试验等各方面提出如下的有益意见：

（1）剪力墙布置间距不宜超过 25m，平面折角附近增设了一道剪力墙，使抗侧构件更均匀合理。

（2）比较分析各种连体方案的性能和对结构的影响，最终确认采用刚性强连接。

（3）连体与混凝土墙柱连接的节点，需要内埋型钢，保证按纯钢节点设计也能满足抗震性能的要求。

（4）进行单塔分析和设计，确保单塔的结构性能，并提高塔二抗震性能要求，在小震作用下要求按不小于 20% 整体模型的基底剪力设计。

（5）需要进行振动台试验。

结构进行了相应分析、改进和完善，于 2015 年 5 月通过了全国抗震设防专项审查。

5　结论

（1）底部框架部分承受的地震倾覆力矩与结构总地震倾覆力矩的比值，在 X 向为 27.2%，Y 向为 19.6%，均匀布置的剪力墙是主要的抗侧和抗扭构件，结构可以认定为框架-剪力墙体系。

（2）对于体型相差较大的高位连体塔楼，采用强连接方案是合理可行的，但应尽量调整两塔楼刚度，使两塔楼动力性能接近，可以减小通过连体的相互传力。

（3）对单塔结构进行独立计算是非常必要的，可以保证在连体破坏后能独立工作。

（4）温度分析表明，离嵌固端近的裙房楼层楼板应力较大，出现在楼板变窄的中部区域，需要加强配筋。动力弹塑性分析表明，由于连体钢桁架导致楼层刚度突变，水平力通过楼盖传递至相近的墙体，在顶部（塔一）出现一定损伤，设计时要注意加强。

（5）振动台试验的位移和损伤结果表明，通过外框柱、核心筒、剪力墙及连体结构组成的抗侧力体系具有良好的侧向刚度。

参考文献

［1］ 悉地国际设计顾问有限公司. 成都河畔新世界大一期酒店超限高层专项审查送审报告［R］. 2015.
［2］ 吴国勤，傅学怡，李建伟，等. 合肥华润中心超限结构设计要点［J］. 建筑结构，2013，43（5）：5-10.
［3］ 傅学怡，吴兵. 混凝土结构温差收缩效应分析计算［J］. 土木工程学报，2007，40（10）：50-59.
［4］ 傅学怡，吴国勤，黄用军，等. 平安金融中心结构设计研究综述［J］. 建筑结构，2012，42（4）：21-27.

10 红土创新广场陡角度斜交网格塔楼结构设计

吴国勤，傅学怡，曾志和，周坚荣

（悉地国际设计顾问（深圳）有限公司，深圳 518048）

【摘要】 红土创新广场采用钢管混凝土斜交网格外框架＋单向伸臂＋混凝土核心筒结构体系。通过研究分析平面的各种角度相交网格的外框，得到外框柱网的主要性能；通过比较分析伸臂和带状桁架的布置对抗侧刚度的贡献，确定了伸臂和带状桁架的数量，以最优的布置达到良好的结构性能；针对在重力作用下斜柱引起的楼盖水平轴力，分析楼面梁的最大拉力和压力，为楼面梁的设计提供依据；对重要的伸臂K形节点、立面斜柱交叉节点进行了精细的有限元计算分析，并提出了加强措施，保证了"强节点弱构件"；进行了结构动力弹塑性分析，定性地找出了结构的薄弱部位，并提出相应的加强措施。

【关键词】 超高层结构，钢管混凝土斜交网格外框架，伸臂，斜柱交叉节点，动力弹塑性分析，有限元分析

Structural Design of Hongtu Creative Square Tower with Steep Diagrid Columns

Wu Guoqin，Fu Xueyi，Zeng Zhihe，Zhuo Jianrong

（CCDI Group，Shenzhen 518048）

Abstract：The main structural system for Hongtu Creative Square is constitution of CFST diagrid frame，one direction outriggers and reinforced concrete corewall. Based on the research on some kinds of different angle diagrid columns elevations，the main performance of diagrid columns was gained. After studying contribution of the outriggers and belt trusses to the structural lateral stiffness，the number and location of outriggers and belt trusses were optimized to achieve well structural performance. The maximum tension force and compression force of floor beams should be analyzed considering the floor horizontal axial force due to the gravity of inclined columns，providing basis for design of floor beams. For important K-joints of outriggers and cross nodes of elevation inclined columns，the fine finite element analyses were carried out and the strengthening measures were put forward to ensure the strong joint and weak member. The structural dynamic elasto-plastic analysis was conducted to find out the weak parts of the structure qualitatively，and corresponding strengthening measures were put forward.

Keywords：super high-rise building, CFST diagrid frame, outriggers, intersection node of diagrid columns, dynamic elasto-plastic analysis, finite element analysis

1 工程概况

红土创新广场项目[1]（图 1）位于深圳市南山区中心区东南部，东临科苑南路，南临海德三道，北临滨海大道，处于金融核心区南区的门户位置。总用地面积为 10438.7m²。建筑用途为超甲级办公楼，塔楼主屋面高度为 249.9m，地上 56 层，出屋面构架 2 层，构架层顶高度为 261.9m，地下 4 层，建筑面积约为 101600m²，采用钢管混凝土斜交网格外框架＋单向伸臂＋混凝土核心筒结构体系。嵌固端位于地下 1 层底板处，塔楼高宽比为 5.94，X、Y 向核心筒高宽比分别为 15.86、8.76。建筑设计由澳大利亚 PTW 建筑师事务所和悉地国际设计顾问（深圳）有限公司联合体共同完成，结构设计为悉地国际设计顾问（深圳）有限公司。

工程设计基准期为 50 年，结构设计使用年限为 50 年。抗震设防烈度为 7 度（0.1g），地震分组为第一组，抗震设防类别为乙类，场地类别为Ⅲ类。基本风压取 50 年一遇，为 0.75kPa，地面粗糙度为 B/C 类。塔楼采用桩筏基础，桩型为钻孔灌注桩，持力层为强风化岩层，地下水位为－0.50m。

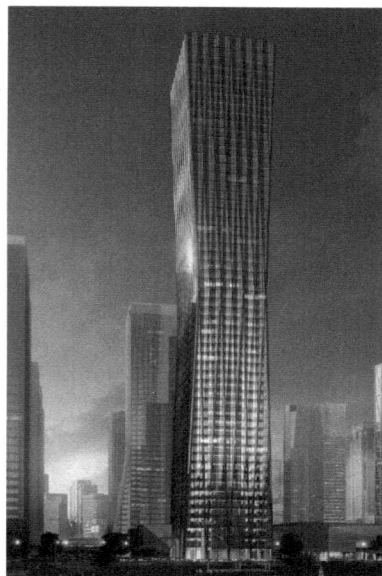

图 1 建筑效果图

2 建筑与结构的生成逻辑

建筑的总体形体生成逻辑是基于三个标准平面，分别为顶层和底层各一个尺寸为 43.2m×43.2m 的正方形平面，变化至中部一个尺寸为 54m×32.4m 的长方形平面（图 2，H 为总高度）。结构根据以上建筑形体，结合幕墙的折面单元风格，设计出了与建筑和谐统一的外框交叉柱网（图 3）。

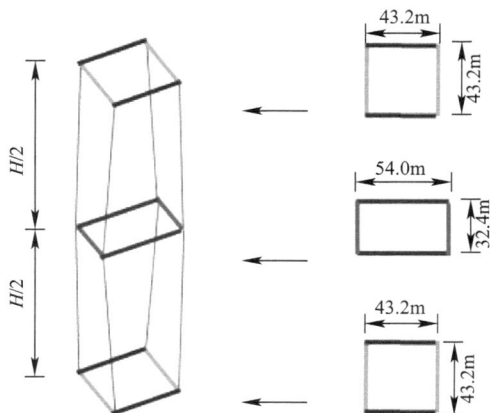

图 2 建筑形体生成逻辑

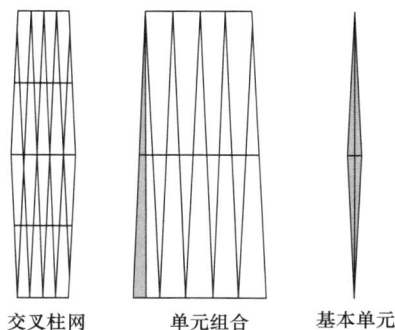

图 3 结构外框生成逻辑

3 结构布置及超限情况

3.1 塔楼结构布置

塔楼采用钢管混凝土斜交网格外框架＋单向伸臂＋混凝土核心筒结构体系[2]，结构体系构成如图4所示。塔楼外框架柱地下4层～地下1层为型钢混凝土柱，截面尺寸为1200mm×1800mm，混凝土强度等级为C70，含钢率约7.3％；地上1层以上采用矩形钢管混凝土柱，混凝土强度等级为C70，钢管截面由□800×800×40×40变化至□800×800×18×18，钢号为Q390GJ；核心筒外墙厚由1000mm变化至400mm，内墙厚由600mm变化至400mm，混凝土强度等级均为C60。结构标准层平面及建筑剖面如图5、图6所示。标准层外框边钢梁刚接，其余钢梁全部铰接，伸臂层布置X向四榀伸臂，楼面架设交叉支撑，和伸臂、钢梁共同工作，保证设置伸臂以后内外筒剪力的传递。

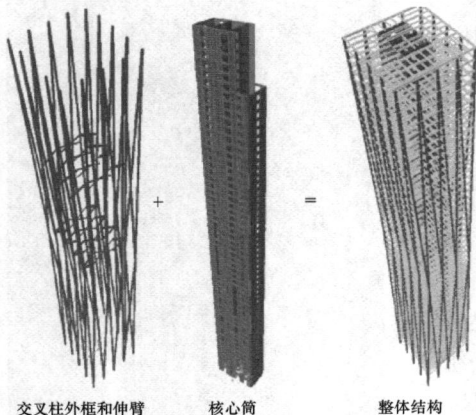

交叉柱外框和伸臂　　核心筒　　整体结构

图4　结构体系构成示意

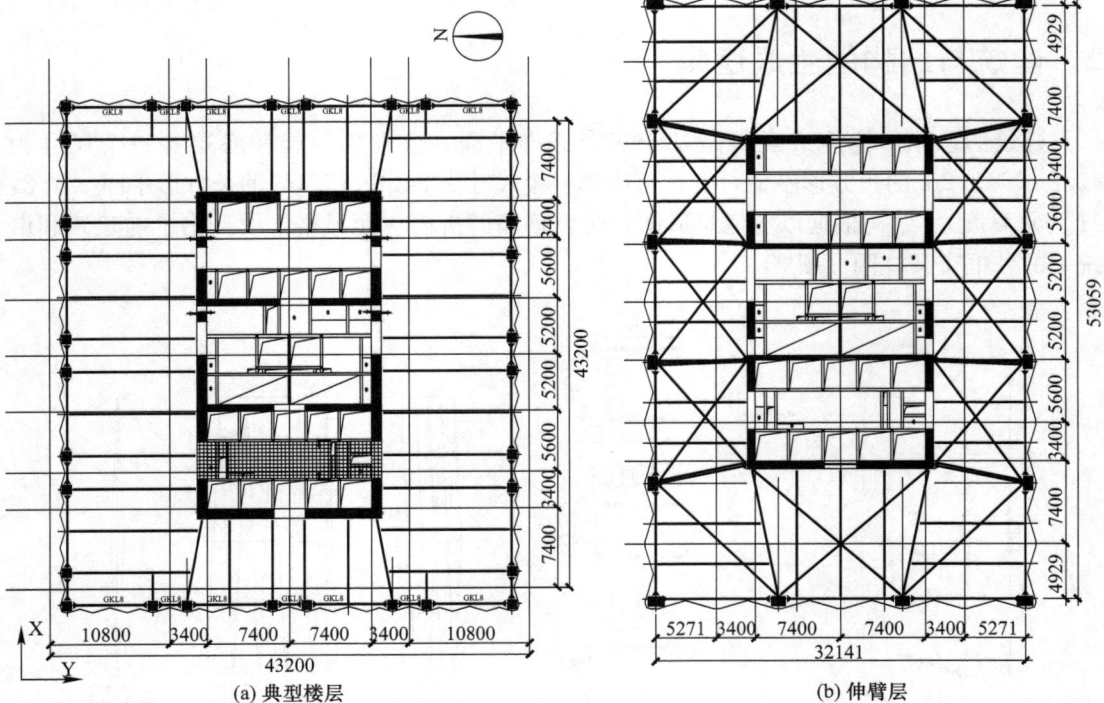

(a) 典型楼层

(b) 伸臂层

图5　塔楼结构标准层平面图

考虑到交叉柱节点连接方便，且方便与水平钢梁连接，采用钢管混凝土外框柱；为使结构与建筑有机统一，建筑立面上要求宽度不变的线条采用相同的外围尺寸（800mm×800mm）；为控制结构刚度和轴压比，采用内灌混凝土。

3.2　超限情况

塔楼部分超限内容主要有：①结构高度超 B 级；②2、3 层大堂楼板不连续；③设有两道加强层；④外框斜柱。

4　抗震性能目标

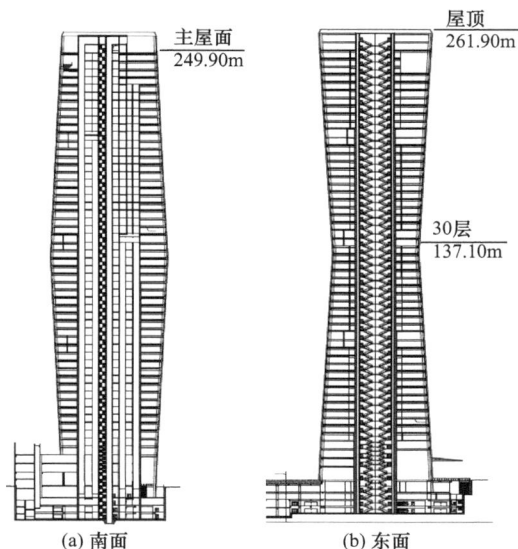

图 6　塔楼剖面图

按照《高层建筑混凝土结构技术规程》JGJ 3—2010（下文简称《高规》），塔楼结构抗震性能目标拟为 C 级，多遇地震、设防烈度地震、罕遇地震相应的等级分别为 1、3、4 级，相应的结构构件性能水准如表 1 所示。由于首层、30 层及顶层的外框梁既是交叉柱汇交点，也是约束整体水平变形的重要构件，因此定义为关键构件。结构构件分类情况见表 2。

结构构件性能水准　　　　　　　　　　　　　　　表 1

结构构件	多遇地震	设防烈度地震	罕遇地震
	1	3	4
关键构件	无损坏	轻微损坏	轻度损坏
普通竖向构件	无损坏	轻微损坏	部分构件中度损坏
耗能构件	无损坏	轻度损坏、部分中度损坏	中度损坏，部分比较严重损坏

结构构件分类　　　　　　　　　　　　　　　表 2

关键构件	普通竖向构件	耗能构件
1. 地下 2 层～地上 6 层的核心筒墙体和框架柱；28～30 层框架柱； 2. 伸臂层及相邻上下一层的墙体和框架柱； 3. 伸臂；首层、30 层及顶层的外框梁	除"关键构件"之外的竖向构件	连梁、框架梁

5　结构设计要点

5.1　结构基本性能

采用 ETABS 软件进行计算分析（表 3），并采用 PKPM 软件对计算结果进行校核。有限元模型中，梁、柱模拟为杆单元，剪力墙模拟为壳单位，楼板模拟为膜单元。结构振型呈现出平扭的变化规律，前两阶周期接近，第一扭转振型周期与第一平动周期的比值为

0.59，小于《高规》规定的限值（0.85）。风荷载及地震作用下楼层最大层间位移角如图7所示，控制工况为风荷载作用，两个方向的层间位移角均满足要求，X 向最大层间位移角为 1/511，接近限值 1/500。位移角曲线在 31～32 层和 44 层处出现拐角，表明结构侧向刚度有所变化，主要是由于在这些层设置了伸臂。

塔楼基本周期

表 3

振型	周期（s）	质量参与系数（%）		
		X 向	Y 向	Z 向
T_1	5.76	47.55	0.01	0.73
T_2	5.39	0.01	48.44	5.79
T_3	3.42	0.00	0.00	15.25

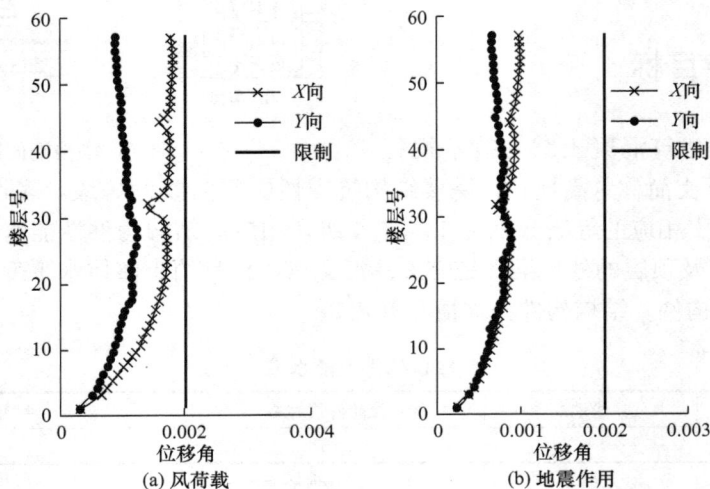

图 7　层间位移角

5.2　平面外框架刚度研究

斜交网格框架柱的倾斜角度为 87.66°（与水平轴角度，下同）。为研究倾斜角度对结构侧向刚度的影响，通过对四个不同的平面模型进行分析（图8，圆点为监测点），模型一为普通框架直柱模型；模型二和模型三为本工程的框架模型，其中模型二为中部突出的网格框架，模型三为中部收进的网格框架，其倾斜角度均为 87.66°；模型四中的框架柱倾斜角度为 85.05°。四个模型同层柱截面面积之和相等，框架梁截面相同，总结构高度和层高与实际项目一致，每层施加 1000kN 水平荷载，在顶部四个柱顶施加 10000kN 竖向荷载。

通过计算分析得到顶部监测点处的位移（表4），

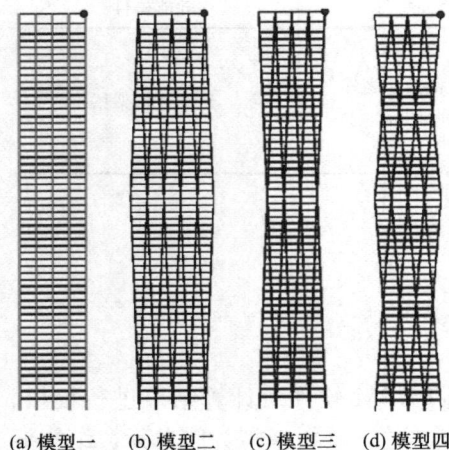

(a) 模型一　(b) 模型二　(c) 模型三　(d) 模型四
图 8　平面框架模型

结果表明，斜柱侧向刚度比直柱侧向刚度大；斜柱竖向刚度比直柱竖向刚度小；倾斜角度越大，侧向刚度越大而竖向刚度越小。工程采用的斜柱框架形式的侧向刚度约为直柱框架的 2.5 倍，竖向刚度则约为直柱框架的 70%～80%，表明其在竖向刚度减小不多的情况下可获得较好的侧向刚度，是一种较为理想的外框架形式。

监测点位移   表 4

项目	模型一	模型二	模型三	模型四
水平位移（mm）	30.9	12.28	12.08	8.33
相对水平刚度（%）	100.0	251.6	255.8	370.9
竖向位移（mm）	0.34	0.43	0.49	0.64
相对竖向刚度（%）	100.0	79.1	69.4	53.1

5.3   伸臂与带状桁架数量研究

为了确定结构最终所需要的伸臂和带状桁架数量[3]，需先分析确定伸臂和带状桁架对塔楼抗侧刚度的作用。对以下五个结构方案进行分析：

方案一，无伸臂、无带状桁架，外框梁和楼面梁均刚接；

方案二，在 43～44 层处设置一道伸臂＋带状桁架，外框梁刚接，楼面梁铰接；

方案三，在 31～32 层处设置一道伸臂＋带状桁架，外框梁刚接，楼面梁铰接；

方案四，在 31～32 层以及 44 层处设置两道伸臂＋带状桁架，外框梁刚接，楼面梁铰接；

方案五，在 31～32 层以及 44 层处设置两道伸臂，无带状桁架，外框梁刚接，楼面梁铰接。

由表 5 可知，方案一表明当钢梁全部刚接时，结构在 X 向的位移角为 1/376，抗侧刚度不满足要求，因此需要在 X 向设置伸臂；方案二和方案三表明无论是在塔楼的中上部还是中部，仅设置一道伸臂＋带状桁架，X 向的抗侧刚度不满足要求；方案四表明增加两道带状桁架，对结构的抗侧刚度影响很小，X 向位移角仅减小 2.5%。综上所述，考虑到结构刚度需求、经济性等因素，本工程最终采用方案五。

各方案周期和层间位移角   表 5

方案	周期（s）			风荷载作用下层间位移角	
	T_1	T_2	T_3	X 向	Y 向
方案一	6.21	5.26	3.59	1/376	1/832
方案二	6.13	5.37	3.61	1/412	1/809
方案三	5.92	5.74	3.13	1/468	1/734
方案四	5.75	5.35	3.30	1/524	1/823
方案五	5.76	5.39	3.42	1/511	1/780

5.4   重力荷载作用下楼面梁拉力分析

外框为交叉斜柱，且面外也是倾斜的。在重力荷载作用下，外框柱轴力会产生水平分力，对楼面梁产生较大的轴力。需要分析楼面梁在重力荷载作用下的轴力分布规律，以保证楼面梁设计的安全性。

楼面梁沿楼层的轴力如图 9、图 10 所示。工程中普通楼面内框梁截面为 H500×200×10×16（Q345B），截面面积为 11080mm²，能承受最大的轴力为 3268.6kN；最小外框梁截面为 H800×300×13×40（Q345B），截面面积为 33360mm²，能承受最大的轴力 8840.4kN。30 层、顶层外框梁截面均为 H1000×300×13×50（Q345B），截面面积为 41700mm²，能承受最大的轴力为 11050.5kN。外框梁的拉力在 30 层斜柱转折处最大，为 601kN，由轴力产生的应力比不到 0.1，其他楼层由下往上呈递减趋势，由轴力产生的应力比不到 0.1。整个外框梁主要受拉，轴向压力较小，最大压力仅为 159kN。楼面内框梁主要受压，最大压力为 170kN，由压力产生的应力比基本上小于 0.1。在 30 层时由于斜柱转折，楼面内框梁受拉，最大拉力为 343kN，由拉力产生的应力比小于 0.18。

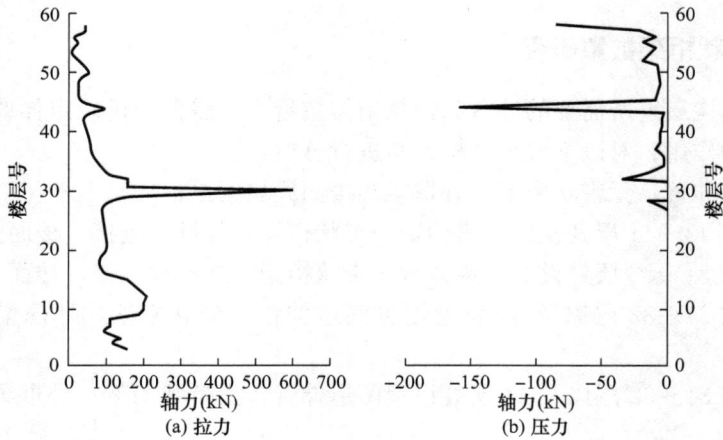

图 9 外框环梁沿楼层轴力图

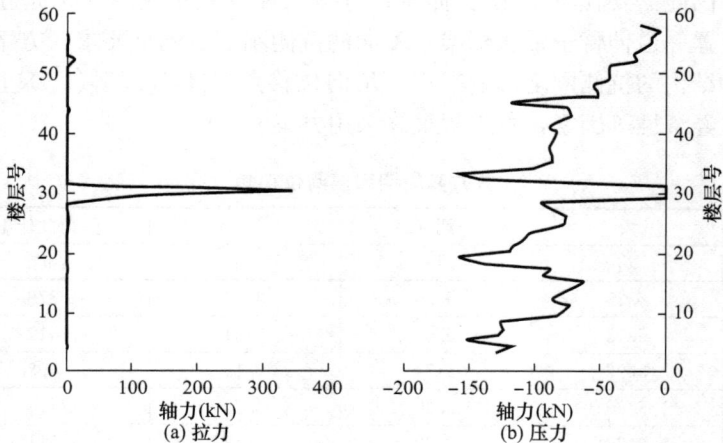

图 10 内框梁沿楼层轴力图

综上所述，外框梁在相交处的内力最大，因此需在顶部、底部及 30 层附近几层的外框梁予以加强，其他楼层的外框梁由重力产生的应力比较小，不需特别加强。楼面内框梁在 30 层处需特别加强，其他楼层的楼面梁由重力产生的应力比较小，不需特别加强。在施工图阶段，外框梁及与柱相连的楼面内框梁按拉弯及压弯构件设计。

5.5 关键节点有限元分析

5.5.1 伸臂节点

31、32层与外框柱相连的 K 形伸臂节点，根据结构整体计算分析结果可知，带加强层两层钢管混凝土柱内的混凝土均受拉，而且局部超过混凝土抗拉强度标准值，因此有限元分析模型不考虑柱内混凝土，仅考虑钢管壁作用进行局部分析，钢管柱壁在节点区加厚到 80mm。钢管与支撑连接处及底部固接处应力集中。钢管柱最大应力为 270.6MPa（图 11），小于钢材设计强度值（335MPa），满足要求。

图 11 K 形伸臂节点主应力图（MPa）

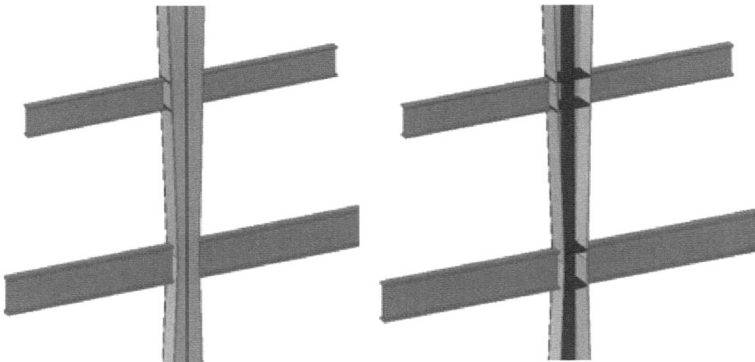

5.5.2 交叉柱汇交节点

30 层为交叉柱汇交节点，不考虑钢管柱中混凝土的作用，按纯钢柱设计。在 30 层楼面柱汇交处截面最小，局部加大壁厚至 80mm。计算模型如图 12 所示，钢管壁的最大应力为 177MPa，竖向插板最大应力为 143MPa（图 13），小于钢材强度设计值（335MPa）。

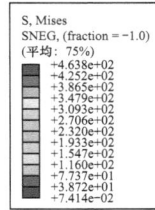

图 12 交叉柱汇交节点计算模型

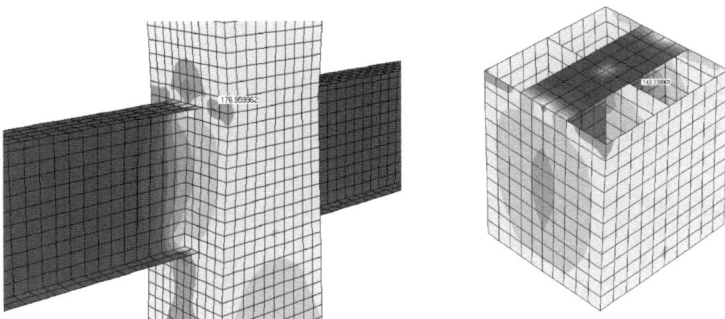

图 13 交叉柱汇交节点主应力图（MPa）

5.6 动力弹塑性分析

采用 ABAQUS 软件对塔楼进行了罕遇地震作用下的动力弹塑性分析。分析结果表明：X、Y 向最大层间位移角分别为 1/136、1/182，均小于 1/100 的规范限值。

大部分连梁出现不同程度的损伤，连梁屈服耗能，发挥抗震第一道防线的作用；第一道伸臂桁架楼层及其上、下楼层 X 向剪力墙出现不同程度的损伤，内腹板墙较外墙损伤重，最大损伤因子为 0.5。在施工图阶段，对该部位剪力墙竖向、水平分布钢筋适当加强，与伸臂相连的暗柱型钢适当加大。其他部位剪力墙基本完好，个别位置有轻微损伤（损伤因子在 0.2 以内）；剪力墙钢筋应力基本处于弹性阶段，仅结构顶部楼层与连梁相连处钢筋以及个别暗柱钢筋屈服。暗柱钢筋最大塑性应变为 0.00058，属轻度损坏。外框钢管混凝土柱钢管部分、伸臂桁架处于弹性状态，外框钢管混凝土柱混凝土部分混凝土最大压应变约为 0.00082，距离极限压应变尚远。大部分楼板受压损伤较轻，第二道桁架下弦楼层混凝土受压损伤相对较重，楼板钢筋基本处于弹性状态。

6 结论

红土创新广场结构从方案到初步设计历时一年多，经过广东省抗震超限审查委员会多次论证，在结构体系、节点形式和抗震性能目标等各方面不断改进与完善，如带状桁架的取消、伸臂的数量等，专家都给出了有益的建议。经过仔细的分析，确定了现在的结构形式，并于 2015 年 3 月通过了广东省抗震设防专项审查。

（1）塔楼采用钢管混凝土斜交网格外框架＋单向伸臂＋混凝土核心筒结构体系，是合理、安全、可行的。钢管混凝土斜交网格外框架一方面与建筑、幕墙和谐共生，一方面具有较好的抗侧刚度，有一定的创新性。

（2）合理布置伸臂数量，取消带状桁架，使施工方便，同时节省了结构造价，有一定的经济效益。伸臂节点和斜柱汇交节点有限元分析表明，需要在节点区局部加厚钢板。

（3）楼面梁的轴力分析表明，部分梁的轴力需平衡斜柱轴力的分量，采用拉弯和压弯受力的设计方法。

（4）动力弹塑性分析表明，第一道伸臂桁架楼层及其上、下楼层 X 向剪力墙出现不同程度的损伤，设计时要注意加强。

参考文献

[1] 悉地国际设计顾问有限公司. 红土创新广场超限高层专项审查送审报告 [R]. 2015.
[2] 吴国勤，傅学怡，李建伟，等. 合肥华润中心超限结构设计要点 [J]. 建筑结构，2013，43（5）：5-10.
[3] 傅学怡，吴国勤，黄用军，等. 平安金融中心结构设计研究综述 [J]. 建筑结构，2012，42（4）：21-27.

11　华润深圳湾总部大楼结构设计

吴国勤，傅学怡，黄用军，刘云浪，张鑫，何志力

（悉地国际设计顾问（深圳）有限公司，深圳　518048）

【摘要】　华润深圳湾总部大楼采用密柱外框筒＋劲性钢筋混凝土核心筒结构体系，通过斜交网格柱在高区和低区加强形成密柱外筒，构成可靠的二道防线；提出了新型外框偏心节点，研究了偏心节点受力性能及其对整体结构的影响，实现了建筑的无柱空间要求；高区核心筒采用新颖的斜墙收进方案，既满足了建筑的使用功能，也保证了结构传力的安全有效性，避免了刚度的突变。比较分析了伸臂阻尼器数量对舒适度的影响，确定了经济有效的一道伸臂阻尼器形式。此外，对总体结构进行了大震弹塑性、施工模拟和抗连续倒塌的计算分析，有力地保证了工程的安全性、合理性。

【关键词】　华润深圳湾总部大楼，超高层结构设计，交叉网格，密柱外筒，斜墙收进，偏心外框节点，伸臂阻尼器

Structural Design on Shenzhen Bay Headquarters Building of China Resources Group

Wu Guoqin，Fu Xueyi，Huang Yongjun，Liu Yunlang，Zhang Xin，He Zhili

（CCDI Group，Shenzhen　518048）

Abstract：The main structural system for Shenzhen Bay Headquarters Building of China Resources Group consists of close-column external tube and steel embedded RC corewall structural system. There are staggered grids in both high and low zones to strengthen the building to form close-column frame as a reliable second seismic fortification line. A new type of eccentric outer frame joint was proposed，to realize architectural requirement of column-free space，its mechanical performance and impact on the whole structure were studied. A novel scheme of step-back inclined shear walls was adopted in the high zones of the corewall to realize service function of the architecture and guarantee safety and effectiveness of structural force transmission，which can also avoid stiffness mutation. The influence of the number of outrigger dampers on comfort was compared and analyzed，and an economical and effective form of outrigger damper was determined. In addition，the calculation analysis was carried out on elasto-plasticity，construction simulation and anti-progressive collapse of the overall structure，which effectively ensured the safety and rationality of the project.

Keywords：Shenzhen Bay Headquarters Building of China Resources Group，super highrise building，staggered grid，close-column external tube，step-back inclined shear walls，eccentric outer frame joint，outrigger damper

1　工程概况

华润深圳湾综合发展项目位于深圳南山区的后海，坐落于深圳湾的西面与深圳湾体育中心的南面，项目占地约 38000m²，总建筑面积约为 465000m²。其中，华润深圳湾总部大楼建成后成为整个项目发展区内最高的建筑，建筑高度为 393m，主要功能含办公、地下车库及配套设施，地上 66 层，首层层高 18m，典型层高 4.5m；地下 4 层，地下室深27.7m。建筑设计由美国 KPF（康沛甫建筑设计咨询有限公司）担纲，结构设计由 ARUP（奥雅纳工程咨询有限公司）与悉地国际设计顾问（深圳）有限公司联合承担。建筑效果图如图 1 所示，整体结构三维模型如图 2 所示。

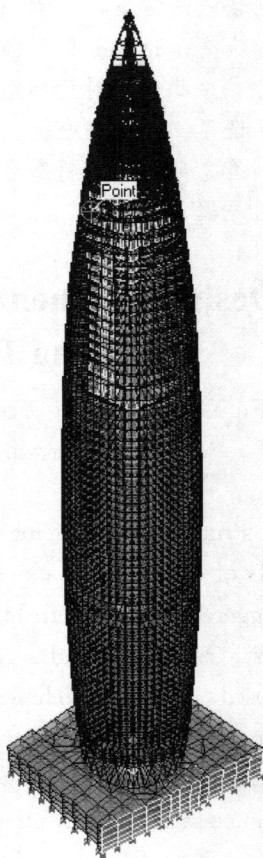

图 1　建筑效果图　　　　　图 2　整体结构三维模型

工程设计基准期为 50 年，结构设计使用年限为 50 年。抗震设防烈度为 7 度（0.1g），地震分组为第一组，抗震设防类别为乙类，场地类别为Ⅲ类[1]。

2　基础设计

华润深圳湾总部大楼采用混凝土强度等级为 C40 的人工挖孔桩及筏板作为基础，以中

风化花岗岩为持力层。对于 28 根外框柱，采用单柱单桩的形式，每根柱下布置桩身直径
2.3m、扩底直径 3.6m 的桩，单桩承载力特征值为 50000kN；核心筒下均匀布置 16 根大
直径人工挖孔桩，桩长约 15～40m，其中，在筒体四个角部布置桩身直径 4.5m、扩底直
径 7.4m 的桩，单桩竖向承载力特征值为 194000kN，共计 4 根；其余墙下均匀布桩，桩身
直径 4.1m，扩底直径 6.8m，单桩竖向承载力特征值为 150000kN，共计 12 根。筏板承台
厚 3.5m。塔楼桩基平面如图 3 所示。

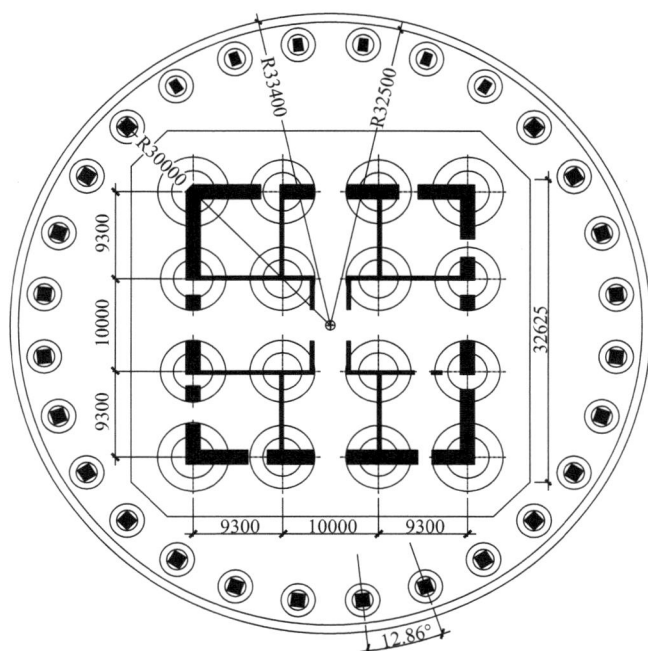

图 3　塔楼桩基平面示意

　　桩的设计与施工主要有两个方面：一方面是保证桩身完整性，另一方面是对承载力的
检测。对于直径 4.5m 的大直径（扩底直径 6.7m）桩，工程上较为罕见，采用人工挖孔
桩能有效地保证桩身的质量。但是有别于普通直径的桩，大直径桩无法通过静载试验检
测，参考深圳平安金融中心大直径桩[2]的检测，由于扩底大直径桩承载力以端阻为主，因
此又采用钻芯法，桩抽检数量不应少于总桩数的 15%，且不少于 10 根。当桩径不大于
1.6m 时，每桩钻 1 孔；当桩径大于 1.6m、小于 2.2m 时，每桩钻 2 孔；当桩径不小于
2.2m 时，每桩钻 3 孔。当孔位有超前钻据数时，每孔钻至设计要求的桩端持力层深度不
小于 1m；当孔位无超前钻据数时，每孔钻至设计要求的桩端持力层深度不小于 3m。通过
钻芯取样桩身试件和持力层试件，对试件进行强度试验，以证明大直径桩的承载力与理论
计算一致。

3　塔楼结构

　　塔楼整体结构采用密柱外框筒＋劲性钢筋混凝土核心筒结构体系[1]，如图 4 所示，其
中 18～20 层结构平面布置如图 5 所示，楼面次梁呈放射状布置。

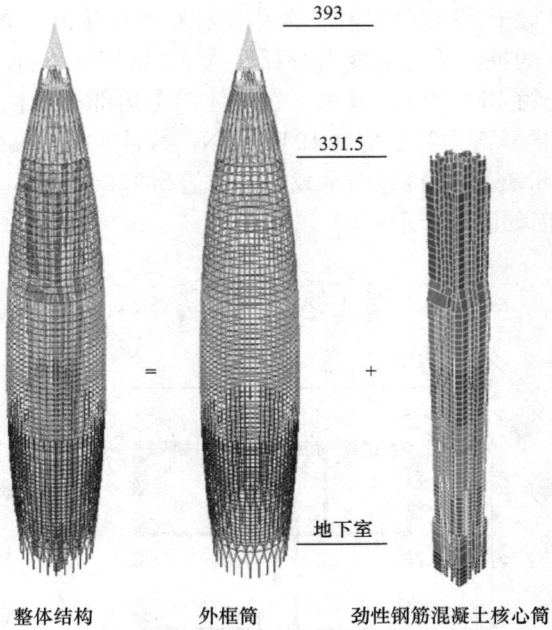

图 4　塔楼整体结构构成示意

整体结构　　　　　外框筒　　　　劲性钢筋混凝土核心筒

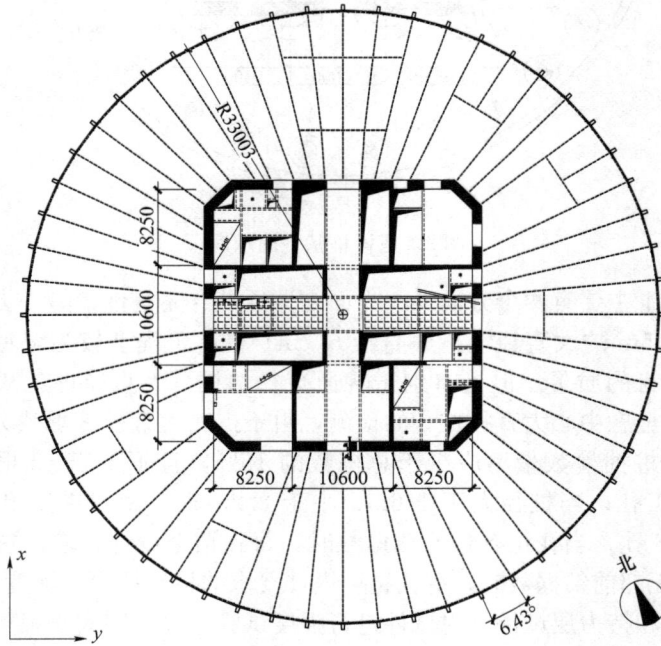

图 5　18～22 层结构平面布置

3.1　内筒

　　内筒为型钢-钢筋混凝土筒体，墙体洞边及角部埋设型钢柱[2]。核心筒外墙墙厚由地下 4 层 1500mm 逐渐减小到顶层 400mm；内墙墙厚由地下 4 层 400mm 逐渐减小到顶层 300mm。

连梁高 800mm，宽度同墙厚，局部楼层受力较大连梁内设窄翼型钢梁。墙体混凝土强度等级均为 C60，型钢牌号为 Q345B。内筒典型平面布置及三维模型如图 6、图 7 所示。

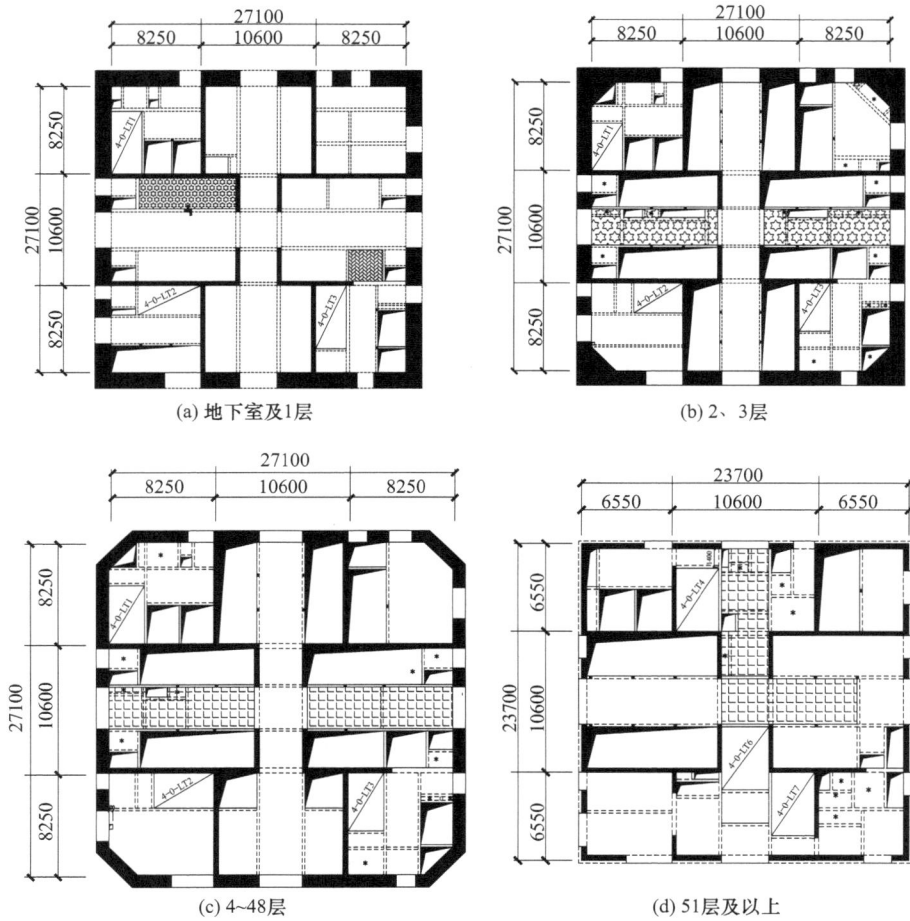

(a) 地下室及1层

(b) 2、3层

(c) 4~48层

(d) 51层及以上

图 6 内筒典型平面布置

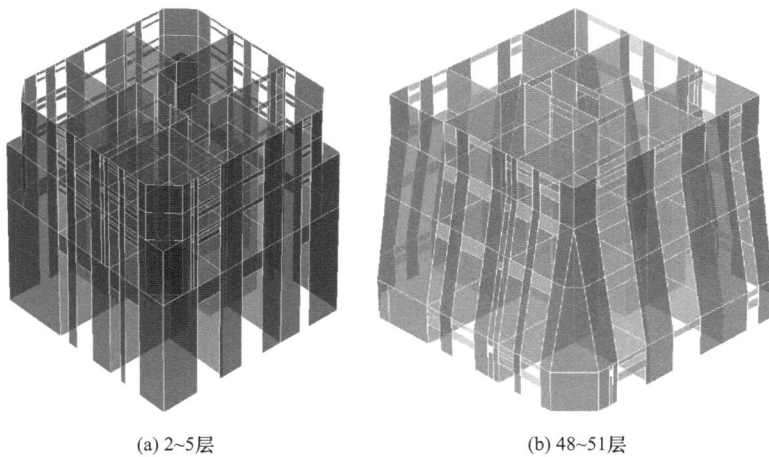

(a) 2~5层

(b) 48~51层

图 7 内筒典型三维模型

2、3层的核心筒角部局部加厚以便搭接上部的切角墙，如图 6(b) 所示，在传力和构造上能够较好地实现核心筒的转换过渡，避免核心筒变换产生水平分力，影响筒外楼板。

48～51 层的核心筒由于尺寸缩小较多，外墙采用双层斜墙收进的方式实现，如图 7(b) 所示。

3.2 密柱外框结构

密柱外框架的立面如图 8 所示。密柱外框架从下往上，分别由地下室的 28 根大尺寸型钢混凝土柱过渡到地上低区的斜交网格柱结构，然后从 5 层开始变化为密柱框架，从 56 层再次转变为高区的斜交网格柱。外框柱的尺寸较小，在高、低区两端采用斜交网格柱加强，使外框架具有很好的整体性和抗侧刚度。

外框柱由地下室的截面尺寸为 1400mm×1400mm 的型钢混凝土柱，转变为地面以上的梯形钢管柱（图 9），截面尺寸由首层（750～830)mm×755mm×60mm 逐渐减小至 66 层（300～400)mm×480mm×35mm，材料采用高建钢 Q345GJ 及 Q390GJ。

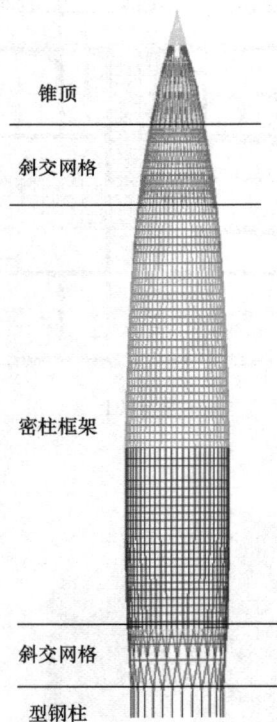

图 8 密柱外框立面示意

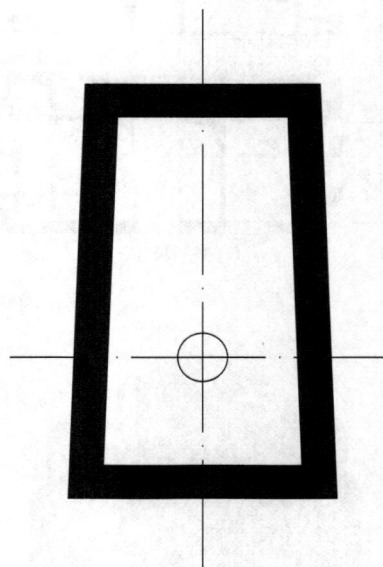

图 9 典型外框柱截面示意

外框架的斜交网格柱和密柱框架柱受力特点不同。以 4～5 层的柱内力为例，如表 1 所示，在重力作用下，斜交网格柱和密柱框架柱均以轴力为主，剪力和弯矩很小，不起控制作用；在地震作用下，斜交网格柱仍然以轴力为主，剪力和弯矩非主要内力，但是密柱框架柱轴力和弯矩均为主要的控制内力，对钢柱应力比的贡献约为 7∶3。

4～5层斜交网格柱和密柱框架柱内力 表1

构件		轴力（kN）	剪力（kN）	弯矩（kN·m）
重力作用下	密柱框架柱	7389.3	4.1	19.6
	斜交网格柱	3874.7	19.8	61.3
地震作用下	密柱框架柱	666.6	50.1	115.2
	斜交网格柱	1222.8	5.2	33.3

斜交网格柱与密柱框架柱过渡区域的受力性能也是结构的分析重点。在重力作用下，密柱框架柱轴力基本上一分为二地传给交叉柱，如图10(a)所示。

但在水平地震作用下，如图10(b)所示，斜交网格柱的轴力之和明显大于上部密柱框架柱，这是由于斜交网格柱以轴向刚度为主要抗侧刚度，大于上部密柱框架柱以抗弯刚度为主的抗侧刚度，吸收了较大的地震力。

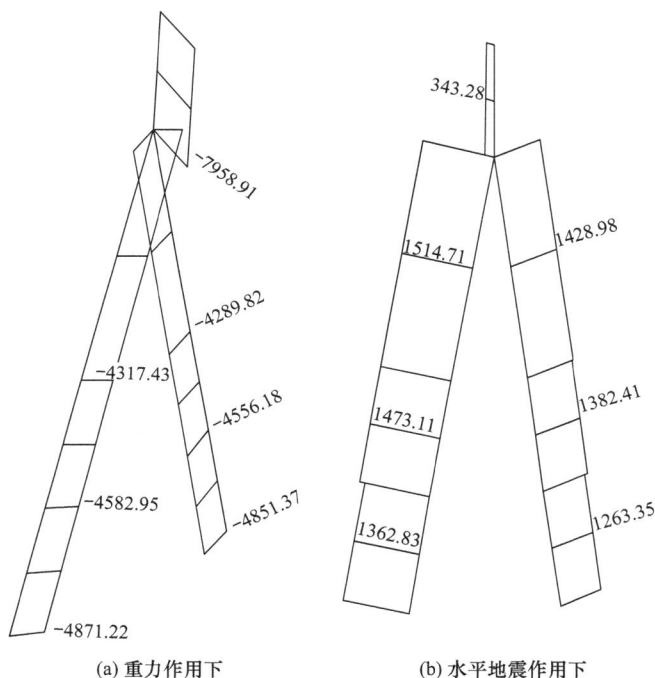

图10 4～5层典型外框柱过渡区轴力传递示意（kN）

(a) 重力作用下　　(b) 水平地震作用下

在顶部51～52层过渡区同样有类似的受力特性，只是由于顶部斜交网格柱角度更陡，水平荷载作用下过渡区柱轴力的差别没有底部明显。

值得特别说明的是，外框架的独特之处在于业主以及建筑师对室内使用空间的要求，要求室内实现无柱的效果，结构的外环梁与外框架柱节点采用全偏心的节点连接形式，即外环梁与外框钢柱连接时，外环梁位于钢柱的内侧，其三维模型及现场实景如图11、图12所示，其构造及受力特点分析见下文。

3.3 塔冠

塔冠坐落于主结构115层，标高范围为331.5～393m，高度达61.5m，塔冠结构由下至上分为三个部分：采用双层网格结构的基座结构；标高 378.8m 以上中部擦窗机平台空间结构（由于空间较小，采用单层网格结构，后续与幕墙结构相结合设计）；采用单层网格结构的顶部锥帽。塔冠结构立面图如图 13 所示。

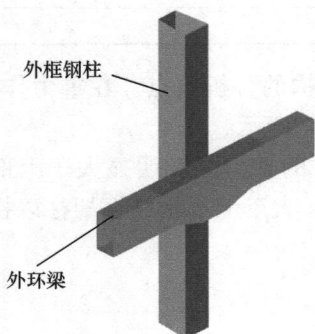

图 11　典型外环梁与外框架柱
节点三维模型

图 12　外环梁与外框架柱
节点现场实景

基座结构外层为一对菱形的斜交钢网格，内层为施加预应力的 3 根钢拉杆，其竖向标准单元构成与拉杆张拉方向如图 14 所示。在顶部和底部同时施加预应力，基座结构外层共由 28 组标准单元围合而成。

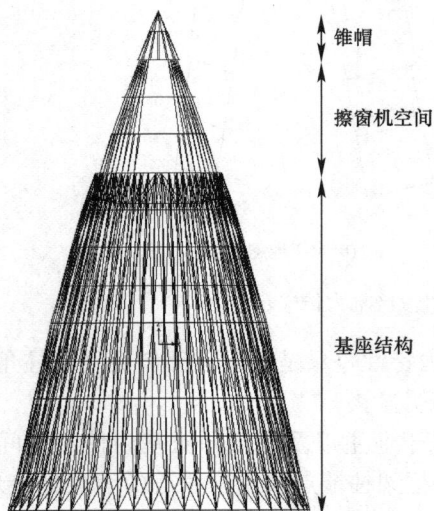

图 13　塔冠结构立面

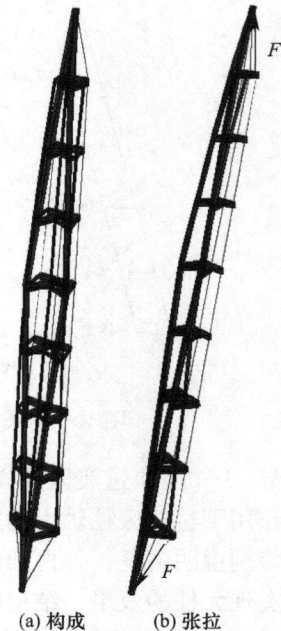

图 14　竖向标准单元的构成及张拉示意

沿基座结构竖向高度方向均匀设置内环桁架以增加结构的整体面外稳定性能，如图 15 所示，圆环形状有较强的轴向刚度，其水平构件很好地抵抗了竖向预应力作用下产生的轴压力。

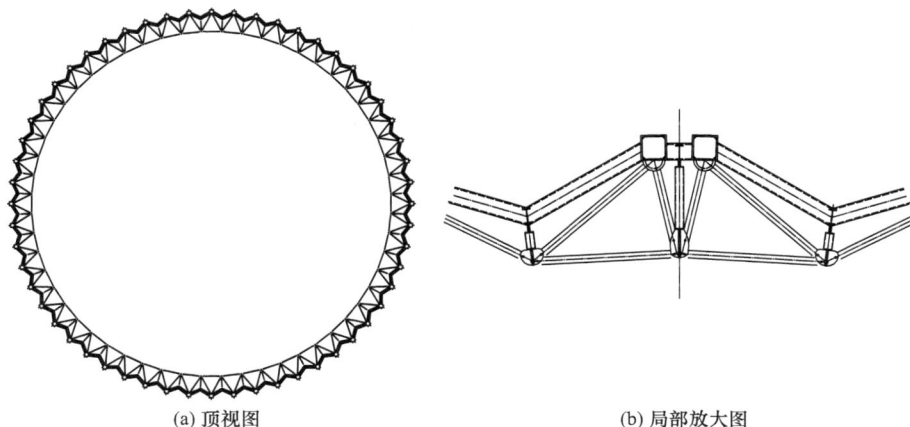

(a) 顶视图　　　　　　　　(b) 局部放大图

图 15　水平环桁架构成示意

4　荷载作用

4.1　重力

结构自重包括楼板、梁、柱、墙重量，按各自容重由程序计算。办公区考虑吊顶、架空地板、管线等做法，恒荷载取 $1.5kN/m^2$；活荷载考虑隔墙及高端办公需要，取 $4.0kN/m^2$；外墙考虑幕墙，附加恒荷载取 $1.5kN/m^2$。其他部分根据建筑做法和使用功能取相应值。

4.2　风荷载

由于各风洞实验室使用不同的试验仪器及分析方法，为确保总部塔楼结构设计安全可靠、经济合理及风洞试验结果的合理性、安全性，对深圳湾总部大楼采用两个不同的风洞实验室进行一次对比试验，确保风洞试验能真实反映实际情况。在加拿大 RWDI 风洞实验室进行了测压、测力风洞试验研究，华南理工大学作为第三方独立风洞试验单位。结果表明，两家独立风洞试验单位的分析结果较为吻合，风洞试验成果可靠。设计采用加拿大 RWDI 风洞试验结果（表 2），因为 Y 向为迎海面，因此在风荷载作用下塔楼的基底剪力较大，这与建筑所在的实际场地相符合。

加拿大 RWDI 风洞实验室风洞结果（3%阻尼比）　　　　表 2

内力	X 向剪力（N）	Y 向剪力（N）	扭矩（N·m）
50 年重现期风压	288300	368700	71000
50 年重现期风压×1.1	371700	380600	78000

加拿大 RWDI 风洞试验结果表明，在 10 年重现期、1.5%阻尼比情况下，建筑顶部风振加速度为 $0.24m/s^2$（考虑台风）和 $0.091m/s^2$（不考虑台风）；华南理工大学的风洞试验结果表明，建筑顶部最大风振加速度为 $0.19m/s^2$。两者均满足《高层建筑混凝土结构技术规程》JGJ 3—2010（下文简称《高规》）的风振舒适度要求。业主考虑进一步提高大楼的舒适度，设计拟设置阻尼器来控制和减小塔楼的风振加速度。

4.3 地震作用

本工程所处地区场地类别为Ⅲ类，设计地震分组为第一组，多遇地震、设防烈度地震和罕遇地震采用《高规》的设计参数进行设计。多遇地震水平加速度峰值为35gal，罕遇地震水平加速度峰值为220gal。X、Y、Z三向地震作用效应组合系数为1：0.85：0.65。反应谱参数如表3所示，其中，地震作用下考虑了砌体隔墙刚度的影响，结构周期予以折减。

反应谱参数 表3

地震作用水准	阻尼比 ξ	地震影响系数最大值 α_{max}	特征周期 T_g（s）	周期折减系数
多遇地震	0.035	0.08	0.45	0.85
设防烈度地震	0.035	0.23	0.45	0.9
罕遇地震	0.05	0.5	0.5	1.0

4.4 荷载效应组合

考虑恒荷载、活荷载、风荷载（包括横风向风振）、地震作用（包括三向地震及单向偶然偏心）等各种效应组合，共计129种。其中计算时考虑了以下内容：

（1）小震反应谱抗震组合时考虑承载力抗震调整系数 γ_{RE}。

（2）承载力计算考虑外框架小震作用效应放大系数。

（3）横风向风振采用三向同时输入，采用均方根法效应组合。

（4）中震弹性计算时考虑荷载分项系数，材料取设计强度，考虑承载力抗震调整系数 γ_{RE}。

（5）中震不屈服计算时荷载分项系数为1，材料取标准强度，承载力抗震调整系数 $\gamma_{RE}=1$。

5 整体结构性能

结构计算主要采用ETABS软件，其中梁、普通柱采用杆单元，楼板、墙体及巨柱采用壳单元。

5.1 模态分析

第1、2阶振型为结构45°方向平动主振型，第3阶振型为扭转主振型，如表4所示，第1阶扭转周期与第1平动周期之比为0.404（2.78/6.88＝0.404），小于0.85，满足规范的要求。

模态信息 表4

振型	周期（s）	质量参与系数（%）		
		X 向	Y 向	Z 向扭转
1	6.88	24.64	**25.19**	0.01
2	6.54	**24.81**	24.78	0.03
3	2.78	0.01	0.01	**40.59**

注：加黑数据代表该方向质量参与系数占主要比例。

5.2 刚重比

因在楼层 331.5～393m 高度处存在塔冠，分别考虑有无塔冠的整体计算。无塔冠模型质量计入混凝土顶层楼面，刚重比如表 5 所示，其中 G 为重力荷载设计值，$G=1.2$ 恒荷载$+1.4$ 活荷载。由表 5 可见，刚重比大于 1.4，小于 2.7，结构整体稳定性满足要求，但需考虑重力二阶效应影响。

刚重比　　　　　　　　　　　　表 5

模型	方向	等效侧向刚度 （$\times10^{11}$kN/m^2）	重力荷载设计值 G （$\times10^6$kN）	刚重比
有塔冠模型	X 向	6.12	2.684	1.43
	Y 向	6.19	2.684	1.44
无塔冠模型	X 向	6.10	2.684	1.42
	Y 向	6.17	2.684	1.43

5.3 最大层间位移角

风荷载和小震作用下结构层间位移角曲线如图 16 所示。由图可知，风荷载作用下结构最大层间位移为 1/621（X 向）和 1/628（Y 向），地震作用下结构最大层间位移角为 1/1145（X 向）和 1/1135（Y 向），均出现在 52 层。在风荷载和小震作用下，结构 X、Y 向层间位移角曲线基本一致，这是由于圆柱体型各个方向刚度基本对称；曲线沿竖向较为平滑，仅在底部和上部密柱框架与交叉网格过渡区层间位移角略微减小，说明核心筒是结构抗侧的主要部分，外框架所贡献的抗侧刚度较小，结构总体刚度沿竖向分布均匀。

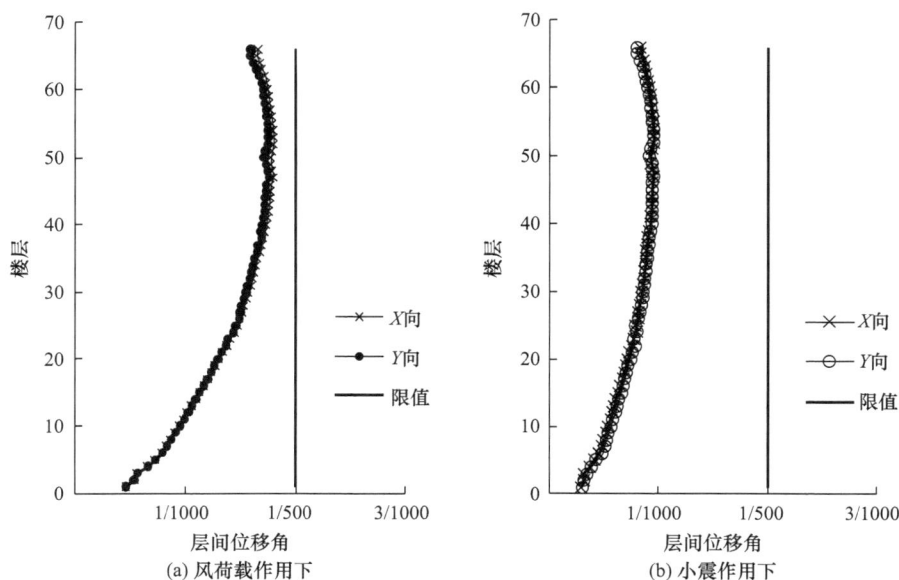

图 16　层间位移角

注：由于夹层原因，图中数据显示共 67 层，下文同。

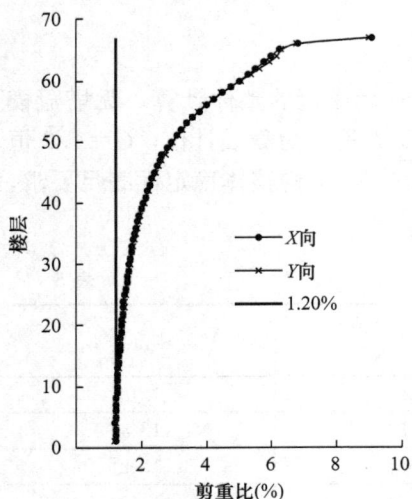

图 17 剪重比

5.4 小震反应谱作用下剪重比

小震反应谱作用下剪重比计算结果如图 17 所示。可以看出，底部楼层剪重比为 1.18%，少数楼层的剪重比略小于 1.2%，均满足《高规》的要求。

5.5 小震反应谱作用下内筒外框结构楼层剪力分配

小震反应谱作用下内筒外框结构楼层剪力分配如图 18 所示。可以看出，5 层以下外框为斜交网格结构，有较大的抗侧刚度，因此外框承担的剪力约占同层总剪力的 15%，占基底总剪力的 12%；5 层以上外框承担剪力约占同层总剪力的 4%～20%，占基底总剪力的 3%～7%。

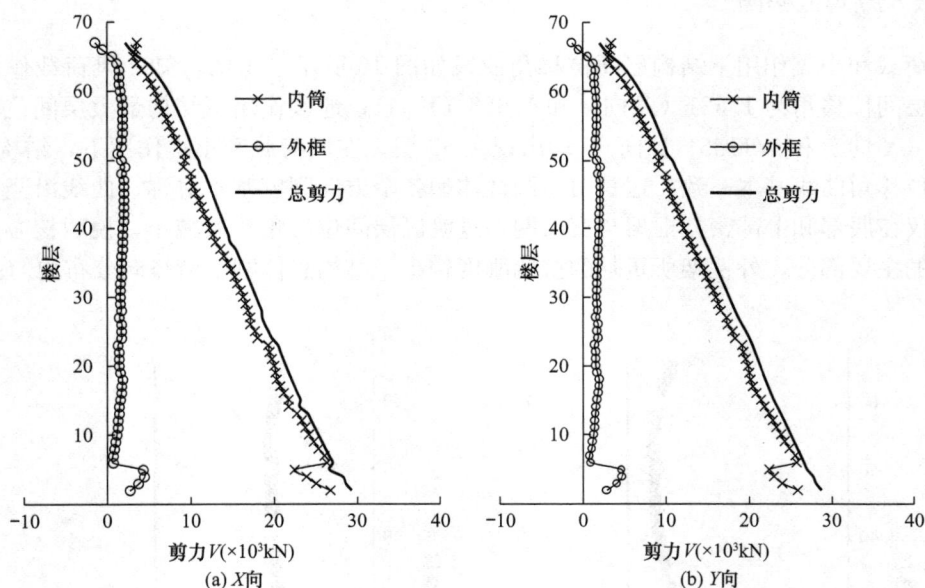

(a) X向

(b) Y向

图 18 小震作用下内筒外框结构楼层剪力分布曲线

5.6 小震反应谱作用下内筒外框结构楼层倾覆力矩分配

小震反应谱作用下内筒外框结构楼层倾覆力矩分配如图 19 所示。可以看出，外框结构承担的倾覆力矩占总倾覆力矩的 15%，内筒是主要的抗侧结构。

5.7 抗震性能指标

塔楼结构在地震作用下整体及构件的抗震性能目标如表 6 所示。经计算分析可得，内筒底部轴压比为 0.5，内筒在中震作用的标准组合下仅高区局部楼层出现全截面受拉的情

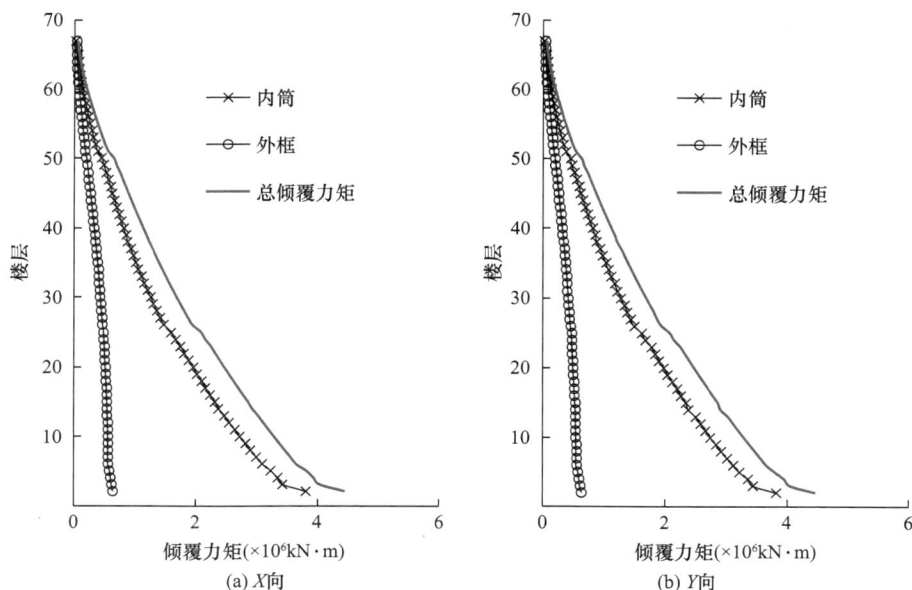

(a) X向   (b) Y向

图 19　小震作用下内筒外框结构楼层倾覆力矩分布曲线

况，拉应力小于混凝土抗拉强度标准值，可以满足预定的设计标准。工程主要由风荷载组合和中震作用组合控制，外框柱最大应力为 $0.85f_y$，外框梁最大应力为 $0.70f_y$；塔冠外侧交叉网格最大应力为 $0.65f_y$，水平环桁架最大应力为 $0.55f_y$。

地震作用下整体及构件抗震性能目标　　　　　　　表 6

性能目标		多遇地震	设防烈度地震	罕遇地震
		1	3	4
最大层间位移角		1/500（主结构） 1/250（塔冠）	—	1/100（主结构） 1/50（塔冠）
关键构件	地下室外框柱	弹性	弹性	轻度损坏，受剪不屈服
	斜交网格柱	弹性	弹性	轻度损坏，受剪不屈服
	外框柱	弹性	弹性	轻度损坏，受剪不屈服
	外环梁	弹性	弹性	轻度损坏
	核心筒墙	弹性	弹性，控制拉应力	轻度损坏，受剪不屈服
	节点	弹性	弹性	大震不屈服
普通竖向构件	塔冠抗侧构件	弹性	不屈服	部分屈服
耗能构件	连梁及塔冠重力构件	弹性	允许屈服，但连梁受剪不屈服	部分严重损坏

对工程进行动力弹塑性分析的结果[2]表明，外框钢柱保持弹性，外框架钢梁除与顶部锥形网壳相连部位的局部出现轻微塑性转角外，其他均保持弹性；顶部锥形网壳竖向构件均保持弹性，部分钢梁出现了塑性转角；核心筒墙体混凝土压应变普遍不高，基本保持在混凝土应力-应变曲线的线性阶段，加强区及斜墙位置的墙体开洞虽有应力集中，但混凝土压应变都不大，不会超过混凝土的峰值压应变；顶部墙体由于要承担顶部网壳在地震作

用下的水平力，且墙体存在收进的情况，因此局部与楼板相连位置出现混凝土超过极限应变的情况，设计中进行局部加强，并对传递剪力的楼板予以加强；连梁在罕遇地震作用下充分进入塑性，起到耗能减震的作用，满足耗能构件中度破坏、部分严重破坏的性能目标。

6 结构专项分析

6.1 高位斜墙收进区受力分析

核心筒在高区 48～50 层采用斜墙收进，针对该部位的受力和传力进行了详细分析，以确保结构设计的可靠性。

竖向荷载标准值作用下核心筒墙体所受的水平拉应力最大值为 1MPa，竖向压应力为 1.5MPa，小于混凝土开裂应力 2.64MPa，墙体水平向不会开裂。中震作用下，除了墙体与连梁相交处有水平集中拉应力（约为 5MPa，图 20），其余大部分约为 1.5MPa，小于混凝土开裂应力 2.64MPa，实际设计时连梁内设置钢板并深入墙肢一定深度，以抵抗拉应力。中震作用下墙体竖向拉应力约为 3MPa，局部最大值约为 5MPa，但叠加竖向荷载标准值后，竖向基本无拉应力。在中震弹性组合工况作用下，由于墙体本身在竖向力及中震的应力水平并不高，最大设计压应力约为 13～16MPa，小于混凝土受压承载力；最大设计拉应力约为 1～2MPa，小于钢筋混凝土等效受拉承载力，因此，可以满足中震弹性的承载力性能目标。

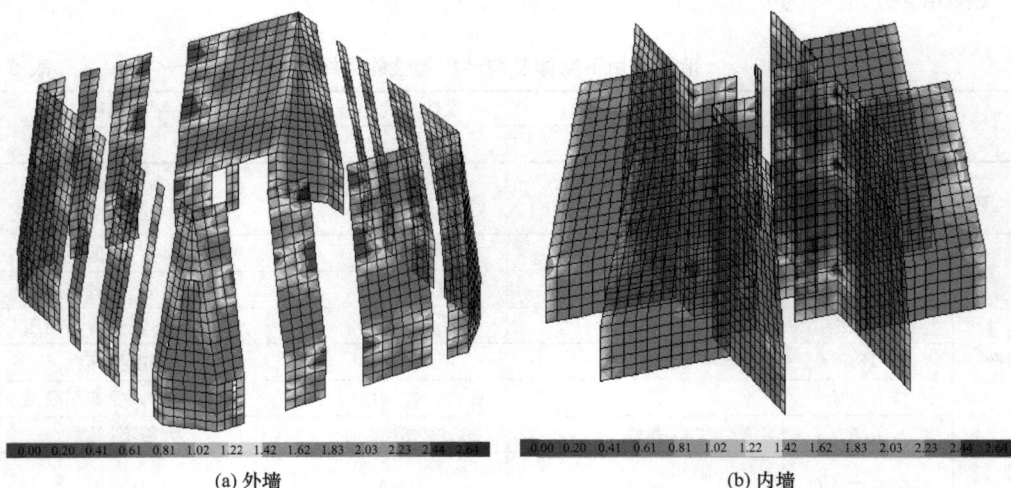

0.00 0.20 0.41 0.61 0.81 1.02 1.22 1.42 1.62 1.83 2.03 2.23 2.64 2.64
(a) 外墙

0.00 0.20 0.41 0.61 0.81 1.02 1.22 1.42 1.62 1.83 2.03 2.23 2.64 2.64
(b) 内墙

图 20 墙体水平应力云图（中震作用）（MPa）

竖向荷载标准值作用下楼面梁板的传力路径如图 21 所示，核心筒内混凝土梁最大拉力为 335kN，混凝土拉应力约为 1.4MPa，小于混凝土开裂应力；水平楼面钢梁最大应力值约为 6MPa，远小于钢材设计应力。50 层核心筒外楼板在与核心筒交界处拉应力最大，约为 1MPa，其余区域拉应力很小，核心筒内楼板的压应力约为 1.5MPa；48 层核心筒外楼板的压应力约为 0.5MPa，核心筒内楼板的拉应力约为 1.8MPa，均可满足设计要求。

6.2 典型外框偏心节点分析

由于建筑要求室内实现无柱的效果，结构外框梁柱节点采用全偏心的节点连接形式，即外环梁与外框钢柱连接时，外环梁位于外框钢柱的内侧，典型节点构造如图 22 所示。

该偏心节点与常规中心梁柱节点相比，外环梁偏出外框钢柱的范围，与外框柱侧面相连，其连接构造需要考虑的主要问题有：

（1）偏心节点可能导致节点区应力分布不均匀，节点构造设计应确保各板件之间的连续性，钢柱伸出牛腿并使用折形水平加劲板局部加大节点，以保证构件的可靠连接。大震不屈服工况下典型偏心节点应力云图如图 23 所示，可以看出，大震不屈服工况下节点区应力分布相对均匀，应力集中区域较小，可以满足等强节点的设计要求。

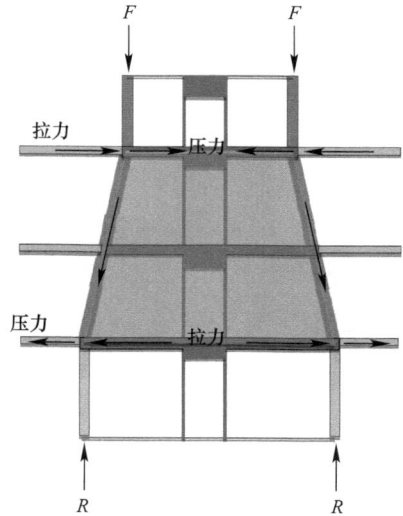

图 21 竖向荷载标准值作用下
48～50 层斜墙收进区域传力示意

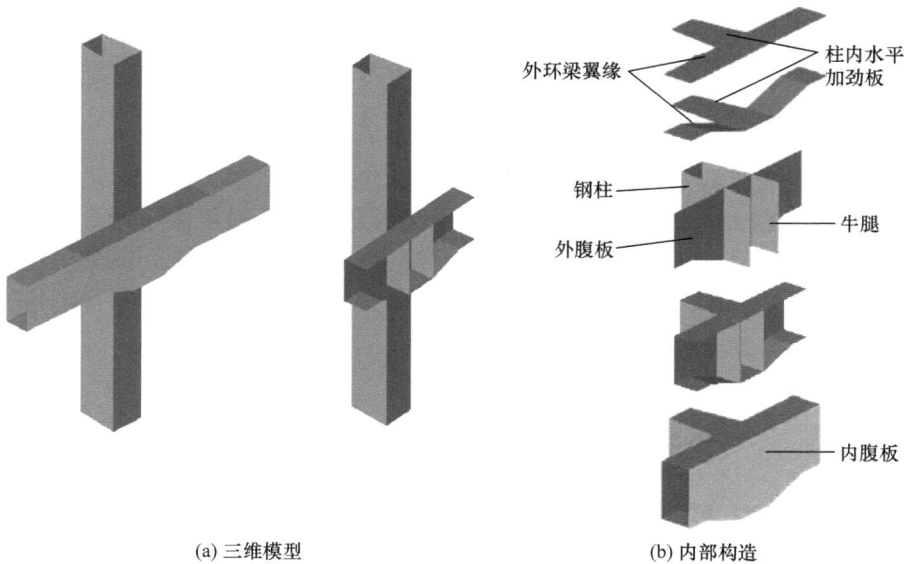

(a) 三维模型   (b) 内部构造

图 22 典型偏心节点构造分解

（2）由于梁偏心布置，梁对柱的约束条件与常规中心梁柱节点有所不同，需要分析此偏心节点对柱的稳定性[3]。采用壳单元模拟构件及楼板，外框柱的第 1 阶屈曲模态如图 24 所示，可以看出，偏心节点的连接构造不会引起柱的板件局部失稳，屈曲形态仍为整柱的失稳。

（3）由于塔楼全楼节点均采用此偏心节点，而偏心节点与常规中心节点相比，节点刚度有所削弱，故在塔楼的整体分析时，需要考虑节点刚度对塔楼整体指标的影响，依次调整节点 6 个自由度的刚度。分析表明，除了绕梁柱平面内的转动自由度外，节点其余 5 个自由度与完全刚接节点相比，对整体指标（周期、位移）折减约在2‰以内，可忽略这5个自由度的影响。设计中对整体指标计算考虑梁柱平面内转动自由度刚度退化，对构件验算则考虑节点完全刚接以吸收更大的水平力。

	>7.41e+02
	<7.41e+02
	<6.49e+02
	<5.56e+02
	<4.64e+02
	<3.72e+02
	<2.80e+02
	<1.88e+02
	<9.59e+01
	<3.75e+00

图23　大震不屈服工况下
典型偏心节点应力云图（MPa）

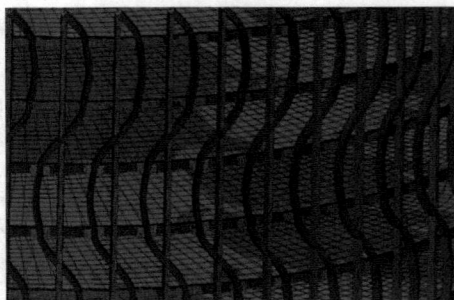

图24　局部全壳模型第1阶屈曲模态

6.3　外环梁的轴力

塔楼体型为曲线，分析结果表明，外环梁在竖向力标准作用下的最大轴拉力发生在顶部和底部的折形外环梁上[4]，其中，顶部轴力接近300kN，底部最大轴拉力接近500kN；中部外环梁受拉楼层的环梁拉力较小，外环梁设计时需要考虑轴力产生的应力比。

6.4　减振阻尼器研究

本项目采用伸臂阻尼器（黏滞阻尼器的一种），这种阻尼器体积小，出力较大。为了安装油压阻尼器，在47～48层特别设置了8个伸臂阻尼器，阻尼器油管布置在伸臂桁架与框架柱的连接节点处，利用柱和伸臂端部相互错动时产生的竖向变形差使阻尼器具备足够的行程，从而提供阻尼力，如图25、图26所示。

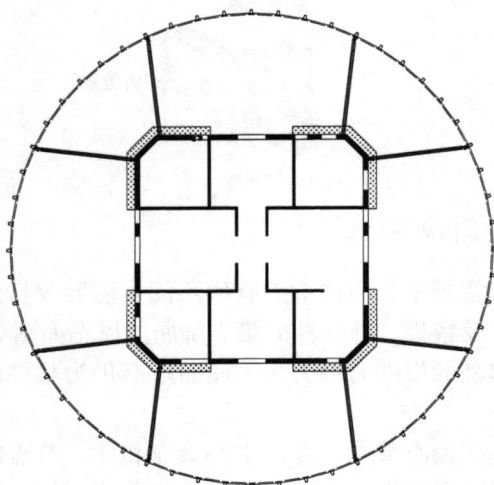

图25　伸臂阻尼器平面布置示意

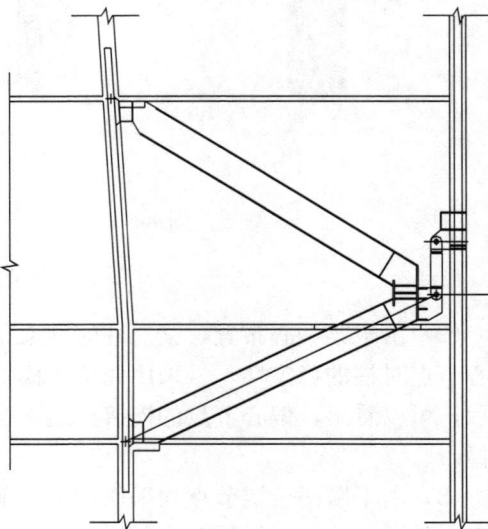

图26　伸臂阻尼器立面布置示意

本工程对伸臂阻尼器布置的楼层数量进行了分析，在有可能设置伸臂阻尼器的楼层（机电/避难层），即 62 层、47～48 层和 23～24 层三处进行不同的组合布置，风荷载作用下伸臂阻尼器的减振效果如表 7 所示[1]。可以看出，在只布置 1 道伸臂阻尼器的情况下，伸臂阻尼器布置在 47～48 层效果最优，加速度峰值可控制在 15cm/s²；如果设置 2 道以上的伸臂阻尼器，效果不会随伸臂阻尼器的增加而成比例增加，加速度峰值仅比设置一道伸臂阻尼器略微减小，因此采用 1 道伸臂阻尼器方案。本工程采用的伸臂阻尼器如图 27 所示。

风荷载作用下伸臂阻尼器的减振效果			表 7
伸臂阻尼器数量	附加阻尼比	加速度峰值（cm/s²）	
		1 年一遇风荷载	10 年一遇风荷载
不设置	0	5.6	24
1 道（62 层）	1.32%	4.1	18
1 道（47～48 层）	1.89%	3.7	15
1 道（23～24 层）	1.43%	4.0	17
2 道（47～48 层+23～24 层）	2.85%	3.2	14
2 道（62 层+47～48 层）	2.34%	5.7	15
3 道（62 层+47～48 层+23～24 层）	3.2%	3.2	14

图 27　伸臂阻尼器实物

7　结论

华润深圳湾总部大楼从方案到施工图设计，历时两年多，经过超限审查委员会多次论证和顾问单位、建筑专业的多次沟通讨论，在结构体系、设计标准、抗震性能目标、节点形式和核心筒收进等各方面不断改进与完善，最终完成设计，并于 2017 年通过主体竣工验收。工程设计研究主要成果如下：

（1）通过斜交网格柱在高区和低区加强形成的密柱外筒是可靠的二道防线，与劲性钢筋混凝土核心筒共同工作，形成筒中筒结构体系，是有效的多重抗侧力结构。

（2）核心筒在高区采用新颖的斜墙收进方案，既满足了建筑的使用功能，也保证了结构传力的安全有效性，避免了刚度的突变。

（3）通过节点和整体有限元精细分析，提出了新型外框偏心节点，实现了建筑的无柱空间要求。

（4）通过分析曲线体型导致环梁产生的轴力，得出在环梁设计时应考虑轴力产生的应力。

（5）通过比较分析伸臂阻尼器数量对舒适度的影响，最终选用了经济有效的1道伸臂阻尼器形式。

（6）通过楼板刚度退化影响分析、屈曲稳定分析、结构大震动力弹塑性分析等计算分析，有力地保证了工程的安全性、合理性。

参考文献

[1] 奥雅纳工程咨询有限公司，悉地国际设计顾问（深圳）有限公司. 华润深圳湾综合发展项目—华润总部塔楼结构超限抗震审查报告 [R]. 2013.
[2] 傅学怡，吴国勤，黄用军，等. 平安金融中心结构设计研究综述 [J]. 建筑结构，2012，42（4）：21-27.
[3] 徐培福，傅学怡，王翠坤，等. 复杂高层建筑结构设计 [M]. 北京：中国建筑工业出版社，2005.
[4] 吴国勤，傅学怡，曾志和，等. 红土创新广场陡角度斜交网格柱塔楼结构设计 [J]. 建筑结构，2015，45（20）：8-12.

12　龙光深圳红山项目转换层结构设计研究

彭肇才

（广东现代建筑设计与顾问有限公司，深圳　518010）

【摘要】　在土地资源宝贵的城市中心区，为了满足人们对商业建筑及地下车库大空间的使用要求，龙光深圳红山项目在四层转换，采用部分框支剪力墙结构。本文就转换层的结构设计特点，指出了现行结构软件 SATWE 在计算框支框架分担倾覆力矩比例的不足，提出应采用改进后的 YJK 计算软件；采用现行规范四种计算刚度比的算法表明，转换层不是薄弱层、软弱层，指出按照规范要求乘以 1.25 的剪力放大系数不尽合理；对于验算框支柱的剪压比，指出现行规范中框支柱的过多剪力放大系数连乘，计算结果误差偏大，建议计算框支柱剪压比的剪力取值时，直接采用大震等效弹性反应谱分析的结果。

【关键词】　部分框支剪力墙结构，转换层，倾覆力矩，剪力，剪压比

The Design and Research of Transfer Storey Logan Shenzhen Hongshan Project

Peng Zhaocai

(Guangdong Modern Architectural design and Consultancy Co., Ltd., Shenzhen　518010)

Abstract：To meet the requirement of large spacing for commercial buildings and underground parking garage in city central area with limited land resource, Logan Shenzhen Hongshan project adopted partial frame-supported shear wall structural system and transferred in the forth floor. Based on the characteristic of transfer structure，the paper presented the limitations of SATWE in calculating the overturning moment of the transferred frame，and proposed to use the updated YJK software package. The algorithm of four kinds of calculating stiffness ratio of the current code shows that the transfer storey is not a weak layer or a soft layer，and points out that the shear magnification factor multiplied by 1.25 is not reasonable. To check the shear compression ratio of the frame-supporting column, multiplying factors based on current code leads to erroneous outcome. The analysis of equivalent elastic response spectrum of severe earthquake is suggested when calculating the shear of the frame-supporting column.

Keywords：partial frame supported shear wall structure, transfer storey, overturning moment，shear，shear-compression ratio

1 工程概况

龙光深圳红山项目位于深圳市龙华新区，建设场地位于腾龙路以西，中梅路以南，规划红棉路以东，规划民旺路以北。项目地面以上由 5 栋超高层办公塔楼及多层商业裙楼组成，设 3 层地下室。建筑效果图如图 1 所示。

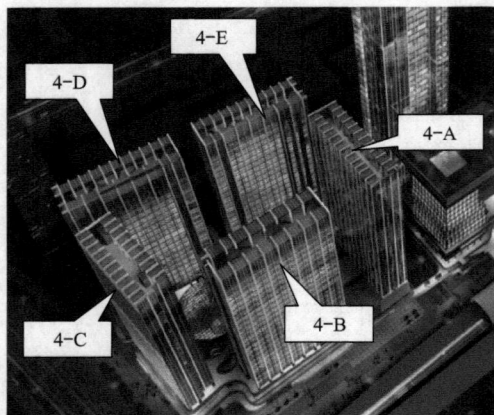

图 1　建筑效果图

4-A、4-B 塔楼地上 25 层，4-C、4-D、4-E 塔楼地上 26 层，建筑高度为 118.15～119.95m。由于建筑功能的需求，结构在四层转换，均采用部分框支剪力墙结构，均存在扭转不规则、竖向构件不连续，为 B 级高度的超限高层建筑。5 栋塔楼转换情况类似，4-E 塔楼落地剪力墙较少，转换特点比较突出，本文以 4-E 塔楼为例，重点介绍结构转换层设计研究情况。

本工程风荷载按照广东省标准《建筑结构荷载规范》DBJ 15-101-2014，基本风压为 0.70kN/m²，地面粗糙度为 C 类。抗震设防烈度为 7 度，设计基本地震加速度为 0.10g，设计地震分组为第一组，场地类别为 Ⅱ 类。结构设计使用年限为 50 年，结构安全等级为二级，建筑结构抗震设防类别为丙类。

2 结构体系

4-E 塔楼建筑平面狭长，结构高度为 119.95m，长度为 69.20m，宽度为 20.85m，结构高宽比为 5.7，结构长宽比为 3.5，塔楼结构构成如图 2 所示。落地剪力墙间距为 17m，转换梁最大跨度为 12m，结构平面布置如图 3、图 4 所示。

图 2　塔楼结构构成示意

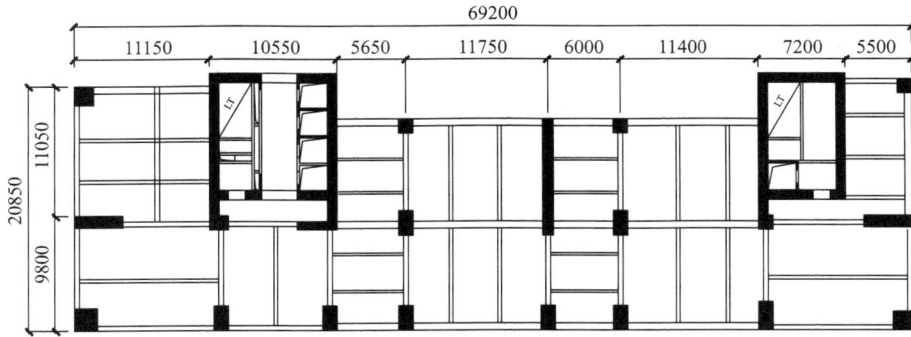

图 3　转换层下一层结构平面图

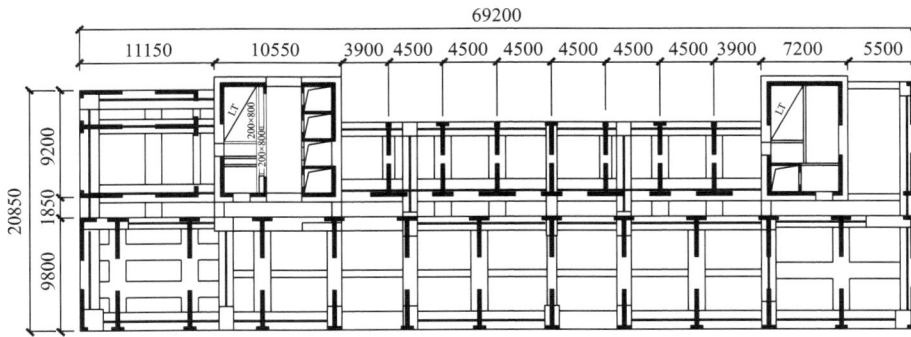

图 4　转换层结构平面图

楼面结构采用现浇钢筋混凝土楼盖体系，构件尺寸见表1。结构转换层布置及转换层体系如图5～图7所示。

构件尺寸　　　　　　　　　　　　　　　　　　　　　　　　表 1

混凝土强度等级	墙柱：C40～C60； 转化层梁板：C55； 普通层楼板：C30
钢筋牌号	HRB400
楼盖类型	现浇钢筋混凝土梁板式楼盖
板厚（mm）	地下室顶板：180； 核心筒内、塔楼屋面、避难层：120； 标准层：100～150
框支梁截面尺寸（mm）	最大：1500×2100；最小：900×2100
框支柱截面尺寸（mm）	最大：1200×2100；最小：1000×1000
剪力墙厚度（mm）	落地剪力墙：900； 标准层剪力墙：300

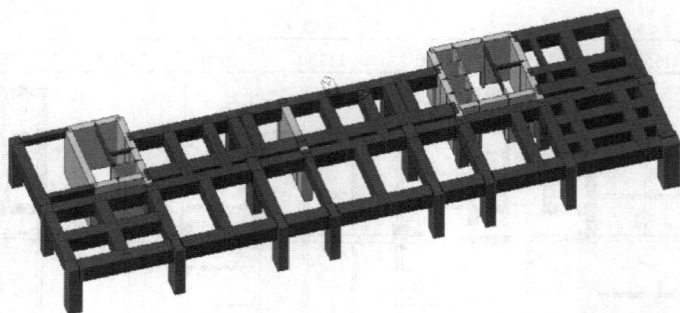

图 5　转换层布置

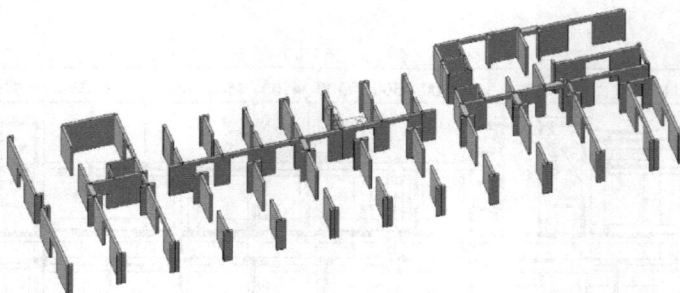

图 6　转换层上层布置

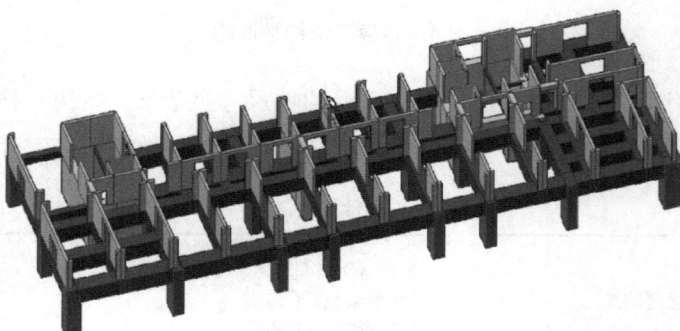

图 7　转换层体系

3　转换层结构有限元分析

对于转换结构，SATWE 软件对转换层上部剪力墙用墙元模拟，对框支梁用梁单元模拟，并不能反映框支梁的真实受力状态，使得框支梁本身的内力分析结果及其所支撑的剪力墙（特别是转换层上一层剪力墙）的内力分析结果有所失真。在 SATWE 模型中，墙与梁之间的实际协调工作关系在计算模型中未得到很好的体现。

框支梁在 SATWE 模型中因为刚度未得到准确模拟，特别是框支梁和框支柱都简化为杆单元，而将梁柱刚域简化为节点时，相当于弱化了框支梁的刚度，增大了框支梁的计算跨度。这样的处理带来两个问题，一是梁端计算剪力过大，容易在模型中出现"抗剪截面不够"的结果，而实际上从节点到柱边的刚域范围内是不可能出现抗剪问题的，真正令工程师关心的应该是柱边梁端的剪力值；二是转换层上一层剪力墙在重力荷载作用下剪力比较大，容易出现剪力墙抗剪超筋的情况。

本工程转换层结构计算主要采用 ETABS、MIDAS/Building 两套软件进行比较复核，其中梁、柱、楼板、墙体均采用壳单元。

3.1 模型建立

转换层有限元分析模型做如下处理：
（1）框支梁采用壳元分析，壳元细分尺寸为 0.3m；
（2）把转换层以上 4 层的剪力墙墙元细分，细分尺寸同转换梁，按 0.3m 细分；
（3）框支梁及以上的剪力墙网格细分后同时细分周边的梁、柱，并保持节点自由度耦合；
（4）转换层及其上两层的楼板作为弹性板参与整体结构分析，其他楼层楼板按刚性板考虑；
（5）未细分的墙、板单元由程序按最大尺寸为 1.5m 自动划分单元；
（6）构件进行有限元网格细分后，每个构件因细分产生的边界节点均与相邻构件细分节点相耦合，保证相邻节点处位移完全协调一致。

3.2 荷载工况

以下给出典型的三种荷载组合的最大主应力和面内最大剪切应力计算结果。
荷载组合 1 为 1.35DL＋0.98LL；
荷载组合 2 为 1.2（DL＋0.5LL）＋0.28WX＋1.3EX；
荷载组合 3 为 1.2（DL＋0.5LL）＋0.28WY＋1.3EY。

其中，DL 为恒载；LL 为活载；EX、EY 分别为 X、Y 方向地震作用；WX、WY 分别为 X、Y 方向风荷载作用。

3.3 分析结果

在各工况作用下，框支梁应力分析主要结果如图 8～图 13 所示，图中 Sig-xx 为构件局部坐标 x 轴方向的轴向应力（垂直于局部坐标系 y-z 平面）；Shear-Max 为面内最大剪切应力。

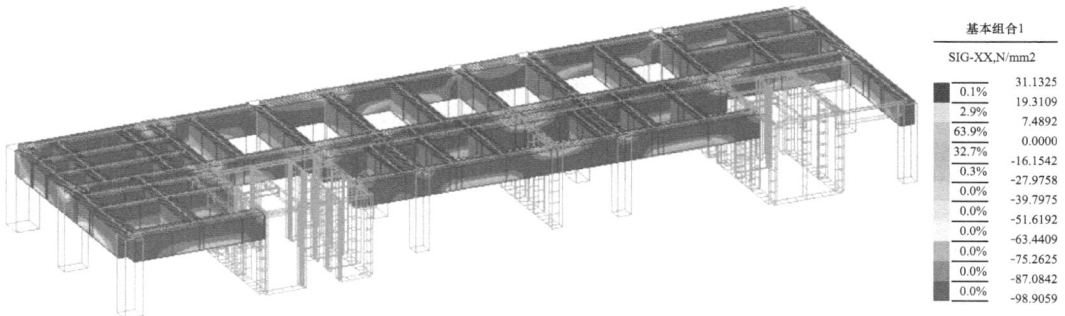

图 8 荷载组合 1 作用下框支梁应力 Sig-xx（N/mm²）

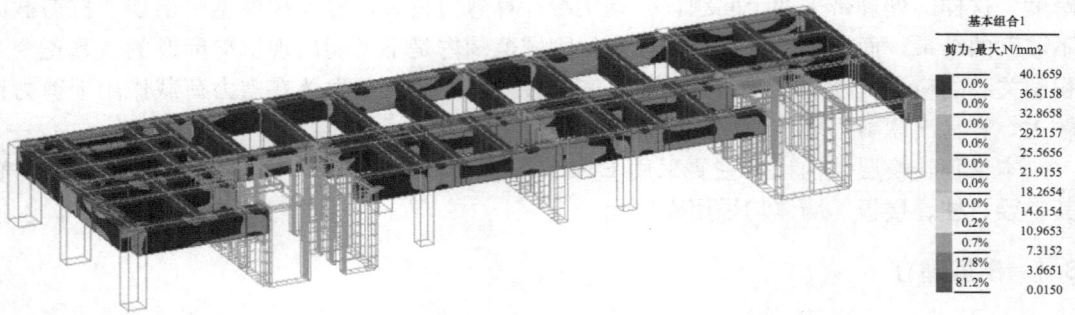

图 9 荷载组合 1 作用下框支梁应力 Shear-Max（N/mm²）

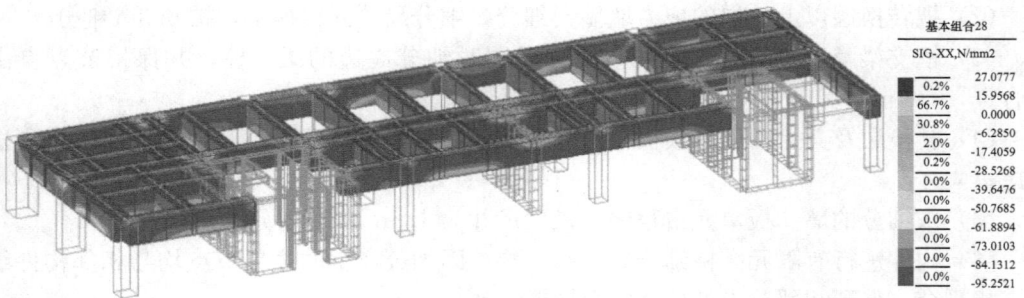

图 10 荷载组合 2 作用下框支梁应力 Sig-xx（N/mm²）

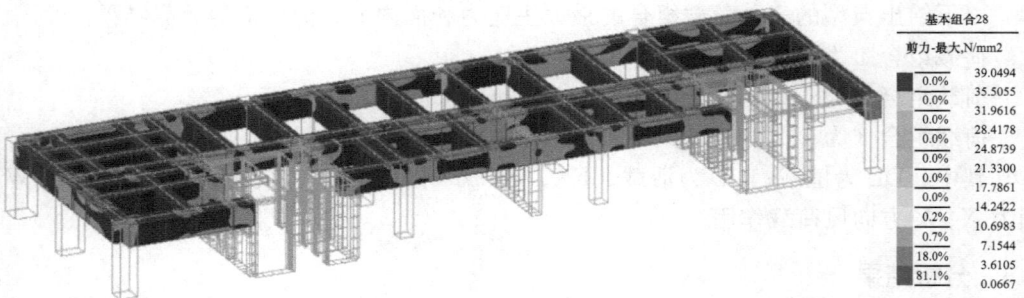

图 11 荷载组合 2 作用下框支梁应力 Shear-Max（N/mm²）

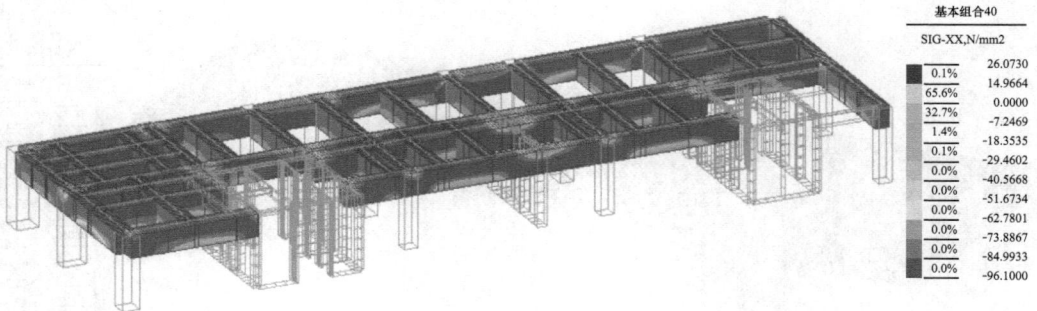

图 12 荷载组合 3 作用下框支梁应力 Sig-xx（N/mm²）

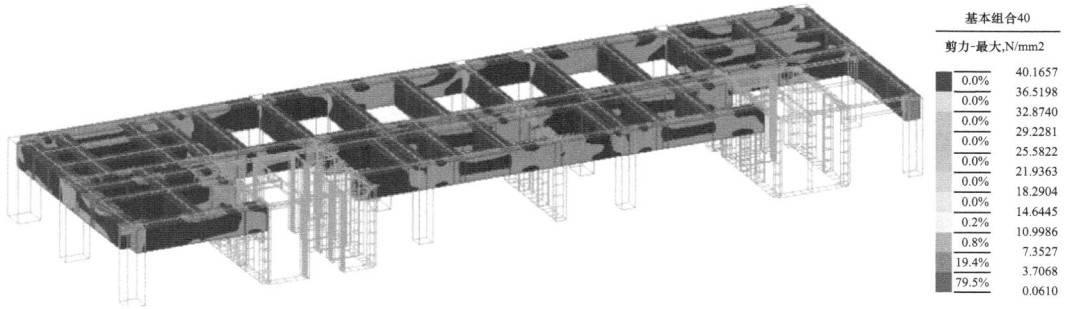

图 13 荷载组合 3 作用下框支梁应力 Shear-Max（N/mm²）

通过图 8～图 13 可见：框支梁受拉正应力大部分在 5.4N/mm² 以下，通过配置 HRB400 钢筋，配筋率在 1.5％左右即可满足受拉承载力要求。框支梁受压正应力大部分在 25.0N/mm² 以下（混凝土 C55 抗压强度设计值 25.3N/mm²）。转换梁最大剪应力大部分在 3.00N/mm² 以下（混凝土 C55 抗剪强度设计值 2.96N/mm²）。

框支梁托剪力墙的剪应力如图 14、图 15 所示。

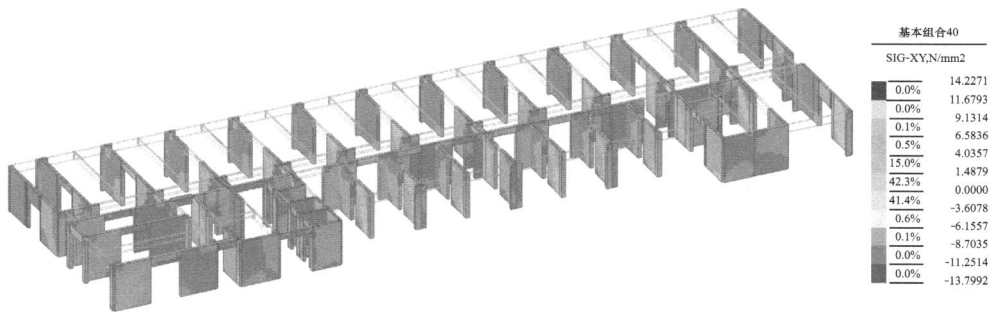

图 14 剪力墙应力一（N/mm²）

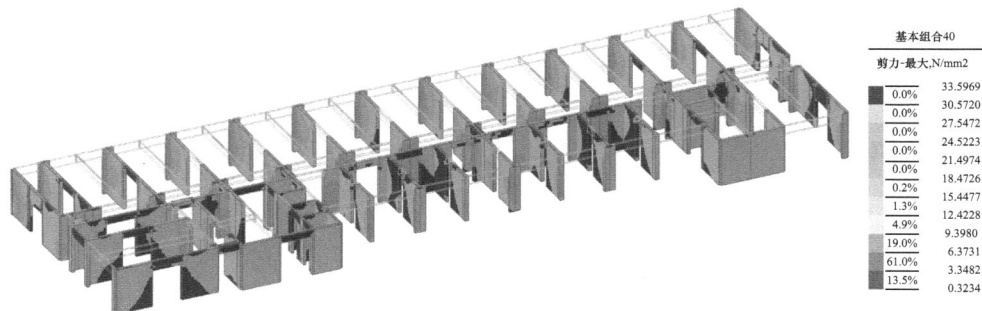

图 15 剪力墙应力二（N/mm²）

通过图 14、图 15 可知：剪力墙受剪应力大部分在 3.0N/mm² 以下（混凝土 C60 抗剪强度设计值 3.1N/mm²）。其他超过部分通过加大水平抗剪钢筋也可满足规范要求。

在中震荷载工况下，楼板作为传递和分配水平力的角色参与到抗侧力体系之中，协调同一楼层中各竖向构件的变形。楼板的抗震设计，除了需要考虑竖向荷载引起的平面外弯矩之外，尚应考虑在协调变形、传递和分配水平力时产生的平面内剪力和轴力。在中震荷载工况下，转换层楼板的正应力和剪应力如图 16～图 19 所示。

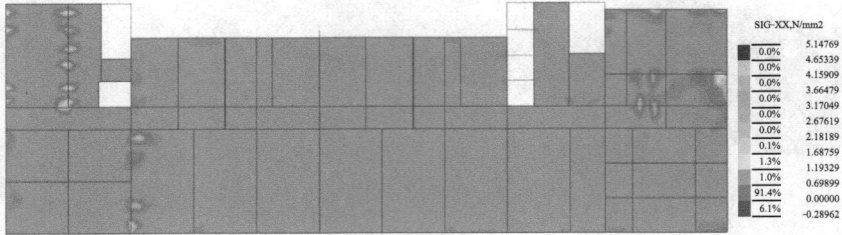

图 16　X 向地震作用转换层楼板的正应力（N/mm²）

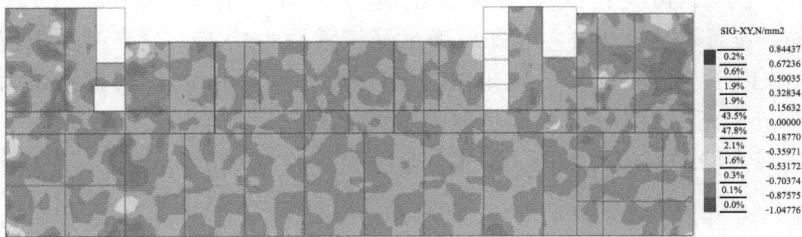

图 17　X 向地震作用转换层楼板的剪应力（N/mm²）

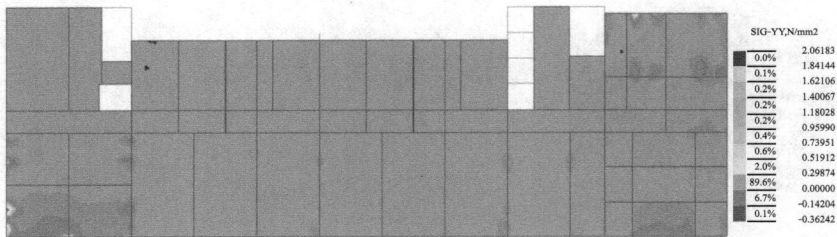

图 18　Y 向地震作用转换层楼板的正应力（N/mm²）

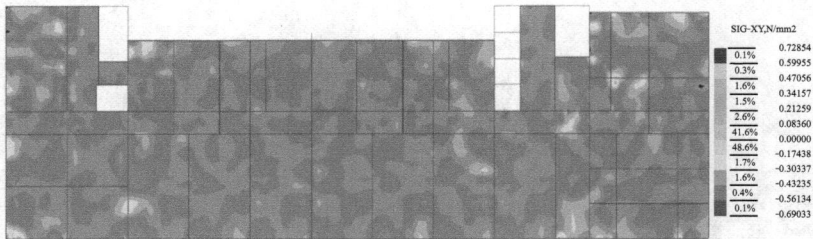

图 19　Y 向地震作用转换层楼板的剪应力（N/mm²）

　　转换层楼板中震作用下拉压正应力大部分小于 2.70N/mm²（混凝土 C55 抗拉应力强度标准值 2.74N/mm²），剪应力大部分小于 3.00N/mm²（混凝土 C55 剪应力强度设计值 2.96N/mm²），满足中震作用下大部分楼板拉、压不屈服和受剪弹性的性能要求，只需配置构造钢筋即可满足规范要求。

4 转换层的刚度

我国已故的著名结构专家蔡方荫院士在早期提出了结构构件的"形常数"和"载常数"的概念，构件的刚度属于"形常数"，其定义是在构件一端相对于另一端产生相对单位位移时，在位移方向所需施加的力，其量纲是力/位移（弯矩/转角），它只与构件的几何物理特性以及两端的约束条件有关，而与外荷载无关。

本工程转换层位于四层，根据《高层建筑混凝土结构技术规程》JGJ 3—2010（下文简称《高规》）附录 E，转换层下部与上部的刚度比应按第 E.0.3 条的剪弯刚度来计算复核，且刚度比不应小于 0.8。为更准确地计算转换层与上层的结构刚度比，本工程补充《高规》第 E.0.1 条的剪切刚度算法，且刚度比不应小于 0.5。另外还补充《高规》剪力墙结构的楼层剪力与位移角的比值算法，以及《建筑抗震设计规范》GB 50011—2010[5]（下文简称《抗规》）楼层剪力与位移的比值算法，其下、上两层刚度比的控制值分别为 0.9 和 0.7，计算结果如表 2 所示，均满足规范要求。

转换层与上层刚度比 表 2

方向	等效侧向刚度比（剪弯）	侧向刚度比（剪切）	楼层剪力/位移角（《高规》）	楼层剪力/位移（《抗规》）
X 向	1.02	0.55	1.63	1.05
Y 向	0.80	0.63	1.87	1.20

《高规》第 3.5.8 条规定："抗震设计时，结构竖向抗侧力构件宜上、下连续贯通，对于不满足要求的楼层，其对应于地震作用标准值的剪力应乘以 1.25 的增大系数。"本工程采用目前规范中提到的四种刚度比算法，均已经验证转换层与上层结构的刚度比满足规范要求，既不属于规范中提到的"软弱层"，也不是"薄弱层"。故本工程的转换层按照《高规》第 3.5.8 条，将地震作用标准值的剪力乘以 1.25 的增大系数不尽合理。

5 框支框架分担的剪力和倾覆力矩比

5.1 底层框支柱分担地震剪力比

转换层墙柱布置如图 20 所示。框支框架分担的剪力比如表 3 所示。

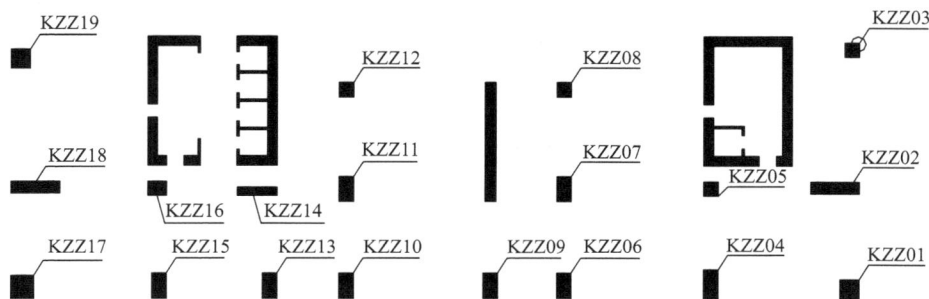

图 20 转换层墙柱布置示意

框支框架分担剪力比　　　　　表 3

方向	结构基底剪力（kN）	框支柱剪力之和（kN）	框支框架分担百分比
X 向	12353	1417	11.47%
Y 向	12813	1212	9.46%

5.2　框支框架分担地震倾覆力矩比

　　根据《抗规》第 6.1.9 条，框支框架承担的地震倾覆力矩不宜大于结构总地震倾覆力矩的 50%。本工程采用 SATWE 计算的框支框架分担的倾覆力矩比如表 4 所示，采取 YJK 计算的结果如表 5 所示。

SATWE 框支框架分担倾覆力矩比　　　　　表 4

方向	结构倾覆力矩（kN·m）	框支柱承担的倾覆力矩（kN·m）	框支框架分担百分比
X 向	989158.6	43522	4.40%
Y 向	976150.6	29382	3.01%

YJK 框支框架分担倾覆力矩比　　　　　表 5

方向	结构倾覆力矩（kN·m）	框支柱承担的倾覆力矩（kN·m）	框支框架分担百分比
X 向	989158.6	152330	15.4%
Y 向	976150.6	108352	11.1%

　　两套软件计算结构差别很大，究其原因，现行规范对于部分框支剪力墙结构的框支框架分担倾覆力矩比例进行了规定，例如，框支框架分担的倾覆力矩不应大于 50%，这是《抗规》第 6.1.9 条第 4 款的要求；《高规》第 10.2.16 条第 7 款也有所规定。这条规定的出发点是避免落地剪力墙过少，但两本规范的条文及条文说明略有差异。

　　《抗规》原文："底层地震框架部分承担的地震倾覆力矩，不应大于结构总地震倾覆力矩的 50%。"《抗规》条文说明："本规范的抗震措施只限于框支层不超过两层的情况。本次修订，明确部分框支剪力墙的底层框架应满足框架-剪力墙结构对框架部分承担地震倾覆力矩的限值——框支层不应设计为少墙框架体系。"结合配图理解，规范原文为"底层"，实际应为"框支层"。

　　《抗规》第 6.1.9 条和《高规》第 10.2.16 条都没有规定倾覆力矩的计算方法。而《抗规》第 6.1.3 条的条文说明沿用 2002 版规范，规定倾覆力矩的计算方式为：

$$\frac{M_c}{M_总} = \frac{\sum_{i=1}^{n}\sum_{j=1}^{m}V_{ij}h_i}{\sum_{i=1}^{n}V_i h_i} \tag{1}$$

式中：M_c——框架部分分配的地震倾覆力矩；

　　　$M_总$——结构总的地震倾覆力矩；

　　　V_{ij}——第 i 层第 j 根框架柱的计算地震剪力；

　　　V_i——第 i 层的楼层计算地震剪力；

　　　h_i——第 i 层层高。

但是必须注意两点：①《抗规》第 6.1.3 条是针对普通的框架-剪力墙，并不适用于带转换的结构；②沿用的 2002 版规范方法并不是唯一的倾覆力矩计算方式。

由于 SATWE 事实上已经成为设计行业的标配，设计人员往往直接采信 SATWE 给出的"框支框架分担倾覆力矩比例"这一结果，并作为设计依据。令人遗憾的是，SAT-WE 在执行《抗规》第 6.1.9 条时生硬套用了式（1）。在式（1）中，对于带框支转换层的结构，转换层框支框架（本层）分担倾覆力矩较多，而在上部标准层根本不存在框支框架，或者框架柱很少，因此统计的框架分担的倾覆力矩就是 0。此时按照全楼倾覆力矩统计，即使在框支层的框支框架分担倾覆力矩较多（有可能已经超过 50%），而与全楼倾覆力矩相比（加上框支层以上的剪力墙倾覆力矩），仍可以得到框支框架所占倾覆力矩比例很小的结论。对于极端的情况而言，即使全部剪力墙在框支层转换，按 SATWE 计算仍可以得到框支框架分担的倾覆力矩小于 50%，很显然这已经背离了规范的原意。

YJK 按照框支转换层的结构特点进行了改进，即统计计算仅在转换层以下楼层进行，总的框支框架的倾覆力矩是转换层以下各层结果累加，其分母不叠加上部标准层剪力墙承担的倾覆力矩，较为符合规范的原意。

5.3 框支层地震剪力分担比

为进一步揭示框支层剪力墙和框支柱分担的地震剪力情况，本项目补充框支层在小震、中震、大震作用下剪力分担比例如表 6 所示。

表 6

框支层剪力分担比

地震烈度		总剪力（kN）	剪力墙分担剪力比例	框支柱分担剪力比例
小震	X 向	11701.1	65.4%	34.6%
	Y 向	11768.1	76.9%	23.1%
中震	X 向	30797.1	65.3%	34.7%
	Y 向	32115.5	73.3%	26.7%
大震	X 向	41680	56.4%	43.6%
	Y 向	54210	71.4%	28.6%

表中数据表明，随着地震力的加大，框支柱分担的剪力比变大，剪力墙分担的剪力比变小，这是因为在中震、大震作用下，与剪力墙连接的连梁损伤厉害，剪力墙刚度降低，导致所承受的剪力降低。由此可知，连梁起到了较好的耗能作用。

6 框支柱的内力放大系数

6.1 底部加强部位内力增大系数汇总

归纳《高规》关于底部加强部位内力增大系数以及相关条文汇总如表 7 所示。框支角柱在一般框支柱弯矩和剪力增大的基础上再乘以 1.1 的增大系数。

表 7

底部加强部位内力调整增大系数

项目	具体情况
底部加强部位的范围	其剪力墙底部加强部位的高度应从地下室顶板算起，宜取至转换层以上两层且不宜小于房屋高度的 1/10（第 10.2.2 条）

续表

项目	具体情况
薄弱层的地震剪力	转换层地震剪力乘以 1.25 的增大系数（第 3.5.8 条）
框支柱承受的地震剪力	每层框支柱的数目不多于 10 根而当底部框支层为 1～2 层时，每根柱所受的剪力应至少取结构基底剪力的 2%；当底部框支层为 3 层及 3 层以上时，每根柱所受的剪力应至少取结构基底剪力的 3%（第 10.2.17 条）
	每层框支柱的数目多于 10 根而当底部框支层为 1～2 层时，每层框支柱承受剪力之和应取结构基底剪力的 20%；当框支层为 3 层及 3 层以上时，每层框支柱承受剪力之和应取结构基底剪力的 30%（第 10.2.17 条）
抗震等级	B 级高度房屋的抗震等级：8 度特一级；7 度框支框架特一级，剪力墙一级；6 度框支框架一级，底部加强区剪力墙一级，非底部加强区剪力墙二级（第 3.9.4 条）
	转换层在 3 层及 3 层以上时，抗震等级均比表 3.9.3 和表 3.9.4 的规定提高一级，已为特一级的不再提高（第 10.2.6 条）
	转换层构件上部二层剪力墙属底部加强部位，其抗震等级采用底部加强部位剪力墙的抗震等级
按"强柱弱梁"的设计概念，框支柱柱端弯矩设计值乘以的增大系数	底层柱下端弯矩以及与转换构件相连的柱上端弯矩设计值乘以的增大系数为：特一级时 1.8，一级 1.5，二级时 1.3（第 10.2.11 条、第 3.10.4 条）
	其他层框支柱柱端弯矩设计值乘以的增大系数为：特一级时 1.68，一级 1.4，二级时 1.2（第 6.2.1 条）
框支柱由地震产生的轴力乘以的增大系数	抗震等级特一级时 1.8（第 3.10.4 条），抗震等级一级时 1.5，抗震等级二级时 1.2（第 10.2.10 条）
按"强剪弱弯"的设计概念，框支柱柱端剪力设计值乘以的增大系数（剪力增大时在柱端弯矩增大基础上再增大，实际增大系数可取弯矩和剪力增大系数的乘积）	底层柱以及与转换构件相连柱柱端剪力设计值乘以的增大系数为：特一级时 1.8×1.68=3.02，一级时 1.5×1.4=2.1，二级时 1.25×1.2=1.5（第 10.2.11 条、第 6.2.1 条）
	其他层柱柱端剪力设计值乘以的增大系数为：特一级时 1.68×1.68=2.82，一级时 1.4×1.4=1.96，二级时 1.2×1.2=1.44
转换构件内力增大系数	水平地震作用产生的计算内力增大系数为：特一级时 1.9，一级时 1.6，二级时 1.3（第 10.2.4 条）
框支层一般梁的剪力增大系数	特一级时 1.43，一级时 1.3，二级时 1.2（第 3.10.3 条、第 6.2.5 条）
落地剪力墙底部加强部位弯矩调整	取底部截面组合弯矩计算值乘以增大系数，增大系数为：特一级时 1.8，一级时 1.5，二级时 1.3（第 10.2.18 条）
落地剪力墙其他部位弯矩调整	各截面组合弯矩计算值乘以增大系数，增大系数分别为：特一级时 1.3，一级时 1.2，二级时 1.0（第 7.2.6 条、第 3.10.5 条）
落地剪力墙底部加强部位剪力调整	按各截面的剪力计算值乘以增大系数，增大系数分别为：特一级时 1.9，一级时 1.6，二级时 1.4（第 10.2.18 条）
落地剪力墙其他部位剪力调整	各截面组合弯矩计算值乘以增大系数，增大系数分别为：特一级时 1.3，一级时 1.0，二级时 1.0（第 3.10.5 条）

6.2 框支柱设计内力调整实例

取本工程的框支角柱 KZZ01（位置见图20）作为计算例，该柱截面尺寸为 1700mm×1700mm，混凝土强度等级为 C70。在 X 向地震作用下，楼层的剪力分布如图 21 所示。

第四层转换层的楼层剪力为 10873kN。SATWE 计算输出结果为，X 向地震作用下 KZZ01 的剪力为 11136kN，显然计算剪压比时，该柱承担的剪力大于该楼层的整个楼层剪力。统计 SATWE 计算各工况未调整剪力见表 8，按照《高规》的剪力调整系数见表 9。

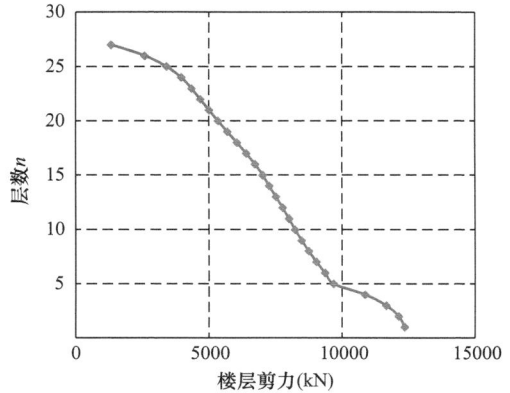

图 21 X 向地震作用楼层剪力曲线

KZZ01 各荷载工况未调整剪力　　　　表 8

工况	恒荷载	活荷载	风荷载	X 向地震作用
未调整剪力（kN）	−2129.1	−423	−125.9	−283.2

剪力调整系数　　　　表 9

项目	调整系数
剪重比调整	1.087
框支柱内力调整	1.0
薄弱层调整	1.25
框支角柱调整	1.1
柱顶弯矩设计值调整	1.8×1.1＝1.98
柱底弯矩设计值调整	1.4×1.2×1.1＝1.85
柱剪力设计调整	1.8×1.4×1.2×1.1＝3.33

未调整的剪力设计值：

$$V_x = 1.2 \times (2129.1 + 0.5 \times 423) + 0.28 \times 125.9 + 1.3 \times 1.087 \times 1.0 \times 1.25 \times 283.2)$$
$$= 3344.2kN$$

经调整后的剪力设计值：

$$V_x = 3.33 \times [1.2 \times (2129.1 + 0.5 \times 423) + 0.28 \times 125.9 + 1.3 \times 1.087$$
$$\times 1.0 \times 1.25 \times 283.2)] = 11136.2kN$$

将该结构进行大震等效弹性反应谱分析，KZZ01 在各工况下的剪力见表 10。

KZZ01 大震工况剪力　　　　表 10

工况	恒荷载	活荷载	X 向地震作用
未调整剪力（kN）	−2132	−425.7	−2403.8

大震作用剪力设计值为：

$$V_x = 2132.0 + 0.5 \times 425.7 + 2403.8 = 4748.7kN$$

结果一目了然，KZZ01 小震作用下经过调整后的剪力 11136.2kN 远远大于大震作用下的剪力设计值 4748.7kN。显然，这是框支柱各项剪力放大系数连乘的结果。

6.3 框支柱剪力放大系数的建议

在计算框支柱的剪压比时，存在的问题及解决建议如下：

（1）现行规范的剪力增大系数都是多个系数连乘，单个系数本身的取值存在偏差，连乘后形成误差积累，与真实结构受力情况不符。

（2）风荷载引起的剪力放大 3.33 倍，没必要。风荷载工况在与小震工况组合时，风荷载的组合值系数为 0.02，就是考虑到风荷载和地震作用的组合概率极小，而此处将风荷载引起的剪力放大 3.33 倍，有违乘以风荷载组合值系数之意。

（3）地震工况引起的剪力放大 3.33 倍，为多个系数连乘的结果，存在误差积累之嫌。

（4）框支框架的中震弹性分析表明，在小震工况多个放大系数连乘的基础上，中震弹性的剪力比小震弹性小。

（5）大震弹塑性时程分析结果表明，框支框架基本没有出现损伤，首先屈服的是框支框架以上的楼层的连梁，其次是剪力墙，框支框架基本处于弹性，按小震构件承载力设计，大震作用下框支框架安全。

（6）对于部分框支剪力墙结构，分析结果表明，框支柱截面基本为小震剪压比控制，在小震工况一系列内力增大系数的连乘下，大震作用下框支柱保持弹性。建议规范不应过严地控制框支柱的剪压比，计算剪压比的剪力取值时，直接取大震分析的结果。

7 结论

龙光深圳红山项目属于 B 级高度的建筑，该项目具有平面狭长、带转换的特点。针对该建筑方案，经多次反复论证，采用了部分框支剪力墙结构体系，于 2016 年 6 月顺利通过了广东省超限高层建筑工程抗震设防专项审查。目前工程已完成施工图设计，工程设计主要研究成果总结如下：

（1）转换层的结构计算，由于框支柱、框支梁截面粗大，采用杆单元计算不尽合理，建议采用壳单元或者实体单元进行有限元分析。

（2）采用现行规范的四种刚度比的算法表明，转换层不是薄弱层、软弱层，按照《高规》第 3.5.8 条乘以 1.25 的剪力放大系数不尽合理。

（3）SATWE 软件计算框支框架分担倾覆力矩比值存在瑕疵，对于部分框支剪力墙结构建议采用 YJK 软件。

（4）判断框架剪力墙结构，除采用框架分担倾覆力矩比例的方式外，本工程补充了框架分担剪力的比例。

（5）计算框支柱的剪压比时，现行规范中框支柱的剪力放大系数过多，单个系数取值存在偏差，系数连乘后存在误差积累，与结构真实受力不符，建议当有条件做大震弹塑性时程分析时，取大震弹塑性时程分析的剪力，没有条件时取大震等效弹性反应谱分析的剪力。

13 超限高层建筑若干关键技术问题的分析

张 剑

（深圳大学建筑设计研究院有限公司，深圳 518060）

【摘要】 本文讨论超限设计与超限审查过程中遇到的若干关键性技术问题：穿层墙面外受压稳定性的分析；复杂平面风振加速度的计算；混凝土受拉开裂后刚度退化的影响；考虑高振型阻尼影响的大震弹塑性分析及大跨空间结构的极限承载力分析。并提出了相关的建议做法。

【关键词】 穿层墙面外受压稳定性，风振加速度，混凝土刚度退化，高振型阻尼，极限承载力

The Analysis of Some Key Technical Problems Encountered in the Project Beyond the Scope of Design Codes

Zhang Jian

（The Institute of Architecture Design & Research，Shenzhen University，Shenzhen 518060）

Abstract：This paper discusses some key technical problems encountered in the project beyond the scope of design codes，the analysis of high shear wall stability，the calculation of wind-induced acceleration in the complex plane，the influence of concrete stiffness degradation after crack，the elastic-plastic analysis of large earthquake considering the influence of high mode damping and the ultimate bearing capacity of large span space structure，and the relevant suggestions are put forward.

Keywords：high shear wall stability，wind-induced acceleration，concrete stiffness degradation after crack，high mode damping，the ultimate bearing capacity

1 引言

对结构超限工程，根据我国相关政策与法规，应进行超限设计与超限审查。超限设计主要的工作内容是分析超限项及主要问题，提出相应的结构性能目标，通过结构布置、计算分析及加强措施等实现所提出的目标。

由上可知，关键技术问题的分析十分重要，其结果不仅可用于确定结构设计的参数，也是验证结构性能目标的重要依据。

在超限设计与超限审查过程中，遇到了如下若干关键性技术问题，经过分析与研究，得到相应的处理办法与结论，供同行参考。

2 穿层墙面外受压稳定分析

2.1 问题来由

随着高层建筑的发展，建筑高度不断攀升，首层或其他层的通高层高不断加大，穿层墙（或高宽比较大的墙）的面外稳定性问题日益凸显。

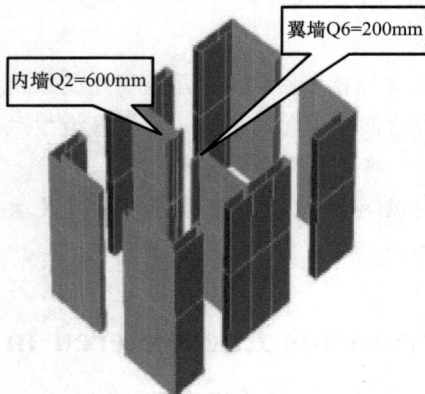

图 1 某项目底部筒体剪力墙布置示意

以某项目为例，建筑高度 $H=230\mathrm{m}$，底部筒体剪力墙布置如图 1 所示，其通高 $H=15\mathrm{m}$，200mm 厚内墙肢的高厚比达 75，其屈曲分析结果为 $\lambda>10$；面内承载力满足中震不屈服的要求；重力代表值作用下剪力墙设计轴压比小于 0.5。试问，200mm 厚内墙肢剪力墙是否存在稳定性问题？

上述案例代表了越来越普遍的问题。对穿层墙（或高厚比较大的墙），应如何控制和设计以保证其稳定承载力在各种工况下均能满足安全的要求呢？

2.2 规范中柱和墙的压弯承载力验算

根据《混凝土结构设计规范》GB 50010—2010 第 6.2.15 条，柱轴心受压承载力应符合下式的要求：

$$N \leqslant 0.9\varphi(f_c A_c + f'_y A'_s) \tag{1}$$

式中，φ 为柱各方向中最小稳定系数，其余符号的意义详见规范。

根据《混凝土结构设计规范》GB 50010—2010 第 6.2.17 条，不考虑预应力的因素，矩形柱偏心受压承载力应符合下列公式的要求：

$$N \leqslant \alpha_1 f_c bx + f'_y A'_s - \sigma_s A_s \tag{2}$$

$$Ne \leqslant \alpha_1 f_c bx \left(h_0 - \frac{x}{2}\right) + f'_y A'_s(h_0 - a'_s) \tag{3}$$

式中各符号的意义详见规范。

若矩形柱存在双向偏心，则还应符合《混凝土结构设计规范》GB 50010—2010 第 6.2.21 条的要求。

从上述内容来看，柱的压弯承载力与稳定系数、偏心距、截面尺寸和材料强度等相关。

根据《高层建筑混凝土结构技术规程》JGJ 3—2010（下文简称《高规》）第 7.2.8 条，矩形剪力墙压弯承载力应符合下列公式的要求：

$$N \leqslant A'_s f'_y - A_s \sigma_s - N_{sw} + N_c \tag{4}$$

$$N\left(e_0 + h_{w0} - \frac{h_w}{2}\right) \leqslant A'_s f'_y(h_{w0} - a'_s) - M_{sw} + M_c \tag{5}$$

从上式可看出，矩形剪力墙的压弯承载力没有考虑墙面外稳定系数及面外偏心距的影响。

目前的结构分析设计软件也是按规范公式进行墙的压弯承载力验算，因此，对墙面外稳定承载力的验算是缺失的，存在相应的安全隐患。

2.3　采用屈曲分析判断墙的稳定性

基于线弹性本构关系，取结构自重＋附加恒荷载＋活荷载标准值为初始荷载（即 DL_k＋ LL_k），考虑应变与位移关系中非线性项的影响，可推出刚度、位移和荷载之间的平衡方程如下：

$$([K]+[K_G])[U] = [P] \tag{6}$$

式中，$[K]$ 为常数构成的矩阵，与结构的几何数据与弹性模量相关，为弹性刚度矩阵；$[K_G]$ 为变量构成的矩阵，与结构的几何数据与应力相关，为几何刚度矩阵。

将几何刚度矩阵用荷载系数 λ 与初始荷载相应的几何刚度矩阵 $[K_g]$ 的乘积表示为：$[K_G]=\lambda[K_g]$，则平衡方程变为：

$$([K]+\lambda[K_g])[U] = [P] \tag{7}$$

对以受压为主的结构系统来说，随着荷载系数 λ 增大，$\lambda[K_g]$ 矩阵中主要元素为负值且绝对值不断变大，则（$[K]+\lambda[K_g]$）矩阵中主要元素不断变小，导致位移不断变大，荷载系数 λ 增大至临界值时，位移产生突变，即产生失稳的现象。因此，（$[K]+\lambda[K_g]$）对应的行列式为 0 即为临界条件，表示如下：

$$|([K]+\lambda[K_g])| = 0 \tag{8}$$

由上式得到的屈曲荷载系数 λ 成为临界荷载系数，具有多个值，相应的规则化位移为屈曲模态，相应的荷载为临界荷载。

从上述分析可知，屈曲荷载系数 λ 基于材料线弹性假定，且仅与结构的材料弹性、几何参数及初始应力状态有关，而与结构材料的强度无关。

普遍认为，当屈曲荷载系数大于 8～10，其结构的稳定性可满足要求。屈曲分析可将侧力作为不变荷载施加，但要将风荷载和地震作用加载到模型中，工作较为麻烦，需要手工输入，故多数情况下，屈曲分析仅考虑竖向荷载作用。

由于常规的屈曲分析是针对基本荷载 $DL_k＋LL_k$ 而言，所以即便屈曲荷载系数大于 8，对穿层墙来说，也仅可认为穿层墙在重力工况下满足稳定性要求。

【算例 1】两端铰接的柱（图 2），其截面尺寸为 300mm×300mm，柱长 6000mm，C30 混凝土，设计轴压比为 0.6，分析临界屈曲荷载与柱轴向压应力的关系。

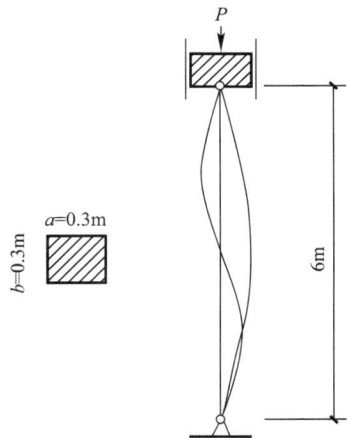

图 2　混凝土铰接柱加载示意

解析：柱的变形与受力关系如图 3 所示。

临界屈曲荷载 $P_{cr} = \dfrac{\pi^2 EI}{l^2} = 3.14^2 \times 3 \times 10^7 \times 0.3^4 / 12 / 6^2 = 5646$（kN）

设计轴压力 $P = 300 \times 300 \times 14.3 \times 0.6 / 1000 = 772$（kN）

标准轴压力 $P_k = 772/1.4 = 551$（kN）

屈服时轴压力 $P_y = 300 \times 300 \times 20 / 1000 = 1800$（kN）

屈服轴压力对应的荷载系数 $\lambda_y = P_y / P_k = 1800 / 551 = 3.2$

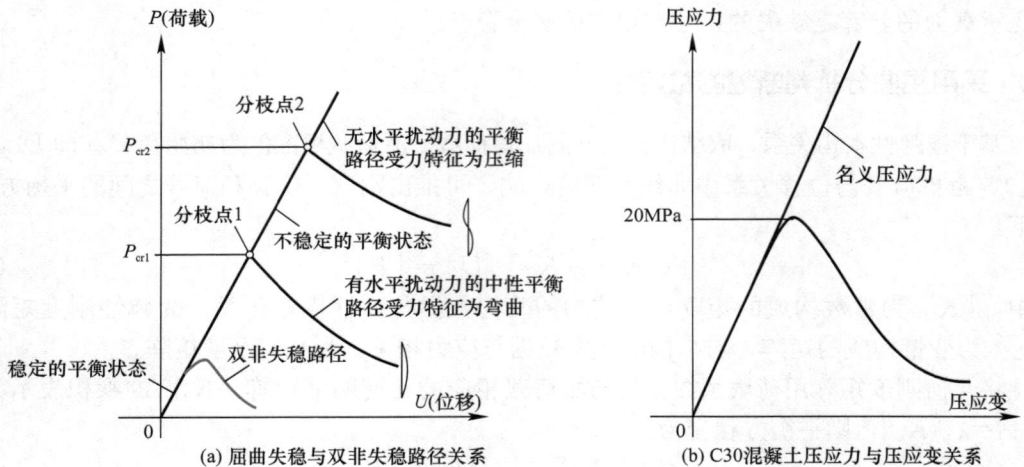

图 3　柱的变形与受力关系示意

故屈曲荷载系数 $\lambda_{cr}=P_{cr}/P_k=5646/551=10.2>3.2$

临界荷载对应的混凝土名义压应力 $\sigma=5646\times10^3/(300\times300)=62.7$（MPa）$>$ 20MPa

由上可知，屈曲荷载系数较大时，使得结构先进入塑性，发生强度破坏，不可能发生失稳破坏；只有当屈曲临界荷载对应的应力与应变关系保持线弹性关系，即结构未屈服前，相应临界荷载才具有承载力的意义。

小结：

（1）一般情况下的屈曲分析仅验算重力工况下穿层墙的稳定性，没有考虑其他不利工况的作用，存在一定的安全风险。

（2）由于较大屈曲荷载系数无承载力上的意义，即便屈曲荷载系数大于 8，也不代表穿层墙稳定性承载力满足要求。

（3）屈曲分析结果与荷载模式及其参数、单元划分等情况相关。

综上，仅采用屈曲分析的方法难以可靠地保证穿层墙的稳定性。

2.4　采用《高规》附录 D 公式判断墙的稳定性

《高规》附录 D 墙体稳定验算公式为：

$$q\leqslant\frac{E_c t^3}{10 l_0^2}\tag{9}$$

式中各符号的意义详见规范。

根据式（9）可进行墙体稳定性验算，此方法有如下特点：

（1）假定竖向均布荷载作用，荷载为线载，单位为 kN/m，可按最不利工况下的内力计算求得。因此，可认为此法能考虑其他不利工况的作用。

（2）考虑了墙肢计算长度的影响。

（3）一字墙的计算长度为 1.0。

（4）T形等墙肢的计算长度与另向墙肢约束有关。

（5）仅与墙体的弹性模量及几何尺寸相关，而与墙体的混凝土等级及配筋无关。

对上述墙体稳定验算公式进行追根溯源，可将两端简支压杆的屈曲临界荷载公式应用到矩形墙体，并将公式 $P_{cr}=\dfrac{\pi^2 E_c I}{l^2}$ 中的 I 用墙的相应值 $bt^3/12$ 代入，则有：

$$P_{cr}=\frac{bE_c t^3}{1.22l^2} \tag{10}$$

考虑几何缺陷、偏心及塑性等影响，采用一个 8.2 的安全系数，并注意到 $q \leqslant P_{cr}/8.2b$，其中 b 为墙长，则式（10）变为式（9），即《高规》附录 D 墙体稳定性验算公式，也就是说，式（9）源于单片矩形墙的屈曲分析结果，且安全系数大于 8。另外，此式仅适用于单片墙及墙顶线荷载均匀的情况，对其他情况为近似适用。

【算例 2】如图 4 所示，墙高 $L_0=6m$，墙长 $b=1m$，墙厚 $t=0.3m$，混凝土强度等级 C60，纵向全截面配筋率 1.2%，采用 HRB400 钢筋，在无弯矩条件下，求稳定承载力 N_r。

解析：此构件长介于 $3t \sim 4t$，可按柱或墙的相关公式求其稳定承载力 N_r。

方法 1（按柱计算）：

$$\begin{aligned}N_r &=0.9\varphi(f_c A_c + f_y A_s)\\&=0.9\times 0.75\times(0.3\times 27.5\times 10^3 + 0.3\times 1.2\\&\quad\times 10^{-2}\times 360\times 10^3)=6444(kN)\end{aligned}$$

方法 2（按墙计算，即按式（9）计算）：

$$q_r = E_c t^3/(10L_0^2)=3.6\times 10^7\times 0.3^3/10/6^2=2700(kN)$$

图 4　算例 2 图示

可见，对同一问题，采用上述两种方法计算，其结果相差 1 倍以上，显然存在问题。

从上述算例来看，采用《高规》附录 D 公式判断墙的稳定性时，其结果是否一定偏安全呢？答案是"否"，请看下一个算例。

【算例 3】将算例 2 墙长改为 4m，暗柱长设为 0.8m，其他数据不变，在线荷载 $q=2700kN/m$ 及弯矩 $M=10000kN\cdot m$ 作用下，判断墙的稳定性，如图 5 所示。

方法 1（复核暗柱的受压稳定承载力）：

$$\begin{aligned}N_r &= 0.9\varphi(f_c A_c + f_y A_s)=0.9\times 0.75\times(0.24\times 27.5\times 10^3\\&\quad +0.12\times 1.2\times 10^{-2}\times 360\times 10^3)=4805(kN)\end{aligned}$$

而暗柱受到的轴向力 $N=2700\times 0.8+10000/3.2=5285(kN)>4805kN$，不满足稳定性要求，即由于弯矩的作用使得一侧暗柱压力增加，可能导致其暗柱面外稳定性不足。

方法 2（按墙计算，不考虑墙面内弯矩的作用）：

由算例 2 可知，墙体可满足稳定性要求。

以上两种算法结论相反，说明墙顶受力不均匀时，按墙计算稳定性偏不安全，这是因为在此算法中，墙的稳定承载力不考虑墙体弯矩的作用。

对算例 2 再稍作修改，如图 6 所示，即考虑墙面外弯矩 M_o 的作用，则墙面外存在变形，使得结构受力存在面外偏心及二阶效应的影响，更不利于墙体的稳定性，此情况下，利用墙体稳定公式验算更难判断墙的稳定性。

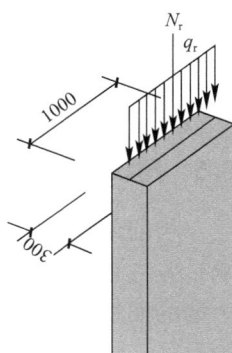

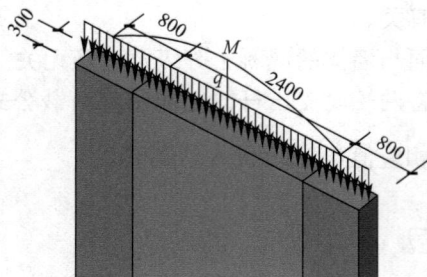

图 5　算例 3 图示 1

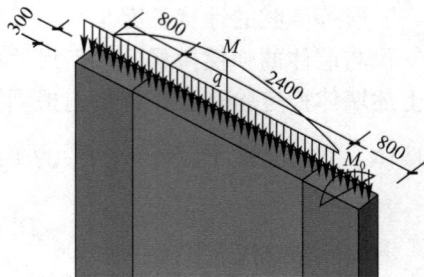

图 6　算例 3 图示 2

小结：

（1）墙体稳定公式验算方法仅考虑穿层墙的均布线荷载情况，未考虑穿层墙存在面内弯矩的情况。

（2）对穿层墙存在面外弯矩的情况，墙体稳定公式验算方法更无法验算其稳定性。

综上，仅采用墙体稳定公式验算方法难以可靠地保证穿层墙的稳定性。

2.5　建议方法

当前结构分析与设计软件，对柱的设计中考虑了稳定性系数、偏心、二阶效应等影响，并进行了双向轴心受压及偏心受压的承载力验算，即柱的承载力设计是完善的，而剪力墙的面外压弯承载力设计是不完善的。因此，建议采取下述方法进行穿层墙的稳定承载力验算：

（1）根据各墙肢顶部等效竖向均布线荷载（宜采用小震、风荷载和中震作用下墙身最不利组合工况下的竖向力），考虑端部相连墙肢约束的影响，采用《高规》附录 D 公式判断穿层墙各墙肢的稳定性；当剪力墙为 T 形、L 形等且翼缘截面较小时，即某墙肢对相连墙肢约束较小时，应按《高规》附录 D 公式，补充各墙肢组合成整体的稳定性验算。

（2）在小震、风荷载和中震最不利组合工况作用下，考虑墙肢面内与面外弯矩的影响，补充剪力墙一字形边缘构件（或翼缘截面较小的边缘构件）压弯稳定承载力验算，具体做法如下：

① 将剪力墙的一字形边缘构件（或翼缘截面较小的边缘构件）视为框架柱（暗柱或明柱），并合理模拟暗柱或明柱与相邻墙之间的传力机制。

② 考虑暗柱或明柱面外计算长度及其稳定系数的影响，验算暗柱或明柱的轴心受压稳定承载力与偏心受压承载力。

③ 对暗柱或明柱面外计算长度系数，可根据线性屈曲分析结果中的临界荷载，采用反算方法求得，也可直接参考相关规范进行取值。

2.6　本节小结

（1）对穿层墙面外压弯稳定性问题，当前结构分析与设计软件未予考虑。

（2）对穿层墙，采取屈曲分析方法，当屈曲荷载系数大于 8（针对基本荷载采用 DL_k ＋ LL_k 而言）时，可认为穿层墙仅在重力工况下满足稳定性要求。

（3）对竖向受力均匀的剪力墙，可采用《高规》附录 D 公式判断墙的稳定性。但对竖向受力不均匀（即存在弯矩的情况）的剪力墙，采用《高规》附录 D 公式判断墙的稳定性时，该方法不能覆盖一些不利工况，存在一定的安全风险。

（4）在满足《高规》附录 D 公式墙体稳定性的前提下，采用基于柱的设计方法，考虑面外稳定系数的影响，补充受力不均匀情况下边缘构件面外稳定承载力验算，以达到对穿层墙（或高厚比较大的墙）面外压弯稳定承载力较全面的验算。

3 基于风洞试验压力时程的风振加速度精细分析

3.1 问题来由

一般情况下，风洞试验完成后，可得各测点的压力时程，然后选择各层的质心为作用点，通过各层所属临空面上测点的风力时程对面积进行积分，得到作用点上力和力矩的时程；通过动力分析，可得结构各节点上的风振加速度。由上述算法可知，此风振加速度不能反映结构扭转效应及弹性楼板的影响，而对具有凹凸不规则、楼板不连续及扭转不规则的结构，此分析方法值得改进，应采用更精细的风振加速度分析方法。

3.2 分析方法

精细的风振加速度分析方法要点如下：

（1）在计算分析模型中，按测点上的风力时程及所代表的面积求出节点力时程，并加载到测点最近的节点上。

（2）进行动力时程分析。

（3）对各点的风振加速度矢量时程 $A_r(t) = (A_x(t), A_y(t))$，$A_x(t)$ 和 $A_y(t)$ 分别为同一时刻的 x 向及 y 向的风振加速度分量，则风振加速度矢量模（即风振合加速度）的时间序列 $A(t)$ 为：

$$A(t) = \sqrt{A_x(t)^2 + A_y(t)^2} \tag{11}$$

（4）对各点的合加速度序列求最大值，即该点风振加速度的峰值。

（5）根据风工程的做法，由于风压力时程存在一定的随机性，故可按一定保证率取值以消减其峰值：

$$A_m = A_u + \lambda \cdot \sigma \tag{12}$$

式中：A_m——99%保证率的风振加速度峰值；

A_u——风振合加速度序列的平均值；

λ——峰值因子，可取 2.5；

σ——根方差或标准差，代表序列与平均值的偏离程度。

3.3 分析实例

项目位于深圳市临海区域，建筑为 51 层，建筑高度为 160m，高宽比约为 5，但局部小翼高宽比达 22。地面粗糙度为 C 类，舒适度计算取 10 年一遇风荷载 0.45kN/m²，计算舒适度阻尼比取 0.02，风时程由风洞试验给出。结构平面布置如图 7 所示。

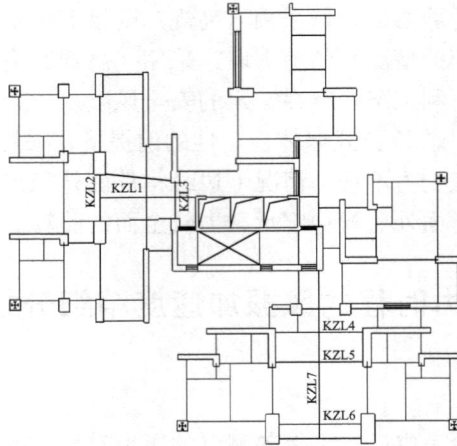

图 7　某住宅结构平面示意

在 ETABS 模型中，采用弹性楼盖假定，按测点输入不利方向各层各点的压力时程 3978 个 ［51（层）×26（测点）×3（方向）］，作用时间为 1000s，在 24 核服务器中运行约 30 小时，得到风振加速度时程分析结果，并与其他分析方法进行对比，其结果如表 1 所示。

分析结果汇总　　　　　　　　　　　　　　　　　　　　　　　　　表 1

计算方法	结构风振加速度峰值（m/s²）	与传统分析方法结果的比值
采用规范近似公式	横风向顶点加速度：$a_x=0.147$；$a_y=0.131$ 顺风向顶点加速度：$a_x=0.078$；$a_y=0.097$	
基于风洞试验数据，采用传统的风振加速度分析方法	$a_x=0.148$；$a_y=0.146$	
基于风洞试验数据，采用精细的风振加速度分析方法，即按测点输入风力时程，采用弹性楼盖的假定，并按合加速度进行控制	0.27	0.27/0.148＝1.82 倍
基于风洞试验数据，采用精细的风振加速度分析方法及随机理论方法，考虑一定保证率，消减风振加速度的峰值	0.23	0.23/0.148＝1.55 倍

由表 1 可知，各计算方法结果相差较大，宜采用精细的风振加速度分析方法及随机理论削峰方法的结果。此外，本项目将采用水箱减振方法，使结构风振加速度峰值控制在规范允许值以内。

3.4　本节小结

（1）由于建筑布置追求视野、通风和采光等方面的性能，且由于土地资源紧张，住宅建筑高度不断变大，使得住宅结构整体性能较差，抗侧刚度较弱，不仅出现较多的弱连接，也使得小翼结构的高宽比常大于 15，导致结构顶部容易出现局部振动和扭转振动。

（2）由于常规的风振加速度分析方法采用近似公式，按单向风振加速度控制，而非按风振合加速度来控制，也没有考虑扭转效应及弹性楼盖的影响，因此，掩盖了一些设计中的风振问题。

（3）对凹凸不规则、楼板不连续及扭转不规则的结构，宜直接采用风洞试验测点的风力时程进行多点加载和分析，并按规范限值控制风振合加速度值的峰值。

4　考虑混凝土构件全截面受拉开裂后刚度退化影响的分析技术

4.1　问题来由

结构分析时，若采用弹性本构关系，则必须复核应力是否满足相应的不屈服条件，即通过计算结果中的应力状态，来判断弹性本构关系的适应性，否则，计算结果存在误差，甚至相应的结构设计存在重大安全风险。

如对于混凝土受拉构件，若混凝土全截面平均拉应力标准值大于抗拉强度标准值，则混凝土进入塑性。根据混凝土塑性损伤理论可知，名义应力越大，则刚度退化越严重，内力转移量越大，且增大相关构件的内力，导致相关构件不安全。故应对混凝土拉应力结果作出分析和判断，否则，将造成结构不安全的情况。

4.2　分析方法

当混凝土构件全截面平均拉应力不大于或接近混凝土抗拉强度时，可采用钢筋混凝土构件。

当混凝土构件全截面平均拉应力大于混凝土抗拉强度较多时，其受拉梁宜改为型钢混凝土梁或钢梁。若采用型钢混凝土梁，分析时应根据混凝土构件的拉力，初定型钢的面积，然后将型钢计入结构分析模型进行计算。根据构件的拉力计算混凝土部分的平均名义拉应力，若其值超过抗拉强度较多，则根据超过抗拉强度的程度，折减或忽略混凝土部分的刚度，再重新计算，直到混凝土部分的平均名义拉应力不超过或接近混凝土的抗拉强度为止，即应将虚假的应力释放出来分配至相关的构件，以体现内力的转移。

4.3　相关案例

某项目右侧为办公区，其结构形式为连体结构，主要屋面高32.8m，连体部分原采用混凝土桁架，跨度约为30～60m。相关模型及分析如图8～图11所示。

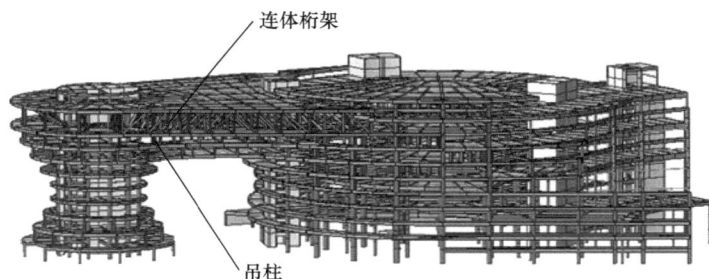

图8　某项目办公区连体结构模型

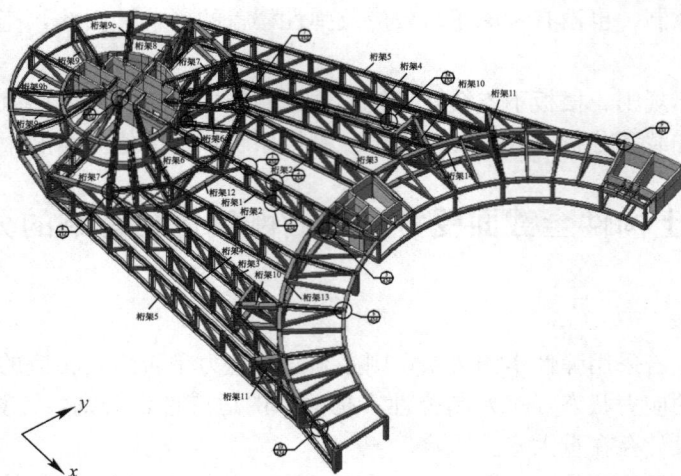

图 9　连体结构桁架布置三维示意

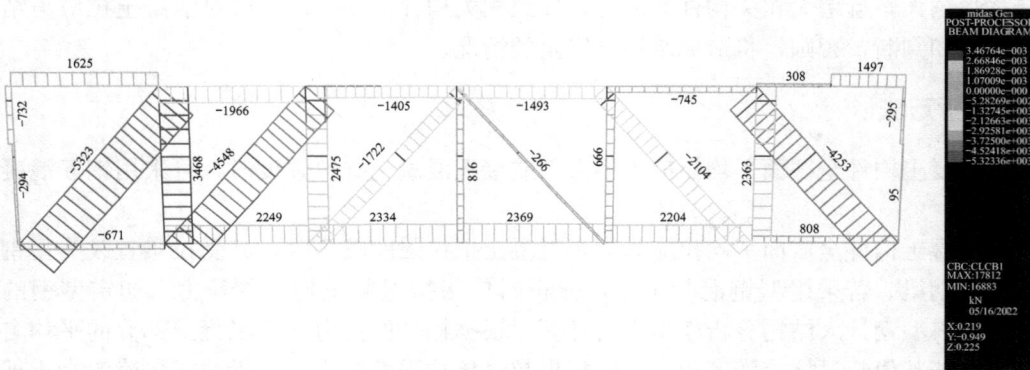

图 10　连体结构桁架轴力图

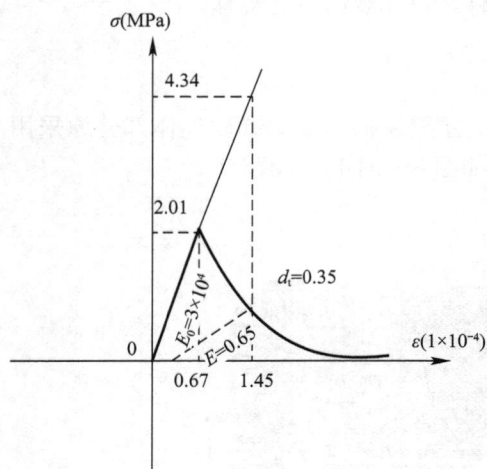

图 11　C30 混凝土单轴受拉应力
与应变关系示意

在分析其中一根混凝土受拉弦杆（截面尺寸为 $b \times h = 750\text{mm} \times 700\text{mm}$）的拉力时（图 11），发现 C30 混凝土的拉应力标准值达 4.34MPa（对应名义拉应变 1.45×10^{-4}），早已超过 C30 混凝土抗拉强度标准值 2.01MPa，即便考虑钢筋的作用，整个截面混凝土早已进入塑性阶段。根据上述混凝土的塑性损伤模型，如对于 C30 混凝土，当混凝土拉应变达到 1.45×10^{-4} 时，受拉刚度已为负值，卸载刚度约为弹性刚度的 0.65 倍，但注意，此刚度并不对应实际刚度，仅是名义上的刚度，并无实际意义。

将所有受拉构件全部改为型钢混凝土构件，且当轴向拉应力标准值超过混凝土抗拉强度标准值时，均忽略其受拉梁混凝土的刚度，所得受拉构件的用钢量增加约 1 倍，这表明，不考虑混凝土构件全截面受拉开裂刚度退化的设计存在较大安全风险。

4.4 本节小结

（1）应特别关注混凝土全截面受拉构件的混凝土拉应力情况，并要验证混凝土的拉应力值是否符合计算模型中的本构假定，否则，内力计算错误，将使工程结构存在较大安全隐患。

（2）仅根据全截面受拉混凝土构件的名义拉力去配型钢的做法是不妥当的，而应将型钢加入模型，再验算混凝土的拉应力值。若混凝土构件全截面平均拉应力小于混凝土的抗拉强度 f_{tk}，则设计成立；否则，应对混凝土的抗拉刚度进行折减或忽略，并重新计算，直到混凝土部分的平均名义拉应力不超过或接近混凝土的抗拉强度为止。

（3）应基于结构实际形成过程及结构材料实际所遵循的本构关系进行承载力验算，判断结构的性能是否满足要求。

5 考虑高振型阻尼影响的大震弹塑性时程分析技术

5.1 问题来由

结构分析的目标之一是获取结构的位移场、应变场及应力场，三者之间具有密切的关系，故仅获得结构位移场即可。通过离散化的方法，按黏性阻尼理论，可将结构的动力学方程表达如下：

$$M\ddot{u} + C\dot{u} + Ku = F(t) \tag{13}$$

式中：u——节点位移向量，结构连续体的位移场可通过节点位移向量求得；

M——质量矩阵；

C——阻尼矩阵；

K——刚度矩阵；

F——外力向量函数；

t——时间变量，地震作用时，若不考虑地基的变形影响，则可取 $F(t) = -M\ddot{u}_g$，其中 $\ddot{u}_g$ 为地面运动加速度，即地震波。

在结构动力学中，阻尼的选取对计算结果较为敏感，应谨慎对待。在一般分析精度要求下，可采用瑞利（Rayleigh）阻尼来定义阻尼，即式（13）中的阻尼矩阵 C 表达如下：

$$C = \alpha M + \beta K \tag{14}$$

式中：α——质量阻尼系数；

β——刚度阻尼系数。

α 与 β 是难以直接确定的，但可根据它们与振型阻尼比的关系来间接确定。

对多自由度力学系统，有如下关系：

$$\xi_i = (\alpha/\omega_i + \beta\omega_i)/2 \tag{15}$$

式中：ξ_i——系统圆频率为 ω_i 时的阻尼比，其值可根据特定材料在自由振动的情况下振动幅值的衰减情况测得。对混凝土材料，可取 0.05；对钢材料，可取 0.02，而且可认为各阶频率下的阻尼比是相同的。

对于混凝土结构，可假定各阶频率下的阻尼比均为 0.05。阻尼矩阵 C 由两个参数决定，此时根据式（15）可知，阻尼矩阵 C 仅能保证两个振型的阻尼比为 0.05，难以保证其他振型的阻尼比为 0.05，此时也可通过式（15）求得系统圆频率为 ω_j 时的计算阻尼比 ξ_j^*。如果 $\xi_j^* < 0.05$，则计算结果对振型 j 阻尼估计不足，计算效应偏大，可能导致设计偏保守；如果 $\xi_j^* > 0.05$，则计算结果对振型 j 阻尼估计过大，效应偏小，可能导致设计偏不安全。

在许多情况下，一些结构分析软件仅能考虑质量阻尼系数的影响，如在 ABAQUS 软件中，若采用用户材料，则 ABAQUS 不支持刚度阻尼系数。另外，在非线性分析中，即便软件可支持刚度阻尼系数，其结果往往为奇异或难以收敛，故下面仅讨论瑞利阻尼中的质量阻尼。如果仅采用质量阻尼系数，并按结构基本频率来计算质量阻尼系数，即 $\alpha = 2\xi_i\omega_1$，对高振型的阻尼比，有 $\xi_i = \alpha/(2\omega_i)$，此式表明，高阶振型阻尼比随频率变大而变小，即对高振型阻尼比估计偏小，导致结构效应偏大，设计偏保守。所以，如何正确构造阻尼矩阵以考虑高振型阻尼的影响是一个重要的问题。

5.2 分析方法

对上述问题的解决，首先要建立这样的目标：合适的阻尼矩阵，一是使式（13）能解耦，二是使得结构各振型的阻尼比为指定值。

令
$$u = \varphi Z \tag{16}$$

式中：φ——式（13）无阻尼自由振动方程的 $n \times n$ 阶正则化后的振型矩阵；

Z——n 阶广义自由度向量。

对任意 i 振型，正则化后振型位移满足下式：
$$\varphi_i^T M \varphi_i = 1, i = 1, 2, \cdots, n \tag{17}$$

式中：φ_i——振型矩阵 φ 的第 i 列向量。

对任意 2 个不同振型，j_1 振型与 j_2 振型，特征方程为
$$(K - \omega_{j1}^2 M)\varphi_{j1} = 0 \tag{18}$$
$$(K - \omega_{j2}^2 M)\varphi_{j2} = 0 \tag{19}$$

以 φ_{j2}^T 和 φ_{j1}^T 分别左乘式（18）和式（19），可得：
$$\varphi_{j2}^T(K - \omega_{j1}^2 M)\varphi_{j1} = 0 \tag{20}$$
$$\varphi_{j1}^T(K - \omega_{j2}^2 M)\varphi_{j2} = 0 \tag{21}$$

对式（20）转置后再与式（21）相减，得：
$$(\omega_{j1}^2 - \omega_{j2}^2)\varphi_{j1}^T M \varphi_{j2} = 0 \tag{22}$$

由于 $(\omega_{j1}^2 - \omega_{j2}^2)$ 不等于 0，故有：
$$\varphi_{j1}^T M \varphi_{j2} = 0 \tag{23}$$

上式说明 j_1 振型位移与 j_2 振型位移的正交性，进一步可得：
$$\varphi^T M \varphi = I \tag{24}$$

式中：I——单位矩阵，即 $I = \text{diag}([1, 1, \cdots, 1])$，diag（ ）为对角阵函数。

将式（16）代入式（13）并左乘 φ^T，则有：
$$\varphi^T M \varphi \ddot{Z} + \varphi^T C \varphi \dot{Z} + \varphi^T K \varphi Z = \varphi^T F(t)\varphi \tag{25}$$

根据式（18）、式（19），可知：

$$\varphi_i^T K \varphi_i = \omega_i^2 \varphi_i^T M \varphi_i, i = 1, 2, \cdots, n \tag{26}$$

$\varphi^T K \varphi$ 为对角矩阵，因此要使式（25）可解耦，$\varphi^T C \varphi$ 必为对角阵，即：

$$\varphi^T C \varphi = \text{diag}([c_1, c_2, \cdots, c_n]) \tag{27}$$

式（25）变为：

$$\ddot{Z}_i + c_i \dot{Z}_i + \omega_i^2 Z = \varphi^T F(t) \varphi, i = 1, 2, \cdots, n \tag{28}$$

令 $\xi_i = c_i / 2\omega_i$，即第 i 振型的阻尼比，式（28）变为：

$$\ddot{Z}_i + 2\xi_i \omega_i \dot{Z}_i + \omega_i^2 Z_i = \varphi^T F(t) \varphi \tag{29}$$

故：

$$c_i = 2\xi_i \omega_i \tag{30}$$

由上可知，阻尼矩阵按如下方式构造必能实现预定的两个目标。

$$C = M\varphi \times \text{diag}([c_1, c_2, \cdots, c_n]) \times \varphi^T M \tag{31}$$

作一个验证，对式（31）分别左乘 φ^T 和右乘 φ，并根据式（24），则：

$$\varphi^T C \varphi = \varphi^T M \varphi \times \text{diag}([c_1, c_2, \cdots, c_n]) \times \varphi^T M \varphi = \text{diag}([c_1, c_2, \cdots, c_n]) \tag{32}$$

由式（31）、式（32）可知，上述阻尼矩阵的构造实现了两个预定的目标。

出于对计算效率的考虑，振型不需取满，取前 m（$m < n$）个振型即可，式（32）改写成实用的表达式如下：

$$C = M\left(\sum_{i=1}^{m} 2\xi_i \omega_i \varphi_i \times \varphi_i^T\right) M \tag{33}$$

式中：φ_i——第 i 阶正则化后的振型矢量（n 维列矩阵）；

φ_i^T——φ_i 转置向量（n 维行矩阵），$\varphi_i \times \varphi_i^T$ 为 $n \times n$ 阶矩阵。

另外，由于 M 为对称矩阵，易知 $C = C^T$，即 C 为对称矩阵。

5.3 考虑高振型阻尼影响的弹塑性时程分析步骤

采用通用有限元分析软件 ABAQUS（6.11）来实现考虑高振型阻尼的动力弹塑性分析，具体步骤如下：

（1）在 MIDAS/Gen 中，对结构分析模型做必要的处理：

① 对结构布置与参数、计算模型与参数进行检查。

② 对 MIDAS/Gen 计算结果进行确认。

③ 梁、柱、墙配筋采用小震与中震的包络结果。

④ 将型钢混凝土构件分解成型钢与混凝土构件。

⑤ 对梁铰接进行处理。

⑥ 细分单元。为了提高 ABAQUS（6.11）计算精度，在 MIDAS/Gen 中，应对相关单元进行细分。如将板单元尺寸控制在 1~2m 左右，将普通梁单元分为 3~5 段。另外，对梁应力变化较大处，宜再细分之。对用壳单元表达连梁处的剪力墙应划分为暗柱区（梁单元或板单元）与墙身区（板单元）。节点间最小尺寸不宜小于 0.6m，因为计算膨胀波速一般为 4000~6000m/s，否则，将导致计算时间过长。

⑦ 显示参数。在 MIDAS/Gen 中，材料的规范选择栏中应选择无，以显示材料的弹性模量、泊松比等；应勾选截面栏中的用户选项，以显示截面的几何数据。

⑧ 区分单元。梁单元断面的宽度 b（mm）个位有数字则视为柱，若数字为 1，如 $b \times h = 251 \times 500$，则此截面所对应的单元代表柱，其高度 h 对应的方向矢量为（1，0，0）；

若数字为 2，如 $b×h＝252×500$，则此截面所对应的单元代表柱，其高度 h 对应的方向矢量为（0，1，0）。对斜撑，方向矢量均可为（0，0，－1）。不同配筋而相同厚度的墙与板可采用小数点后的数加以区分，如 $h＝120$，$h＝120.5$，$h＝200.9$ 等；对于板，采用 $h＝120.5mm$，5 代表层号或识别号；对于墙，采用厚度 $h＝200.2$，小数点后的数字 2 代表 Y 向墙，以获得正确的布筋方向。板单元节点不必与墙暗柱区域的内节点一一对应，以减少壳单元的个数。

⑨ 等效荷载。为了保证 MIDAS/Gen 与 ABAQUS（6.11）软件计算的等效质量相等，可通过调整板对应材料的质量，使其等于活荷载与附加恒荷载对应的质量。

（2）编写数据文件转换程序，将 MIDAS/Gen 的 MGT 文件转换为 ABAQUS（6.11）的 INP 文件：

依据 MIDAS/Gen 结构本体文件和配筋文件及 INP 文件的格式，通过程序自动生成 ABAQUS（6.11）的 INP 文件。

（3）开发混凝土一维弹塑性损伤本构模型的 VUMAT 程序：

混凝土塑性损伤模型（Concrete Damaged Plasticity）可描述混凝土受动力往返作用下的力学行为，广泛应用于地震作用下的弹塑性动力时程分析，但 ABAQUS（6.11）中考虑剪切效应的三维梁单元不能直接采用混凝土塑性损伤模型。针对此问题，研制了混凝土梁单元塑性损伤模型显式算法 VUMAT 用户程序，并将其编译成 vzcr.obj 文件，此程序可描述混凝土在动力往返作用下屈服、卸载、再加载、损伤、刚度退化、刚度恢复、动力滞回等一系列特性，另外，还可考虑梁受拉损伤对梁抗剪模量的不利影响以及钢管的套箍效应对钢管混凝土中混凝土屈服与变形性能的影响。

VUMAT 用户程序的头部如下：

```
subroutine vumat (
*        nblock, ndir, nshr, nstatev, nfieldv, nprops, lanneal,
*        stepTime, totalTime, dt, cmname, coordMp, charLength,
*        props, density, strainInc, relSpinInc,
*        tempOld, stretchOld, defgradOld, fieldOld,
*        stressOld, stateOld, enerInternOld, enerInelasOld,
*        tempNew, stretchNew, defgradNew, fieldNew,
*        stressNew, stateNew, enerInternNew, enerInelasNew)
         include 'vaba_param.inc'
```

在 ABAQUS 的 INP 文件中定义用户材料，并通过 *User Material 激活 VUMAT 用户程序及输入相关参数，详细内容如下：

......

*Material，name＝C50
*Damping，alpha＝0.2
*Density
2.500
*Depvar
9（程序要求的状态变量数量）

＊User Material，constants＝1

50，1（混凝土等级及套箍系数）

…．

进入 ABAQUS/ACE 环境，在 JOB/Edit Job 菜单中的 User subroutine file 中填入程序名 vzcr.obj 即可，如图 12 所示。

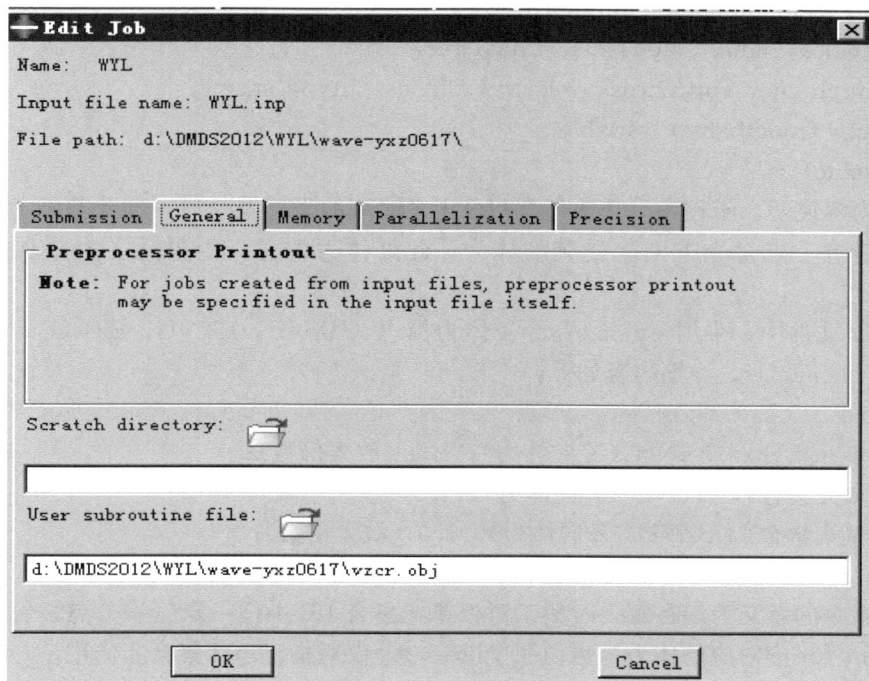

图 12　激活 VUMAT 用户程序

（4）采用隐式算法，按施工模拟加载重力荷载，应逐层进行施工模拟。

（5）质量凝聚：

为了建构结构葫芦串模型及计算相应阻尼力 $f=-C\times V$［其中 C 为阻尼矩阵，按式（31）计算，V 为速度向量］，可采用质量按区集中和对相关自由度进行凝聚等方法，使得阻尼矩阵的阶数大大降低，从而提高计算阻尼力的效率，同时满足实际计算精度的要求。如每层采用1个或2个或2个以上质量凝聚点（对应结构精细模型中的某节点）进行凝聚，求出质量凝聚点的质量与坐标。若每层考虑2个或2个以上质量凝聚点，则可考虑扭转振型阻尼的影响。

可在 MIDAS/Gen 中进行分析，并返回质量凝聚点节点号的集合及相应质量。

（6）求取计算振型：

在 ABAQUS（6.11）中进行振型分析，获取各阶相应的振型位移。如在后处理菜单进行过程 result/steptime 选振型，/report/选变量及文件名，可获得振型位移文件。

（7）获取各计算振型与相应质量凝聚点的振型位移：

在上述文件的基础上，可通过自编程序获得各振型指定节点的位移。

（8）在 MIDAS/Gen 中，对不同的材料指定阻尼比，按应变能阻尼理论，求出各振型

（一般情况下，取 30～40 阶即可）的阻尼比。

（9）剖析 ABAQUS（6.11）提供的动态荷载施加用户子程序 vdload：

在 ABAQUS 中，此子程序属难以理解和使用的、可二次开发的子程序，其头部如下：

subroutine vdload （

C Read only （unmodifiable） variables

　　　* nblock, ndim, stepTime, totalTime,

　　　* amplitude, curCoords, velocity, dirCos, jltyp, sname,

C Write only （modifiable） variable

　　　* value)

上述内容说明，子程序可获知任意积分点各时刻的坐标及速度，在此基础上，可指定相应单元任意一点每个方向上受到的体力，此处体力的意义为单元受力总和除以单元体积。

在 INP 文件中，采用 * dload 命令及体力标志（BXNU，BYNU，BZNU），可激活用户子程序 vdload. for，详细内容如下：

　* dload

　LB（单元集合），BXNU（X 向体力），1.0（放大倍数）；

　LB（单元集合），BYNU（Y 向体力），1.0（放大倍数）；

　LB（单素集合），BZNU（Z 向体力），1.0（放大倍数）；

　……

此段指令的意义为，在每一时刻，对板单元集合 LB 中任一点（积分点）每方向的体力为 vdload. for 中对应的体力，也说明 vdload. for 仅对指定单元集合起作用。

（10）编制用户子程序 vdload. for：

① 构造结构葫芦串模型的数据，从结构精细模型中获得相应数值，以求得葫芦串模型的阻尼力，再以体力的方式施加在结构精细模型中。

② 在初始时（stepTime. EQ. 0），从输入数据文件中读取结构葫芦串模中总体信息、各振型周期、各振型阻尼、各区质量、各区板体积、各区凝聚点坐标及正则化振型位移等数据。

③ 对结构精细模型中当前积分点〔curCoords（km，1），curCoords（km，2），curCoords（km，3）〕，先判断当前点是在结构葫芦串模型中哪个层内，然后判断当前点落在哪个区内，以得出结构葫芦串模型的数据。

④ 通过对凝聚点坐标与当前积分点（凝聚节点附近板单元中点）坐标的比较判断，获取结构葫芦串模型凝聚点的速度。

⑤ 根据各凝聚点速度和子程序输入的数据及公式 $F=-C\times V$ 求出结构葫芦串模型中各凝聚点的集中阻尼力，以反映高振型阻尼的影响。

⑥ 将结构葫芦串模型中集中阻尼力分散为结构精细模型中板单元的体力，以近似体现结构材料阻尼的特点。

（11）对结构精细模型，运行 ABAQUS（6.11）程序并做相关后处理与分析工作。

5.4 实际算例

5.4.1 工程概况

宝能环球金融中心位于沈阳市中心区沈河区，T2 塔楼总建筑面积约 14 万 m²，首层为大堂，2～7 层为宴会厅等酒店配套用房，9～43 层为办公用房，45～48 层为酒店大堂及配套用房，49～63 层为酒店客房，64～66 层为酒店配套和设备层。共设置 3 个避难层，分别位于 8 层、26 层及 44 层。主体结构高度为 296.1m，幕墙顶点高度为 318m，建筑效果及结构三维模型见图 13。

图 13　建筑效果图及结构三维模型

结构体系为框架-核心筒结构，框架柱均采用型钢混凝土，钢筋混凝土核心筒在结构 33 层以下设置型钢暗柱。为满足首层大堂及宴会厅的要求，抽掉 7 层以下四边外框中柱，采用钢结构人字形斜撑转换，斜撑从首层楼面伸至 7 层楼面，结构 7 层及以下与支撑相接的外框梁采用钢梁，其他梁为钢筋混凝土梁，8～52 层的框架梁采用钢筋混凝土梁，53 层及以上的框架梁采用钢梁。

办公层和酒店层的结构平面布置如图 14 所示。

5.4.2 计算模型与相关参数选取

根据安评报告，本场地特征周期为 0.4s，大震分析时取 0.45s。弹塑性动力时程分析时，时长为 50s，步长为 0.02s，地震加速度最大值为 220cm/s²。

取地下室顶板以上结构为弹塑性动力时程分析对象，地震波从地下室顶板处的竖向构件端点输入，结构分析模型由弹塑性梁单元与弹塑性壳单元构成。

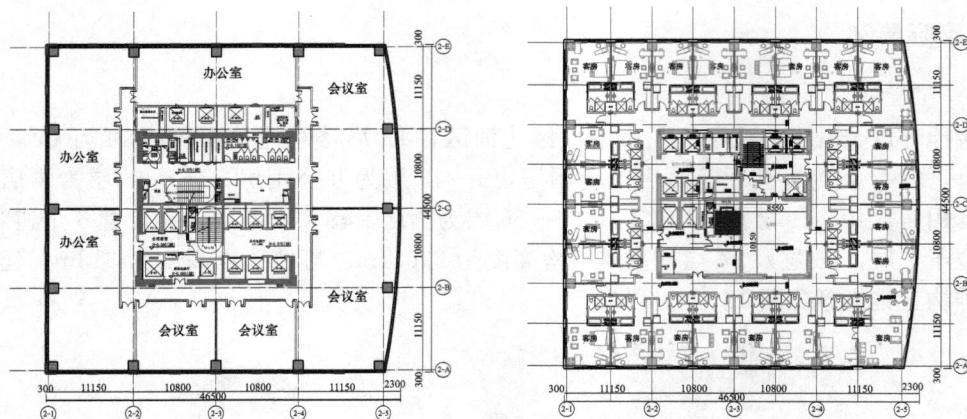

图 14 办公层和酒店层平面布置

混凝土的弹塑性本构模型采用塑性损伤模型，钢材的弹塑性本构模型采用可考虑包辛格效应的二折线弹塑性模型。

5.4.3 考虑高振型阻尼影响与未考虑高振型阻尼影响的结果对比分析

为了对比不同振型阻尼模式及其参数对结构地震响应影响的敏感性，则施加同一地震波作用，采用不同振型阻尼模式或参数，对比分析结构 X 方向基底剪力、顶层位移及层间位移角的变化。对瑞利阻尼，仅考虑质量阻尼系数，即代表未考虑高振型阻尼影响的情况。对考虑高振型阻尼影响的情况，其振型阻尼的取法可做一些变化，如计算阶数的变化及振型阻尼比折减方法的变化，因此可形成如下不同的阻尼模式。

阻尼模式 1：考虑 30 个振型阻尼比为相应的计算值，且不考虑折减。

阻尼模式 2：考虑 20 个振型阻尼比，第 1 阶振型阻尼比取原有计算值，第 20 阶振型阻尼取 0.01，中间的振型阻尼比按阶数进行线性插值。

阻尼模式 3：考虑 30 个振型阻尼比，第 1 阶振型阻尼比取原有计算值，第 30 阶振型阻尼取 0.01，中间的振型阻尼比按阶数进行线性插值。

阻尼模式 4：考虑 20 个振型阻尼比，第 1 阶振型阻尼比取原有计算值，其余阶振型阻尼比按周期值递减。

阻尼模式 5：考虑 30 个振型阻尼比，第 1 阶振型阻尼比取原有计算值，其余阶振型阻尼比按周期值递减。

阻尼模式 6：考虑 30 个振型阻尼比，每阶振型阻尼比＝（阻尼模式 1 相应阶振型阻尼比＋阻尼模式 5 相应阶振型阻尼比）/2。

阻尼模式 7：考虑 20 个振型阻尼比，每阶振型阻尼比＝（阻尼模式 1 相应阶振型阻尼比＋阻尼模式 9 相应阶振型阻尼比）/2。

阻尼模式 8：考虑 30 个振型阻尼比，每阶振型阻尼比＝（阻尼模式 1 相应阶振型阻尼比＋阻尼模式 9 相应阶振型阻尼比）/2。

阻尼模式 9：在瑞利阻尼中，仅考虑质量阻尼系数 $\alpha = 2\zeta_i\omega_1$，即各振型的阻尼比 $\zeta_i = \alpha/(2\omega_i)$，$i = 1, 2, \cdots, 30$。

5.4.4 基底剪力的比较

由图 15 可见，不同阻尼模式下的基底剪力相差不大，各阻尼模式下的基底剪力均在 9

种模式平均值的 10% 以内，说明高振型阻尼比对基底剪力的影响较小。

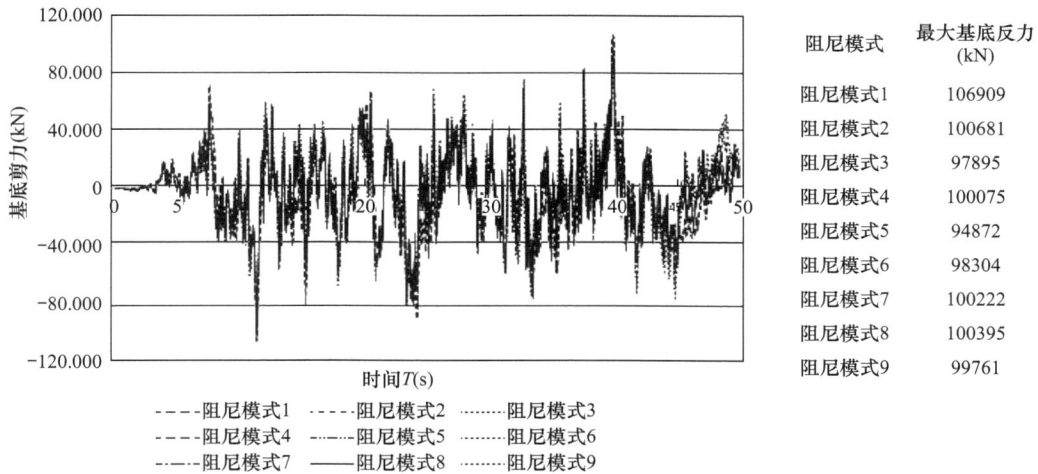

阻尼模式	最大基底反力 (kN)
阻尼模式1	106909
阻尼模式2	100681
阻尼模式3	97895
阻尼模式4	100075
阻尼模式5	94872
阻尼模式6	98304
阻尼模式7	100222
阻尼模式8	100395
阻尼模式9	99761

图 15　不同阻尼模式下基底剪力对比

5.4.5　顶层位移的比较

由图 16 可见，不同阻尼模式下的顶层位移随着地震作用的持续，相差较大。其中，阻尼模式 9（即瑞利阻尼）的顶层位移最大，而阻尼模式 1（即振型阻尼）的顶层位移最小，前者是后者的 1.42 倍。阻尼取法仅阶数不同的情况下，考虑 20 阶振型和 30 阶振型的顶层位移相差不大，说明 20 阶以后的振型阻尼对位移的影响已非常小。

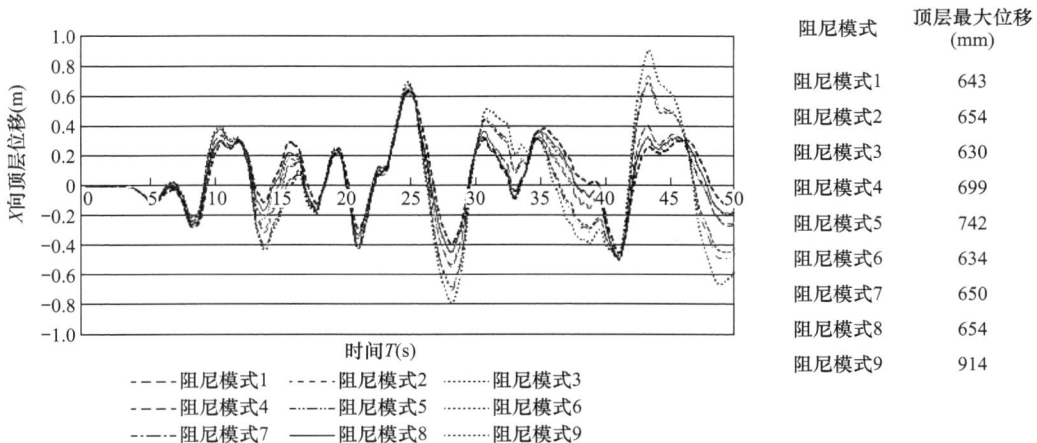

阻尼模式	顶层最大位移 (mm)
阻尼模式1	643
阻尼模式2	654
阻尼模式3	630
阻尼模式4	699
阻尼模式5	742
阻尼模式6	634
阻尼模式7	650
阻尼模式8	654
阻尼模式9	914

图 16　不同阻尼模式下顶层位移对比

5.4.6　层间位移角的比较

由图 17 可见，不同阻尼模式下的层间位移角相差较大。其中，阻尼模式 9（即瑞利阻尼）的层间位移角最大，而阻尼模式 1（即振型阻尼）的层间位移角最小，前者是后者的 1.5 倍。阻尼取法仅阶数不同的情况下，考虑 20 阶振型和 30 阶振型的层间位移角相差不大，说明 20 阶以后的振型阻尼对位移的影响已非常小。对比阻尼模式 2 与阻尼模式 3 的结构层间位移角，前者是后者的 1.05 倍；对比阻尼模式 4 与阻尼模式 5 的结构层间位移角，前者是后者的 0.96 倍。

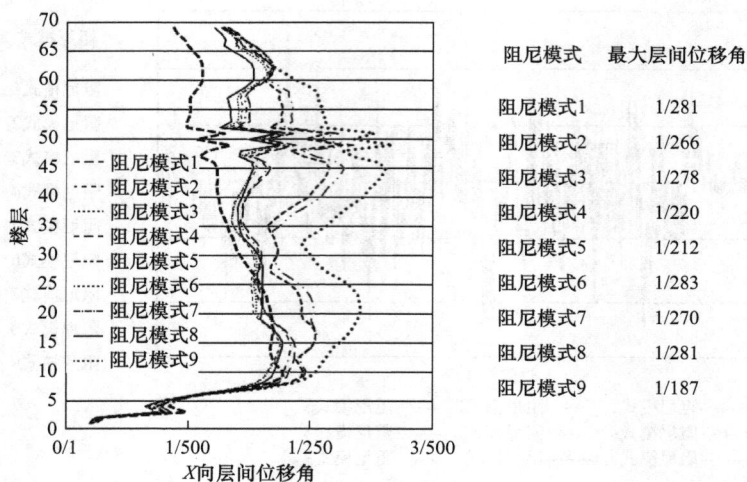

阻尼模式	最大层间位移角
阻尼模式1	1/281
阻尼模式2	1/266
阻尼模式3	1/278
阻尼模式4	1/220
阻尼模式5	1/212
阻尼模式6	1/283
阻尼模式7	1/270
阻尼模式8	1/281
阻尼模式9	1/187

图 17　不同阻尼模式下层间位移角对比

5.4.7　考虑高振型阻尼分析的主要结论

针对所引用的工程实例，分析结果表明：

（1）不同阻尼模式对结构的基底剪力影响较小，各阻尼模式下的基底剪力均在 9 种模式平均值的 10% 以内。

（2）高振型阻尼比主要影响结构的层间位移，特别是结构中上部的层间位移，瑞利阻尼（阻尼模式 9）最大层间位移角是振型阻尼（阻尼模式 1）最大层间位移角的 1.5 倍。

（3）若采用未计高振型阻尼比影响的瑞利阻尼（阻尼模式 9），结构在地震作用下的层间位移偏大，即基于此结果的设计控制偏于保守。

（4）若采用可考虑高振型影响的振型阻尼模式（阻尼模式 1），结构上部的振动幅值明显小于未考虑高振型阻尼比的振动幅值。

（5）考虑振型阻尼比的折减，其层间位移曲线介于振型阻尼（阻尼模式 1）与瑞利阻尼（阻尼模式 9）相应位移曲线之间。

（6）对建筑高度不小于 250m 的结构，宜考虑高振型阻尼的影响。

5.5　大震性能目标的验证

根据相关规范，在大震作用下结构抗震性能水准为 2～5，其预期性能状况见表 2。

大震作用下结构抗震性能预期性能状况　　　　　　　　　　表 2

结构抗震性能水准	宏观损坏程度	损坏部位			继续使用的可能性
		关键构件	普通竖向构件	耗能构件	
2	基本完好、轻微损坏	无损坏	无损坏	轻微损坏	稍加修理即可继续使用
3	轻度损坏	轻微损坏	轻微损坏	轻度损坏、部分中度损坏	一般修理后可继续使用

结构抗震性能水准	宏观损坏程度	损坏部位			继续使用的可能性
		关键构件	普通竖向构件	耗能构件	
4	中度损坏	轻度损坏	部分构件中度损坏	中度损坏、部分比较严重损坏	修复或加固后可继续使用
5	比较严重损坏	中度损坏	部分构件比较严重损坏	比较严重损坏	需排险大修

由表 2 可知，大震作用下的性能评价应落实在构件层面，而大震动力弹塑性损伤结果是在点（积分点）的层面，如何由构件一些点的损失因子去评价构件的损坏是一重要问题，若构件仅一点中度损伤，就将其判为中度损伤，这种做法偏于粗糙，也不合理。下面的做法可值得参考。

对混凝土材料，根据《混凝土结构设计规范》GB 50010—2010（2015 年版）附录 C，定义混凝土受压损伤因子 d_c 与受拉损伤因子 d_t，并可将相关数据输入 ABAQUS（6.11）中。

根据混凝土损伤因子的情况，可对相应点材料损伤程度作如下定性分类：

损伤因子 $d_c = 0$ 或 $d_t = 0$，此点材料无损伤；

损伤因子 $d_c < 0.15$ 或 $d_t < 0.15$，此点材料轻微损伤；

损伤因子 $0.15 \leqslant d_c < 0.7$ 或 $0.15 \leqslant d_t < 0.7$，此点材料中等损伤；

损伤因子 $d_c \geqslant 0.7$ 或 $d_t \geqslant 0.7$，此点材料严重损伤。

对钢材，依据米塞斯屈服条件及相关内容，定义等效塑性应变 $\varepsilon_{ep} = \mathrm{sqrt}\left(\dfrac{2}{3} \times \{\varepsilon_p\}^T \times \right.$

$\left. \{\varepsilon_p\}\right)$，若为一维问题，其值为一维塑性应变 $\varepsilon_{P_u} = \varepsilon_u - \varepsilon_y$。

其中：　$\{\varepsilon_p\} = (\varepsilon_{p_x}, \varepsilon_{p_y}, \varepsilon_{p_z}, \gamma_{p_{xy}}/1.414, \gamma_{p_{yz}}/1.414, \gamma_{p_{zx}}/1.414)^T$

式中，$\varepsilon_{p_x} = \varepsilon_x - \varepsilon_{e_x}$，$\varepsilon_x$ 为 X 向总应变，ε_{e_x} 为 X 向弹性应变，ε_{p_x} 为 X 向塑性应变，余者意义类同；ε_y 为屈服时的应变；ε_u 为极限应变；sqrt（　）为平方根函数；T 为矩阵转置的运算符。

当 $\varepsilon_{ep} = 0$（即对应钢材屈服点的塑性应变），定义塑性损伤因子 $p = 0$；

当 $\varepsilon_{ep} \geqslant \varepsilon_u - \varepsilon_y$（即对应钢材极限强度处的塑性应变），定义塑性损伤因子 $p = 1$；

当 $0 < \varepsilon_{ep} < \varepsilon_u - \varepsilon_y$，则按线性内插定义塑性损伤因子 p。

根据钢材的塑性损伤因子的情况，可对相应点钢材损伤程度作如下定性分类：

塑性损伤因子 $d = 0$，此点材料无损伤；

塑性损伤因子 $d < 0.15$，此点材料轻微损伤；

塑性损伤因子 $0.15 \leqslant d < 0.7$，此点材料中等损伤；

塑性损伤因子 $d \geqslant 0.7$，此点材料严重损伤。

对构件，以点所代表的体积为权重，定义构件破坏因子：

$$k = \sum v_i \times d_i / V$$

式中，v_i 为点所代表的体积；V 为构件体积；d_i 为点的损伤因子，代表上述混凝土受压损伤因子、混凝土受拉损伤因子或钢材的塑性损伤因子。

破坏因子 $k = 0$，此构件无损坏；

破坏因子 $k < 0.15$，此构件轻微损坏；

破坏因子 $0.15 \leqslant k < 0.7$，此构件中等损坏；

破坏因子 $k \geqslant 0.7$，此构件严重损坏。

结构在大震作用下的破坏顺序、薄弱部位与弹塑性层间位移角，可通过 ABAQUS（6.11）的后处理程序直接获得。

下面考察某案例复核剪力墙墙肢在大震作用下受剪承载力的过程。

根据《高规》公式（7.2.10-2），进行剪力墙墙肢受剪承载力复核：

$$V \leqslant \frac{1}{\gamma_{RE}} \left[\frac{1}{\lambda - 0.5} \left(0.4 f_t b_w h_{w0} + 0.1 N \frac{A_w}{A} \right) + 0.8 f_{yh} \frac{A_{sh}}{s} h_{w0} \right] \tag{34}$$

式中，左端 V 采用大震动力时程分析剪力墙墙肢剪力时程的峰值 V_m，右端直接按弹性阶段剪力墙墙肢的数据进行计算。

若剪力墙墙肢整个过程均处于弹性阶段，此做法可行。但在大震作用下，剪力墙墙肢很可能进入弹塑性阶段，即受到了不同程度的损伤，此时式（34）的右端已经变小，用式（34）来进行比较、判断就变得无意义了。

6 极限承载力的双非分析技术

6.1 问题来由

考虑几何与材料的非线性影响，选择一种或几种荷载模式，不断加大荷载的幅值，直到结构达到极限失稳的临界状态，此时的荷载称为极限荷载或极限承载力。极限承载力是评估结构安全性的一个重要指标，它对结构设计具有重要意义。

对超限工程的大跨结构或单层网壳且其跨度 $L \geqslant 60m$ 的结构，宜做极限承载力分析或其他重要的项目。

6.2 分析方法

6.2.1 构件模拟

一般情况下，梁、柱、杆等构件可简化为一维单元，宜采用纤维束模型或塑性铰模型；剪力墙、楼板等构件可简化为二维单元模拟，宜采用膜单元、板单元或壳单元模拟；连梁可按梁单元或壳单元模拟，当连梁的跨高比小于2，宜用壳单元模拟。

6.2.2 考虑材料非线性的影响

考虑应力与应变的非线性关系（即计弹塑性效应），一维材料可采用单轴本构关系，二维或三维混凝土材料本构关系宜采用损伤模型或弹塑性模型。

6.2.3 考虑几何非线性的影响

考虑应变与位移的非线性关系（即计大变形效应）和结构形状与位移的动态关系（即计 $P\text{-}\Delta$ 效应）。

6.2.4 考虑结构与构件初始几何缺陷的影响

结构与构件初始几何缺陷可采用"一致缺陷模态法"确定（即认为初始缺陷按最低阶屈曲模态分布时可能具有最不利影响）。对大跨度结构，初始几何缺陷确定可取第一阶（或前几阶）特征值屈曲模态为初始缺陷，最大缺陷值取 $L/300$（L 为跨度）或取验收标准相关和施工工艺相关的数值。

对高层建筑，假定结构由底层至顶层各层层间位移达限值且线性累积，则结构初始缺陷引起的最大变形量：$\Delta U_{max} = [\Delta u/h] \times H$，其中，$[\Delta u/h]$ 为《高规》规定的层间位移角限值，H 为建筑总高。

考虑构件初始几何缺陷的影响时，应将构件沿长度细分为多个单元。

6.2.5　极限承载力分析

竖向极限承载力分析时，可变荷载取重力作用（基本荷载按标准值取，即 $G_k = DL_k + LL_k$），不变荷载可取风荷载或地震作用或温度作用；水平极限承载力分析时，不变荷载取重力和温度作用，可变荷载可取风荷载或地震作用；单层网壳极限承载力分析时，应考虑非对称荷载模式（一侧为压力，另一侧为吸力）。

6.2.6　结构的极限状态

采用弧长法或其他算法，观察最不利点的位移-荷载曲线，若出现突变点，则对应的荷载为此荷载模式和参数下的结构极限承载力。

对混凝土结构，一般算法难以求解，可采用显式拟静力加载算法，若不断增加荷载，则位移-荷载曲线中不会出现突变点，可加到一定荷载值时再反向加载，找到突变点。

可设定最大位移超过跨度的 3‰ 为极限状态。

6.3　结果判断

在各种工况、各种荷载模式、各种缺陷模式及各种参数下进行多种极限承载力分析，并取其极限承载力最小值作为结构的极限承载力。

竖向极限承载力应不小于 2 倍的重力荷载标准值，水平极限承载力应不小于 2 倍的水平荷载标准值，否则，应调整结构的相关参数。

6.4　应用实例

6.4.1　工程概况

海洋王照明博物馆的建筑方案由英国 TFP 建筑设计公司主创，项目位于东莞市松山湖工业区北端，主体建筑地上 3 层，建筑高度为 19.3m，建筑面积约为 $7000m^2$。建筑内部空间生动而灵巧，外部造型奇特且精致，寓意为"光之容器"，建筑效果见图 18。

图 18　建筑效果图

结构稳定性分析的主要目的，一是判断结构在材料屈服前，结构是否弹性失稳破坏；二是评价结构在材料屈服后，结构具有多大的极限承载力，对复杂空间结构来说，这是一个结构工程师应当清楚的结构安全底线。为了实现上述两个目的，分别采用线性屈曲分析和双非线性稳定分析。

6.4.2 线性屈曲分析

荷载模式为结构等效重量作用，即 W（自重）＋DL（附加恒载）＋0.5LL（活载），采用 MIDAS/Gen 进行线性屈曲分析，分析主要结果如表 3 和图 19 所示。

线性屈曲分析结果 表3

屈曲模态阶数	1	2	3	4	5	6
屈曲系数	16.9	19.6	19.9	19.9	21.2	21.6

分析结果表明，首先出现屈曲的部位是在跨度较大的屋盖桁架以及天窗桁架，其最小临界荷载为结构等效重量的 16.9 倍，说明在材料屈服前，结构不会出现弹性失稳破坏。由于线性屈曲分析的基本条件是材料处于弹性状态，且不考虑初始几何缺陷的不利影响，故较大屈曲稳定系数对稳定承载力来说仅具有参考意义。

6.4.3 双非线性稳定分析

通过自编转换软件将 MIDAS/Gen 模型转换为 ABAQUS（6.11）模型，对混凝土部分，应引入相应钢筋，本构模型考虑了钢材和混凝土材料的本构非线性，同时，在分析中考虑了结构几何非线性。荷载模式为结构等效重量作用，初始几何缺陷为节点 6 个自由度初始数值的随机误差，节点平动自由度数值的误差在 $-0.1\sim0.1$m 随机分布，节点转动自由度数值的误差在 $-0.001\sim0.001$rad 随机分布，共取两组随机数据，采用弧长法（Riks）进行跟踪分析。

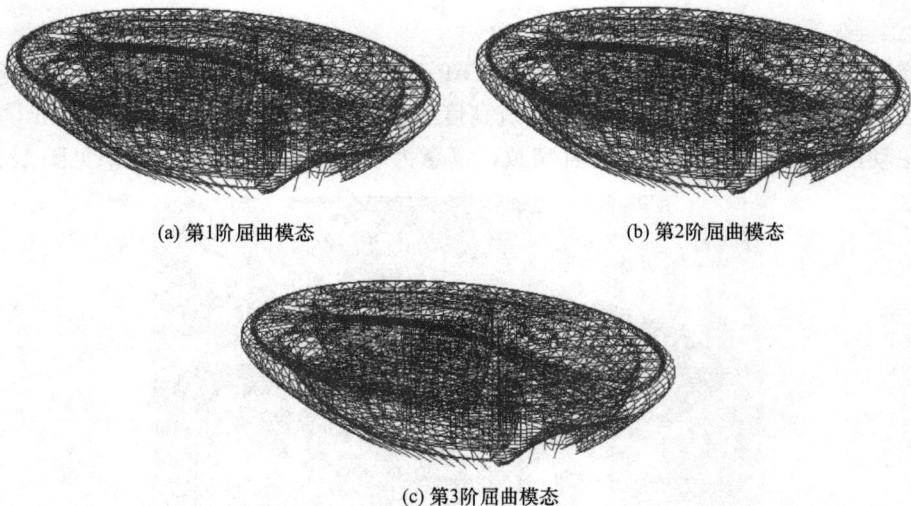

(a) 第1阶屈曲模态　　　　(b) 第2阶屈曲模态

(c) 第3阶屈曲模态

图 19　屈曲模态

计算结果表明，两组随机数据的计算结果相近，其极限临界荷载系数约为 6.2。从

图 20 可以看出，结构在其 2 倍结构等效重量作用下（LPF＝2），结构最大位移仅 0.16m，且远离极限临界状态，故双非线性稳定性满足相应规范要求。

选取外壳某竖杆与工字钢梁的交点为关键节点 1，出入口上方幕墙某竖杆与环形桁架的交点为关键节点 2，考察这两关键节点的位移 U 与荷载系数 LPF 关系，如图 21 所示，也可判断 LPF＝2 时，结构具有较好的稳定性。

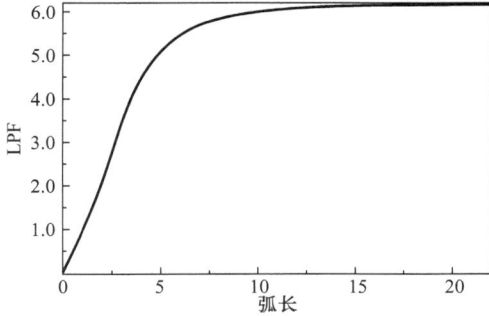

图 20　屈曲系数与弧长的关系

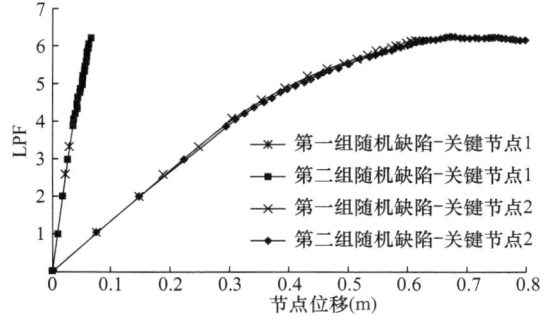

图 21　荷载系数与节点位移的关系

即便在极限状态下（对应 LPF＝6.2，弧长＝22），也仅部分幕墙和屋盖出现失稳，钢管组成的斜交网格结构未出现整体失稳，说明结构整体上具有较好的极限稳定性（图 22）。

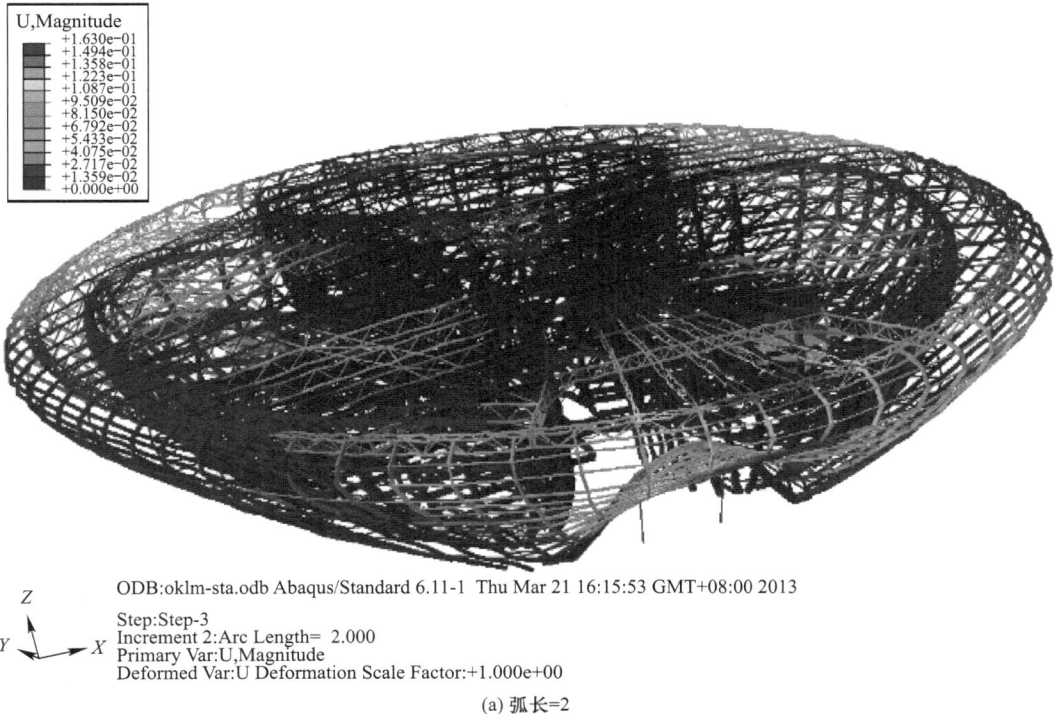

ODB:oklm-sta.odb Abaqus/Standard 6.11-1 Thu Mar 21 16:15:53 GMT+08:00 2013

Step:Step-3
Increment 2:Arc Length= 2.000
Primary Var:U,Magnitude
Deformed Var:U Deformation Scale Factor:+1.000e+00

(a) 弧长=2

图 22　结构变形与弧长的关系（一）

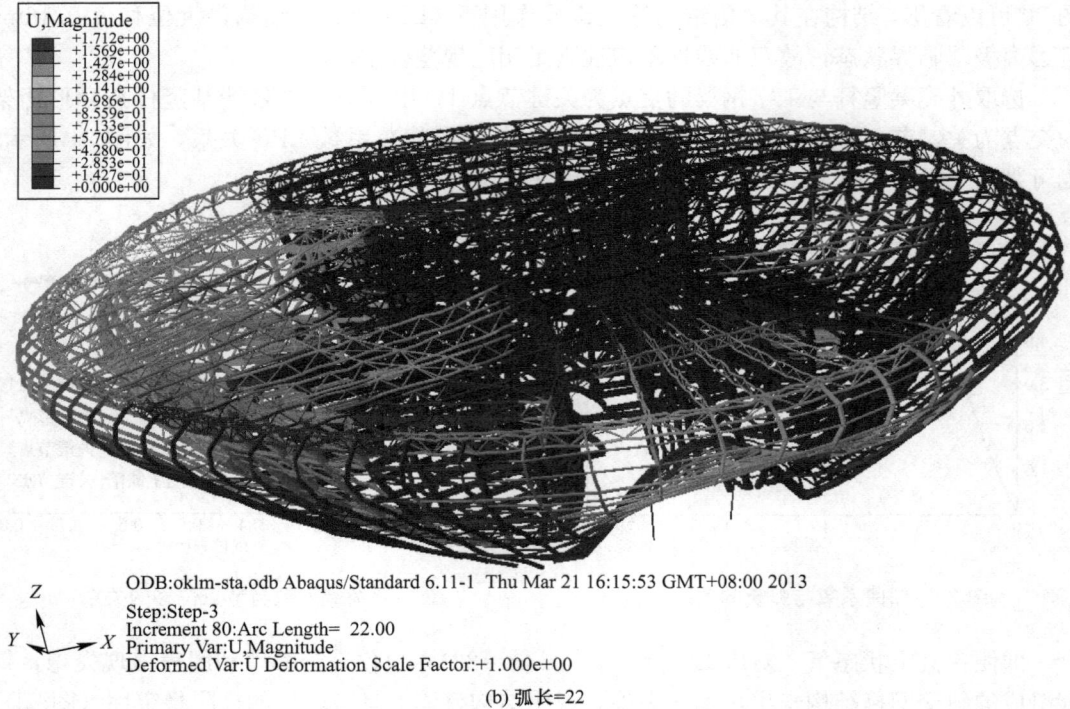

ODB:oklm-sta.odb Abaqus/Standard 6.11-1 Thu Mar 21 16:15:53 GMT+08:00 2013

Step:Step-3
Increment 80:Arc Length= 22.00
Primary Var:U,Magnitude
Deformed Var:U Deformation Scale Factor:+1.000e+00

(b) 弧长=22

图 22 结构变形与弧长的关系（二）

7 结语

（1）采用规范公式或传统方法验算通高墙的稳定性时，应充分熟知公式或方法所适应的对象、目标与条件。

（2）对体型复杂结构的风振加速度计算，当采用风洞试验数据时，应特别关注简化算法与精细算法的差异程度。

（3）承载力验算时应基于结构材料实际所遵循的本构关系。

（4）通常的计算分析往往忽略了高阶振型及其阻尼的影响，导致结构顶部内力与变形存在较大的误差。

（5）极限承载力是结构安全的底线与基础，尤其对大跨度空间结构，设计人员应当掌握其评估方法。

14　艺术类公建超限高层结构分析特点与咨询

吕永清

（深圳市精鼎建筑工程咨询有限公司，深圳　518031）

【摘要】　水平布置各功能的艺术类建筑，采用水平大跨桁架连廊、斜板与错层等构件连接一体的综合楼；竖向布置各功能的文体类建筑，采用钢框架加支撑构件沿竖向支撑大悬挑桁架结构。通过对两种不同结构形式的建筑结构设计特点与审查咨询中解决问题的分析汇总，为结构设计人员提供参考与指导。

【关键词】　公建，分析模型，结构特点，技术咨询与汇总

Analysis Characteristics and Consultation of the High-rise Structure of the Public Construction

Lyu Yongqing

（Shenzhen Jingding Construction Engineering Consulting Co. , Ltd. , Shenzhen　518031）

Abstract：The horizontal arrangement of all functions of art buildings adopts a comprehensive building with horizontal large-span truss verandah，inclined slab connected with steel floor，staggered floor，etc.. The vertical functional arrangement of stylistic buildings adopts steel frame and supporting structural members to support large cantilever truss along vertical direction. Through the analysis and summary of the characteristics of two different structural forms of architectural structure design and the problems in the examination and consultation，some reference and guidance are put forward for the structural designers.

Keywords：public construction，analytical model，structural characteristics，technical consultation and summary

1　前言

依据住房和城乡建设部《建筑工程施工图设计文件技术审查要点》等相关规定[1~5]，开展施工图审查与精细化咨询工作中，对近年来审查超限高层公建项目中经常发现与解决的结构设计问题进行总结。

针对经常被问到的"审图咨询部门起何作用""解决了哪些问题""咨询有哪些亮点"等问题，本文结合艺术类公建超限项目结构特点及审查咨询中的关注点与原因分析进行简要介绍。

艺术类建筑高度未超限，但结构形式复杂多样，属特别不规则的超限高层建筑。针对这类公建项目的结构设计特点，选取两个代表性项目——建筑为水平布置各功能的某艺术中心与竖向布置各功能的某文体中心，通过分析工程案例的施工图设计，重点介绍这类公建超限高层建筑的结构设计特点，并结合项目特点及咨询意见分类，汇总分析结构审查咨询中的常见问题与把控重点。

2 某艺术中心

2.1 工程概况

2.1.1 概述

建筑为一个贯通的整体，地上建筑主要由图书馆、美术馆、演艺中心、城市展厅四部分功能组成。城市展厅与图书馆通过一个3层高连廊1（跨度约55m、宽度约20m、高度15.6m）连通，与演艺中心通过一个2层通高的连廊2（跨度约50m、宽度约22m、高度9m）连通。图书馆、美术馆、演艺中心三部分建筑功能在2层为同一标高、3层及以上各功能分区相互错层，整体不设置结构缝。项目建筑高度为40.35m，地下2层，为局部采用钢桁架结构的框架-剪力墙结构体系，整体结构模型如图1所示。

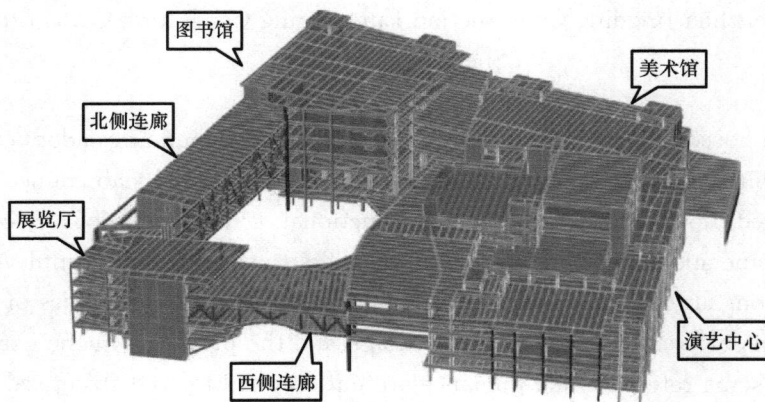

图1 整体结构模型

2.1.2 结构分析特点

本工程各功能单体的结构主体以楼电梯井筒为剪力墙，与框架柱构成竖向主要抗侧力构件。各功能单体之间采用了大跨钢结构或钢桁架连接，不同层高处框柱多为钢管混凝土柱或型钢混凝土柱，部分为钢筋混凝土错层柱，将建筑各单体连为一体。结构整体平面布置如图2所示。

（1）不同单体间位移控制

本项目功能复杂，将四个功能场馆划分为四个单体，单元间跨度较大处设置钢结构桁架连廊相连接。按单体分别进行结构受力分析作为单体结构设计依据，整体模型分析单体间连接处构件的相互作用与响应，即复杂结构分解为简单构件的分析方式。本建筑由于各功能标高不同，2层以上楼层错层布置，不能按常规楼层概念统计位移角，为考察建筑物在风荷载与地震作用下的响应，对 4 个区域选取特殊点进行位移角统计。依据建筑特点把控常规的整体计算分析指标无意义，按构件的受力、应力与配筋要求进行结构设计。

（2）错层、穿层柱及斜板等专项分析

针对各单元间错层柱、穿层柱及斜柱的重要性及受力复杂等特点，性能目标定义为：关键构件中震受剪弹性、受弯不屈服。分析模型按实际建模，计算中考虑斜板高差不同引起的剪力突变，依据受力合理确定截面与配筋，满足性能目标要求，同时柱子配筋全高加密。

（3）大跨钢桁架结构及连接受力分析

单元间大跨钢桁架是项目的分析重点。连廊组合钢桁架跨度约 50～55m，宽度约 20m，高度 9～15m，为二层与三层通高的组合桁架，桁架 HJ-2 的悬挑支座是关键节点，HJ-3 与 HJ-4 组合桁架依据入口造型要求为变截面桁架。

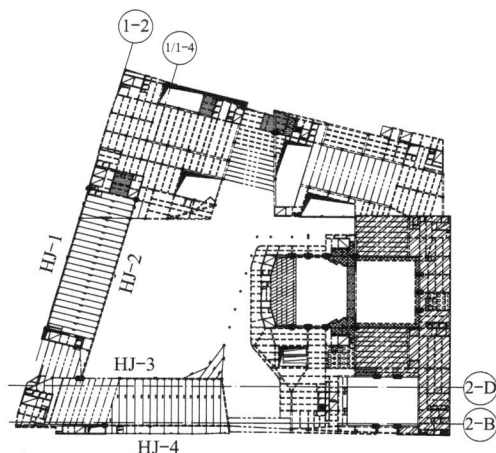

图 2　整体平面布置

将钢桁架及其楼板与支撑构件定义为关键构件并进行专项受力分析，通过有效控制钢桁架小震、中震作用下构件应力，确保钢桁架及相关构件满足中震受剪弹性的性能目标，同时完善桁架支座的受力分析与构造。

2.2　技术性审查咨询

结合结构设计特点，开展强制性条文审查（强审）与精细化审查（精审）咨询工作。依据审图要点，重点关注：①现行工程建设标准中的强制性条文；②主体结构的安全性，包括结构计算分析输入输出结果的合理性；③审查与强条关系密切的非强条内容；④地方法规及地方标准的执行，包括设计文件的深度要求等有关规定。咨询中，在不影响建筑结构安全的前提下，把控结构设计经济合理，传力明确，避免"错漏碰缺"，同时提升建筑品质及方便建筑施工等内容。

2.2.1　强审难点与重点

依据建筑结构分析特点，重点关注：①单元分析输出构件的受力大小与配筋设计合理性；②单元间错层、穿层柱及斜板等关键构件的设计与表达；③连廊钢桁架的应力控制及构造做法与深度。

（1）合规性

依据现行标准，把控计算模型的输入输出结果的合理、有效性及相应的构造措施。

1）结构分析模型应根据结构实际情况确定，应能较准确地反映结构中各构件的实际受力状况。

意见分析：复核计算模型的准确性，对单元的穿层柱与单元间错层柱的位置、标高与受力，复核其输入的准确性及输出结果满足各工况下配筋要求，提出相关的意见并落实。重点关注控制钢柱或型钢柱应力比小于 0.9，穿层柱与错层柱按受力要求放大 1.1 倍配筋等内容。

2）上部结构缺少后浇带布置等超长结构措施。

意见分析：上部各层分别补充完善后浇带布置，避开与纵向梁、墙重合及预留洞等交叉问题。由于超长结构设计经常出现缺少后浇带或加强带的布置，有时为方便设计，仅说明上部楼层平面按地下室底板后浇带布置，这样的做法不合理。本项目结构无标准层，各楼层面积、结构布置差异较大，平面开洞大且多，需依据各楼层平面合理补充后浇带布置措施。

（2）深度问题

本项目功能复杂，特别是错层框柱分析与配筋、大跨桁架节点大样及入口处截面做法等。依据功能关系与受力需求完善了相关构件的分析与配筋设计，包括演艺中心乐池、舞台基坑大小、马道与屋顶网架布置等设计内容。

1）补充完善错层、穿层柱及桁架等复杂连接的计算分析、节点大样做法。

意见分析：设计文件存在很多深度不足问题，设计院用近半年时间完善后续大样等做法。由于工期紧，设计量大，结构专业与建筑专业及钢结构细化公司配合，先后补充了相关构件间做法与大样等结构设计。各单元连接受力与配筋是本项目的关键点，连廊桁架跨度大、受力复杂，与建筑造型要求息息相关。设计单位依据审图意见及设计深度要求补充完善了小震与中震作用下构件的应力与配筋，补充了相关节点做法。重点关注主要构件节点表达深度，充分反映相互关系并指导施工。

2）超限高层建筑抗震设防专项审查意见执行与落实。

意见分析：按专家意见补充了局部建模的分析并落实于设计文件。①补充斜楼盖的影响作用分析；②补充大跨桁架楼盖影响及牛腿支座节点的分析与设计等内容。

通过补充分析可知，斜楼盖对结构的影响有限，对周边相关构件的受力有一定影响，周边框架柱采取了箍筋全高加密等措施。补充分析桁架楼盖的影响，通过取消楼盖刚度影响，桁架仍可以满足受力要求。同时，分析了牛腿支座的受力情况，并采取相应加强措施落实于施工图相关的节点配筋大样。

2.2.2 精审重点

精细化审查的重点是结构优化与"错漏碰缺"等问题。本项目标高高差较多，应核查建筑条件与结构关系的一致性，确保结构构件表达合理有效，同时优化构件的截面与布置。

（1）结构优化

1）在各功能间连接处，采用了钢结构或钢桁架结构，较多钢构件应力比在 0.3～0.4 之间，提出优化部分钢构件截面等建议。

意见分析：设计方经复核构件受力及性能目标要求，分别进行了钢构件的截面优化与布置，特别是受力较小钢构件的截面优化，控制构件有效最大应力比小于 0.8，优化了节点构造做法。

2）平面悬挑梁布置中，梁配筋交叉较多，优化节点布置，减少钢筋重叠问题。

意见分析：设计方多梁相交节点按意见进行了优化布置。此类案例也是设计中经常出现的问题，特别是大悬挑与交叉梁相交节点，常出现 5～6 根梁作用于框架柱节点，故应调整梁布置，充分考虑悬挑梁内平衡及传力与跨度，必要时，在节点处设置柱帽。

（2）标高高差关系反映

图 3 所示坡道剖面图中，地下室顶板标高 −0.05 收口梁为上返梁。实际顶板模板图中，此梁并未特殊注明上返，且梁高 900mm，将造成坡道碰头。

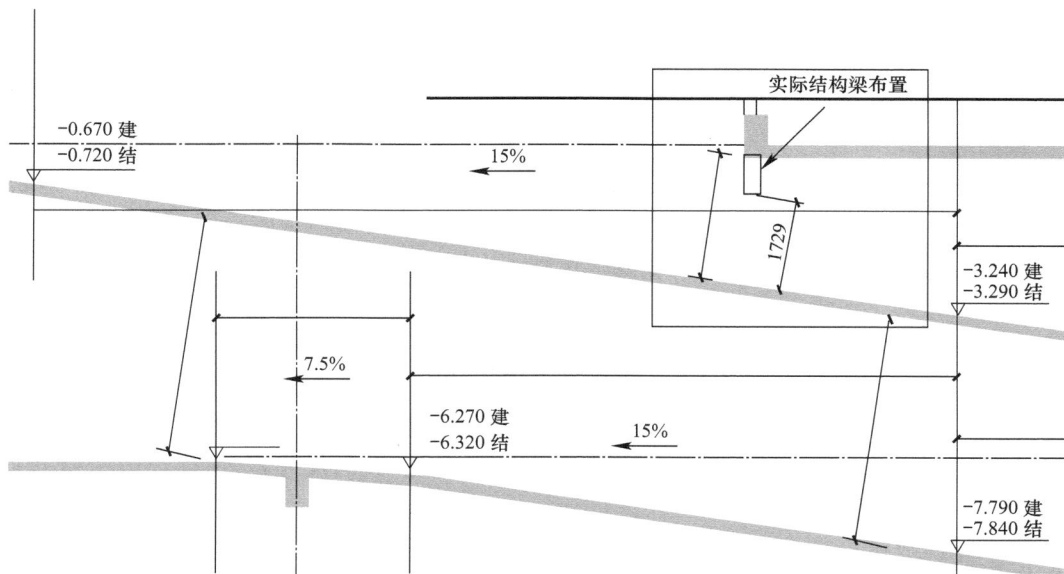

图 3　坡道剖面图

意见分析：建筑、结构专业设计人员未互相核对设计资料条件，导致使用存在碰头问题，建筑无法正常使用，后期只能砸掉施工好的梁，重新变更设计与施工，影响工期与造价。

3　某文体中心

3.1　工程概况

3.1.1　概述

某文体中心依据功能要求，沿竖向布置为 3 个方块，为一栋 13 层建筑，地上高度为 69.2m，地下 3 层。建筑功能沿竖向分别布置了文化服务中心、体育活动中心、管理办公用房及社区配套设施。地下室包含停车库及设备用房。主体结构采用钢框架＋支撑的钢结构体系，地下室为钢筋混凝土框架-剪力墙结构。整体结构模型如图 4 所示。

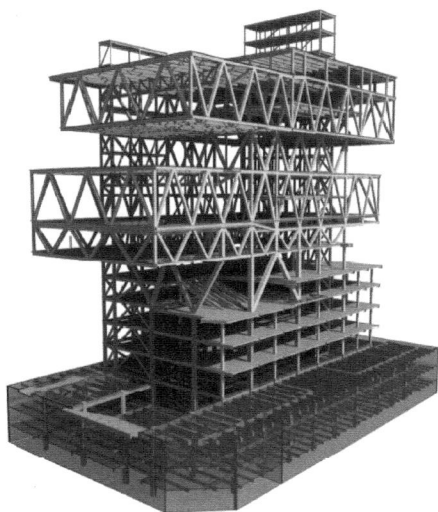

3.1.2　结构特点

本项目地下室部分为钢筋混凝土结构，上部结构为钢结构，依据建筑功能要求及结构布置，采用大跨桁架与悬挑桁架等结构。大跨度钢结构的稳定性分析应采用二阶 P-Δ 弹性分析或直接分析。依据规范规定进行了结构内力调整，并根据结构特点对关键构件进行了分类与分析设计。

图 4　整体结构模型

（1）结构内力调整

本项目地面以上为全钢结构。依据钢结构特点进行内力调整，结合钢结构建筑使用要求，适当提高关键构件的性能目标要求，充分考虑施工因素影响，对建筑防火、防腐及舒适度提出具体要求。

根据《高层民用建筑钢结构技术规程》JGJ 99—2015 第 6.2.6 的规定，对水平地震作用计算和内力进行调整：钢框架-支撑结构、钢框架-延性墙板结构的框架部分按刚度分配计算得到的地震层剪力应乘以调整系数，达到不小于结构地震总剪力的 25％和框架部分计算最大层剪力的 1.8 倍二者的较小值。不规则结构应根据《高层民用建筑钢结构技术规程》JGJ 99—2015 第 3.3.3 条的规定，对杆件地震内力进行调整。结构侧向刚度不规则、竖向抗侧力构件不连续、楼层承载力突变的楼层，其对应于地震作用标准值的剪力应乘不小于 1.15 的增大系数；竖向抗侧力构件不连续时，该构件传递给水平转换构件的地震内力应根据烈度高低和水平转换构件的类型、受力情况、几何尺寸等，乘以 1.25～2.0 的增大系数。

（2）结构分区

将主体结构分为三个区段：下部 1～5 层是第一区段，为钢柱、钢支撑及钢梁组合楼板构成的框架体系；6～8 层为第二区段；10 层～屋顶层为第三区段。第二区段内泳池，通过钢支撑加大悬挑钢桁架、楼层桁架及大跨度钢梁组合楼板实现其使用空间要求。三个区段之间通过竖向钢支撑交通核、转换桁架、转换斜柱连系，保证竖向传力并提供足够的抗侧、抗扭转能力。

（3）支撑结构与复杂节点应力分析

依据建筑布置与抗侧力体系的要求，在平面楼梯间和电梯筒内布置了多组侧向支撑，在其他位置增加布置了侧向支撑，提供抗侧和抗扭的结构要求。在局部位置采用斜柱的形式提供抗侧受力要求。由于结构桁架和侧向支撑在多个楼层进行侧向平移，在水平楼板内布置水平支撑，以保证侧向力在水平面内的传递。支撑结构与节点的分析设计是本项目的重点。

3.2 技术性审查咨询

结合钢结构设计特点，开展强审咨询工作。钢结构对施工顺序、钢结构构件应力控制及节点构造做法等方面要求较高，是确保工程设计质量的关键。

3.2.1 合规性

本项目地下室顶板为上部建筑的嵌固端，其地下 1 层同上部钢结构抗震等级取为三级。建议提高地下 1 层的抗震等级为二级，下面各层逐级降低抗震等级。

意见分析：设计院按上部钢结构抗震等级为三级选取地下室 1 层的抗震等级满足规范要求，但地下室按上部为钢筋混凝土结构考虑，抗震等级应为二级。《高层建筑混凝土结构技术规程》JGJ 3—2010 虽没有明确依据，作为探讨问题与建议，按上部钢筋混凝土结构确定地下一层的抗震等级是合理的。

3.2.2 深度问题

补充完善相关设计等内容；在结构设计说明中，明确施工顺序，完善结构设计指导施工。

意见分析：设计文件补充完善了相关构件的做法及系列节点大样，明确了钢结构楼层的施工顺序要求，并充分考虑了施工因素。

由于结构的复杂性，要求设计方核查结构模型与设计的一致性，先后补充完善了大量构件的细部结构设计及连接节点大样，经复审设计文件，满足设计深度与施工要求。设计深度是文体类公建设计中的常见问题，在确保主体结构安全的基础上，通过细化钢结构图纸及与施工的合理结合，是确保设计质量的有效措施。

3.2.3　安全性

依据超限专家意见，有效控制大悬挑桁架的应力与变形，并采取相应的构造与施工措施，确保关键构件与节点满足性能目标要求。

意见分析：对支撑构件及大悬挑桁架等结构，补充分析水平荷载作用下的反应，并进行竖向地震作用分析；调整了部分构件的尺寸，确保在重力和风荷载组合作用下应力比小于 0.8。同时，按钢结构相关标准的要求进行制作与预起拱，控制悬挑桁架竖向变形小于 1/400。由钢结构专业公司进行钢结构细化设计，对大跨悬挑桁架等大型钢结构，采取现场组装、整体吊装、现场焊接支撑结构与节点等措施。为提高安全性，对上部钢结构构件的性能目标进行了细化，有效控制了钢结构构件及节点在罕遇地震作用下的应力及损伤，确保了钢结构的结构安全度。

4　小结

两个公建项目分别为各功能沿水平与竖向布置的艺术类建筑，为 A 级高度的超限高层建筑，结构形式分别为钢筋混凝土结构与钢结构。

4.1　项目的分析特点

结合水平与竖向功能布置的特点，结构分析由整体、单体到构件与节点，并分别对单体间连接的结构与构件受力进行论证；通过对复杂结构拆分的方法去分析主要构件的受力响应及对主体的影响；依据分析结果与性能目标要求，采取相应的加强措施进行结构设计，并结合施工的可行性与设计要求指导施工。

4.2　技术咨询作用

通过对上述典型案例在审图咨询中发现的问题汇总，按结构设计特点及针对性咨询问题进行分类，介绍了设计中出现问题的原因及其应对措施。上述问题均属设计文件中常出现的情况，既有特殊性，又有普遍性。

多年来，经过对设计文件的审查与把控，有效控制了设计文件深度与执行强条及法规的问题，特别是通过扩大咨询服务范围，审校设计文件的错漏与优化问题，保障并提升了工程的设计质量。

审图咨询师都是工作多年、具有丰富经验的设计师，通过审图咨询工作，把控了设计文件的深度与质量。希望通过本文介绍，能给大家的工作带来启示与参考。

参考文献

[1] 住房和城乡建设部. 高层建筑混凝土结构技术规程：JGJ 3—2010 [S]. 北京：中国建筑工业出版社，2011.

[2] 住房和城乡建设部. 高层民用建筑钢结构技术规程：JGJ 99—2015 [S]. 北京：中国建筑工业出版社，2016.

[3] 住房和城乡建设部. 钢结构设计标准：GB 50017—2017 [S]. 北京：中国建筑工业出版社，2018.

[4] 住房和城乡建设部. 建筑抗震设计规范：GB 50011—2010（2016 年版）[S]. 北京：中国建筑工业出版社，2016.

[5] 广东省住房和城乡建设厅. 高层建筑混凝土结构技术规程：DBJ 15-92-2013. 北京：中国建筑工业出版社，2013.

15 液体黏滞阻尼器应用在超高层建筑抗风设计中的若干问题

王森[1,2]，陈永祁[3]，马良喆[3]，罗嘉骏[1]，魏琏[1,2]

（1 深圳市力鹏工程结构技术有限公司，深圳　518034；2 深圳市力鹏建筑结构设计事务所，深圳　518034；3　北京奇太振控科技发展有限公司，北京 100037）

【摘要】 超高层结构过大的顶点风振加速度会令人感到不适和恐慌。使用液体黏滞阻尼器可增加结构阻尼比，从而减小结构顶点风振加速度，达到抗风减振的目的。本文对抗风振设计中液体黏滞阻尼器应用中的有关问题进行讨论，指出相应的设计、计算方法，并通过工程案例进行说明。

【关键词】 液体黏滞阻尼器，超高层结构，风振加速度

1 前言

对于超高层结构，在脉动风荷载作用下产生的结构顶点风振加速度通常较大，若不加以控制，过大的顶点风振加速度会令人感到不适和恐慌。因此，《高层建筑混凝土结构技术规程》JGJ 3—2010（下文简称《高规》）[1]对结构的顶点最大风振加速度有相关限制（表 1）。

结构顶点风振加速度限值　　　　　　　　　　　　　　　　　　表 1

使用功能	$a_{\lim}$（m/s²）
住宅、公寓	0.15
办公、旅馆	0.25

对于某些超高层结构，若本身的结构刚度已足够，再通过增加结构自身刚度来减小风振加速度，会引起结构自重和地震反应的增大。此时使用阻尼器来增加结构阻尼比以达到抗风减振的目的是较为有效的。

目前，工程界控制风荷载作用下结构顶点加速度多采用设置液体黏滞阻尼器或 TMD 的方法。相比黏滞阻尼器，TMD 阻尼器更为复杂，占用空间更多，造价昂贵，且对抗震不利。本文针对在工程中更易实施的液体黏滞阻尼器进行讨论，包括阻尼器的布置、结构计算、减振效率对比、质量要求等问题，并通过实际工程案例加以说明。

2 液体黏滞阻尼器的基本原理

2.1 液体黏滞阻尼器的阻尼力

液体黏滞阻尼器为速度相关型阻尼器，静力荷载作用下本身并无轴向刚度，阻尼器出

力与其活塞运动速度之间具有下列关系：

$$F_d = C_d \, |\dot{u}|^a \mathrm{sgn}(\dot{u}) \tag{1}$$

式中：F_d——阻尼器出力；

$\quad\quad C_d$——阻尼系数，与油缸直径、活塞直径、导杆直径和流体黏度等因素有关；

$\quad\quad \dot{u}$——阻尼器的活塞运动速度；

$\quad\quad \alpha$——速度指数，与阻尼器内部的构造有关。

黏滞阻尼器的出力与阻尼系数成线性变化，阻尼系数 C_d 越高，耗能越大，但造价也越高。速度指数 α 越小，耗能越大，但过小的速度指数会导致产品的性能不够稳定。

依据速度指数 α 的取值，可将黏滞阻尼器分为三类：线性黏滞阻尼器（$\alpha=1$）、非线性黏滞阻尼器（$0<\alpha<1$）和超线性黏滞阻尼器（$\alpha>1$）。线性、非线性黏滞阻尼器的理想滞回曲线如图 1 所示。线性、非线性黏滞阻尼器的出力与速度关系曲线如图 2 所示。

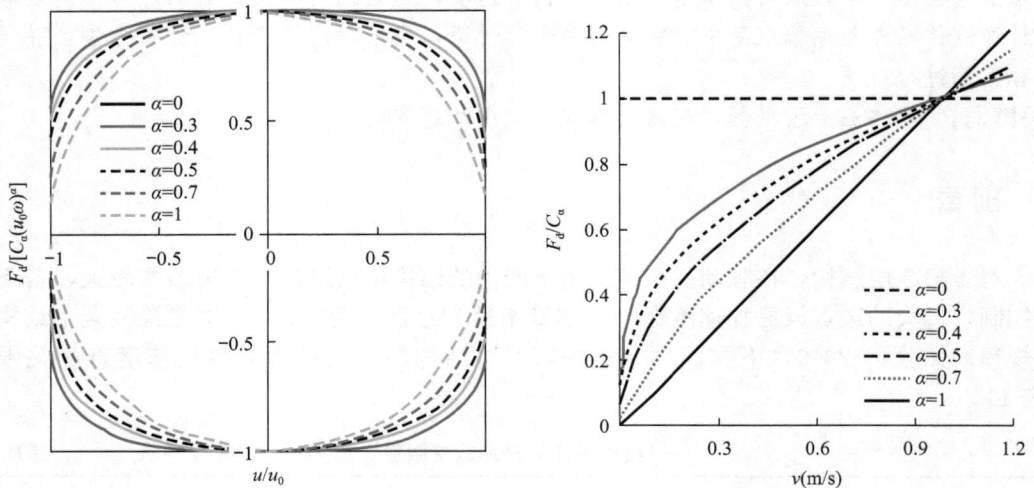

图 1　线性、非线性黏滞阻尼器的理想滞回曲线　图 2　线性、非线性黏滞阻尼器的出力与速度关系曲线

由图 1 可知，$\alpha=1$ 时（线性黏滞阻尼器），滞回曲线为椭圆形；随着 α 减小（非线性黏滞阻尼器），滞回曲线包围面积逐渐扩大；$\alpha=0$ 时（摩擦型阻尼器），滞回曲线变为矩形，此时滞回曲线的包围面积最大。直观地体现了 α 越小，黏滞阻尼器耗能越大的特性。

由图 2 可知，线性阻尼器的阻尼力与其活塞运动速度呈线性关系；非线性阻尼器在较低的速度（$v<1\mathrm{m/s}$）下，可输出较大的阻尼力，而速度较高时，阻尼力的增长率较小。由于风振通常速度相对较低，因此抗风振一般选用非线性黏滞阻尼器。

2.2　液体黏滞阻尼器模型

计算时，阻尼器按非线性连接单元输入。根据《建筑消能减震技术规程》JGJ 297—2013[2]，对于液体黏滞阻尼器（速度型阻尼器），宜采用 Maxwell 模型（图 3）。

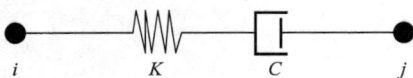

图 3　Maxwell 模型

图 3 所示 Maxwell 模型中，阻尼单元与"弹簧单元"串联，当模拟黏滞阻尼器时，可将弹簧刚度设为无穷大，此时 Maxwell 模型中只有阻尼单元发挥作用。《ETABS 中文版使用指南》（中国建筑工业出

版社，2004 年）建议使用 $10^2 \sim 10^4$ 倍的 C_d 值作为"弹簧单元"的刚度。

关于 Maxwell 模型中的弹簧刚度，可使用附加体系分析模型（图 4）得出更为精确的结果。

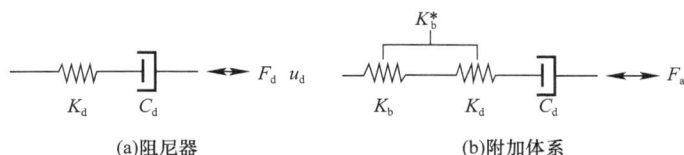

图 4　阻尼器与附加体系分析模型

对于附加体系，由于阻尼器与连接构件串联，设阻尼力为 F，K_b 与 K_d 的组合刚度为 K_b^*，附加体系在单位力作用下的位移为 u，则有：

$$u = \frac{F}{K_b^*} = \frac{F}{K_b} + \frac{F}{K_d} \tag{2}$$

即：

$$K_b^* = \frac{K_b K_d}{K_b + K_d} \tag{3}$$

式中，K_b——支撑构件沿消能器方向的刚度；

K_d——阻尼器在动力荷载作用下的内部动刚度，由阻尼器厂家测试后提供。

《建筑抗震设计规范》GB 50011—2010）（下文简称《抗规》）[3] 第 12.3.5 条第 1 款规定，支撑阻尼器的连杆刚度应满足下式要求：

$$K_b \geqslant \left(\frac{6\pi}{T_1}\right) C_D \tag{4}$$

式中：K_b——支撑阻尼器的连杆沿消能器方向的刚度；

C_D——阻尼器的线性阻尼系数，采用非线性消能器时，可根据阻尼器运动一周耗能相等的原则进行换算（数据一般由阻尼器厂家测试后提供）；

T_1——消能减震结构的基本自振周期。

式（4）是根据单自由度的液体黏滞阻尼器结构导出[4]的，用于高层建筑风振计算时，取结构基本自振周期，即结构的第 1 平动周期。

3　液体黏滞阻尼器的应用方法

3.1　斜撑式连接

将液体黏滞阻尼器以斜撑的方式布置于结构墙柱间或柱与柱之间是常见的应用方法（图 5），不但传力直接，而且安装方便，仅需简单的吊装并使用销轴连接即可。此外，还可以安置在隔墙内，不占用建筑使用面积，也不影响建筑室内美观。是目前工程中获得广泛应用的一种连接形式。

图 5　斜撑式布置的液体黏滞阻尼器

3.2 伸臂竖直连接

伸臂连接又称竖直连接，通过结构的弯曲变形造成的内、外部结构的竖直位移差来使阻尼器运动。菲律宾香格里拉塔伸臂阻尼系统的设计方案（图 6）首次使用该连接方式构成其阻尼器抗风系统。

采用这种连接方式的结构的阻尼减振效果较优，但需要额外设置伸臂桁架，一端牢固连接于筒体，另一端与柱间竖向安装阻尼器。这种连接方式较为复杂，造价也相对较高，目前尚在进一步研究发展中[5]。

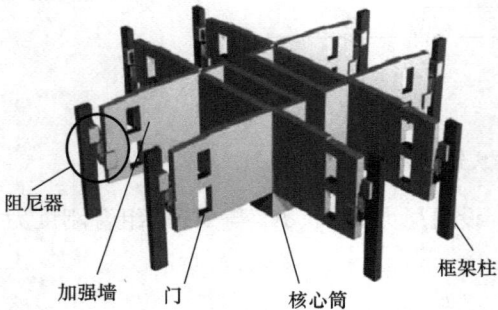

图 6　菲律宾香格里拉塔伸臂阻尼系统

3.3 套索式（Toggle）连接

套索阻尼器设置形式（图 7）属于美国泰勒公司的专利，是一种可以放大液体黏滞阻尼器位移的机械系统。理论上，当结构楼层变形较小时可通过该方式连接，在采用相同参数阻尼器情况下，可将阻尼器变形放大 2～3 倍。这种连接形式需要较高的安装精度，且放大阻尼减振的效果与结构变形的组合效应有关，使用时需经过阻尼器布置的有效性分析或敏感性分析后确定，目前实际应用较少，需要进一步研究和实践。

图 7　部分国外工程的套索阻尼器

4　带液体黏滞阻尼器的结构的风振加速度计算

4.1　整体模型

对于带有液体黏滞阻尼器的结构，在计算结构的顶点风振加速度时，宜采用时程分析法进行计算。墙、梁、柱等结构构件按弹性单元输入。液体黏滞阻尼器宜采用线性或非线性连接单元（即 Maxwell 模型）。

4.2 风时程作用下的计算方法

4.2.1 风时程作用下的运动方程

为了方便理解，以单质点度黏滞阻尼减振结构为例，在风时程作用下结构的运动平衡方程为：

$$m\ddot{u}(t) + (c + c_{\text{e}})\dot{u}(t) + ku(t) = p(t) \tag{5}$$

式中：m——结构质量；

$\quad c$——结构阻尼；

$\quad c_{\text{e}}$——阻尼器黏滞阻尼；

$\quad k$——结构抗侧刚度；

$\quad u$——结构位移；

$\quad p$——风时程平动作用力。

式（5）与一般单质点运动方程一致，只不过阻尼项由结构自身阻尼和阻尼器引起的阻尼相加而成。设：

$$\omega^2 = \frac{k}{m} \tag{6}$$

$$\xi = \xi_{\text{s}} + \xi_{\text{e}} = \frac{c + c_{\text{e}}}{c_{\text{r}}} = \frac{c + c_{\text{e}}}{2m\omega} \tag{7}$$

式中：ω——结构自振频率；

$\quad \xi$——结构在附加阻尼器后的总阻尼比；

$\quad \xi_{\text{s}}$——结构自身的阻尼比，$\xi_{\text{s}} = c/c_{\text{r}}$；

$\quad \xi_{\text{e}}$——阻尼器的附加阻尼比，$\xi_{\text{e}} = c_{\text{e}}/c_{\text{r}}$；

$\quad c_{\text{r}}$——临界阻尼系数，$c_{\text{r}} = 2m\omega$。

将式（6）、式（7）代入式（5），得：

$$\ddot{u}(t) + 2\xi\omega\dot{u}(t) + \omega^2 u(t) = \frac{p(t)}{m} \tag{8}$$

其中，非线性黏滞阻尼器的等效线性阻尼比 ξ_{e} 可按《建筑抗震设计规范》GB 50011—2010 中的公式估算：

$$\xi_{\text{e}} = \frac{W_{\text{c}}}{4\pi W_{\text{s}}} \tag{9}$$

式中：W_{c}——所有黏滞阻尼器在结构预期位移下往复一周所消耗的能量；

$\quad W_{\text{s}}$——设置黏滞阻尼器的结构在预期位移下的总应变能。

在设计时，ξ_{e} 值一般由厂家对黏滞阻尼器进行测试后提供。

同理可得，单质点扭转运动方程为：

$$J\ddot{\varphi} + (c + c_{\text{e}})\dot{\varphi} + k\varphi = m(t) \tag{10}$$

式中：J——结构转动惯量；

$\quad c$——结构阻尼；

$\quad c_{\text{e}}$——阻尼器黏滞阻尼；

$\quad k$——结构抗扭刚度；

$\quad \varphi$——结构角位移；

m——风时程扭矩。

4.2.2 风时程的加载及结果选取

风时程宜采用风洞试验提供的风时程数据。舒适度计算使用 10 年一遇的风压强度；钢筋混凝土结构阻尼比取 0.015～0.02，钢结构取 0.01。每个风向角的风时程数据的数量与结构楼层数相等，每层有 F_x、F_y、M_z（扭矩）三个分量。计算时可采用刚性楼板假定，将风时程数据输入相应楼层的楼板质心。

选取结果时，在结构顶部提取风振加速度时程。由于加速度时程的最大值并不稳定，采用最大值评估可能会高估或低估风振加速度，宜按加速度时程的均方根值乘以《建筑结构荷载规范》GB 50009—2012 给出的峰值因子 2.5（对应标准高斯分布的保证率为 99.38%[6]）进行评估。

5 若干问题的讨论

5.1 某工程案例

某超高层公寓（15 层以下为办公楼），结构采用混凝土框架-核心筒体系，地面以上 61 层，塔楼屋顶高度为 246.85m，屋顶以上构架最高约 255.85m，宽度为 23m，高宽比约 10.7，高宽比超过《高规》限值较多。典型楼层平面图如图 8 所示。

阻尼器布置需要考虑建筑使用功能要求，本工程共有 5 个避难层（层高均为 5.1m），拟采用斜撑式连接液体黏滞阻尼器或伸臂桁架。避难层标高如图 9 所示。

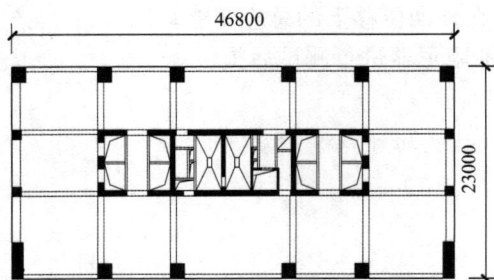

图 8 典型楼层平面图

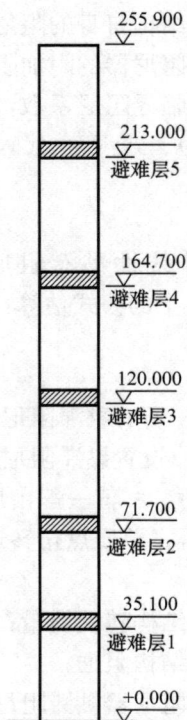

图 9 避难层标高示意

5.2　未设置伸臂桁架的情况

对该工程案例的避难层 1～5 均未设置伸臂桁架，布置方式如图 10 所示。

以下引入第 1 组对比模型，对没有伸臂桁架的模型的不同避难层的阻尼器的减振效率进行对比。对比模型的相关描述见表 2，避难层的阻尼器布置方式为环带桁架，如图 11 所示。

第 1 组对比模型　　　　　　　　　　　　　　表 2

模型编号	0	1-1	1-2
描述	全楼 无阻尼器	仅避难层 1 有阻尼器	仅避难层 2 有阻尼器
模型编号	1-3	1-4	1-5
描述	仅避难层 3 有阻尼器	仅避难层 4 有阻尼器	仅加强层 5 有阻尼器

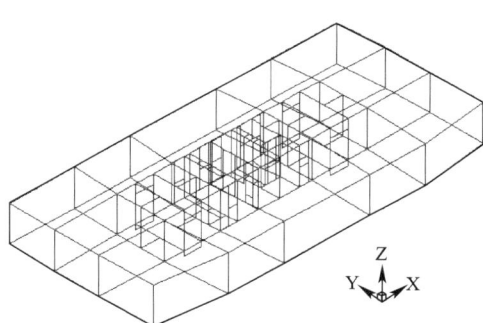

图 10　避难层无伸臂桁架模型
（避难层 1～5）

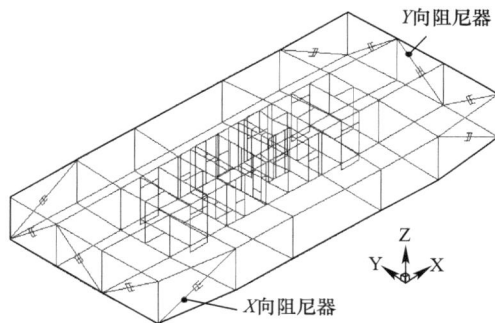

图 11　第 1 组对比模型阻尼器布置示意图
（避难层 1～5）

第 1 组对比模型的 Y 向顶点风振加速度结果见表 3。

第 1 组对比模型的 Y 向顶点风振加速度　　　　　　　表 3

模型编号	0	1-1	1-2	1-3	1-4	1-5
最大加速度（m/s²）	0.273	0.266	0.263	0.257	0.269	0.269
最小加速度（m/s²）	−0.280	−0.249	−0.243	−0.252	−0.251	−0.263
均方根求出峰值加速度（m/s²）	0.186	0.168	0.164	0.166	0.169	0.175
减振率	—	10.05%	11.81%	11.00%	9.27%	6.18%

由表 3 可知，在不设置伸臂桁架的情况下，位于楼层中间的避难层 2、3 的阻尼器的减振率更高。

5.3　设置伸臂桁架的情况

对该工程案例的避难层 2～5 各设置 8 榀伸臂桁架，布置方式如图 12 所示。

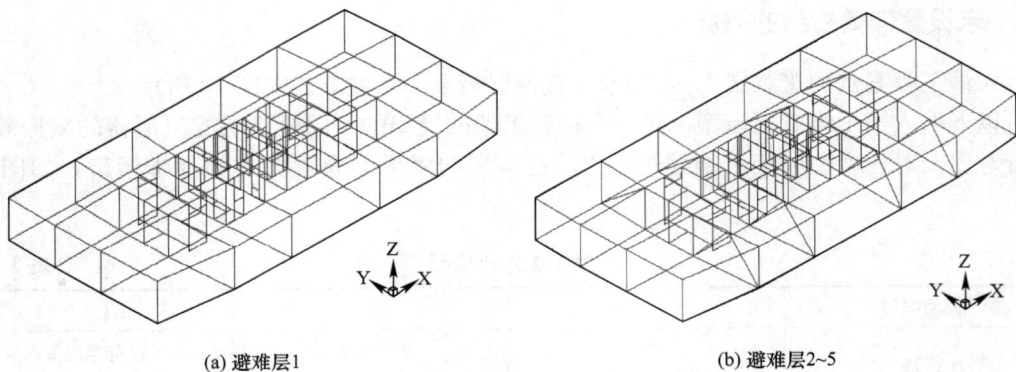

(a) 避难层1   (b) 避难层2~5

图 12　避难层伸臂布置示意

5.3.1　不同避难层的阻尼器的减振效率

以下将引入第 2 组对比模型，对不同避难层的阻尼器的减振效率进行对比。对比模型的相关描述见表 4，避难层的阻尼器布置方式如图 13 所示。

第 2 组对比模型　　　　　　　　　　　　　　　　　　　　　表 4

模型编号	0	2-1	2-2
描述	全楼 无阻尼器	仅避难层 1 有阻尼器	仅避难层 2 有阻尼器
模型编号	2-3	2-4	2-5
描述	仅避难层 3 有阻尼器	仅避难层 4 有阻尼器	仅加强层 5 有阻尼器

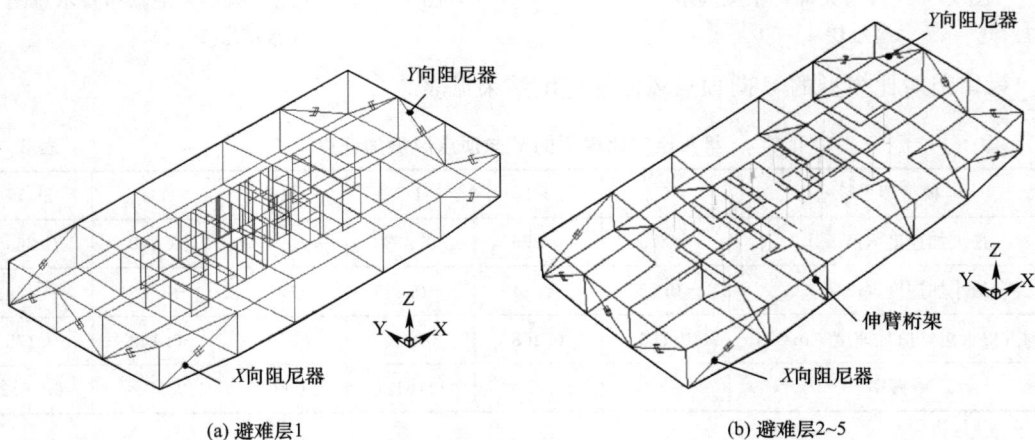

(a) 避难层1   (b) 避难层2~5

图 13　第 2 组对比模型阻尼器布置示意

第 2 组对比模型的 Y 向顶点风振加速度结果见表 5。

第 2 组对比模型的 Y 向顶点风振加速度　　　　　　表 5

模型编号	0	2-1	2-2	2-3	2-4	2-5
最大加速度（m/s²）	0.298	0.214	0.217	0.224	0.216	0.220
最小加速度（m/s²）	−0.283	−0.290	−0.293	−0.298	−0.299	−0.302
均方根求出峰值加速度（m/s²）	0.193	0.174	0.177	0.179	0.181	0.185
减振率	—	9.95%	8.40%	7.48%	6.19%	4.21%

由表 5 可知，在设置伸臂桁架的情况下，阻尼器总体的减振率低于不设置伸臂桁架的模型。

同时看出，不同于第 1 组对比模型，第 2 组对比模型结构标高越低的避难层的阻尼器减振率越高。由此可知，针对不同的结构布置方案，阻尼器布置的有效性分析是必须的。

5.3.2　X 向阻尼器的敏感性分析

对于该超高层公寓，顶点风振加速度的控制方向为 Y 向，本节引入第 3 组模型，对 X 向布置的阻尼器进行敏感性分析。对比模型的相关描述见表 6。

第 3 组对比模型　　　　　　表 6

模型编号	0	3-1	3-2	3-3
描述	全楼无阻尼器	每个避难层布置 4 个 X 向阻尼器	全楼补齐 X 向阻尼器	全楼去掉 X 向阻尼器

其中，模型 3-1、3-2、3-3 的阻尼器布置方式分别如图 14、图 15、图 16 所示。

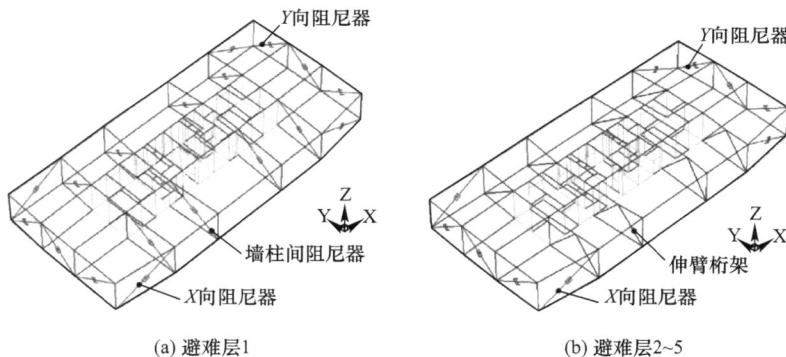

(a) 避难层1　　　　　　(b) 避难层2~5

图 14　模型 3-1 阻尼器布置示意

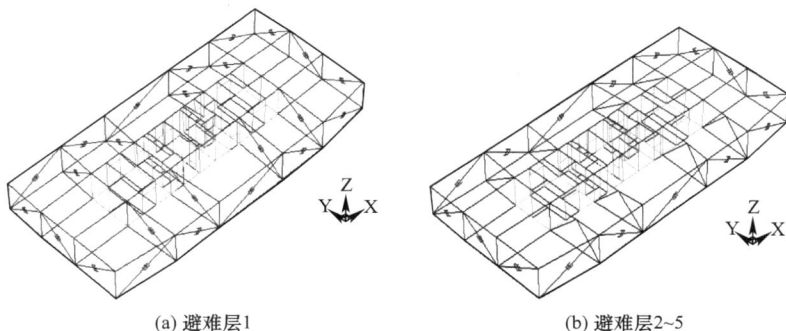

(a) 避难层1　　　　　　(b) 避难层2~5

图 15　模型 3-2 阻尼器布置示意

221

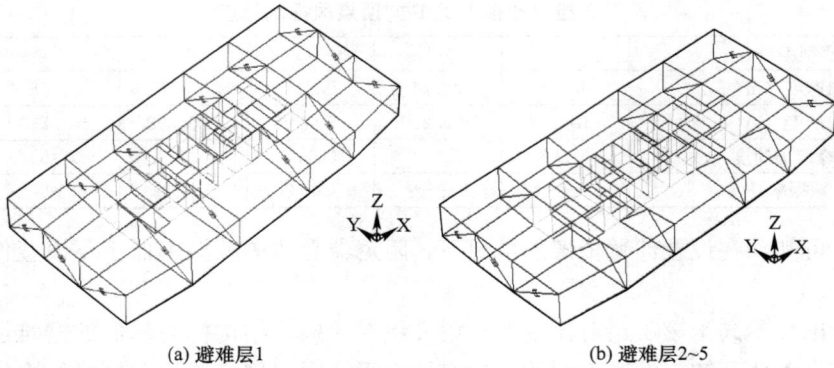

(a) 避难层1   (b) 避难层2~5

图 16   模型 3-3 阻尼器布置示意

第 3 组对比模型的 Y 向顶点风振加速度结果见表 7。

第 3 组对比模型的 Y 向顶点风振加速度   表 7

模型编号	0	3-1	3-2	3-3
最大加速度 （m/s²）	0.298	0.218	0.178	0.195
最小加速度 （m/s²）	−0.283	−0.223	−0.214	−0.248
均方根求出的峰值加速度 （m/s²）	0.193	0.136	0.129	0.140
减振率	—	29.46%	33.30%	27.58%

由表 7 可知，X 向阻尼器对 Y 向顶点风振加速度的减小提供了一定的帮助。

5.3.3 Y 向阻尼器的敏感性分析

本节引入第 4 组模型，对 Y 向布置的阻尼器进行敏感性分析。对比模型的相关描述见表 8。

第 4 组对比模型   表 8

模型编号	0	4-1	4-2
描述	全楼无阻尼器	每个避难层布置 6个Y向阻尼器	全楼去掉 Y向阻尼器

其中，模型 4-1、4-2 的阻尼器布置方式分别如图 17、图 18 所示。

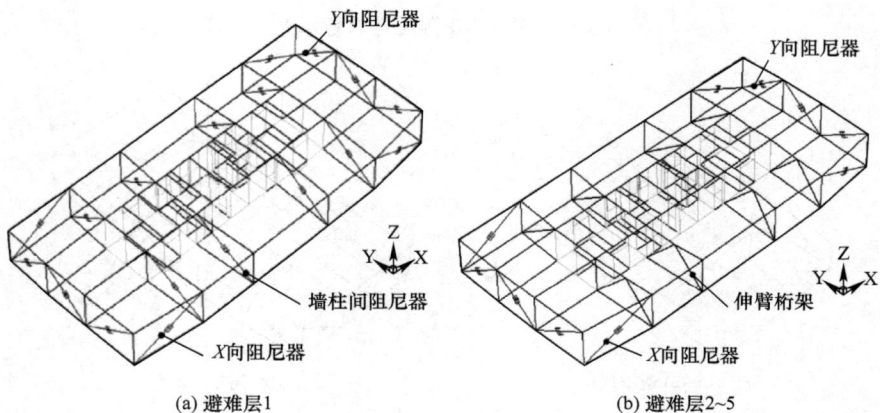

(a) 避难层1   (b) 避难层2~5

图 17   模型 4-1 阻尼器布置示意

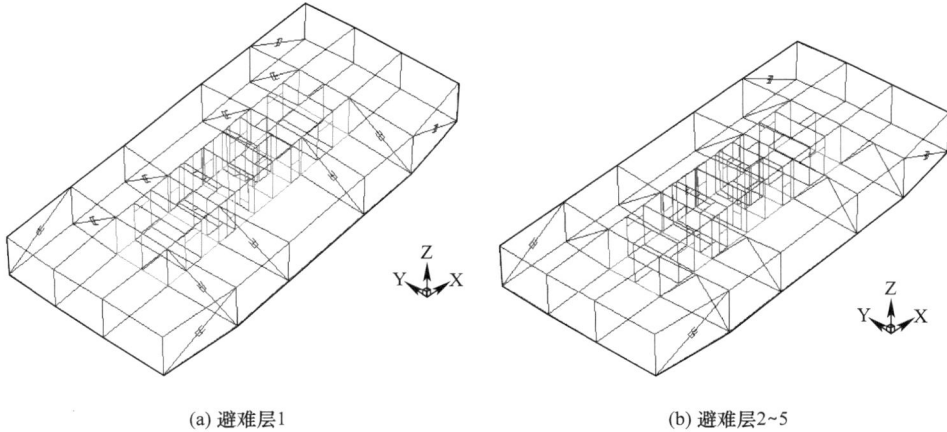

(a) 避难层1   (b) 避难层2~5

图 18　模型 4-2 阻尼器布置示意

第 4 组对比模型的 Y 向顶点风振加速度结果见表 9。

第 4 组对比模型的 Y 向顶点风振加速度　　　　　　　　　　表 9

模型编号	0	4-1	4-2
最大加速度（m/s²）	0.298	0.218	0.206
最小加速度（m/s²）	−0.283	−0.223	−0.281
均方根求出的峰值加速度（m/s²）	0.193	0.136	0.167
减振率	—	29.46%	13.66%

由表 9 可知，Y 向阻尼器对 Y 向顶点风振加速度的减小有明显作用。去掉全楼 Y 向阻尼器时，减振率从原来的 29.46% 骤降至 13.66%。风振峰值加速度达到 0.167m/s²，超过规范限值。

5.3.4　阻尼器的支撑连杆刚度与内部动刚度

以下引入第 5 组对比模型，对 Maxwell 模型中的不同刚度（K）值对减振效率的影响进行对比，对比模型的相关描述见表 10，阻尼器及伸臂桁架布置方式如图 19 所示。

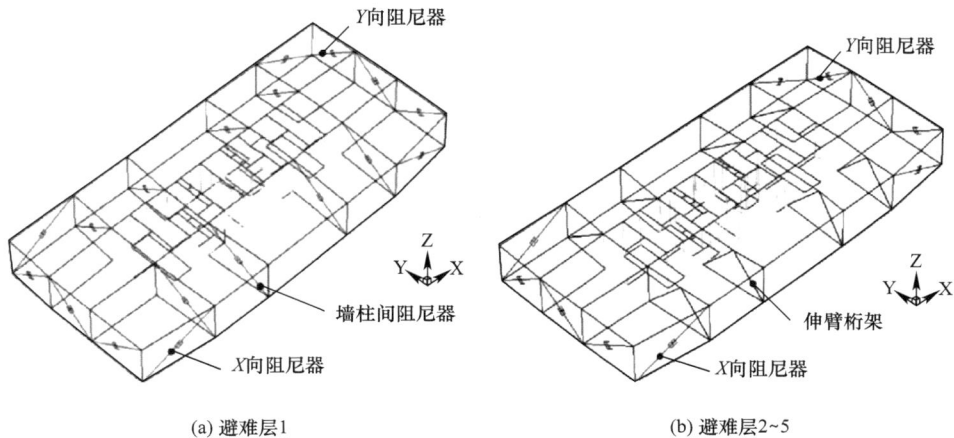

(a) 避难层1   (b) 避难层2~5

图 19　第 5 组对比模型阻尼器布置示意

第 5 组对比模型　　　　　　　　　　　　　　　　　表 10

模型编号	0	5-1	5-2.	5-3
全楼阻尼器刚度 K（kN/m）	1.00E+08	2.00E+07	1.00E+07	5.00E+06
等效钢材截面积（m²）	4.854	0.971	0.485	0.243
阻尼器数量	58	58	58	58

第 5 组对比模型中的"弹簧刚度"K 均近似取自《ETABS 中文版使用指南》的推荐值。由表 10 可知，模型 5-0 使用了较大的推荐值，其线刚度等效的钢材截面积约为 4.854m²，明显过大。第 5 组对比模型的 Y 向顶点风振加速度结果见表 11。

第 5 组对比模型的 Y 向顶点风振加速度　　　　　　　表 11

模型编号	0	5-1	5-2	5-3
最大加速度（m/s²）	0.218	0.220	0.222	0.228
最小加速度（m/s²）	−0.223	−0.226	−0.230	−0.237
均方根求出的峰值加速度（m/s²）	0.136	0.139	0.142	0.149

由表 11 可知，"弹簧刚度"K 对模型的 Y 向顶点风振加速度有一定的影响。K 越大，减振效果越好。因此，设计时应根据本文式（3）计算出阻尼器的组合刚度 K_b^*，代入 Maxwell 模型得出更为准确的结果，同时，支撑连杆的刚度 K_b 应满足《抗规》的要求。

5.3.5　斜撑式连接与伸臂竖直连接的对比

为分析黏滞阻尼器不同的连接布置方式的区别，以下引入第 6 组对比模型，对比模型的相关描述见表 12。

第 6 组对比模型　　　　　　　　　　　　　　　　　表 12

模型编号	0	6-1	6-2	6-3
描述	全楼无阻尼器	仅在避难层 1 设置 8 个墙柱间阻尼器，斜撑式布置	仅在避难层 1 设置 8 个墙柱间阻尼器，伸臂竖直式布置，伸臂为Ⅰ 400×400×50×80	仅在避难层 1 设置 8 个墙柱间阻尼器，伸臂竖直式布置，伸臂为Ⅰ 800×800×50×80

由表 12 可知，模型 6-1、6-2、6-3 均仅在避难层 1 设有阻尼器，且使用相同参数的阻尼器。模型 6-1、6-2、6-3 的阻尼器布置方式分别如图 20、图 21、图 22 所示。

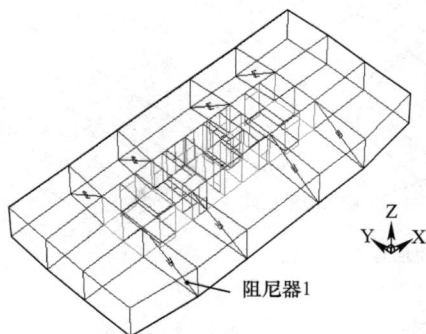

图 20　模型 6-1 的避难层 1 阻尼器布置示意

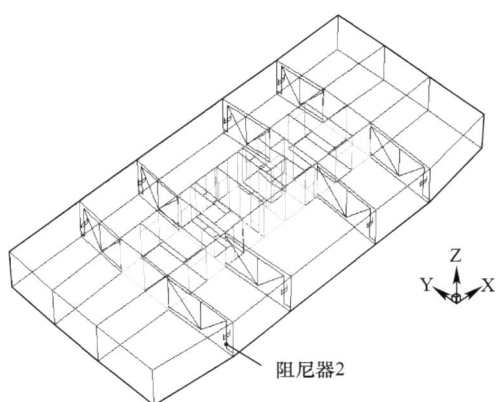

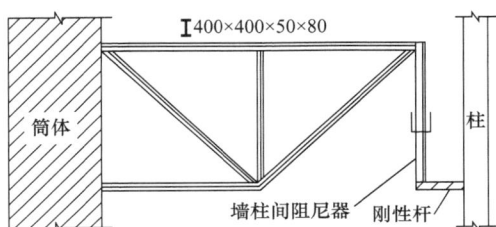

图 21 模型 6-2 的避难层 1 阻尼器布置示意

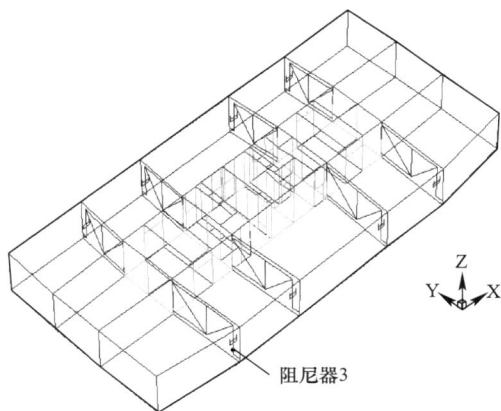

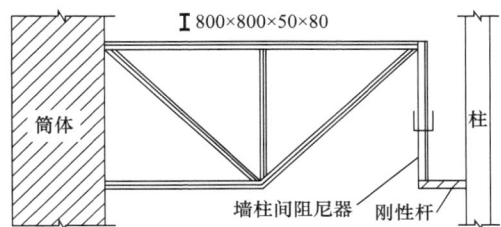

图 22 模型 6-3 的避难层 1 阻尼器布置示意

第 6 组对比模型的 Y 向顶点风振加速度结果见表 13。

第 6 组对比模型的 Y 向顶点风振加速度 表 13

模型编号	0	6-1	6-2	6-3
最大加速度（m/s²）	0.298	0.225	0.231	0.226
最小加速度（m/s²）	−0.283	−0.297	−0.288	−0.289
均方根求出的峰值加速度（m/s²）	0.193	0.181	0.185	0.177
减振率	—	6.37%	3.90%	8.14%

由表 13 可知，对于本案例而言，当伸臂刚度较大时，竖直伸臂式布置的阻尼器的减振率略高于斜撑式布置阻尼器，同时也说明，竖直伸臂式布置的阻尼器的减振率与伸臂本身的刚度有关。

6 抗风振阻尼器的特点和要求

6.1 长时间连续工作下寿命

由于风荷载持续时间长，阻尼器长时间连续工作消耗功率可能会过大，产生的热量对阻尼器寿命很不利，因此一定要计算功率。特殊情况下可采用金属密封无摩擦阻尼器（图 23）[7]，适用于风振环境等微幅振动，但价格相对较高。

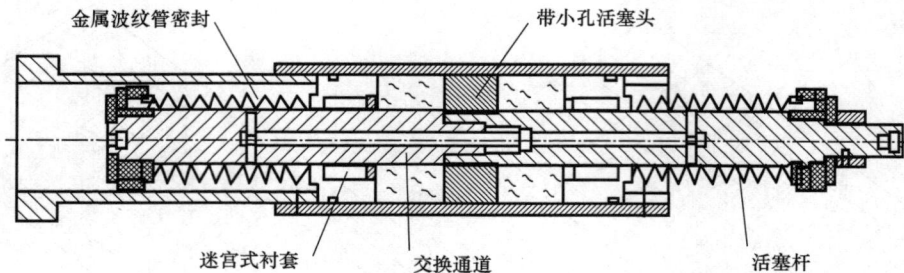

图 23　金属密封无摩擦阻尼器构造示意

6.2　风荷载作用下的微小位移

抗风用黏滞阻尼器除了功率的要求外，由于风荷载相对地震作用频率较低，峰值力较小，因此要求所用阻尼器在较低速度时可以正常工作。既能在大荷载、大冲程、短时间下，又能在小荷载、小冲程下长期连续有效工作，较小的阻尼器内摩擦就是这种阻尼器的关键技术。图 24 摘自美国泰勒公司在最新项目中的小位移测试报告[8]，图中的黏滞阻尼器位移振幅为 0.5mm（±0.05cm），可以看出阻尼器的出力正常。

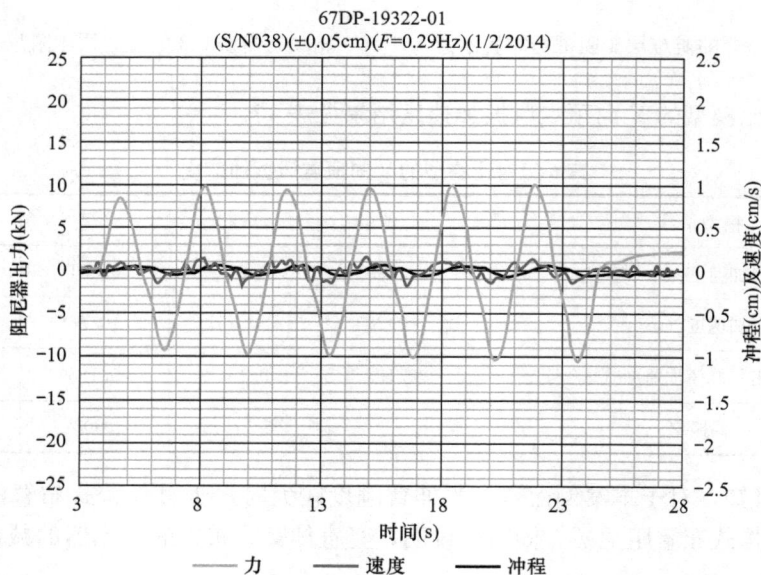

图 24　黏滞阻尼器小位移测试曲线

6.3　阻尼器的安装精度

超高层钢筋混凝土建筑多采用框架核心筒结构，其自身刚度较大，风振造成的层间位移通常仅为数毫米。为了保证阻尼器的减振效果，除了对阻尼器有严格的质量要求外，还对于阻尼器的安装精度有着严格的要求。美国泰勒公司在近期采用斜撑式连接液体黏滞阻尼器的项目中，实测安装误差小于 0.25mm，达到较高的安装精度。

6.4 阻尼器的更换和维护

一般而言，液体黏滞阻尼器在使用若干年后即需要维护或更换，具体要看不同厂家的不同产品规格，因此，设计时要注明其维护更换时长，并要求工作寿命不少于 50 年。同时，在布置阻尼器时应考虑到，建筑在使用时也能方便更换和维护[9]。

液体黏滞阻尼器的常见问题为漏油，不及时维护或更换会影响其减振功能。质量差的液体黏滞阻尼器或会出现刚安装上去就出现漏油的情况，要严格防止此类情况发生。

6.5 阻尼器的质量检测

每套阻尼器在出厂前都需要按照相关规定进行检测，合格后才可交付使用。

7 工程案例

7.1 工程概况

本文第 5 节中的某超高层公寓工程案例，风洞试验结果表明，当结构阻尼比取 0.02 时，10 年一遇风荷载作用下的顶点最大加速度为 0.192m/s²，不满足《高规》"不超过 0.15m/s²"的要求，即本工程在 10 年一遇风荷载作用下结构的顶点加速度超出《高规》的有关规定。同时，风洞试验报告表明，当结构阻尼比取 0.03 时，10 年一遇风荷载作用下的顶点最大加速度为 0.150m/s²，基本满足规范的要求；结构阻尼比取 0.035 时，10 年一遇风荷载作用下的顶点最大加速度为 0.137m/s²，满足规范的要求。拟采用布置斜撑式连接的液体黏滞阻尼器增大结构阻尼比的方法来解决该问题。

7.2 液体黏滞阻尼器的布置

阻尼器布置需要考虑建筑使用功能要求，同时需考虑一旦出现质量问题时要便于拆卸更换。本工程共有 5 个避难层，层高均为 5.1m，避难层可布置斜撑式连接的液体黏滞阻尼器。由于 B 塔 Y 向（东西向）高宽比较大，侧向刚度相对较弱，结构设计时在避难层 2～5 的 Y 向中间 4 榀布置了伸臂桁架。避难层伸臂桁架及阻尼器的布置方式见图 25，黏滞阻尼器数量见表 14。

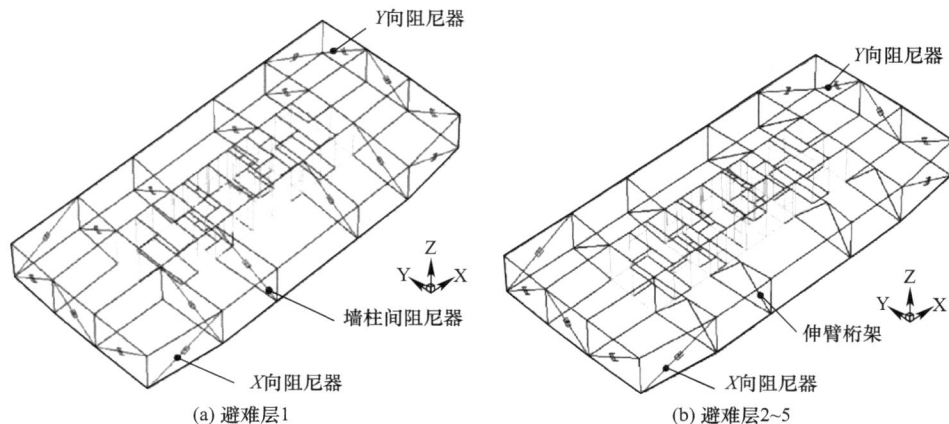

图 25　阻尼器布置示意

	阻尼器数量			表 14
项次	X 向阻尼器	Y 向阻尼器	墙柱间阻尼器	共计
避难层 1	4	6	8	18
避难层 2	4	6	0	10
避难层 3	4	6	0	10
避难层 4	4	6	0	10
避难层 5	4	6	0	10
共计	20	30	8	58

7.3 液体黏滞阻尼器参数

由于风荷载相对地震作用频率较低，峰值力较小，因此，本项目采用可以在较低的相对速度下输出较大的阻尼力的非线性液体黏滞阻尼器（$0<\alpha<1$），参数详见表 15。

	液体黏滞阻尼器参数	表 15
项次	阻尼系数 C［kN/（m/s）$^\alpha$］	速度指数 α
X 向阻尼器	8000	0.4
Y 向阻尼器	8000	0.3
墙柱间阻尼器	8000	0.4

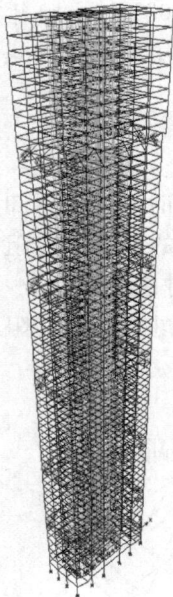

图 26 ETABS 计算模型

7.4 计算模型

塔楼分析使用 ETABS 软件进行，黏滞阻尼器单元采用 Maxwell 单元进行模拟，墙、梁、柱等结构构件按弹性单元输入。计算模型如图 26 所示。

风荷载采用风洞试验报告提供的结果。风向角 110°时，X 向最大顶点风振加速度为 0.146m/s²；风向角 180°时，最不利 Y 向最大顶点风振加速度为 0.192m/s²。风洞试验风向角见图 27。

对塔楼进行风时程分析时（风向角 180°），在模型的每层刚性楼板的质心输入相应的 F_x、F_y、M_z（扭转）三个风时程作用。

7.5 减振效果

计算结果表明，起控制作用的 Y 向顶点风振加速度，减振前为 0.192m/s²，减振后为 0.136m/s²，减振率 29.46%，减振后顶点风振加速度可以满足《高规》要求。减振前后的 Y 向顶点风振加速度时程结果见图 28，其中浅色为减振前的风振加速度结果，深色为减振后的风振加速度结果，可以看出，顶点加速度明显减小。

附加阻尼比可采用"对比法"进行估算。将无阻尼器时的结构阻尼比提高 1.5%，即使用 3.5%的阻尼比时，10 年一遇风荷载作用下的顶点最大风振加速度为 0.137m/s²。采用减振方案后，计算得出的顶点风振加速度为 0.136m/s²，由此可求得阻尼器提供的附加阻尼比约为 1.5%。

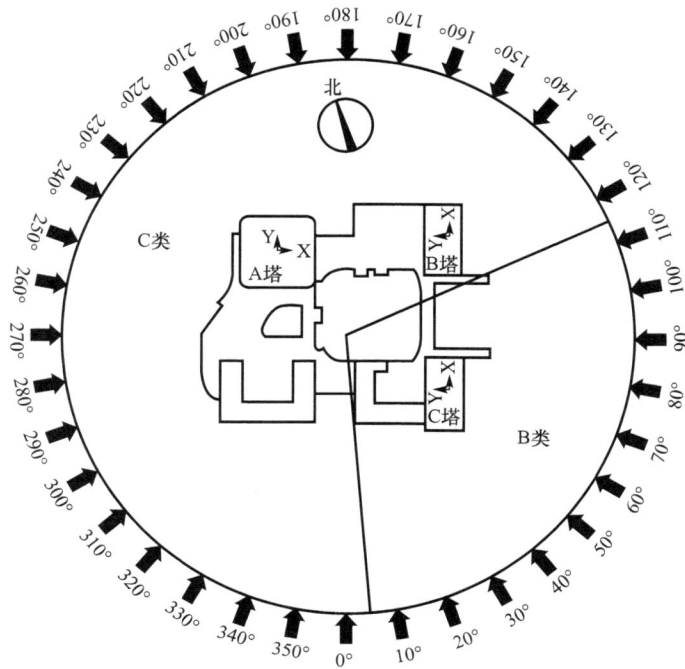

图 27　风洞试验风向角示意

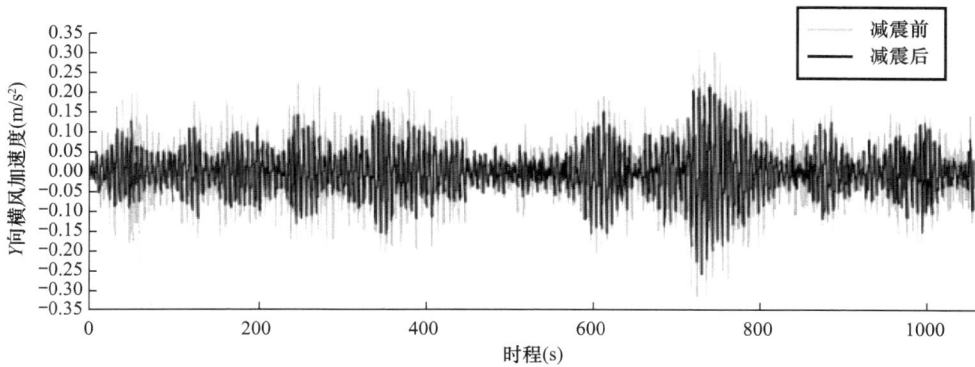

图 28　减振前后的 Y 向顶点风振加速度（m/s²）

8　总结

（1）当超高层建筑的风振加速度计算结果或风洞试验得出的结果不满足《高规》要求时，可采用液体黏滞阻尼器增大结构阻尼比，以降低结构顶点的风振加速度，使其满足《高规》要求，或根据需要达到更高的舒适度要求。

（2）本文给出了超高层建筑采用液体黏滞阻尼器抗风振时，设计计算应注意的有关问题以及解决方法，供设计人员参考。

（3）对于液体黏滞阻尼器的 Maxwell 模型中的"弹簧刚度" K 进行了对比分析，结果

显示 K 值对风时程计算结果有一定影响，K 值越大，液体黏滞阻尼器减振效率越高。因此，在设计斜撑连接的液体黏滞阻尼器时，应根据本文式（3）计算出阻尼器的组合刚度 K_b^*，代入 Maxwell 模型得出更为准确的结果，同时，支撑连杆的刚度 K_b 应满足《抗规》的要求。

（4）布置阻尼器时需要进行敏感性或有效性分析。对比阻尼器在不同位置、不同布置形式下的减振效率，找出最佳的布置方案。合理配置黏滞阻尼器的位置和数量，可大幅减小结构的风振加速度，同时达到较为经济的效果。

（5）抗风振阻尼器有着长时间工作、位移相对较小、需要更换维护等特点，设计时应注意安装精度及使用寿命等要求。

（6）文中工程案例展示了带液体黏滞阻尼器结构的计算过程和结果，在布置液体黏滞阻尼器后，结构顶点风振加速度的减振率接近 30%，效果显著。

参考文献

［1］ 住房和城乡建设部. 高层建筑混凝土结构技术规程：JGJ 3—2010 ［S］. 北京：中国建筑工业出版社，2011.

［2］ 住房和城乡建设部. 建筑消能减震技术规程：JGJ 297—2013 ［S］. 北京：中国建筑工业出版社，2013.

［3］ 住房和城乡建设部. 建筑抗震设计规范：GB 50011—2010 ［S］. 北京：中国建筑工业出版社，2010.

［4］ 欧进萍，吴斌，龙旭. 结构被动耗能减振效果的参数影响 ［J］. 地震工程与工程振动，1998（S1）：60-70.

［5］ 彭程，马良喆，陈永祁. 伸臂阻尼器系统在高层结构中的应用 ［J］. 建筑结构，2015，45（S1）：451-458.

［6］ 张相庭. 结构风压和风振计算 ［M］. 上海：同济大学出版社，1985.

［7］ 彭程，马良喆，陈永祁. 液体黏滞阻尼器在超高层结构上的抗风效果分析 ［J］. 建筑结构，2015，45（2）：80-88.

［8］ 彭程，赵成华，陈永祁. 创新型减振设备液体黏滞阻尼器工程应用与检测 ［J］. 建筑技术，2013（IS）：186-192.

［9］ 陈永祁，马良喆，彭程. 建筑结构液体黏滞阻尼器的设计与应用 ［M］. 北京：中国铁道出版社，2018.

16 钢管混凝土叠合柱在龙光总部中心的应用

彭肇才

（广东现代建筑设计与顾问有限公司，深圳 518010）

【摘要】 龙光总部中心采用"钢管混凝土叠合柱框架-核心筒"结构抗侧力体系，介绍了钢管混凝土叠合柱的设计计算方法，分析了传统钢管混凝土叠合柱与钢筋混凝土梁连接节点的优缺点，提出了新型钢管混凝土叠合柱与钢筋混凝土梁连接节点，并采用有限元软件ABAQUS进行了分析验证。

【关键词】 钢管混凝土叠合柱，设计分析，连接节点，有限元

Application of Steel Tube-Reinforced Concrete Column in Logan Headquarters Center

Peng Zhaocai

(Guangdong Modern Architectural Design and Consultancy Co.,
Ltd., Shenzhen 518010)

Abstract：Lateral resistance system of steel tube-reinforced concrete column frame-corewall system is applied in the Logan Headquarters Center. This paper introduces the design and calculation method of concrete-filled steel tubular composite column，analyzes the advantages and disadvantages of the traditional joint between concrete-filled steel tube composite column and reinforced concrete beam，puts forward a new type of connection joint between concrete-filled steel tube composite column and reinforced concrete beam，and uses the finite element software ABAQUS for analysis and verification.

Keywords：steel tube-reinforced concrete column，design analysis，connecting nodes，finite element method

1 工程概况

龙光总部中心位于深圳市南山区华侨城片区，南侧紧邻深南大道，东侧为恩平街紧邻锦绣花园，西侧为汕头街和华侨城东部组团生活区，北侧为康佳苑宿舍区和大通实业工业区。本项目地下2层，地上由1栋一单元、二单元及其连体结构组成。1栋一单元共57层，结构总高度为261.55m；1栋二单元共64层，高度为255.9m；均采用钢管混凝土叠合柱框架-核心筒结构。一、二单元地上总建筑面积为21.93万 m²，一单元为办公区；二单元22层以下为办公区，22层以上为公寓。建筑效果图如图1所示。

图 1　建筑效果图

2　结构概况

2.1　结构平面布置

本工程基本风压为 $0.75kN/m^2$，地面粗糙度为 C 类；抗震设防烈度为 7 度，设计基本地震加速度为 $0.10g$。一、二单元均属于超 B 级高度超高层建筑。结构平面布置如图 2、图 3 所示，结构主要构件尺寸见表 1。

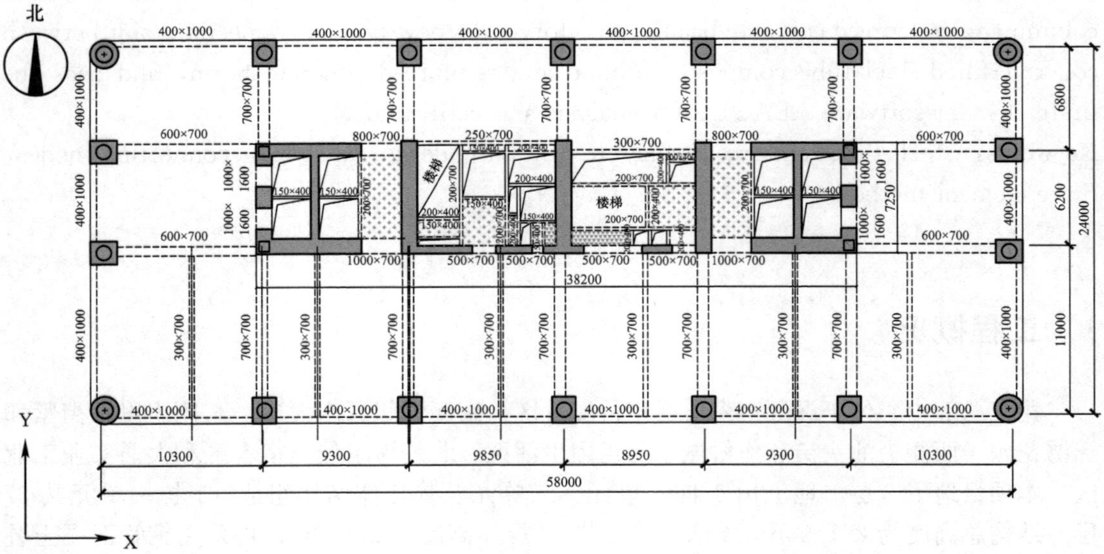

图 2　一单元中区结构平面图

北

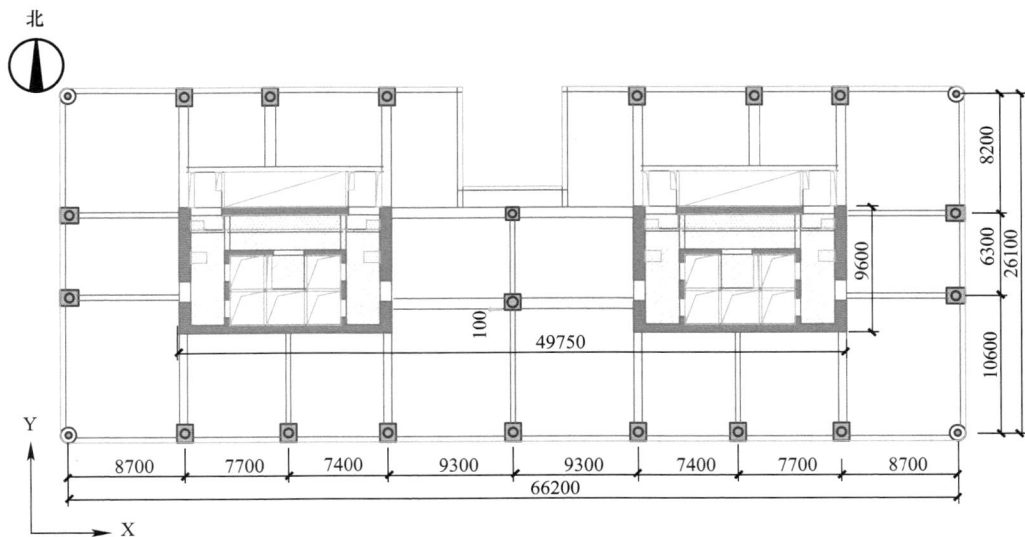

图 3　二单元中区结构平面图

结构主要构件 表 1

栋号	核心筒墙厚（mm）	外框柱尺寸（mm）
1栋一单元	基础顶~1层：1400 1~4层：1200 5~18层：1200 19~32层：1000 32层及以上：800	基础顶~1层：2100×2100 1~4层：2100×1900 5~11层：2000×1800 12~18层：1800×1600 19~31层：1600×1400 32层及以上：1500×1300
1栋二单元	基础顶~1层：1400 1~4层：1200 5~18层：1200 19~51层：800~1000 52层及以上：600	基础顶~5层：ϕ1700 6~18层：1300×1500 19~33层：1300×1500 34~52层：1100×1300 53层~屋面：1000×1000

2.2 结构特点

结合建筑功能考虑，外框柱采用钢管混凝土叠合柱（以下简称叠合柱）。塔楼采用"钢管混凝土叠合柱框架-核心筒"结构抗侧力体系，具有以下特点：

（1）塔楼结构高宽比大，1栋一单元办公中高区外框高宽比为 7.8，核心筒达到 26.3。为提高建筑的舒适性，控制结构的水平位移，需充分发挥核心筒和外框架的作用，加强外框柱与核心筒的连系。

（2）底层框架分担的剪力和倾覆力矩比例大，具体见表 2，由表可知，在 Y 向地震作用下，底层外框架分担的倾覆力矩约为 60%，外框架分担的剪力最大约为 82%。

底层框架分担的剪力和倾覆力矩比例 　　　　　　　　　　　　　　　表 2

项目	连体多塔（YJK 模型）	
	X 向	Y 向
底层剪力	5.59%	11.31%
底层倾覆力矩（规定水平力）	39.8%	59.5%
各层框架剪力最大值	78.24%	81.58%

（3）建筑功能对外框柱截面控制严格，由于本项目地处中心区，土地资源紧张，楼面价格高，项目定位高，建设方对结构竖向构件，尤其是外框柱截面控制极为苛求，要求最大限度地减小对建筑净空的影响。从经济效益和使用价值上，需重点考虑如何减小构件截面以获得更多的使用空间，这是本项目的难点。

（4）本项目为深圳的标志性建筑，建设方非常关注后期的运营维护成本，即如何让建筑结构获得较好的防火性能、耐久性并减小后期的维护成本，这是设计考虑的重点。

3　叠合柱设计分析

3.1　外框柱的选择

目前高层建筑中仍普遍采用钢筋混凝土柱，但随着高层和超高层建筑的发展，以及建筑对空间的要求，柱承受的轴力越来越大，普通的钢筋混凝土柱已经不适合用作高层和超高层承重柱。原因是柱的轴压比越高，延性越差，为了将轴压比限制在一定水平上，则必须增大柱截面尺寸，从而带来两个突出问题：①从使用功能上看，"胖柱"占用了建筑物较大的使用空间；②从抗震性能上看，由于柱截面增大，当层高受到限制时，将使柱的剪跨比减小，极容易形成短柱，在水平地震作用下往往形成脆性破坏，对抗震不利。

本工程由于结构的层数较多，外框柱承受的竖向荷载大，为了减小框架柱的截面面积，增加有效使用面积，考虑采用钢-混凝土组合柱。在组合柱的选型上，对型钢混凝土柱、钢管混凝土柱和叠合柱进行了深入比较和论证。经计算分析，叠合柱截面和钢管混凝土柱截面最小，由于叠合柱同时具有钢筋混凝土柱和型钢混凝土柱的优点，即刚度大，强度大，耐火性能好，故本工程外框柱采用了叠合柱。

通过对结构的整体计算分析，在建筑中段往上的外框柱，由于内力减小采用了钢筋混凝土柱，外框架沿竖直方向在建筑结构底部区域采用叠合柱。这样既能保证外框架刚度和强度不发生严重突变，竖直方向具有较好的连续性，同时具有较好的经济效益。

3.2　叠合柱的计算

实际操作时，采用轴压刚度和弯曲刚度等效的方法，将叠合柱等效成钢筋混凝土输入计算软件中，计算叠合柱的弹性内力，再根据《钢管混凝土叠合柱结构技术规程》CECS 188—2005（下文简称《规程》）中的有关公式进行轴压比和承载力的验算。叠合柱的轴压刚度（EA）和弯曲刚度（EI）的计算公式如下：

$$EA = E_{co}A_{co} + E_{cc}A_{cc} + E_aA_a \tag{1}$$

$$EI = E_{co}I_{co} + E_{cc}I_{cc} + E_aI_a \tag{2}$$

式中：E_{co}、E_{cc}、E_a——分别为钢管外混凝土、钢管内混凝土和钢管的弹性模量；

A_{co}、A_{cc}、A_a——分别为钢管外混凝土、钢管内混凝土和钢管的截面面积；

I_{co}、I_{cc}、I_a——分别为钢管外混凝土、钢管内混凝土和钢管截面在所计算方向对其形心轴的惯性矩。

采用 YJK 软件和 MIDAS 软件计算分析叠合柱的弹性内力，再根据《规程》中的有关公式进行轴压比和承载力的验算。本项目中叠合柱形式如图 4 所示，其典型截面配筋如图 5 所示[5]。

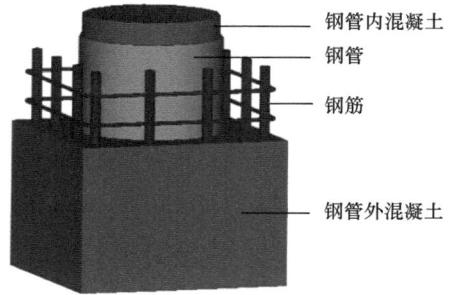

图 4　叠合柱示意

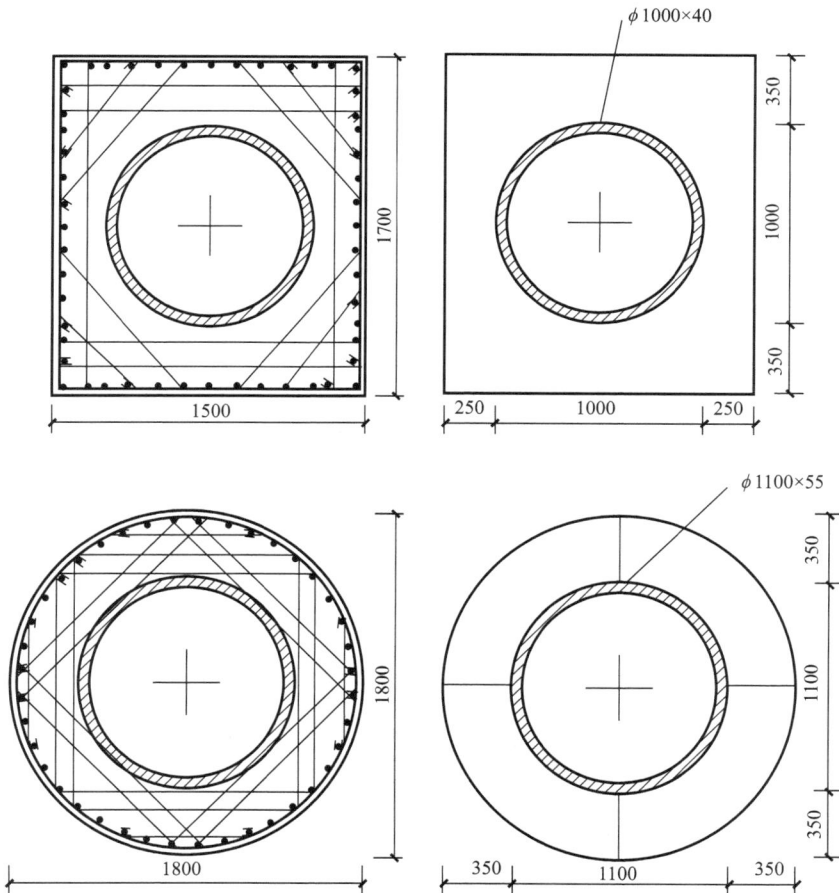

图 5　典型截面配筋示意

3.3　传统叠合柱-梁节点连接

叠合柱节点的设计应符合传力明确、构造简单、整体性好、安全可靠、节约材料和施工方便的原则，《规程》和标准图集中提供了几种叠合柱与钢筋混凝土梁节点的处理方法，设置混凝土环梁的做法如图 6 所示，现场施工情况如图 7 所示；钢管开孔的做法如图 8 所示，现场施工情况如图 9 所示[6]。但施工都略显复杂。

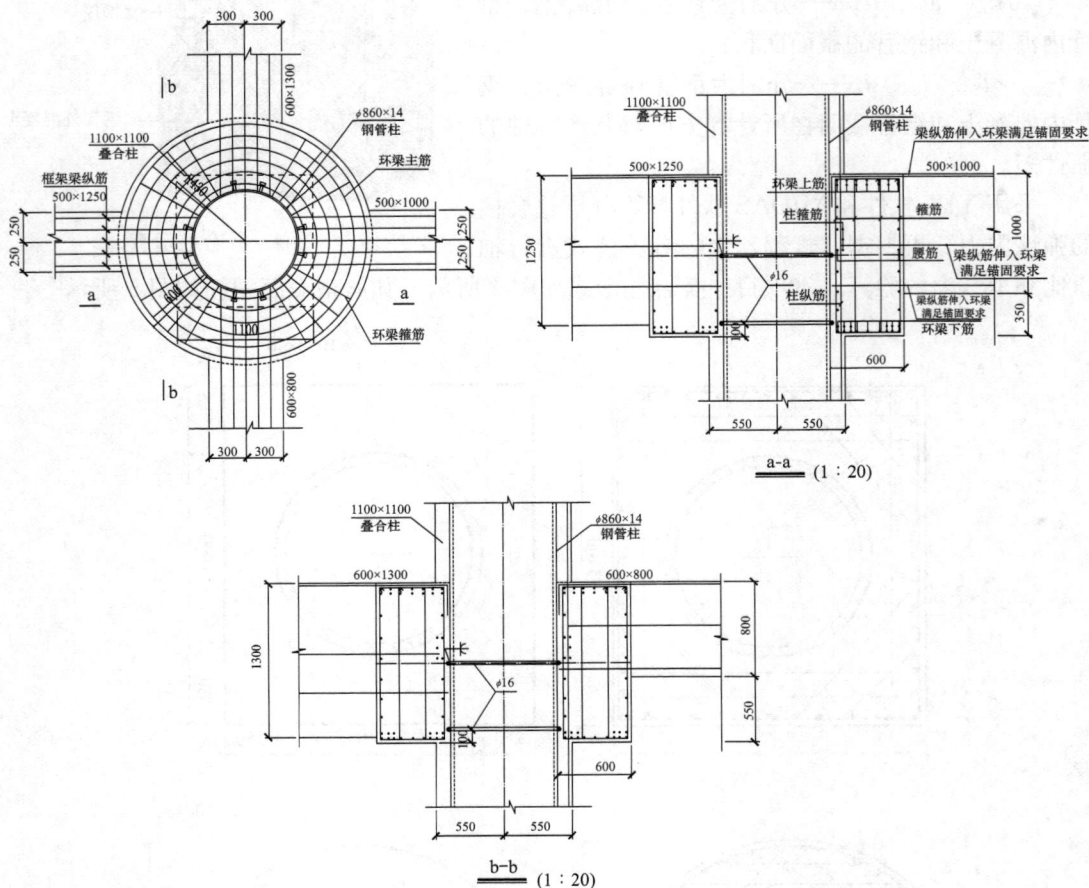

图 6　典型叠合柱与混凝土梁的连接节点示意
（设置混凝土环梁）

图 7　典型叠合柱与混凝土梁的连接节点施工
（设置混凝土环梁现场）

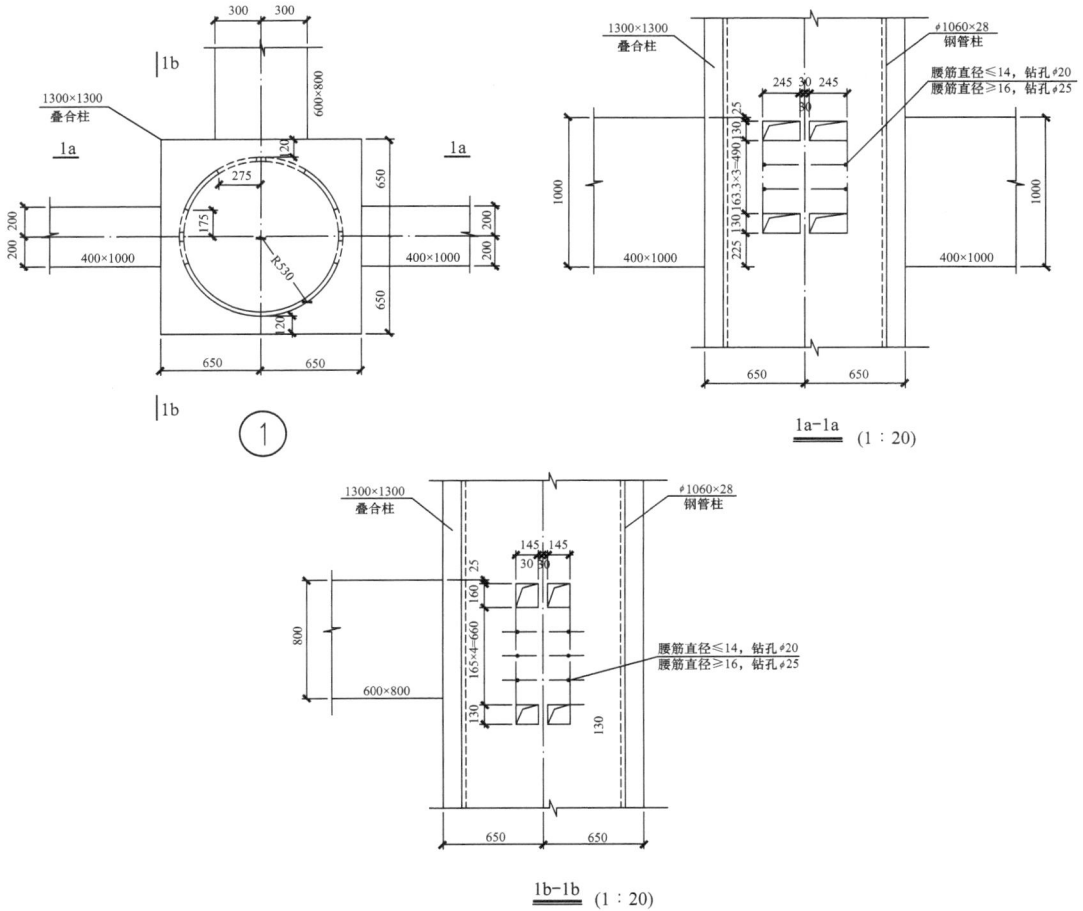

图 8　典型叠合柱与混凝土梁的连接节点示意
（钢管开孔）

图 9　典型叠合柱与混凝土梁的连接节点施工
（钢管开孔现场）

3.4 新型叠合柱-梁节点连接

考虑到钢筋混凝土梁与叠合柱连接节点的施工方便性，本工程根据项目受力特点，外框柱采用长方形叠合柱；外框梁采用 400mm 宽钢筋混凝土梁；叠合柱的长边预留 400mm 的保护层，以供 400mm 宽的钢筋混凝土梁穿过；靠内侧垂直方向的混凝土梁锚固于 400mm 宽的柱混凝土保护层内。角部外框柱采用圆形叠合柱，预留 400mm 宽的保护层，角部的混凝土梁直接环绕叠合柱，施工更为便利，缩短了施工周期。图 10、图 11 所示为本工程典型叠合柱与混凝土梁的连接节点。

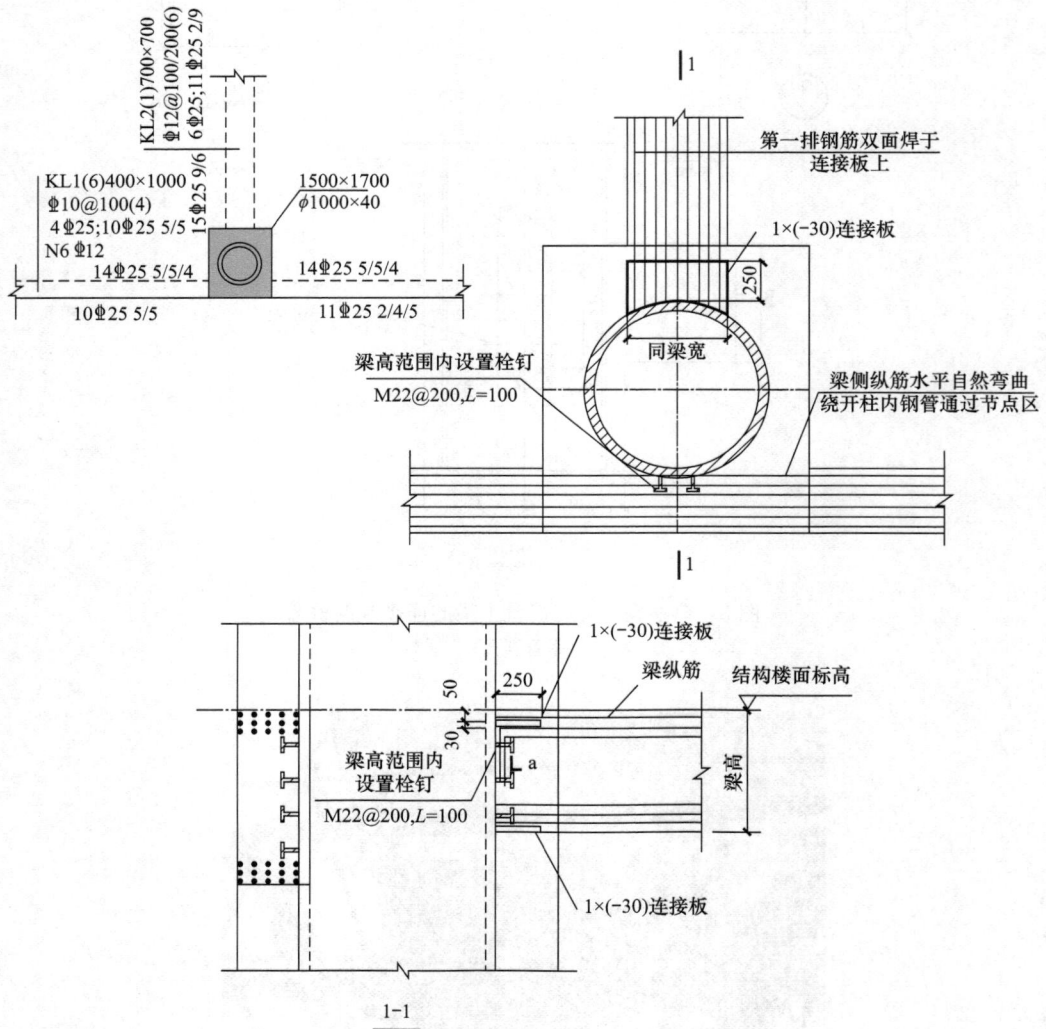

图 10　典型叠合柱与混凝土梁的连接节点示意（中柱做法）

3.5 新型叠合柱-梁节点的有限元分析

为保证这种新型叠合柱节点受力性能可靠，实现"强节点弱构件"的设计原则，采用有限元软件 ABAQUS 对这种节点的受力性能和工作机理进行深入的分析研究。典型的叠合柱与混凝土梁的连接节点（中柱做法）的有限元分析如图 12 所示；典型的叠合柱与混凝土梁的连接节点（角柱做法）的有限元分析如图 13 所示。从应力云图可以判定节点具有很好的力学性能，可以实现"强节点弱构件"。

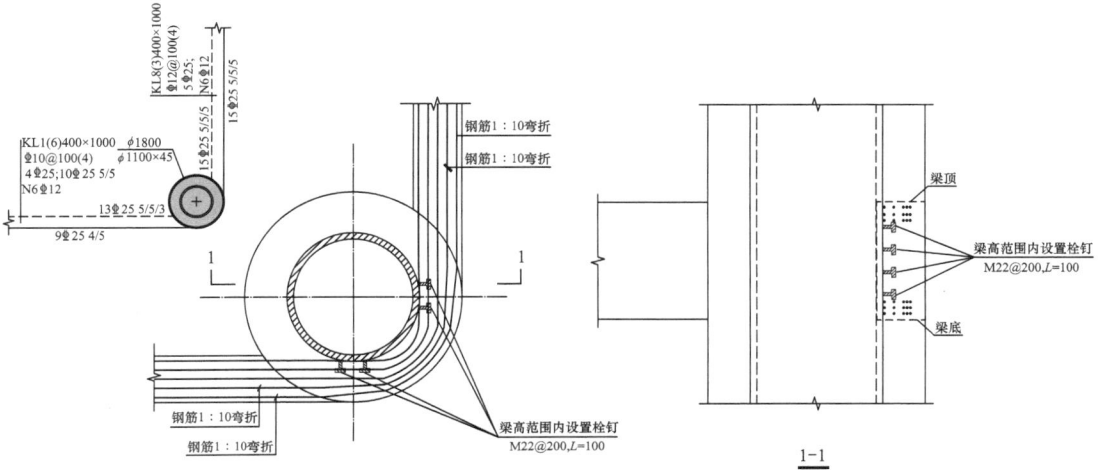

图 11 典型叠合柱与混凝土梁的连接节点示意
（角柱做法）

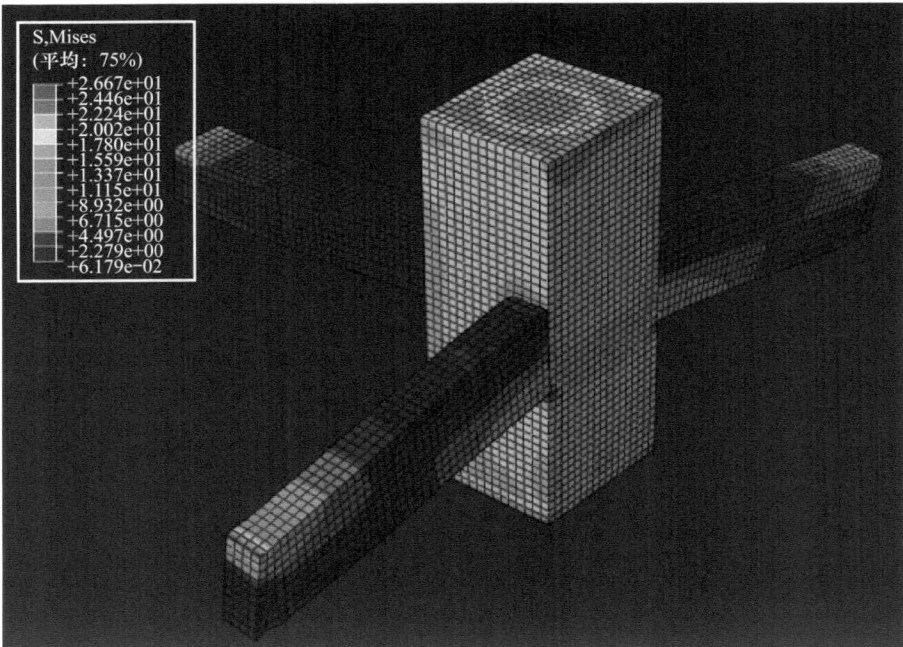

图 12 典型叠合柱与混凝土梁的连接节点有限元分析（一）
（中柱节点）

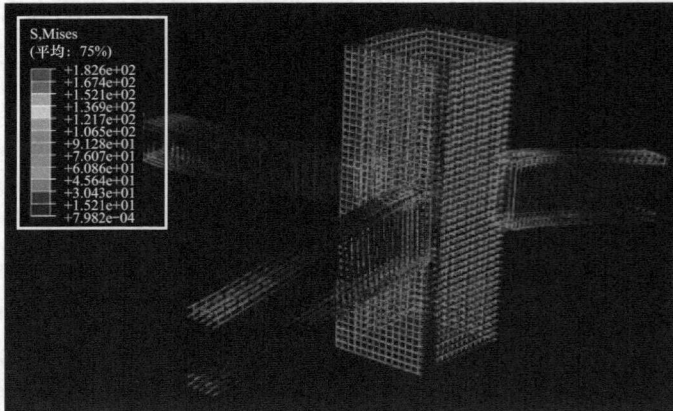

图 12　典型叠合柱与混凝土梁的连接节点有限元分析（二）
（中柱节点）

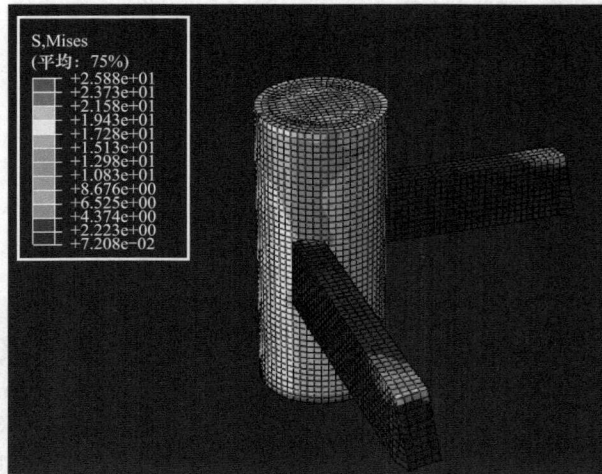

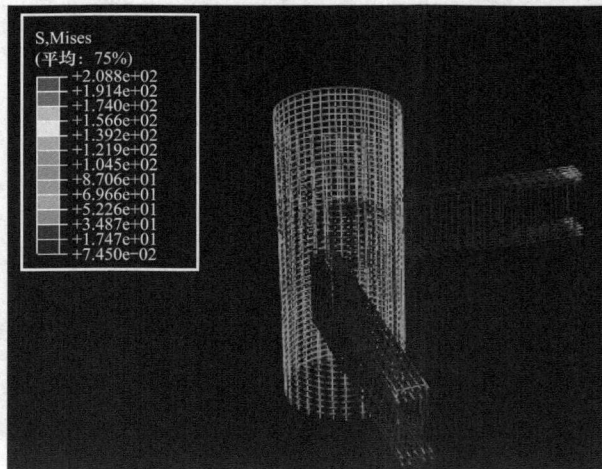

图 13　典型叠合柱与混凝土梁的连接节点应力分析
（角柱节点）

4　结语

在土地资源紧张的城市中心区，为了满足建设方对产品品质的要求及业主对使用空间最大化的需求，需要结构在满足安全和舒适性的前提下占用最小的建筑面积，以提升建筑产品的经济效益和使用价值。在超高层建筑中，结构工程师对柱断面尺寸的控制显得越发重要。钢管混凝土叠合柱作为一种新型的组合柱截面，具有刚度大、承载力高、耐火性能好、施工方便等优点，越来越受到工程师的青睐。

工程实践证明，本文提出的新型叠合柱-梁节点的连接符合传力明确、构造简单、整体性好、安全可靠、节约材料和施工方便的原则，可为相关工程实践提供参考。

17　新型平扭结合滑动支座的设计研究

王文宇，孙平，梁文杰

（深圳市同济人建筑设计有限公司，深圳　518000）

【摘要】　新型平扭结合滑动支座适用于体量较小的钢连廊结构。连廊端部支承于聚四氟乙烯板混凝土支座，并设置"一窄两宽"的三个长圆孔，套入固定在牛腿支座上的三个销轴中，实现以中间销轴为圆心，两端绕圆心转动的变形模式。新型平扭结合滑动支座可适应罕遇地震作用下的各向变形需求，同时起到防坠落的作用。采用新型支座时，结构间错动产生的摩擦力对主体结构影响相对小，进行主体结构分析时可忽略水平力。连廊与主体结构产生较大位移后，可采用液压千斤顶对连廊主梁端部进行回顶，使其恢复至初始位置。

【关键词】　新型平扭结合滑动支座，连廊结构，长圆孔，销轴，转动，摩擦力

Design of New Sliding Bearing for Corridor Structure

Wang Wenyu，Sun Ping，Liang Wenjie

（Tongji Architects Co.，Ltd.，Shenzhen　518000）

Abstract：The new lateral-torsional sliding bearing is suitable for steel corridor between structures. Both ends of the corridor are supported on the PTFE plate with three special holes been set. These oblong holes，with three shafts together，form three pins and obtain both rotation and movement. The new sliding bearing can suit the needing of large structure drift due to rare occurred earthquake and avoid falling. The friction generated by the bearing has small lateral effect on the main structure，which can be ignored in analysis. After a large deformation，corridor can be pushed back to its original position by hydraulic jack.

Keywords：new lateral-torsional sliding bearing，corridor structure，oblong hole，pin shaft，rotation，friction

1　前言

近年来，连廊在建筑方案中的应用呈上升趋势。多高层建筑之间设置连廊，不仅成为建筑表现的一个有效手段，还可以丰富建筑内部交通，更为建筑物的应急疏散增加了选择。

当连廊两端与主楼采用固定连接——无论是铰接还是刚接，可视为"强连接"。此时，连廊与主楼成为一体，要求变形协调一致，共同承担重力、水平荷载，属于连体建筑。

当连廊自身体量较小、质量和刚度不大时，可以将连廊设计为与主楼"脱开"，采用释放支座的连接，不要求连廊协调主楼变形，简化结构受力，降低设计及施工难度。

2　支座的约束与释放

2.1　常规做法

以常见的商业连廊为例，其典型的设计方式称为"一端固定，一端滑动"，如图 1 所示，左侧固定端采用"简支固定"设计，右侧采用"滑动＋转动"设计[1,2]。支座约束如表 1 所示。

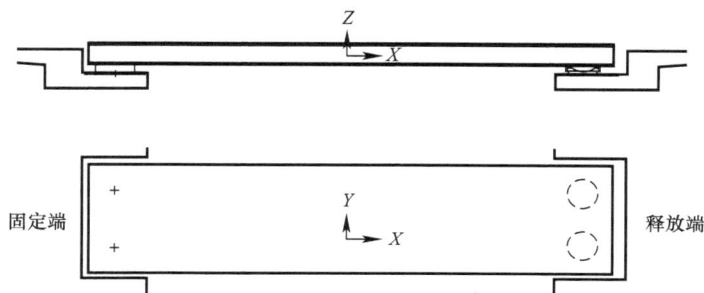

图 1　支座条件

支座约束　　　　　　　　　　　　　　　　　　　　　　　　　　　表 1

自由度	固定端	释放端
平动转动	$X=1$，$Y=1$，$Z=1$ $R_x=1$，$R_y=0$，$R_z=1$	$X=0$，$Y=0$，$Z=1$ $R_x=1$，$R_y=0$，$R_z=0$

分析支座条件可以发现，由于左侧"简支"端有两个固定点，整体上并未释放绕 Z 轴的转动约束 R_z。此时，左侧主楼的扭转、Y 向平动，将带动连廊在右端产生一个放大的位移，该位移随连廊的跨度增大而增大。同时，在主楼产生一个附加面内扭矩，该扭矩随连廊的跨度、自重增大而增大。

2.2　释放扭转

考虑对两端支座的扭转 R_z 进行释放，如图 2 所示。

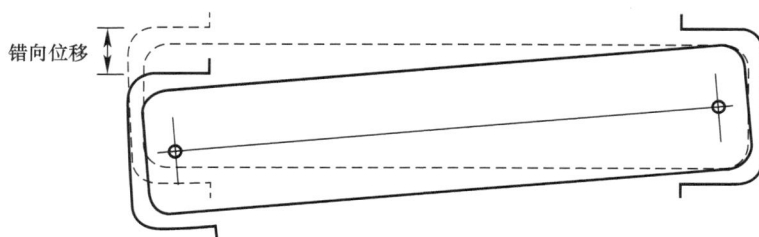

图 2　扭转变形

此时连廊真正实现了端部转动，可以较好地适应主楼由扭转、平移产生的错向位移。其对主楼的影响，基本可视为支承处附加质量。

3 支座设计

3.1 桥梁支座

公路桥梁常用的支座为球型钢支座，以双向活动支座为例，其基本构造如图 3 所示[3]。

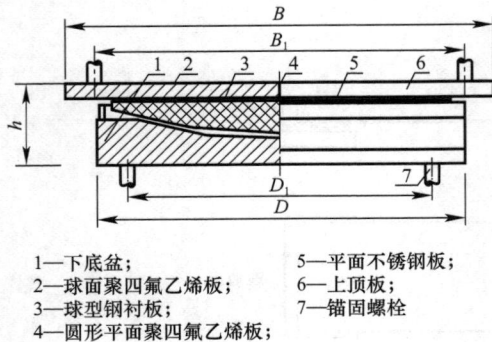

1—下底盆；
2—球面聚四氟乙烯板；
3—球型钢衬板；
4—圆形平面聚四氟乙烯板；
5—平面不锈钢板；
6—上顶板；
7—锚固螺栓

图 3 双向滑动支座

以双向活动支座为例，其主要规格参数范围如表 2 所示。

从表 2 可以看到，桥梁支座具有良好的端部释放能力，特别是聚四氟乙烯板与不锈钢板之间的低摩擦系数，使支座仅产生很小的水平力，而球面的存在，使支座具备 0.02～0.06rad 的转动能力。因此，成品球型钢支座在低矮的建筑连廊中被广泛采用。

球型钢支座纵向位移量较大，主要是适应温度的影响，但横向位移量非常小，仅 30mm 左右，难以适应建筑物连廊用于抗震脱开的双向大位移量。此外，成品支座常常需要 150～250mm 的高度，占用了一定建筑净高。

双向活动支座参数   表 2

规格参数	范围
竖向承载力（kN）	1000～60000
支座高度（mm）	100～400
平面尺寸（mm）	500～2600
纵向位移（mm）	±50～300
横向位移（mm）	±20～40
转动能力（rad）	0.02～0.06
设计摩擦系数	0.03

因此，有必要在民用建筑的连梁支座设计中，充分借鉴球型钢支座的优点，包括聚四氟乙烯板的低摩擦系数、球面接触，设计适用条件更广的支座形式。

3.2 支座转动实现

建筑连廊随着体量差异，通常设置 2 道或 3 道主梁支承于牛腿上。由此，可以考虑图 4 所示的转动实现方式。

连廊支座底部，支承在聚四氟乙烯板的混凝土支座上。在连廊端部设置"一窄两宽"的三个长圆孔，套入固定在牛腿上的三个销轴中，实现以中间销轴为圆心，两端绕圆心转动的变形模式。通过此转动，可以完成主楼之间的横向错动，同时，长圆孔也满足纵向滑动需求。据此，制作了缩尺模型，如图 5 所示，模拟结果表明，新型平扭结合滑动支座可适应各向的变形需求。

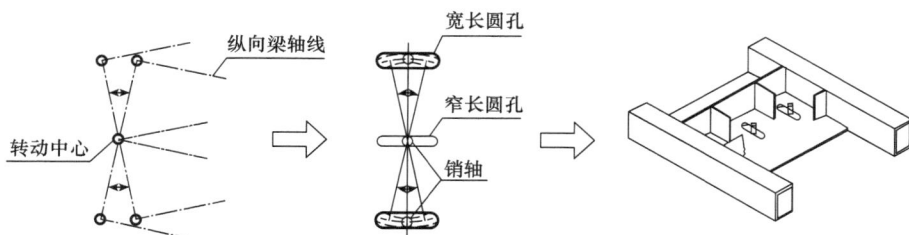

图 4　连廊转动实现方式

3.3　工程案例

目前，上述改进的建筑连廊滑动支座形式已运用于工程案例中。

【案例 1】已建成的某学校，7～9 层框剪结构，首层层高 6.6m，其余各层层高 3.3m，建筑总高度为 26.15～32.75m，连廊为 2～3 层的空腹桁架，设置于 2～6 层之间，连廊净跨为 21m，宽 2.5m，平面如图 6 所示。根据罕遇地震时程分析，楼层最大位移如表 3 所示。

图 5　滑动支座模型

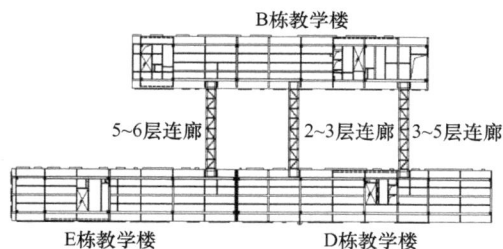

图 6　案例 1 平面图

案例 1 罕遇地震变形值　　表 3

楼栋	主方向	最大顶点位移（m）	最大层间位移角	对应层号
B 栋	X 向	0.236	1/90	1
	Y 向	0.122	1/149	7
D 栋	X 向	0.282	1/94	3
	Y 向	0.188	1/124	9
E 栋	X 向	0.235	1/81	1
	Y 向	0.130	1/150	3

以 5～6 层连廊为例，连廊 5 层结构面标高为 16.25m，6 层结构面标高为 19.55m，屋面标高为 22.85m。对该连接处，按 B、E 栋的大震位移角限值 1/100 考虑[4]，任一端的大震位移约为 220mm。设计按两端均可以产生最大 220mm 的水平滑动考虑。根据设计，支座如图 7 所示，建成后如图 8 所示。

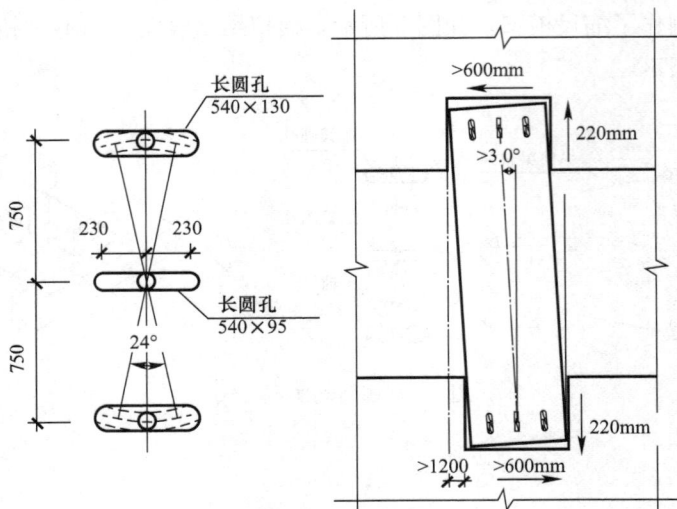

图 7　案例 1 滑动支座尺寸及变形

图 8　完工后的连廊及支座

　　支座处设置三根 ϕ90 的高强度钢棒，作为连廊极限状态下脱离时的限位抗剪键，其次，连廊端部钢结构连接部位开三道长圆孔，与钢棒嵌套。其中，中间长圆孔宽度比钢棒直径略大 1～2mm，两端长圆孔宽度根据转动需求确定。

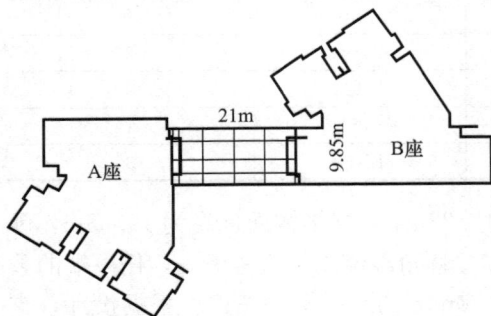

图 9　案例 2 平面图

　　建成后的支座，可实现 $230 \times 2 = 460$mm 的纵向变形，$600 \times 2 = 1200$mm 的横向错动，此时连廊结构转角可大于 3°。

　　【案例 2】某两栋住宅楼，均为框支剪力墙结构，总高度约为 98m，连廊为单层钢结构，分别设置于 23 层及 26 层，结构标高为 69.0m 及 77.6m，连廊跨度为 21m，宽 9.85m，平面如图 9 所示。根据罕遇地震时程分析，楼层最大位移如表 4 所示。

楼栋	主方向	最大顶点位移（m）	最大层间位移角	对应层号
A 座	X 向	0.207	1/225	26
	Y 向	0.180	1/296	26
B 座	X 向	0.197	1/219	24
	Y 向	0.176	1/264	24

以 26 层连廊为例，结构面标高为 77.6m。对该连接处，按大震作用下 A、B 座最大位移角 1/225 考虑，大震位移约为 345mm。设计按两端均可以产生最大 350mm 的水平滑动考虑。根据设计，大变形板式支座如图 10 所示，可满足罕遇地震作用下的变形要求。

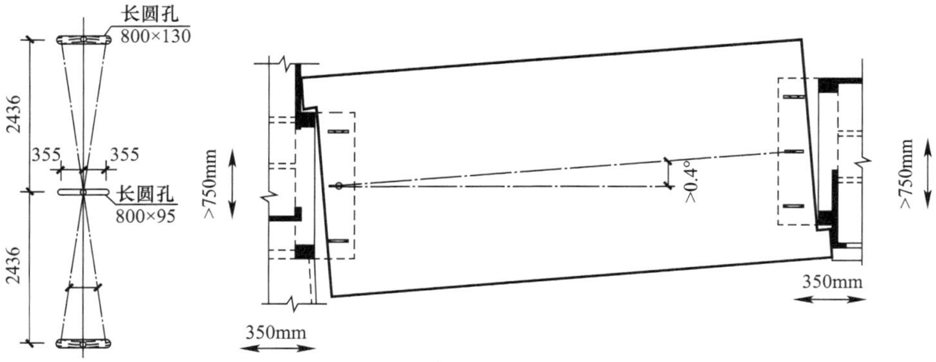

图 10　案例 2 滑动支座尺寸及变形

经过设计，支座可实现 350×2＝700mm 的纵向变形，750×2＝1500mm 的横向错动，此时连廊结构转角可大于 4°。

4　主楼受力影响

滑动支座无摩擦力，而实际中，考虑采用聚四氟乙烯板作为支座垫板，其对钢结构在不同状态下的摩擦系数如下：

滑动摩擦系数 $\mu_滑$＝0.05

静止摩擦系数 $\mu_滑$＝0.1

以案例 2 为例，连廊恒荷载为 2150kN，活荷载为 750kN，总荷载为 2900kN，则不同状态下的摩擦力如表 5 所示。

支座端部摩擦力　　　　　　　　　　　　表 5

端部重力（kN）	摩擦力（kN）	
	滑动摩擦 $\mu_滑$＝0.05	静止摩擦 $\mu_静$＝0.1
1450	72.5	145

地震作用下，当主体与连廊相互错动时，主体需克服摩擦力，则楼层地震剪力瞬时减小值最大将达 145kN。同理，当主体与连廊整体运动时，水平地震力瞬时增加值最大将达 145kN。对于 23、26 层，小震作用下，楼层剪力为 2158kN、1945kN，地震作用分别减小

或增加 6.7％及 7.5％；进入滑动状态后，分别减小或增加 3.4％及 3.8％，表明连廊结构对楼层地震力的贡献不大，对主体结构影响相对小，可忽略不计。

一般而言，连廊摩擦力与主体楼层剪力的比值如下式所示：

$$\frac{V_{连体}}{V_{EKi}} = \frac{G_{连体}\mu_{静}}{\lambda_i \sum_{j=i}^{n} G_j} \tag{1}$$

式中：$V_{连体}$——连廊产生的地震力；

V_{EKi}——第 i 层的楼层剪力；

$G_{连体}$——连廊传至一侧支座时的总重；

G_j——第 j 层的重力荷载代表值；

λ_i——第 i 层的剪重比。

对于楼层剪重比，楼层越高，其值越大，若按 $\lambda_i = 2\%$ 预估，则：

$$\frac{V_{连体}}{V_{EKi}} = \frac{0.01G_{连体}}{0.02\sum_{j=i}^{n} G_j} = \frac{G_{连体}}{2\sum_{j=i}^{n} G_i} \tag{2}$$

可见，当主体结构平面体量越大，上部楼层越多时，连廊产生的影响越小。

根据以上分析，连廊对主体结构的地震力贡献有限，进行主体结构分析时可忽略不计。特殊情况下，仍应额外关注，如连廊质心与主体结构质心的偏心较大，且连廊体量较大时，其水平力将会对主体结构扭转产生不利影响。

对于开放式连廊，风荷载较小，通常可忽略不计。当各层连廊通过幕墙围合时，滑动支座及主体结构将承受风荷载的横向水平作用。案例 2 中基本风压为 0.75kN/m²，地面粗糙度为 B 类，受荷面面积约为 11.5m(高)×21m(跨度)，考虑图 11 中三种风荷载工况。

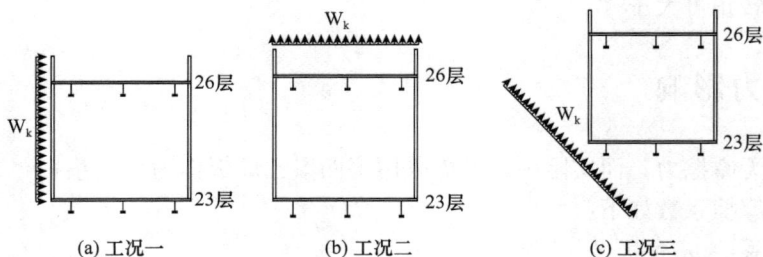

图 11 风荷载工况

工况一，仅水平力作用下，体型系数按 1.4 考虑，基本风压为 2.5kN/m²，水平力设计值为 764kN，则每个支座承受水平剪力为 191kN，远小于抗剪键单根高强钢棒的受剪承载力 2500kN。

工况二，仅风吸力作用下，体型系数按 -2.0 考虑，基本风压为 4.0kN/m²，设计值为 1241kN，单层连体结构自重为 2150kN，大于风荷载产生的风吸力，结构不会发生掀翻情况。

工况三，垂直最大投影面斜向风荷载作用下，体型系数按 1.4 考虑，基本风压为 2.5kN/m²，设计值为 1150kN，每个支座将产生水平力 210kN，竖向力 394kN，均小于支座受剪承载力及结构自重。

风荷载水平作用下，水平力首先克服支座处的摩擦力，再传递至抗剪钢棒，对于一般体量的连廊结构，支座的抗剪具有较高的安全储备。对于主体结构，则相当于在连廊层的支座处附加了水平集中力，对主体结构产生附加扭矩。案例 2 中 23、26 层 Y 向风的楼层剪力分别约为 3300kN、2800kN，根据工况一结果，23、26 层风剪力约增加 5.2％及 6.4％，风荷载作用的合力点增加偏心 0.86m，约为相应结构宽度的 2.8％，表明连廊结构产生的风剪力对主体结构的影响均有限。

5　变形缝及复位处理

变形缝的防水处理，存在"防""排""防排结合"三种方式。对于"防"，一般在滑动支座中较难实现，一方面，变形缝处的盖板不能限制连廊结构的滑动；另一方面，防水做法往往存在耐久性问题。对于"排"，则工艺相对简单，通过变形缝处设置排水沟的方式，可有效疏导雨水。"防排结合"结合了"防"与"排"的工艺。案例 2 考虑变形缝的宽度、后期维护、连廊复位等因素后，主要采用排水的方式，如图 12 所示，雨水通过盖板流入浅沟，再通过地漏排出。

连廊在大风及地震作用下均有可能发生错位，一般情况下，小变形不影响正常使用，当发生较大变形时，需对连廊进行调整复位。案例 2 可采用液压千斤顶的方式，对连廊主梁端部进行回顶，使其恢复至初始位置，如图 13 所示。

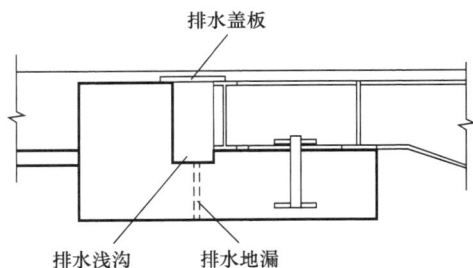

图 12　变形缝排水做法　　　　图 13　复位示意

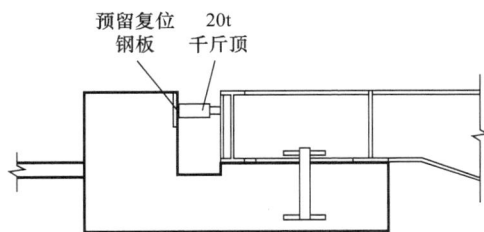

6　结论

（1）对于轻体量连廊结构，质量及刚度与主体结构相差较大时，可以考虑采用本文所述的新型平扭结合滑动支座与主体相连。新型支座可适应罕遇地震作用下的较大变形需求。

（2）新型平扭结合滑动支座在支座挑板处设置三根高强抗剪钢棒，连廊钢结构在端部开三个长圆孔，两侧孔较宽，中间孔较窄，与支座处的预埋钢棒嵌套，既起到了限位防坠落的作用，又可以中间钢棒为轴实现转动，释放端部约束。

（3）当主体结构平面体量越大，上部楼层越多时，连廊与主体结构错动产生的摩擦力对主体结构的影响越小，可简化主体结构受力分析及设计。

（4）新型平扭结合滑动支座通过合理的设计，可满足防水及复位需求。

参考文献

[1] 马镇炎，王锦文，高峰，等. 柔性连接高空连廊结构的受力机理研究 [J]. 四川建筑科学研究，2012，38（6）：84-88.

[2] 郑毅敏，徐文华，王建峰，等. 多塔楼连体建筑的高空连廊结构设计 [J]. 建筑结构，2006（S1）：286-289.

[3] 交通运输部. 公路桥梁球型支座规格系列：JT/T 854—2013 [S]. 北京：人民交通出版社，2013.

[4] 住房和城乡建设部. 高层建筑混凝土结构技术规程：JGJ 3—2010 [S]. 北京：中国建筑工业出版社，2010.

18　某超高层建筑拉索幕墙结构设计

王娜[1]，魏琏[1]，王森[1]，王国云[2]

（1 深圳市力鹏工程结构技术有限公司，深圳　518034；

2 广东坚朗五金制品股份有限公司，东莞　523722）

【摘要】　本文介绍了深圳某超高层顶部设置的大跨度预应力拉索幕墙结构设计。文中采用 SAP2000 有限元软件计算单层索网结构；采用 ANSYS 有限元软件分析点支式幕墙典型单片玻璃应力。探讨了大跨度索网结构、玻璃夹具节点的设计要点，为此类拉索幕墙的设计提供参考。

【关键词】　预应力拉索，大跨度单层索网，点支式玻璃幕墙，设计要点

Structural Design of Cable Net Glass Curtain Wall for a Super High-rise Building

Wang Na[1], Wei Lian[1], Wang Sen[1], Wang Guoyun[2]

（1 Shenzhen Lipeng Structural Engineering Technology Co., Ltd., Shenzhen　518034；

2 Guangdong Kin Long Hardware Products Co., Ltd., Dongguan　523722）

Abstract：This paper presents the structural design of a large span prestressed cable curtain wall on the top of a super high-rise building in Shenzhen. In this paper, SAP2000 is adopted to calculate the single-layer cable net structure, the stress of typical single-piece glass of point-supported curtain wall is analyzed by ANSYS software package. The design points of long-span cable net structure and glass fixture joints are discussed, which can provide reference for the design of cable curtain wall.

Keywords：prestressed cable, large-span single-layer cable net, point-supported glass curtain wall, design essentials

1　引言

单层索网玻璃幕墙透光性好，造型轻盈，有很好的艺术效果；平面索网可以有效节省建筑使用空间；玻璃幕墙自重轻、构件组成简单，在结构设计及施工方面具有一定的优势。因此，这种幕墙结构逐渐被市场青睐，越来越多地应用于各类建筑中。

索网为柔性张拉结构，平面外刚度小，在水平荷载作用下结构变形很大，具有明显的几何非线性特征。增加拉索预应力可以提高索网面外刚度，减小变形，然而过大的索拉力对主体结构及拉索与主体的连接部位将产生不利影响。因此，设计需综合考虑索网的允许

变形和承载力要求，控制拉索的预应力。

风荷载是控制拉索幕墙结构设计的主要荷载之一。索结构设计时应考虑风荷载的静力和动力效应[1]。大跨度拉索结构较柔，其与风共振的问题也不可忽视。

针对规则的点支式玻璃面板，跨内弯曲应力计算值比较精确，局部应力较难得到精确的计算值。根据国内外试验资料，玻璃面板的最大应力往往在支承点的钻孔处[2]。索网边界区域玻璃支点间的大变形差会加剧局部集中应力效应，这一点往往容易被设计忽视。深圳为沿海城市，大风天气频繁，玻璃受损破裂带来经济损失且易引发次生灾害，因此，高层玻璃幕墙设计更应引起重视。

2 现行标准要求

国内与单层索网玻璃幕墙相关的标准不多，且标准之间的规定有较多不一致。

《索结构技术规程》JGJ 257—2012 第 5.6.1 条规定，拉索的抗拉力设计值按式 $F = F_{tk}/\gamma_R$ 计算，其中 F_{tk} 为拉索的极限抗拉力标准值，拉索的抗力分项系数 γ_R 取 2.0。该条的条文说明指出，关于拉索的抗力分项系数，经过比较充分的统计，确定了取值 2.0。第 3.2.15 条规定，单层平面索网玻璃幕墙的最大挠度与跨度之比不宜大于 1/45。

《玻璃幕墙工程技术规范》JGJ 102—2003 第 5.2.5 条规定，高强钢绞线或不锈钢钢绞线的抗拉强度设计值应按其极限受拉承载力标准值除以系数 1.8。第 8.3.6 条规定，对于点支式玻璃幕墙结构，在风荷载作用标准值下，张拉杆索体系挠度限值宜取其支承点距离的 1/200。

《点支式玻璃幕墙工程技术规程》CECS 127—2001 第 5.7.3 条规定，点支式玻璃幕墙钢拉索的抗拉设计值应按现行国家标准规定的最小整索破断拉力值除以 2.5 取用。第 5.2.7 条规定，点支式玻璃幕墙在风荷载等组合作用下，其支承结构的相对挠度不应大于 $l/300$（l 为支承结构的跨度）。同一块玻璃面板各支点的位移差值和玻璃面板的挠度值不应大于 $b/100$（b 为玻璃面板的长边长度）。

综上可见，各标准针对拉索的承载力及挠度限值的规定均不相同，这为设计带来一些困扰，综合标准的版本年度及条款的针对性，本工程针对索网主体，按《索结构技术规程》JGJ 257—2012 设计；针对玻璃面板，参考《点支式玻璃幕墙工程技术规程》CECS 127—2001 设计。

3 工程概况

本工程位于深圳市南山区，某超高层顶部 150～195m 高度范围设置了 10 层通高的单层索网拉索幕墙。建筑效果图如图 1 所示。

3.1 计算模型

横索两端支座为主体结构框架柱，两端耳板孔中心间距 24.9m；在距离耳板孔中心 1.65m 处，将索端锚具与结构梁连接固定，形成了索水平限位装置；竖索为稳定索，上下两端支座为主体结构梁，连接耳板孔中心间距为 43.6m。横索设置考虑安装空间，标高在楼层结构板面以上；竖索设置在中部 18m 跨度的玻璃幕墙范围，间距 1.5m。横、竖索直径分别采用 $\phi100$、$\phi45$。幕墙中部单块玻璃标准尺寸为 1.5m×4.5m，采用 15＋2.28SGP＋15 夹胶钢化玻璃，每块玻璃设六点支座，边部玻璃与周边设可自由转动铰接支座。采用 SAP2000 有限元分析软件，建立拉索幕墙结构计算模型，不考虑玻璃面外刚度，索网效果及布置简图如图 2 所示。

图 1　建筑效果图

3.2　荷载条件和荷载组合

因深圳市大风天气频发，依据广东省标准《建筑结构荷载规范》DBJ 15—101—2014 计算围护结构风荷载的规定，结合风洞试验结果，风压标准值取两者不利情况，索网的风压标准值（负风压）取值为 3.5kN/m²。索的预拉力取值需综合考虑索网的刚度、拉索承载力及主体结构承载力的要求。竖索为稳定索，竖索刚度对单跨玻璃两端支座间的变形差有一定影响。横索为受力索，如索预拉力太小，索网刚度小，挠度控制不理想；如索预拉力太大，荷载基本组合下索拉力易超出承载力要求，且对主体结构受力不利。经过反复试算，横索预拉力取 2200kN，竖索取 390kN，软件中等效为温度荷载施加。温度工况也是拉索结构设计的关键工况之一，需考虑太阳辐射的影响对结构表面温度的增大。针对深圳市天气情况，本项目采用的升温及降温工况分别为：TEMP⁺＝30℃，TEMP⁻＝－20℃。另需按规范考虑结构自重及地震作用。

拉索结构计算应考虑结构的几何非线性，并根据非线性荷载工况作用顺序进行内力分析。本项目最不利荷载组合如下：

（1）正常使用状态（考虑 30℃升温时出现最大风压力，此时索网挠度最大）：

$$1.0P_{re}＋1.0DD＋W_k＋TEMP^+$$

253

（2）承载能力极限状态（考虑 20℃降温时出现最大风压力，此时索网挠度最大）：

$$1.2P_{re}+1.2DD+1.4W_k+0.84TEMP^-+0.65Q_{Ek}$$

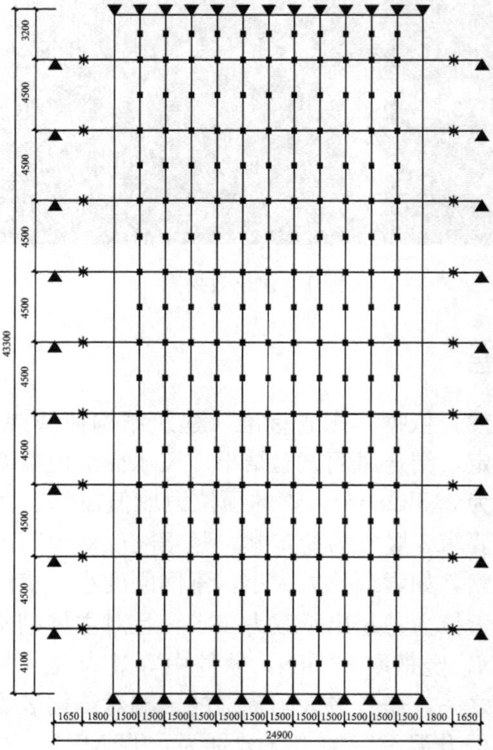

图 2　索网效果及布置简图

4　索网变形及承载力计算

选取典型拉索，拉索编号如图 3 所示。

竖索：1 号为边竖索，变形最小；2 号为中部竖索，变形及节点间变形差最大。

横索：4 号为中部横索，3、5 号分别为上、下两端横索。

4.1 索网变形

4.1.1 拉索最大挠度

幕墙平面外横索跨度为 21.600m，中部索跨中计算挠度值最大，为 372mm，满足《索结构技术规程》JGJ 257—2012 中挠跨比限值 1/45 的要求。由于本项目拉索跨度太大，深圳遭遇大风天气较为频繁，考虑业主对幕墙使用阶段安全保障的严格要求及观感效果，本项目对变形的控制较规范更严格。

4.1.2 拉索详细变形

（1）典型竖索变形图示及分析

竖索变形及节点间变形差如图 4 所示，图中节点参考玻璃幕墙的安装节点，取楼层标高，变形曲线上节点对应的 Y 轴坐标（单位为 m）依次为：0、4.1、8.6、13.1、17.6、22.1、26.6、31.1、

图 3 典型拉索编号

35.6、40.1、43.3。由图可见，中间 2 号索的变形相对较大，最大变形量在中部楼层为 372.5mm；中部楼层 37～43 层各节点变形差均在 50mm 以内；端部楼层竖索节点间变形差较大，下端最大达到 233.7mm，节点间的距离为 4100mm。

（2）典型横索变形图示及分析

横索变形及节点间变形差如图 5 所示，曲线上节点对应的 X 轴坐标（单位为 m）依次为：0、1.65、3.45、4.95、6.45、7.95、9.45、10.95、12.45、13.95、15.45、16.95、18.45、19.95、21.45、23.25、24.9。

由图可见，4 号索变形最大，跨中挠度为 372.5mm；3、5 号索变形相对小，跨中挠度为 179.5mm、237.2mm。横索节点间变形差最大的也是 4 号索，最大差值出现在两端；往跨中方向变形差逐渐变小。左端坐标 1.65m 对应水平限位装置处，3.45m 对应最边部玻璃卡槽位置，玻璃两边的间距为 1500mm，变形差最大达到 183.2mm。横索两边变形完全对称。

4.2 索网承载力

承载能力极限状态荷载组合作用下，4 号横索拉力最大，$T_{100}=3384kN<7351/2=3675kN$，竖索最大拉力 $T_{45}=613kN<1509/2=754kN$。均满足《索结构技术规范》JGJ 257—2012 中抗力分项系数 2.0 的要求。

5 索网风共振计算

拉索结构的前三阶自振频率分别为 4.202Hz、4.852Hz、5.716Hz，如图 6 所示。风

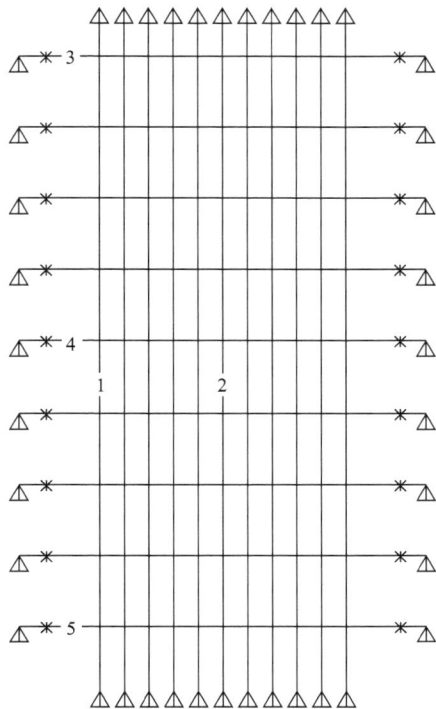

频率按 1Hz 考虑，根据现有的索结构自振特性，风振一般不易与索结构发生共振。

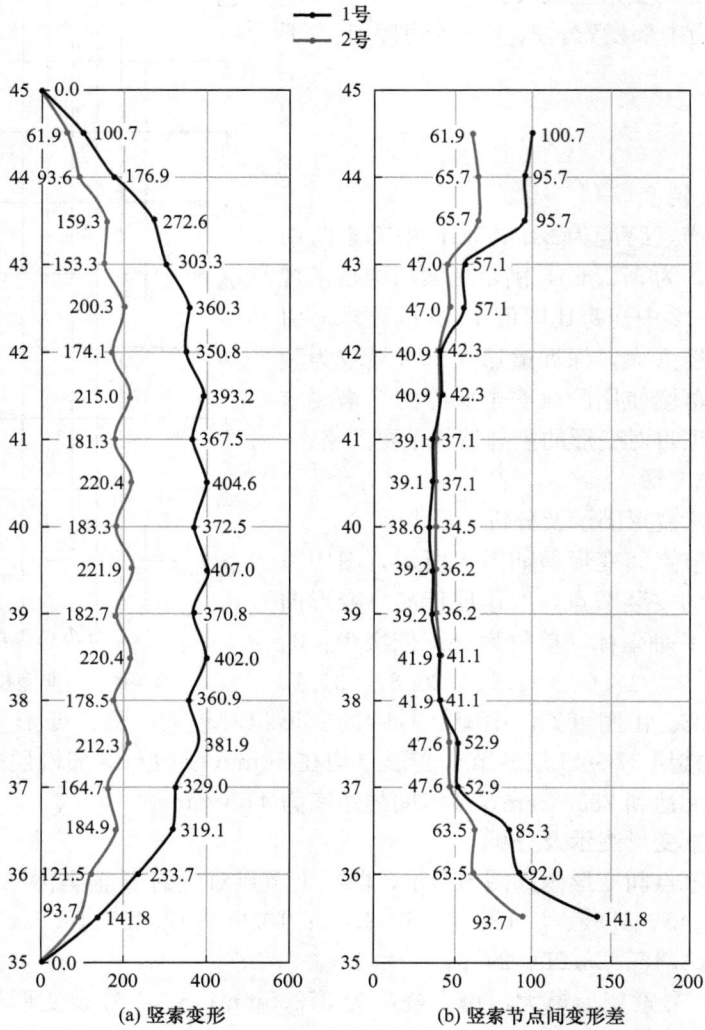

图 4　竖索变形及节点间变形差（mm）

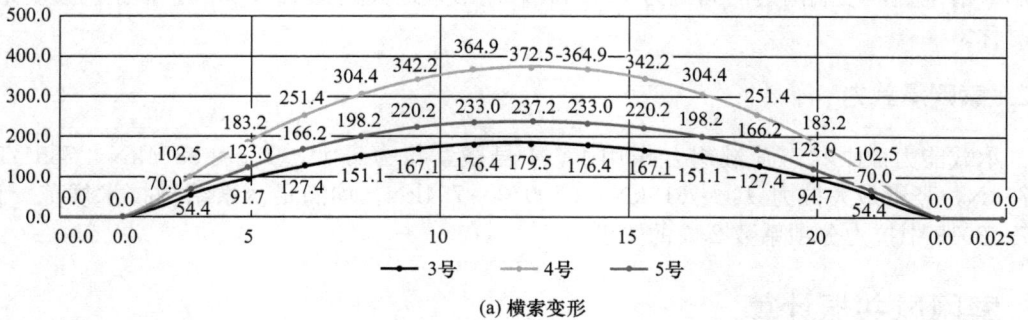

图 5　横索变形及节点间变形差（mm）（一）

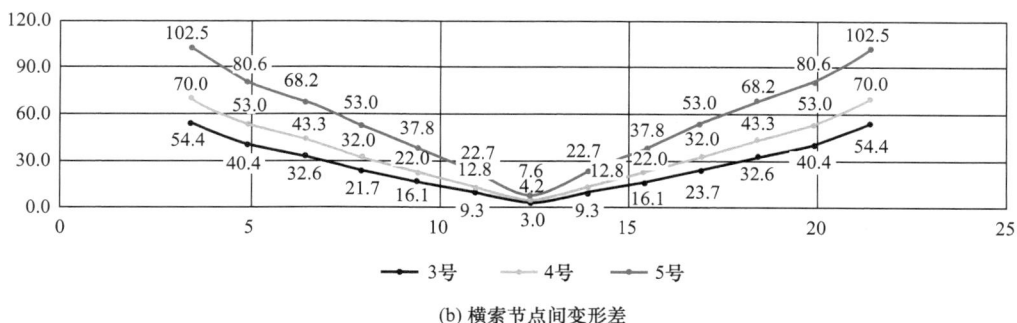

(b) 横索节点间变形差

图 5　横索变形及节点间变形差（mm）（二）

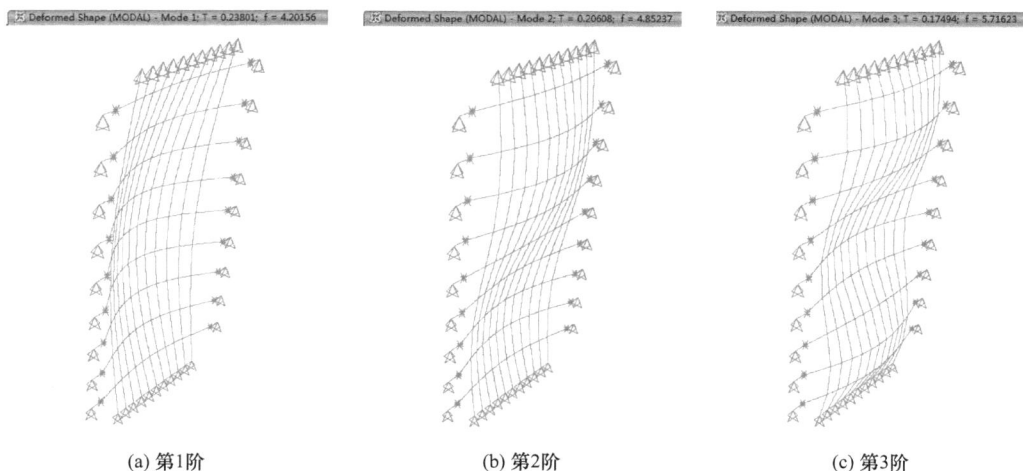

(a) 第1阶　　　　　　　　　　(b) 第2阶　　　　　　　　　　(c) 第3阶

图 6　索网自振形态

6　幕墙玻璃及夹具详细分析

本工程玻璃面板为六点支承式，六点支承玻璃受力较四点支承复杂，且现行相关规范没有简化的计算方法和详细的规定；玻璃局部应力集中问题不容忽视，且支座处夹具节点的变形能力是影响局部应力的关键。因此，需采用有限元法对玻璃进行详细的应力分析，指导玻璃和夹具节点的设计。根据拉索结构整体分析的变形结果，选取翘曲较大的板块玻璃进行详细分析，如图 7 中框选（带编号）所示。

6.1　夹具节点设计

为保证支承点具有足够的转动能力，本工程夹具节点设计时摒弃了传统的方形橡胶垫片做法，针对性地考虑了 15mm 厚环形或条形带状橡胶垫片，图 8～图 13 所示为本项目考虑采用的产品的部分设计节点。

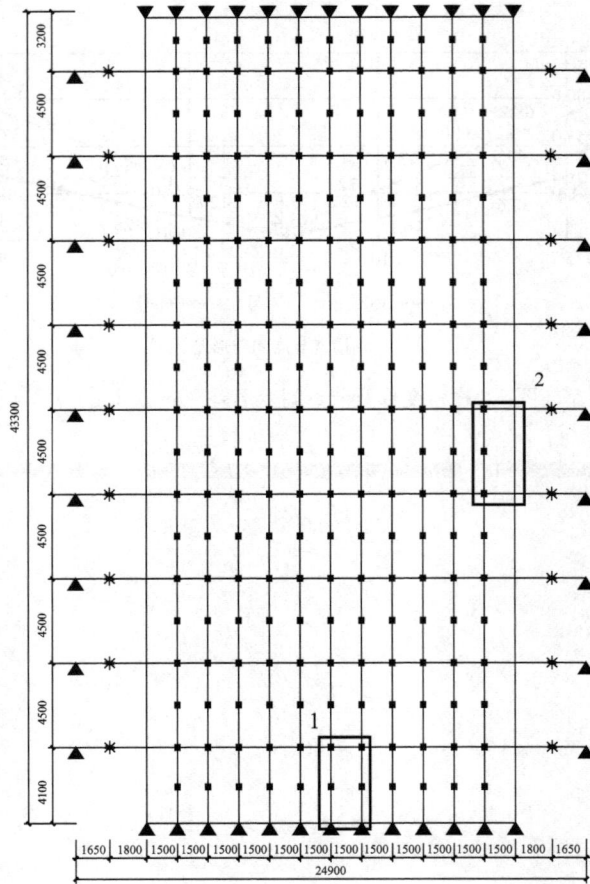

图 7　典型玻璃板块示意

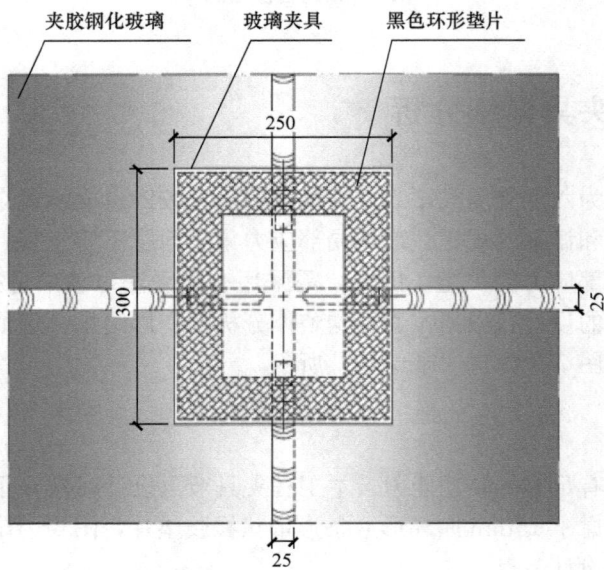

图 8　玻璃支承标准夹具节点平面

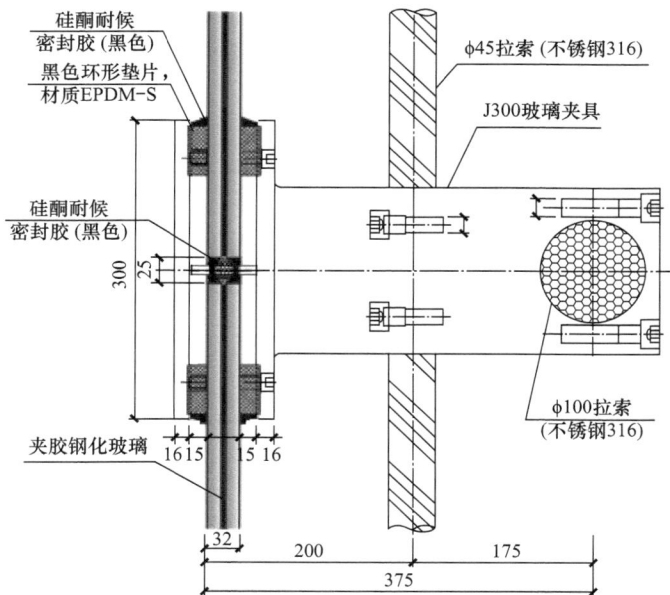

图 9　玻璃支承标准夹具节点剖面

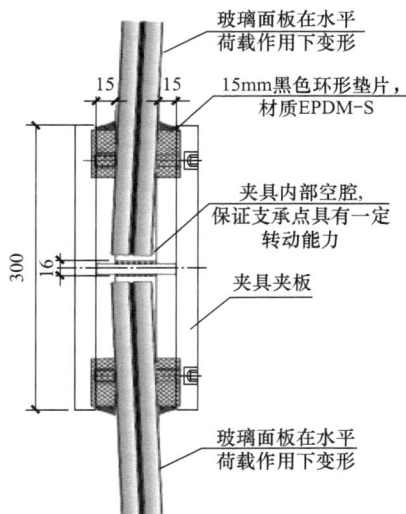

图 10　玻璃端部支承夹具侧面

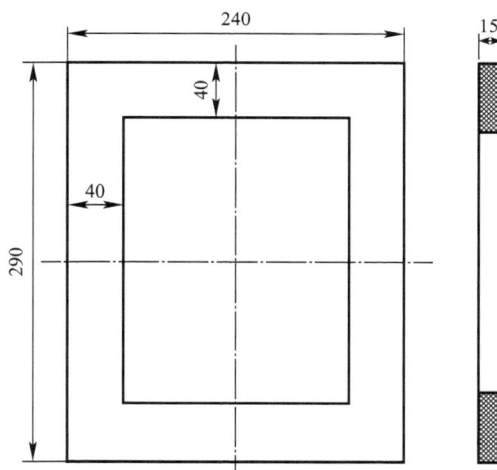

图 11　玻璃端部支承夹具橡胶垫片

6.2　节点分析结果

采用 ANSYS 有限元分析软件，玻璃面板选择 SOLID45 单元，橡胶垫片选择 SOLID185 单元模拟，利用软件接触分析功能，复核玻璃随拉索变形状态下的应力和变形（图 14～图 17）。玻璃 1 最大应力位于长边支点间跨中区域，为 21.9MPa；玻璃 2 最大应力位于角部夹具区域，为 58.26MPa，均小于玻璃强度限值。玻璃 1 角部垫片最大压缩量为 2.9mm，中间垫片最大压缩量为 5.4mm；玻璃 2 角部垫片最大压缩量为 7mm，中间垫片最大压缩量为 6.1mm，依据相应厂家提供的产品参数，15mm 橡胶垫片变形能力可满足要求。

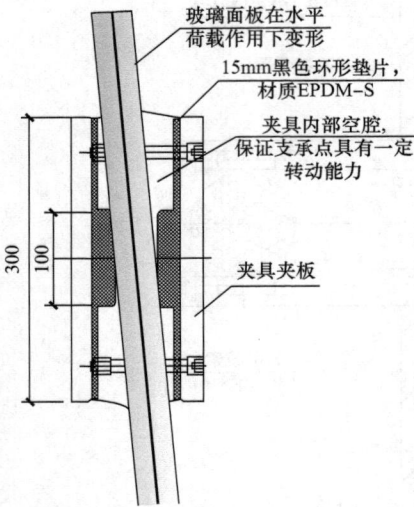

图 12 玻璃中部支承夹具侧面

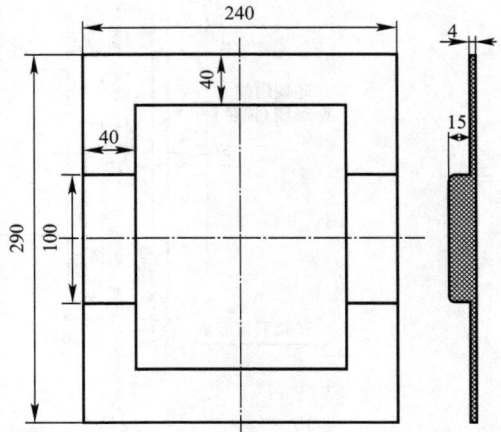

图 13 玻璃中部支承夹具橡胶垫片

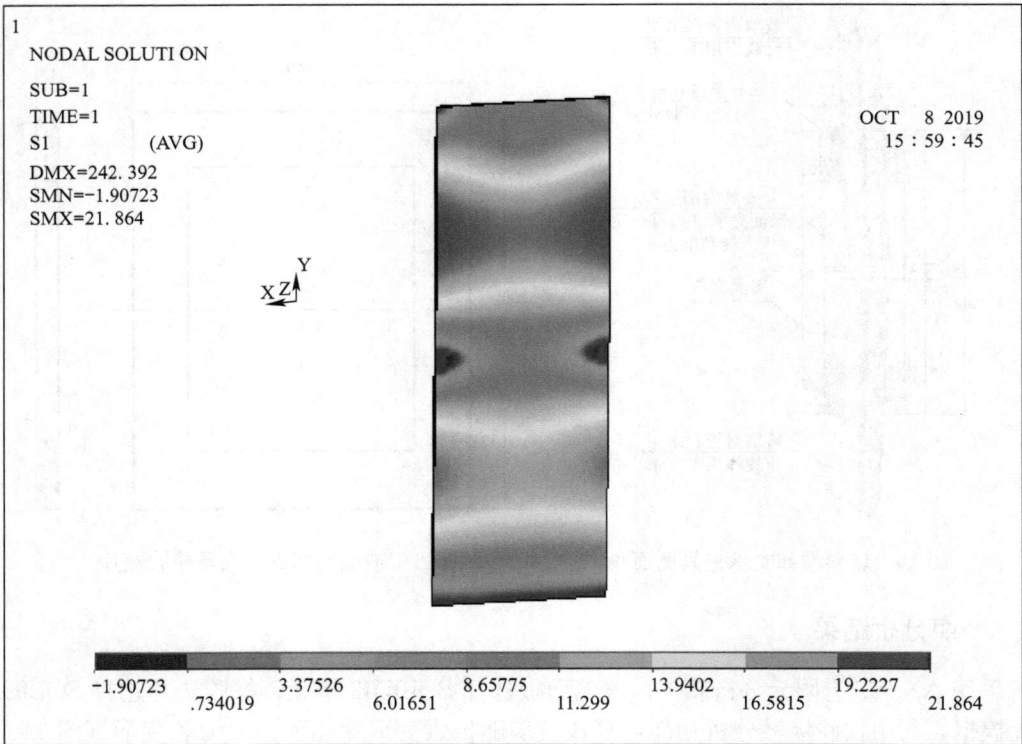

图 14 玻璃 1 应力云图（MPa）

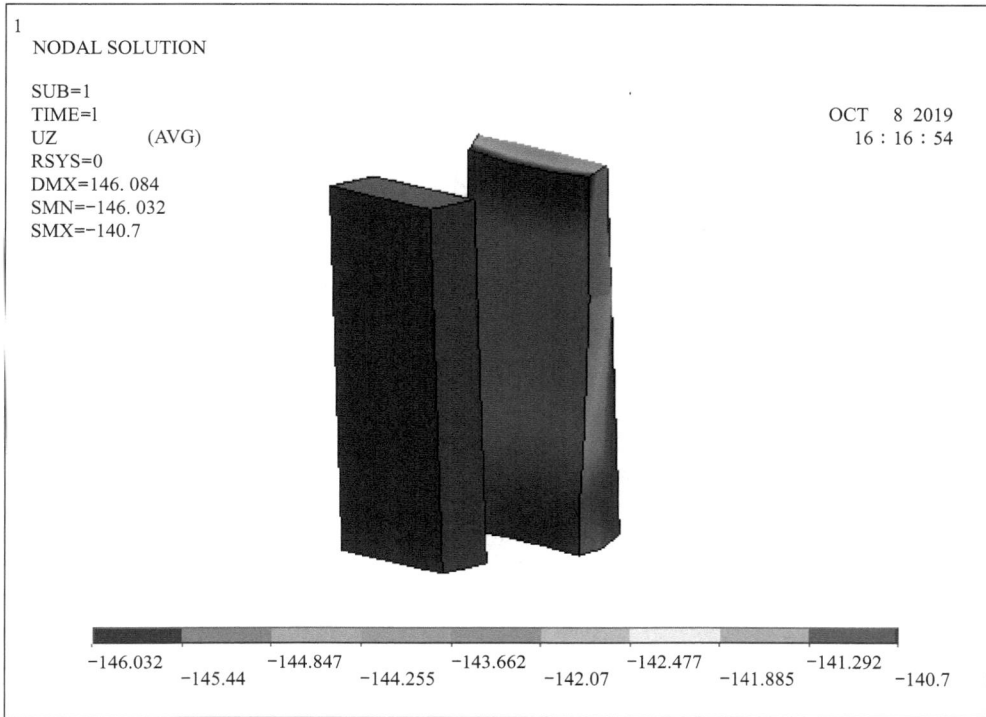

图 15　玻璃 1 中间位置垫片压缩量（mm）

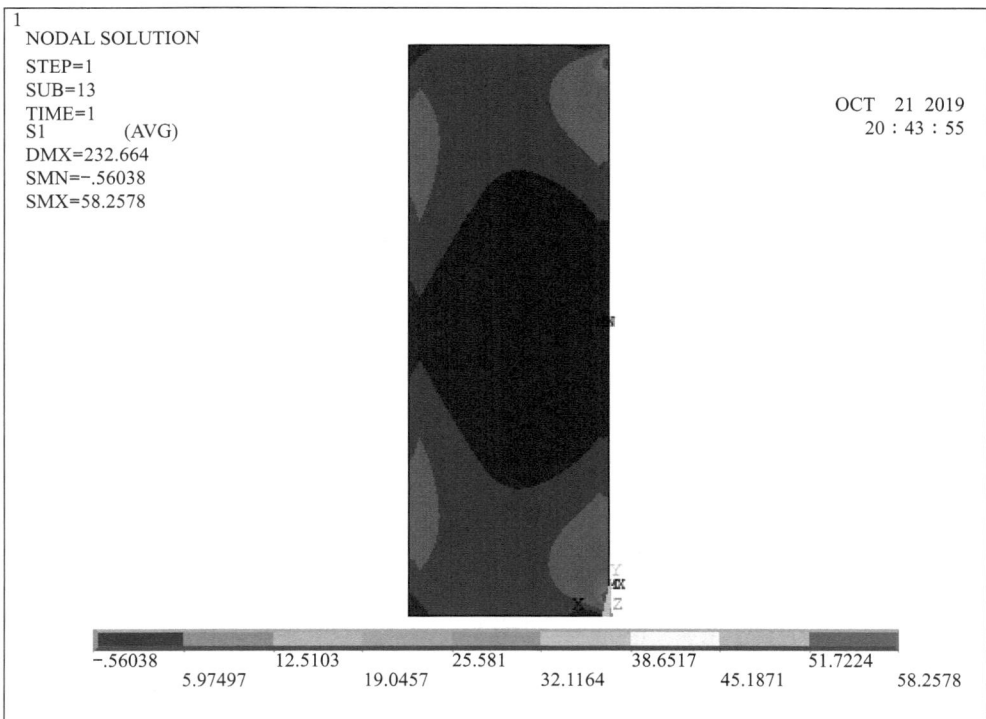

图 16　玻璃 2 应力云图（MPa）

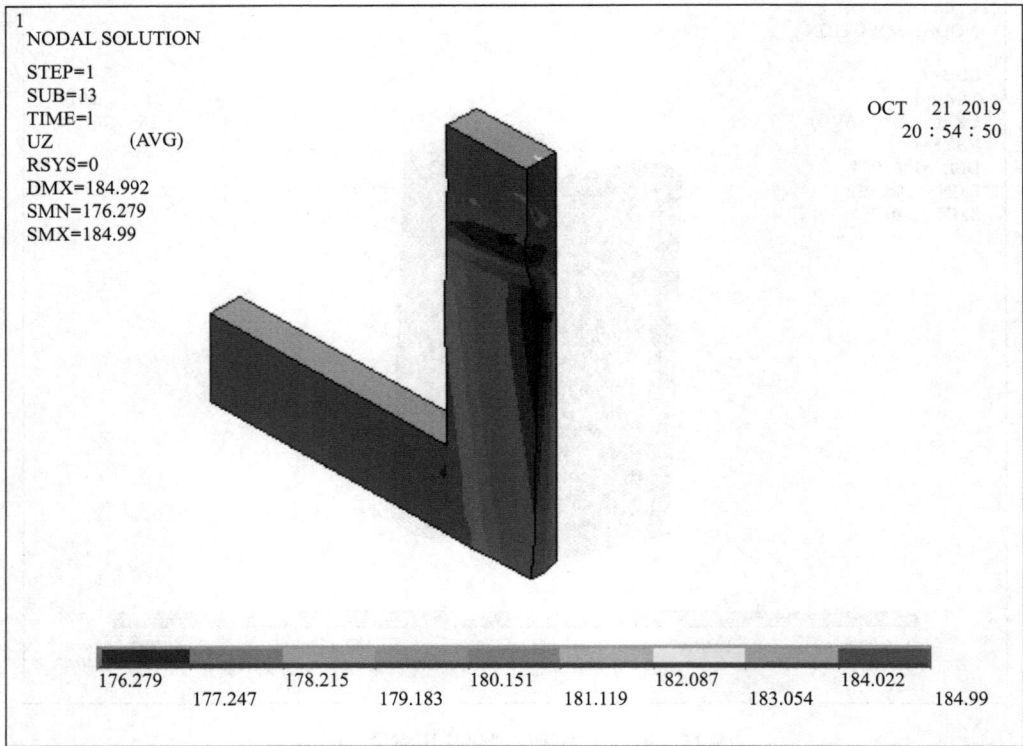

图 17　玻璃 2 角部橡胶垫片最大压缩量（mm）

后期随着项目推进，厂家进一步优化了夹具节点，加厚橡胶垫片至 16mm，夹具做切角处理，以更好地适应玻璃变形，节点详图见图 18。

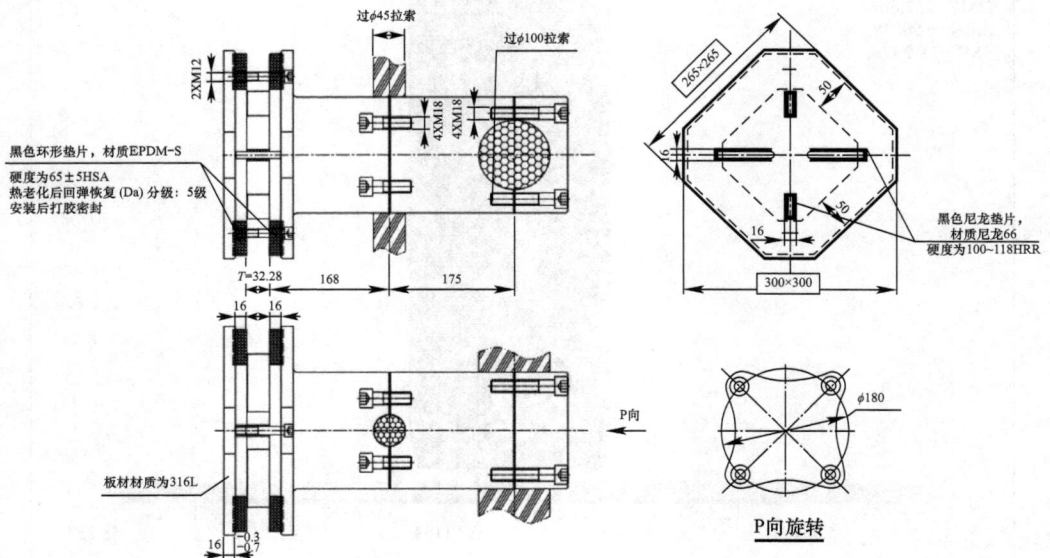

图 18　夹具节点详图

7　结论

对大跨度预应力拉索幕墙结构设计要点总结如下：

（1）索截面及预拉力的取值需同时考虑索网变形和索的抗拉强度的要求。

（2）风荷载是索网设计的关键工况，需考虑其动力效应，索网与风共振的问题也不能忽视。

（3）温度工况是拉索设计的重要工况之一，需针对具体项目情况合理选择。

（4）索网的最大挠度值应满足现行规范要求；建议对拉索的变形特征进行详细分析，有助于指导幕墙玻璃薄弱环节设计。

（5）玻璃的夹具节点设计对其局部应力集中有较大的影响，通过有限元分析，玻璃最大弯曲应力及支座处局部应力值小于玻璃的强度设计值；夹具内橡胶垫片的计算压缩量也符合实际材料的变形能力。

参考文献

［1］　住房和城乡建设部. 索结构技术规程：JGJ 257—2012［S］. 北京：中国建筑工业出版社，2012.

［2］　中国工程建设标准化协会. 点支式玻璃幕墙工程技术规程：CECS 127—2001［S］. 北京，2001.

19　多处下沉板的大跨度凹槽板受力及变形分析

许璇，俞寰，王森

（深圳市力鹏工程结构技术有限公司，深圳　518034）

【摘要】　本文以超高层公寓中存在的一处复杂大跨度凹槽板为例，通过与普通楼板的对比给出其受力特征及变形特点。重点研究了肋梁宽度变化对凹槽板受力及变形的影响，指出当肋梁宽度小于楼板厚度时凹槽板设计的薄弱环节，并依据分析结果给出相应的设计建议。

【关键词】　凹槽板，多处下沉板，肋梁，受力分析

Study on Mechanical and Deformed Characteristics of Large Span Locally Concave Slab with Multiple Lower Slabs

Xu Xuan，Yu Huan，Wang Sen

(Shenzhen Li Peng Structural Engineering Technology Co.，Ltd.，Shenzhen　518034)

Abstract：Taken a complex large-span locally concave slab in a super high-rise apartment building as an example，the paper gives its mechanical and deformation characteristics by comparing with ordinary floor slab. The influence of the width of rib beam on the stress and deformation of the locally concave slab are thoroughly studied. Given that the width of the rib beam is less than the slab thickness，the paper points out the weak points in the design of this type of locally concave slab. Based on the analysis results，the corresponding design suggestions are given.

Keywords：locally concave slab，multiple lower slabs，rib beam，mechanical analysis

1　前言

为满足工程中卫生间、厨房等使用功能的需要，建筑需要在这些部位对楼板进行局部下沉的处理。以往对这种类型的楼板进行设计时，通常在板高差位置设置梁。由于凸出的楼板边梁影响了建筑的视觉效果，且在一定程度上增加了工程造价，设置楼板边梁的方式已经很少在工程中使用了。目前比较普遍的做法是设置与楼板厚度相同且厚度大于150mm 的折板[1]，具体构造做法如图 1 所示。

王志远、魏琏[2]等对楼板角度下沉情况下，凹槽板的受力及变形进行了详细的研究分析，指出当跨度小于 2.5m 且无特殊楼面荷载时，肋梁可不计算，直接按构造配筋。刘会军、霍文营[3]等对双侧边缘存在局部下沉区域楼板的受力性能进行研究，指出楼板的配筋

可依据相同条件下普通平板的计算结果进行控制。上述研究结果针对特定下沉位置的楼板进行分析，而实际工程中楼板的下沉位置存在很大的随机性，且存在多处降板。卫生间或厨房的隔墙通常只有 100mm 或 150mm 厚，大跨度楼板的板厚通常大于 150mm。若肋梁与楼板同厚，凸出的肋梁会影响建筑效果。

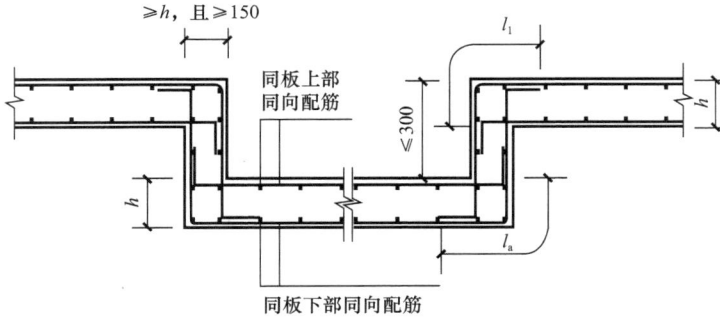

图 1　局部升降板构造

　　本文基于一个实际的超高层公寓结构，对存在多处降板的大跨度楼板在竖向荷载作用的受力和变形情况进行详细分析，同时研究肋梁厚度变化对楼板及肋梁本身的影响。对此类楼板的整体设计及局部肋梁的设计提出几点想法。

2　工程简介

　　凹槽板平面布置如图 2 所示。楼板尺寸为 8500mm×12100mm，楼板厚度为 250mm，此块楼板存在 4 处降板，3 处降板尺寸为 1700mm×2600mm，1 处降板尺寸为 3100mm×3600mm，降板深度 $h=300$mm，肋梁厚度为 150mm。由于建筑做法的差异，下沉区域楼板的面恒荷载和活荷载分别为 6kN/m² 及 4kN/m²，其他区域面恒荷载和活荷载分别为 2kN/m² 及 2kN/m²，降板与顶板边缘线荷载为 5.4kN/m。楼板混凝土强度等级为 C30，楼板钢筋牌号为 HRB400。

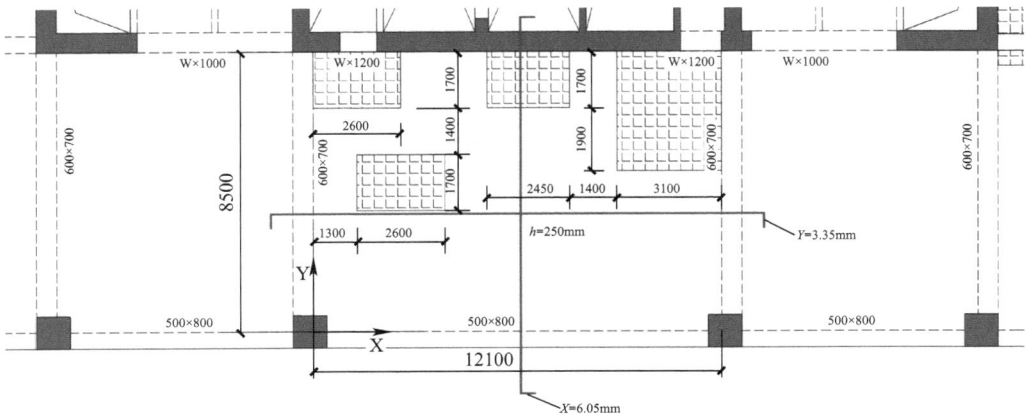

图 2　凹槽板平面布置

3　有限元模型

计算采用通用有限元分析软件 MIDAS/FEA（V3.6），使用 8 节点六面体实体单元模拟凹槽楼板，每个单元有 8 个高斯积分点，运用结构化的网格划分方案得到有限元模型，如图 3 所示。

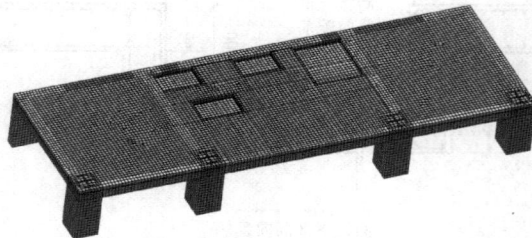

图 3　凹槽板有限元模型

楼板一侧以梁为支撑，一侧与核心筒外墙相连，其他两侧为连续板。为真实模拟凹槽板的受力特性，将其相邻的梁板均考虑在分析模型中。为了研究此类下沉式楼板与普通平板受力性能的差别，另取无下沉板的普通楼板进行对比分析，其几何尺寸、荷载分布与凹槽楼板完全相同。

4　MIDAS/FEA 计算结果校验

按照第 3 节所述方法，同时建立 ABAQUS 模型。对两个软件的计算结果进行多角度对比，用来验证 MIDAS/FEA 计算结果的可靠性。

4.1　竖向变形分布对比

在竖向荷载（D+0.5L）作用下，两个软件的竖向变形分布如图 4 所示。由图可见，MIDAS/FEA 模型及 ABAQUS 模型在竖向荷载作用下的变形分别为 3.55mm 和 3.58mm。两个软件变形误差的绝对值在 5% 以内，且变形分布规律一致。

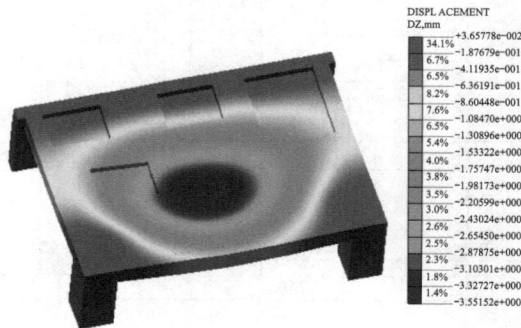

(a) MIDAS/FEA 模型

图 4　凹槽板在竖向荷载作用下的变形（mm）（一）

266

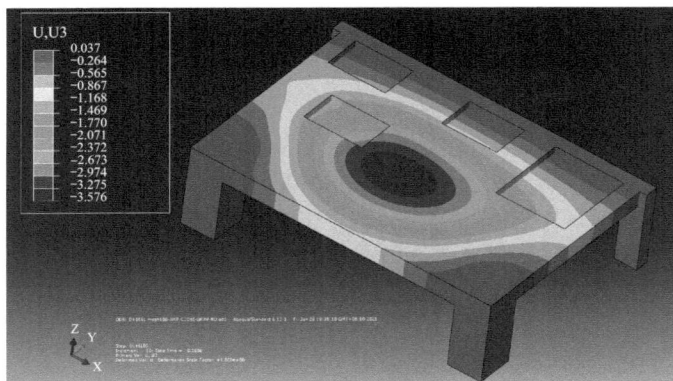

(b) ABAQUS模型

图 4　凹槽板在竖向荷载作用下的变形（mm）（二）

4.2　楼板应力分布对比

图 5、图 6 所示为凹槽板在竖向均布荷载（D＋0.5L）作用下的混凝土正应力分布，板顶应力最大值见表 1。

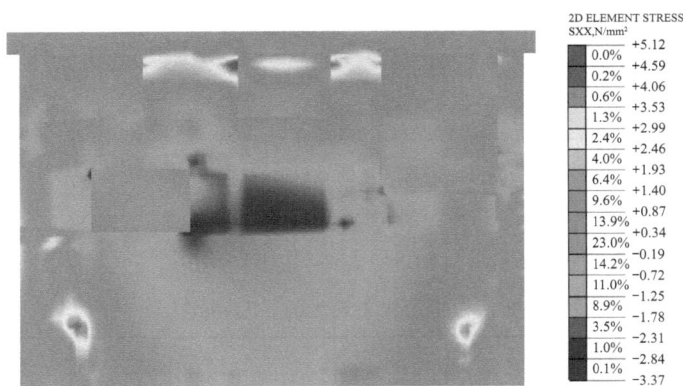

(a) MIDAS/FEA模型

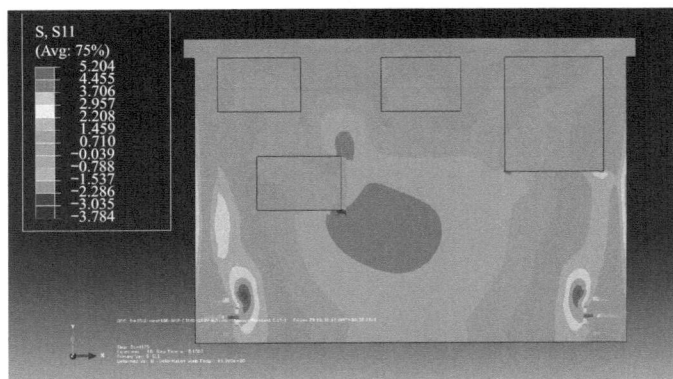

(b) ABAQUS 模型

图 5　D＋0.5L 作用下凹槽板的板顶正应力 S_{xx}（MPa）

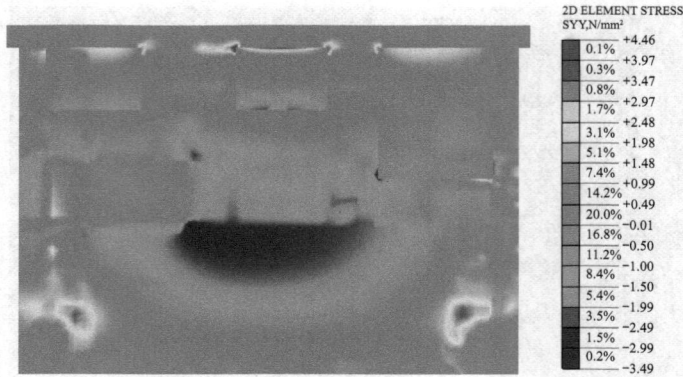

(a) MIDAS/FEA 模型

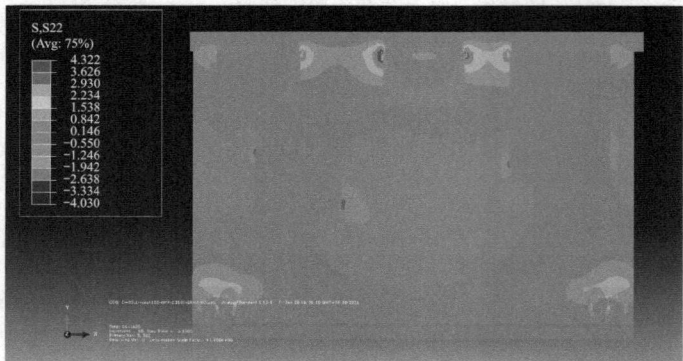

(b) ABAQUS 模型

图 6　D+0.5L 作用下凹槽板的板顶正应力 S_{yy} （MPa）

凹槽板板顶应力最大值（N/mm²）　　　　　　表 1

项目	S_{xx}		S_{yy}	
	拉应力	压应力	拉应力	压应力
MIDAS/FEA 模型	5.12	3.37	4.46	3.49
ABAQUS 模型	5.2	3.48	4.32	3.34
两个软件误差	−1.5%	−3.2%	3.2%	4.5%

　　从图 5、图 6 及表 1 的计算结果可以看出，在竖向荷载作用下，两个软件的凹槽板板顶正应力的分布规律相同，除局部应力集中外，正应力的最大值结果接近，误差在 5% 以内。

4.3　楼板内力对比

　　选取凹槽的两个关键位置（参见图 2），对比两个软件在竖向荷载 1.3D+1.5L 作用下的内力情况。从图 7、图 8 的分析结果可见，两个软件计算的凹槽板弯矩分布规律一致，最大负弯矩和最大正弯矩的结果接近，误差在 5% 以内。

　　从变形、应力及内力三个方面对比凹槽板在竖向荷载作用下的反应，可以看出，两个软件的计算结果接近，误差在 5% 以内。故认为软件 MIDAS/FEA 的计算结果准确可靠。

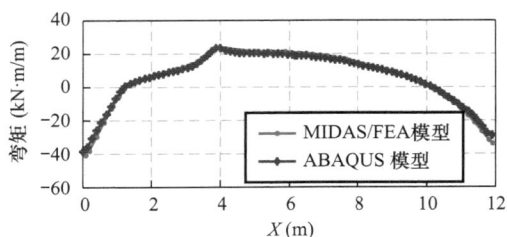

图 7 $Y=3.35\text{m}$ 截面弯矩曲线

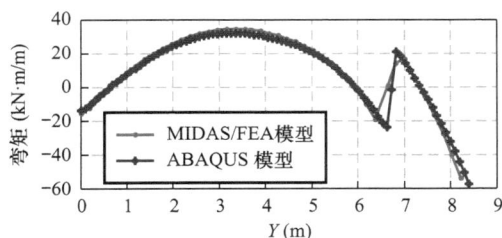

图 8 $X=6.05\text{m}$ 截面弯矩曲线

5 凹槽板与普通楼板的计算结果对比

5.1 竖向变形分布

在竖向荷载（D+0.5L）作用下，普通板的竖向变形分布如图 9 所示。对比图 9 与图 4 可见，凹槽板和普通楼板在竖向荷载作用下的变形分别为 3.55mm 和 4.72mm，凹槽板的竖向变形明显小于普通楼板，最大挠度约为后者的 75.2%。

若忽略凹槽板中顶板与下沉板的高差，可将其近似看作一块具有统一标高的普通楼板，肋梁作为此楼板的局部加强，在一定程度上提高了此楼板的抗弯刚度，即凹槽板的抗弯刚度较普通楼板有所增加。

由于本工程中凹槽板局部板面下沉位置较靠近核心筒外墙一侧，该侧楼板刚度进一步加大，凹槽板的最大变形位置进一步向外框梁靠近。

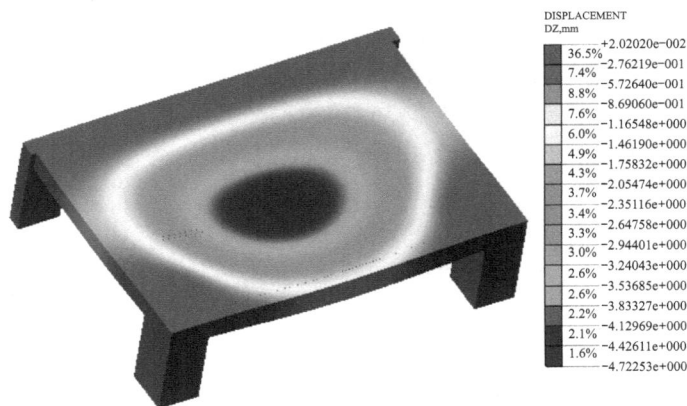

图 9 普通楼板在竖向荷载作用下的变形

5.2 楼板应力分布

图 10、图 11 所示为普通楼板在竖向均布荷载（D+0.5L）作用下的混凝土正应力分布。

对比图 10、图 11 与图 5、图 6 可知，由于凹槽板的抗弯刚度较大，导致其除降板边缘区域外的其他位置，板顶支座拉应力、跨中压应力均有一定程度的减小。因此，凹槽板的顶板，除靠近肋梁的局部范围外，可按普通楼板分析结果对其进行配筋，且这种做法是偏于安全的。

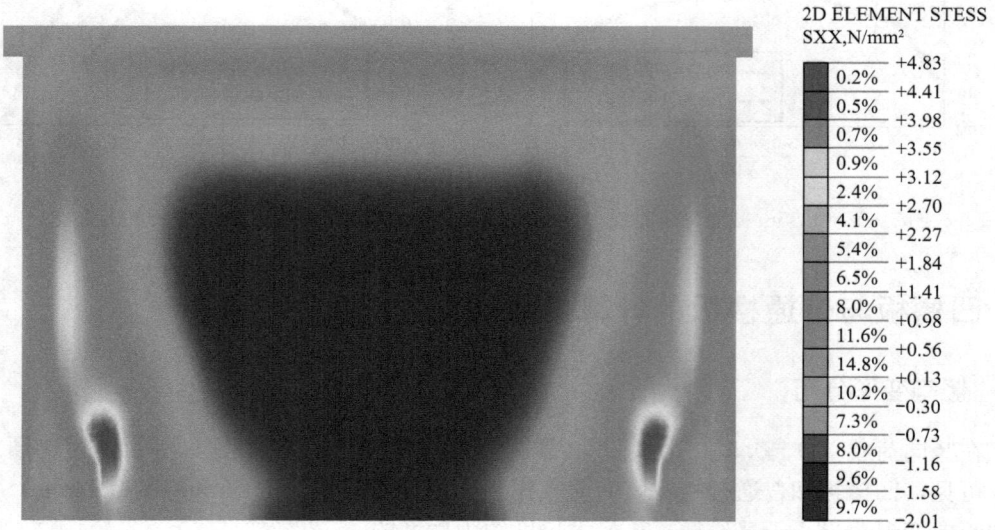

图 10　D+0.5L 作用下普通楼板的板顶正应力 S_{xx}（MPa）

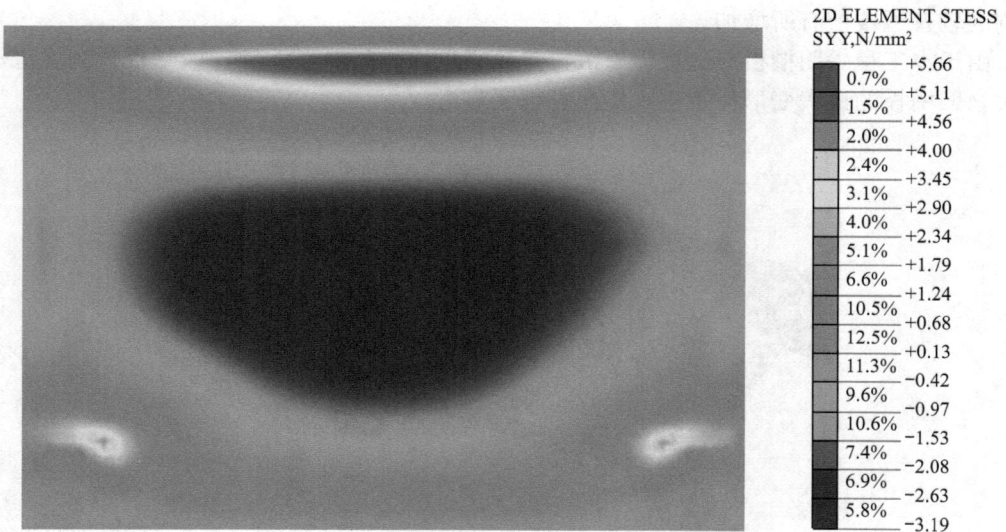

图 11　D+0.5L 作用下普通楼板的板顶正应力 S_{yy}（MPa）

但在肋梁附近区域存在一定的应力集中现象，此现象往往容易引起该处楼板较早开裂进入塑性状态，设计中需采取一定的加强措施。若对顶板在凹槽角的应力等值线进行简化可以发现，该处的应力等值线可近似看作以角点为圆心、半径大小各异的圆，主拉应力垂直于这些等值线，即在该处局部范围内的主拉应力方向可近似看作以角点为中心、向外呈辐射状的一系列放射线。为了更好地发挥钢筋的抗拉性能，顶板在该处的配筋宜尽可能地与主拉应力方向保持一致，实际工程中，可在角点处配置一定数量的放射筋[2,3]。

6 肋宽对凹槽板受力及变形的影响

由于卫生间隔墙只有 150mm 厚，若肋梁宽度过大会造成肋梁凸出，影响建筑效果。为了研究凹槽板中肋梁宽度对结构工作性能的影响，分别计算了当 $b=50$mm、150mm、250mm 时结构的变形和内力分布规律。

由图 12~图 14 可知，随着肋宽的增加，凹槽板的变形有所减小，但减小幅度很小，当肋宽从 250mm 减小至 50mm 时，凹槽板的最大挠度减小约 5%。

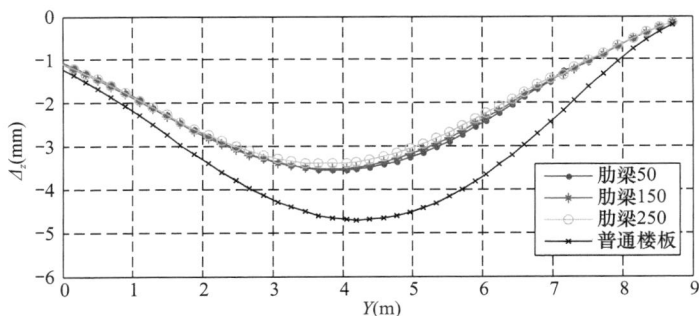

图 12　$X=6.05$m 截面位移曲线

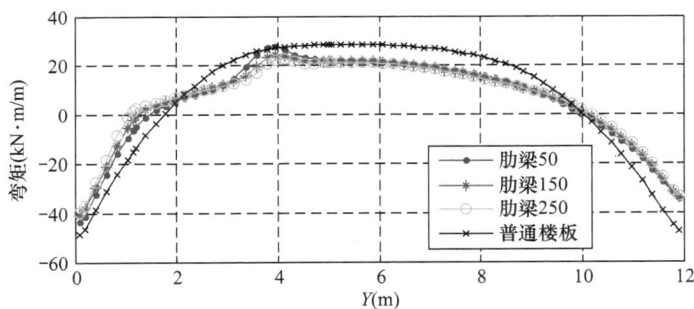

图 13　$Y=3.35$m 截面弯矩曲线

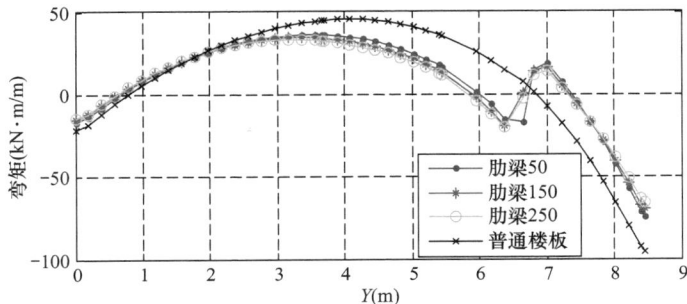

图 14　$X=6.05$m 截面弯矩曲线

从图 13 可以看出，在与肋梁有一定距离的凹槽板顶板中，其弯矩分布规律与普通楼板接近。图 14 的结果表明，由于凹槽板中肋梁的存在，肋梁附近位置的弯矩分布规律与普通楼板有较大的不同，存在一定的负弯矩，导致顶板在凹槽角部处的拉应力进一步集中；顶板离凹槽较远的支座负弯矩及跨中正弯矩无明显变化。此现象表明肋梁在某种程度上可看作顶板的固端支座。凹槽板中各截面的弯矩变化曲线随着与肋梁距离的增加逐渐趋向普通楼板，支座负弯矩及跨中正弯矩较普通楼板均有一定程度的减小。这从另一个角度证明，顶板中除靠近肋梁的局部范围内，其余部分的设计参考普通楼板相应位置的计算结果是偏于安全的。

顶板在凹槽角部的负弯矩随肋宽的增加略有增加，但增加幅度不大，这是由于肋梁对楼板约束作用的强弱主要取决于肋梁的抗弯刚度，而抗弯刚度对梁宽不敏感。

7 肋梁受力分析

本文第 4、5 节的分析结果表明，凹槽板与普通楼板受力的最大区别在肋梁及其附近位置。对于肋梁的受力，可从以下两个角度分析：①作为下沉板支座的肋梁 [图 15(a)]；②作为折板 [图 15(b)]。

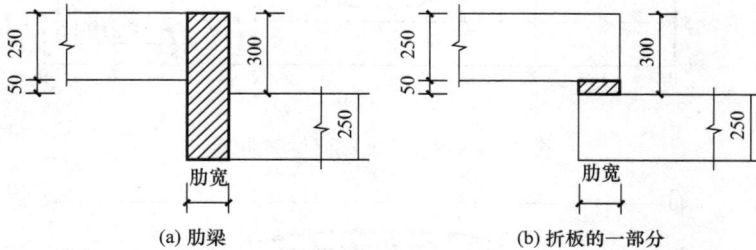

(a) 肋梁　　　　　　　　　　(b) 折板的一部分

图 15　肋的作用分类

7.1　肋梁剪扭分析

与肋梁连接的顶板及下沉板的楼板弯矩如不相等，将使肋梁承受一定的扭矩，其在剪力、弯矩及扭矩共同作用下的应力情况是凹槽板设计的重点和难点。分别计算了当肋梁宽度为 50mm、150mm、250mm 时，其内力及配筋情况。

对于凹槽板模型中的所有肋梁，提取其剪力、扭矩和弯矩，通过参数 $\tau_V = V/bh_0$ 来表示素混凝土的剪力与其抗剪能力的比值，此参数越大，对肋梁抗剪越不利；利用参数 $\tau_T = T/W_t$（其中 T 为扭矩，W_t 为肋梁受扭塑性抵抗矩）来表示素混凝土的扭矩与其抗扭能力的比值，此参数越大，对肋梁抗扭越不利。

肋梁编号如图 16 所示，相关分析计算结果如表 2、表 3 及图 17、图 18 所示。

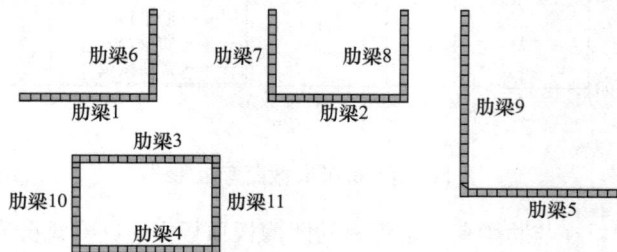

图 16　肋梁编号

1.3D＋1.5L 作用下 τ_V（N/mm²）　　　　　　　表 2

模型	肋梁 50	肋梁 150	肋梁 250	肋梁 50/肋梁 250	肋梁 150/肋梁 250
肋梁 1	0.42	0.29	0.23	1.83	1.26
肋梁 2	0.28	0.11	0.09	3.11	1.22
肋梁 3	0.77	0.47	0.30	2.57	1.57
肋梁 4	1.05	0.45	0.30	3.50	1.50
肋梁 5	1.29	0.60	0.41	3.15	1.46
肋梁 6	1.09	0.75	0.68	1.60	1.10
肋梁 7	1.34	0.89	0.77	1.74	1.16
肋梁 8	1.18	0.77	0.66	1.79	1.17
肋梁 9	1.43	0.86	0.70	2.04	1.23
肋梁 10	0.20	0.24	0.23	0.87	1.04
肋梁 11	0.91	0.56	0.44	2.07	1.27

1.3D＋1.5L 作用下 τ_T（N/mm²）　　　　　　　表 3

模型	肋梁 50	肋梁 150	肋梁 250	肋梁 50/肋梁 250	肋梁 150/肋梁 250
肋梁 1	0.95	0.85	0.89	1.12	0.96
肋梁 2	1.07	0.48	0.49	2.23	0.98
肋梁 3	2.89	1.07	0.94	2.70	1.14
肋梁 4	3.92	0.83	0.62	4.72	1.34
肋梁 5	3.89	1.23	1.01	3.16	1.22
肋梁 6	0.88	0.51	0.48	1.73	1.06
肋梁 7	0.49	0.27	0.22	1.81	1.23
肋梁 8	1.23	0.43	0.37	2.86	1.16
肋梁 9	1.86	0.93	0.82	2.00	1.13
肋梁 10	3.13	0.86	0.67	3.64	1.28
肋梁 11	4.36	0.75	0.52	5.81	1.44

　　由表 2、表 3 及图 17、图 18 可知，肋梁厚度为 50mm 时，其 τ_T 值较肋梁厚度为 250mm 的模型增大较多，设计时不建议采用；肋梁厚度为 150mm 时，其 τ_V、τ_T 值较肋梁厚度为 250mm 的模型增大不多，可经过进一步计算配筋情况，再确定是否采用。

　　肋梁厚度为 150mm 时，肋梁的内力及计算配筋如表 4 所示，其中 A_s 为抗弯承载力验算所需的单侧钢筋面积；A_{sv} 为受剪承载力所需的箍筋截面面积；A_{stl} 为受扭计算中对称布置的全部纵向普通钢筋截面面积；A_{stl} 为受扭计算中沿截面周边配置的箍筋单肢截面面积。计算时假设 $s=200mm$，$\zeta=1$。

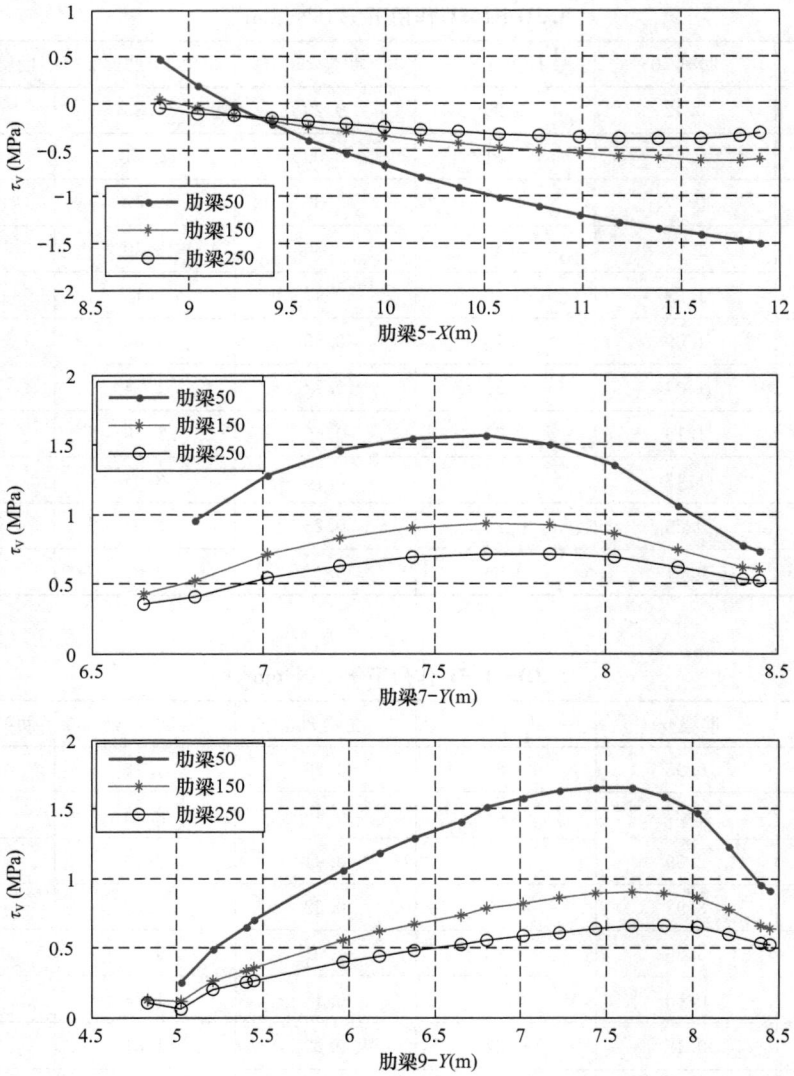

图 17　肋梁剪力引起的剪应力分布

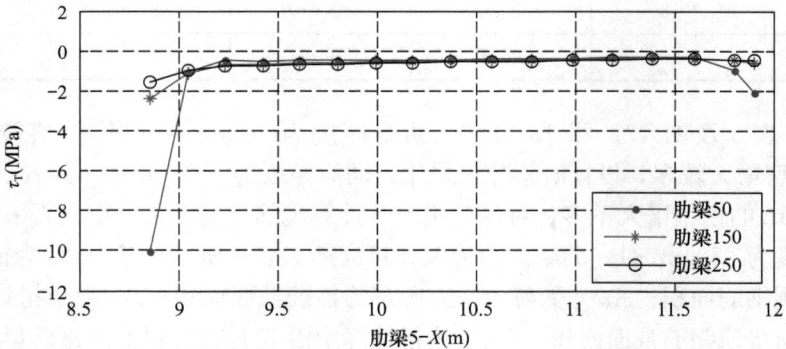

图 18　肋梁扭矩引起的剪应力分布（一）

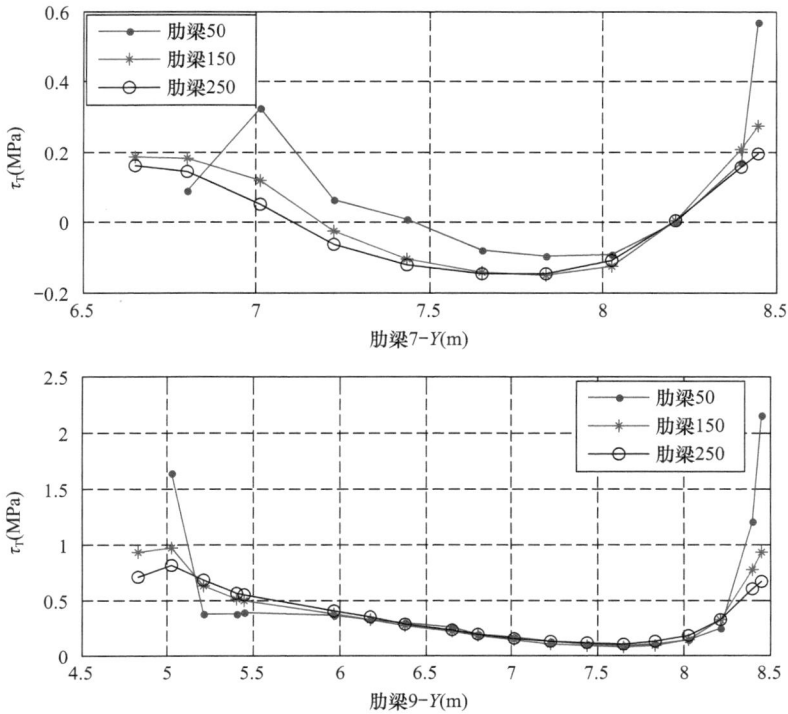

图 18 肋梁扭矩引起的剪应力分布（二）

肋梁内力及计算配筋 表 4

项目	剪力 （kN）	扭矩 （kN·m）	弯矩 （kN·m）	A_s	A_{sv}	A_{stl}	A_{stl}
V_{max}	68.35	0.78	25.37	156	构造	构造	构造
T_{max}	4.00	6.94	10.80	67	构造	256.8	42.8
M_{max}	44.51	1.52	72.58	448	构造	构造	构造

7.2 折板受力分析

由图 19 可以看出，在竖向荷载 1.3D+1.5L 作用下，肋梁两侧在 50mm 的与上下两侧楼板均不相连位置的正应力最大，正应力最大在肋梁 5，最大值为 3.82MPa。肋梁与正应力分布如图 20、图 21 所示。

根据上述应力反算弯矩最大值为 14.325kN·m/m，参考魏琏、王森等[4] 给出的在轴力和弯矩共同作用下楼板配筋的简化计算方法，抵抗此弯矩所需配筋为：

$$A_{s1} = \frac{M}{\gamma_s f_y h_0} = \frac{14.325 \times 10^6}{0.9 \times 360 \times 130} = 340.1(\text{mm}^2/\text{m})$$

折板最薄处所受的轴力，实际上可以理解为折梁作为下沉板支座承受的剪力，其大小与下沉板的跨度和位置有很大关系。选择几处受力较大位置（图 22）进行对比，并对此位置的轴力进行积分，其轴力大小及相应的计算配筋如表 5 所示。

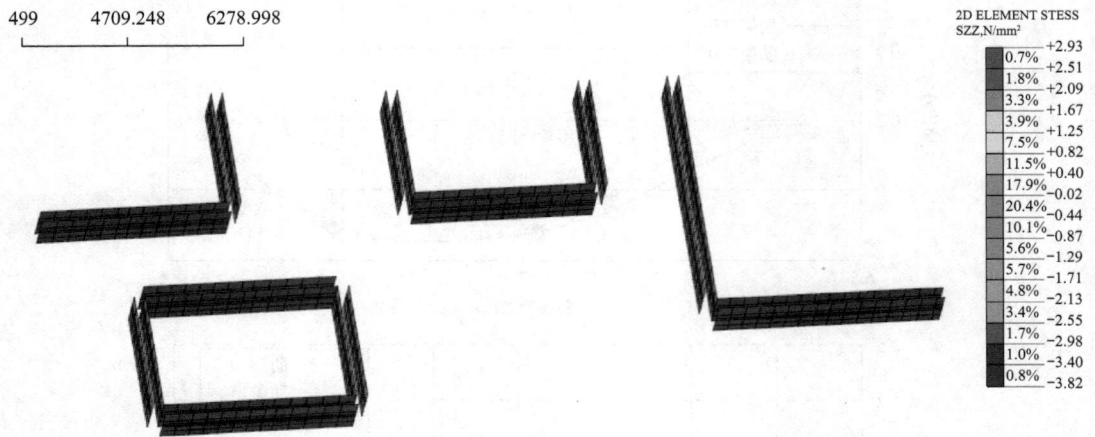

图 19　肋梁侧面正应力分布

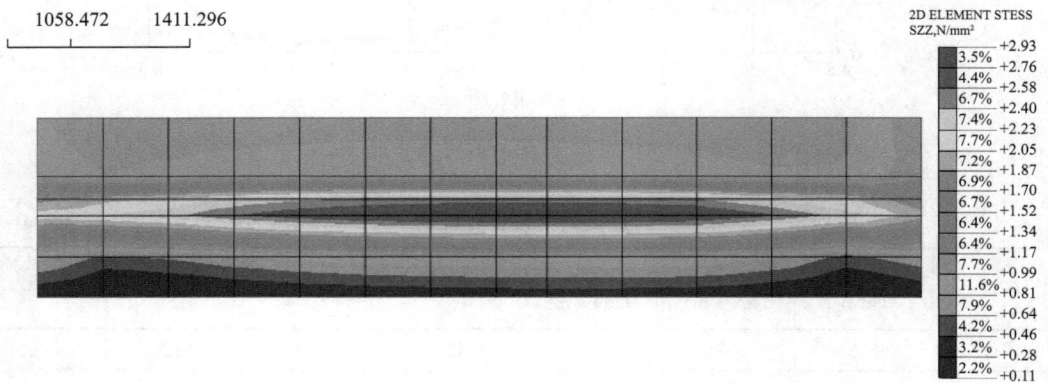

图 20　肋梁 5 外侧正应力分布

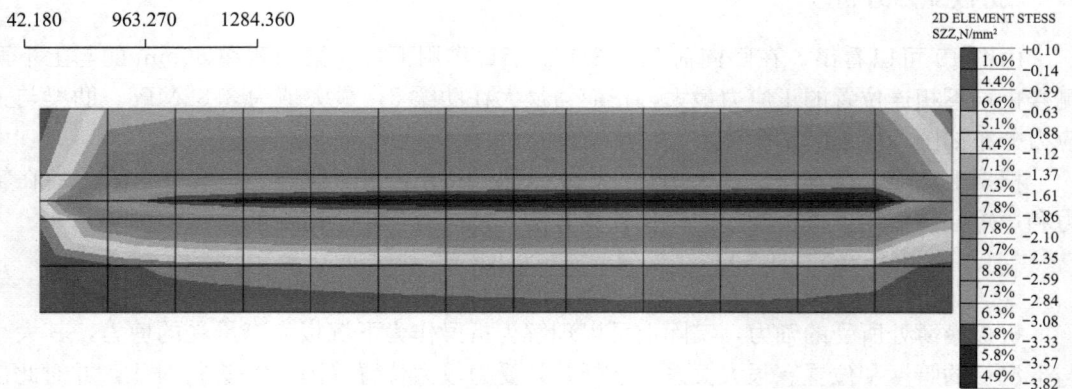

图 21　肋梁 5 内侧正应力分布

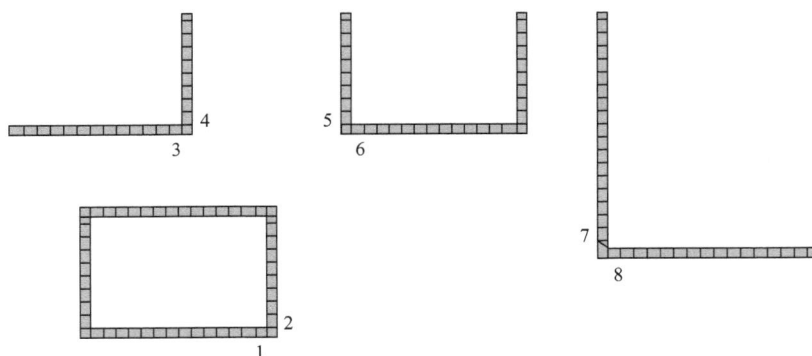

图 22　受力较大位置选取

轴力引起的计算配筋　　　　　　　　　　　　　　　表 5

位　置	1	2	3	4	5	6	7	8
N（kN）	54	124	27	21	41	58	48	30
A_{S1}（mm²）	75	172	37	30	57	80	66	42

保守起见，以弯矩最大处和轴力最大处的计算结果作为肋梁箍筋的配筋结果，其值为 $340.1+172=512\text{mm}^2$，建议肋梁箍筋按 $\phi 10@150$ 进行配筋。

基于表 5 的计算结果，建议肋梁的配筋如图 23 所示。

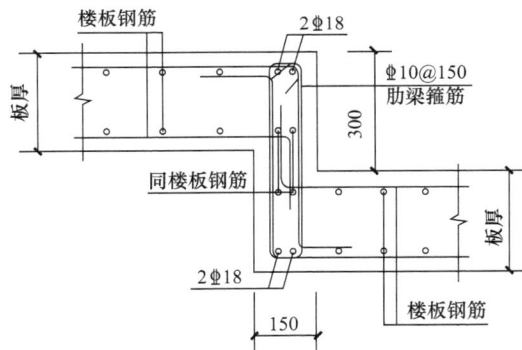

图 23　肋梁配筋示意

8　结论和建议

根据上述分析，本文的结论与建议可归纳如下：

（1）凹槽板的变形小于普通楼板的变形，约为后者的 75%；肋梁厚度变化对楼板竖向变形影响很小。

（2）凹槽板中除靠近肋梁的局部范围外，均可参考普通楼板相应位置的计算结果进行设计。

（3）对于肋梁厚度不同的模型，在竖向荷载作用下，其支座弯矩和跨中弯矩变化不大。

（4）肋梁厚度为 50mm 时，其 T/W_t 的值较肋梁厚度为 250mm 的模型增大较多，设计时不建议采用。

（5）当肋梁厚度小于楼板厚度，且降板深度大于楼板厚度时，肋梁与上、下两侧楼板均不相连位置楼板应力最大，设计时应对此部分楼板进行详细分析，并根据分析结果配置肋梁箍筋。

参考文献

[1] 中国建筑标准设计研究院. 混凝土结构施工图平面整体表示方法制图规则和构造详图（现混凝土框架、剪力墙、梁、板）：16G101-1 [S]. 北京，2016.

[2] 王志远，魏琏，蓝宗建. 带局部凹槽楼板结构受力及变形的研究 [J]. 建筑结构，2003（1）：20-24.

[3] 刘会军，霍文营，余蕾，等. 楼板中下沉式板受力性能研究 [J]. 建筑结构，2011，41（4）：101-104，87.

[4] 魏琏，王森，陈兆荣，等. 高层建筑结构在水平荷载作用下楼板应力分析与设计 [J]. 建筑结构，2017，47（1）：10-16.